21 世纪高等教育土建类系列教材

建 筑 设 备

第 2 版

主 编 傅海军
副主编 张格红 王珍娟
参 编 王惠敏 韩喜莲 张新桥 胡志轶

U0379706

机 械 工 业 出 版 社

本书是高等工科院校土木工程、工程管理、工程造价、建筑学、城乡规划等土建类专业的教材。全书共 15 章，简单介绍了流体力学、热工学基本知识，重点介绍了建筑给水排水、热水、消防、供暖、燃气、通风、空气调节、建筑供配电系统、建筑照明、建筑防雷及接地系统、建筑设备自动化等方面的基本知识。

本书以教学大纲为主要依据，注意与实践知识的衔接，突出以实用性内容为主，以学术性内容为辅的特点，理论知识根据"必需、够用"的原则编写，充分体现实用性、针对性、简约性、及时性和直观性的特点；注重与工程实践相结合，体现了为培养高技能人才服务的特色，突出了土木建筑行业的特点。本书注重理论与工程应用的有机结合，并加入了大量形象化的图例，便于读者理解和掌握有关的学习内容。书中各章都附有思考题，可供读者复习巩固所学知识。

本书配有电子课件，免费提供给选用本书的授课教师。需要者请登录机械工业出版社教育服务网（www.cmpedu.com）注册免费下载，或根据书末的"信息反馈表"索取。

图书在版编目（CIP）数据

建筑设备/傅海军主编. —2 版. —北京：机械工业出版社，2017.3
（2021.6 重印）
21 世纪高等教育土建类系列教材
ISBN 978-7-111-56110-1

Ⅰ.①建…　Ⅱ.①傅…　Ⅲ.①房屋建筑设备-高等学校-教材　Ⅳ.①TU8

中国版本图书馆 CIP 数据核字（2017）第 031657 号

机械工业出版社（北京市百万庄大街 22 号　邮政编码 100037）
策划编辑：刘　涛　责任编辑：刘　涛　臧程程　林　辉
责任校对：刘雅娜　封面设计：张　静
责任印制：常天培
北京虎彩文化传播有限公司印刷
2021 年 6 月第 2 版第 4 次印刷
184mm×260mm · 26.5 印张 · 652 千字
标准书号：ISBN 978-7-111-56110-1
定价：49.80 元

电话服务　　　　　　　　　　网络服务
客服电话：010-88361066　　　机　工　官　网：www.cmpbook.com
　　　　　010-88379833　　　机　工　官　博：weibo.com/cmp1952
　　　　　010-68326294　　　金　书　网：www.golden-book.com
封底无防伪标均为盗版　　　　机工教育服务网：www.cmpedu.com

前　言

建筑设备充分发挥了建筑物的使用功能，为人们提供了卫生、舒适的生活与工作环境，为提高工作效率与产品质量提供必要的环境保障，其中的建筑消防在保护人民生命财产、经济建设安全等方面起着重要作用。建筑设备是现代化建筑的重要组成部分，其设置的完善程度和技术水平，已成为社会生产、房屋建筑和物质生活水平的重要标志，是一门内容广泛、综合性的学科。

随着现代建筑，特别是高层建筑的迅猛发展，人民物质生活水平的提高，对建筑的使用功能和质量提出了越来越高的要求，以致建筑设备投资在建筑总投资中的比重日益增大，建筑设备在建筑工程中的地位也日显重要。近年来，节约不可再生资源，发展和利用可再生资源的呼声日益高涨，所以从事建筑类各专业的工程技术人员，只有对现代建筑物中的给水排水、供暖、通风、空调、燃气供应、消防、供配电、智能建筑等系统和设备的工作原理、功能以及在建筑中的设置应用情况有所了解，才能在建筑和结构设计、建筑施工、室内装饰、建筑管理等工作中合理地配置及使用能源和资源，真正做到既能完美体现建筑的设计和使用功能，又能尽量减少能量的损耗和资源的浪费。

本书是为高等工科院校土木工程、建筑学、工程管理、工程造价、城乡规划等土建类专业编写的教材。书中简单介绍了流体力学、热工基本知识，重点介绍了建筑给水排水、热水、消防、供暖、燃气、通风、空气调节、建筑供配电系统、建筑照明、建筑防雷及接地系统、建筑设备自动化等方面的基本知识，并介绍了建筑设备的基本理论、规划设计原则、简要计算方法、应用材料设备。同时对近年来专业发展的新技术、新材料和新设备也做了阐述，反映了本学科现代化的科学技术水平。

为适应目前应用型本科教学的需要，根据 GB 50016—2014《建筑设计防火规范》、GB 50974—2014《消防给水及消火栓系统技术规范》、GB 50057—2010《建筑物防雷设计规范》、GB/T 50065—2011《交流电气装置的接地设计规范》等国家规范，我们修订了本书。主要修订内容如下：

1）补充了居住区给水排水设计内容。

2）调整和补充了住宅、公共建筑用水定额。

3）补充了管道连接防污染措施。

4）补充了新型管材应用技术。

5）对住宅给水秒流量计算公式进行了调整。

6）调整了水箱制作材料的相关内容。

7）补充了消防水源。

8）将住宅建筑的规范统一按建筑高度进行了分类。

9）提高了高层住宅建筑和建筑高度大于 100m 的高层民用建筑的防火要求。

10）充实了设计场所火灾危险等级、系统与组件选型。

11）介绍了一项自动喷水灭火系统新技术——重复启闭预作用系统。

12）补充了建筑防排烟系统相关内容。

13）重新编写了第 14 章。

本书在编写体系上注重基础理论与工程应用的有机结合，并加入了大量的图例，便于读者理解和掌握有关的学习内容。在编排上，章节安排明晰清楚，内容全面。书中各章都附有思考题，可供读者复习巩固所学的主要内容。

本书由江苏大学傅海军，兰州理工大学王珍娟、王惠敏、韩喜莲，西安工业大学张格红，湖南城市学院张新桥，中国民航机场建设集团公司胡志轶共同编写，由傅海军任主编，张格红、王珍娟任副主编，负责全书的统稿和审定。

本书在编写过程中参考了有关专家、学者的著作，并且应用了最新的规范和标准，在此对各参考文献的作者表示衷心的感谢。

由于本书侧重于土建类专业，加之篇幅所限，故对各类建筑设备系统的设计计算基本略去。这样编排的目的是使土建类专业的师生以及设计者、施工者能够充分了解建筑设备的系统布置、系统要求，并能很好地把握建筑设备和建筑设计、结构之间的关系，形成一个有机、和谐的整体。

由于编者水平有限，不妥之处在所难免，衷心希望广大读者批评指正，以便再版时修订完善。来信请发送至 hjfu21@126.com。

编　者

目　　录

第**1**篇

建筑设备基础知识

第1章
流体力学基本知识

自然界中的物体一般有三种存在状态：固体（固相）、液体（液相）和气体（气相）。液体和气体因具有较大的流动性而被统称为流体，它们具有与固体完全不同的力学性质。研究流体平衡状态与运动状态的力学规律及其实际应用的科学称为流体力学。

流体力学按介质可分为两类：液体力学和气体力学。液体力学的主要研究对象是液体，但当气体的流速和压力不大、密度变化也不大、压缩性的影响可以忽略不计时，液体的各种规律对于气体也是适用的。

流体力学在建筑工程中有广泛的应用。给水、排水、供热、供燃气、通风和空气调节等工程设计、计算和分析都是以流体力学作为理论基础的，因此，必须了解和掌握流体力学的基本知识。

1.1 流体的主要物理性质

为了研究流体的力学规律，首先应掌握流体的主要物理性质。流体中由于各质点间的黏聚力极小，不能承受拉力，也不能承受剪力。任何微小的剪力都能使静止流体发生很大的变形，因此流体具有很大的流动性，不能形成固定的形状，而只能随时被限定为其所在容器的形状，但流体在密闭状态下却能承受较大的压力。

充分认识流体的基本特征，深入研究流体处于静止或运动状态的力学规律，才能很好地输送和利用水、空气或其他流体，以服务于人们的生活和生产。

1.1.1 流体的密度和重度

流体和固体一样具有质量。均质流体单位体积所具有的质量称为密度，用 ρ 表示，单位为 kg/m^3。

$$\rho = \frac{m}{V} \tag{1-1}$$

式中　m——流体的质量，单位为 kg；

　　　V——流体的体积，单位为 m^3。

同理，单位体积流体所受的重力称为重度，用 γ 表示，单位为 N/m^3。

$$\gamma = \frac{G}{V} \tag{1-2}$$

式中　G——流体的重力，单位为 N。

根据牛顿第二定律 $G = mg$，则流体的重度和密度有如下的关系

$$\gamma = \rho g \qquad\qquad (1\text{-}3)$$

式中 g——重力加速度，通常取 $g = 9.80\mathrm{m/s^2}$。

流体的密度和重度随外界压力和温度而变化，即同一流体的密度和重度不是一个固定值。但在实际工程中，液体的密度和重度随温度和压力的变化而变化，但数值变化不大，可视为固定值；而气体的密度和重度随温度和压力的变化较大，不能视为固定值，其变化规律可按气体状态方程来计算。

在建筑设备中，涉及的流体主要有水、水银（汞）、干空气等，其密度和重度见表 1-1。

表 1-1 几种常见物质的密度和重度

物 质	密度/(kg/m³)	重度/(N/m³)	备 注
水	1000	9800	4℃及 1 个标准大气压
水银（汞）	13600	133280	0℃及 1 个标准大气压
干空气	1.2	11.80	20℃及 1 个标准大气压

注：1 个标准大气压 = $1.013 \times 10^5 \mathrm{Pa}$。

水和干空气在一个标准大气压下的密度和重度，分别见表 1-2 和表 1-3。

表 1-2 一个标准大气压下水的密度和重度

温度/℃	密度/(kg/m³)	重度/(N/m³)	温度/℃	密度/(kg/m³)	重度/(N/m³)	温度/℃	密度/(kg/m³)	重度/(N/m³)
0	999.87	9805	10	999.73	9804	60	983.24	9642
2	999.97	9806	20	998.23	9789	70	977.81	9589
4	1000.00	9807	30	995.67	9764	80	971.83	9530
6	999.97	9806	40	992.24	9731	90	965.34	9467
8	999.88	9805	50	988.07	9690	100	958.38	9399

表 1-3 一个标准大气压下干空气的密度和重度

温度/℃	密度/(kg/m³)	重度/(N/m³)	温度/℃	密度/(kg/m³)	重度/(N/m³)	温度/℃	密度/(kg/m³)	重度/(N/m³)
0	1.293	12.70	25	1.185	11.62	60	1.060	10.40
5	1.270	12.47	30	1.165	11.43	70	1.029	10.10
10	1.248	12.24	35	1.146	11.23	80	1.000	9.81
15	1.226	12.02	40	1.128	11.07	90	0.973	9.55
20	1.205	11.80	50	1.093	10.72	100	0.947	9.30

1.1.2 流体的黏性

一切实际流体都是有黏性的，这也是流体的典型特征。流体的黏性是在流动中呈出来的，不同流体的流动性能不同，这主要是因为流体内部质点间相对运动时存在不同的内摩擦力，阻碍流体质点间的相对运动。流体由静止到开始流动，是一个流体内部产生剪力，形成剪切变形，以使静止状态受到破坏的过程。这种表明流体流动时产生内摩擦力阻碍流体质点或流层间相对运动的特性称为黏性，内摩擦力也称为黏滞力。

黏性是流体阻止其发生剪切变形的一种特性，流体的黏性越大，其流动性越小。

当相邻的流体层有相对移动时，各层之间因具有黏性而产生摩擦力。摩擦力使流体摩擦而生热，流体的机械能部分地转化为热能而损失掉。所以，运动流体的机械能总是沿程减少的。

为了说明流体的黏性，先观察流体的流动。平板间液体速度变化如图1-1所示，设有上、下两块面积很大且相距很近的平行平板，板间充满某种静止液体。将下板固定，对上板施加一个恒定的外力，上板以恒速 u 沿水平方向运动。若 u 较小，则两板间的液体就会分成无数平行的薄层而运动。上板底面下的一薄层流体以速度 u 随上板运动，各层液体的速度依次降低，紧贴在下板表面的一层液体速度为零，流速的分布呈直线形。将它们的流速矢量顶点连接起来，即成为流速分布曲线。

平行平板间的流体，流速分布呈直线，而流体在圆管内流动时，速度分布呈抛物线形，如图1-2所示。当流体在圆管中缓慢流动时，紧贴管壁的流体质点粘附在管壁上，流速为零，而位于管轴心线上的流体质点流速最大。在介乎管壁与管轴之间的流体质点具有不同的流速，将它们的流速矢量顶点连接起来，即成为流速分布曲线，呈抛物线形。

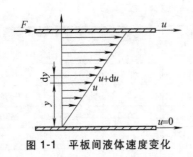

图1-1　平板间液体速度变化

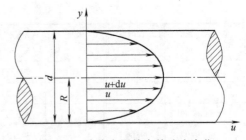

图1-2　液体在圆管内的速度变化

牛顿在总结实验分析的基础上，提出了流体内摩擦力假说——牛顿内摩擦定律，其数学表达式可写为

$$F_内 = \mu A \frac{\mathrm{d}u}{\mathrm{d}y} \tag{1-4}$$

单位面积上的内摩擦力称为切应力，以 τ 表示，单位为 Pa。

$$\tau = \mu \frac{\mathrm{d}u}{\mathrm{d}y} \tag{1-5}$$

上两式中　　$F_内$——内摩擦力，单位为 N；

　　　　　　τ——切应力，或称单位面积的内摩擦力，单位为 N/m^2 或 Pa；

　　　　　　μ——流体动力黏度，单位为 $Pa \cdot s$ 或 $N \cdot s/m^2$；

　　　　　　$\dfrac{\mathrm{d}u}{\mathrm{d}y}$——流速梯度，速度沿垂直于流速方向的变化率，单位为 s^{-1}。

式（1-4）中的流体动力黏度 μ 表示流体黏性的强弱，它取决于流体的种类和温度，通常也称为黏度或动力黏度。流体黏性除用动力黏度 μ 表示外，还常用运动黏度 ν 表示，单位为 m^2/s 或 cm^2/s。它是动力黏度 μ 和流体密度 ρ 的比值。常见液体的运动黏度列于表1-4。

$$\nu = \frac{\mu}{\rho} \tag{1-6}$$

表 1-4 常见液体的运动黏度

液体名称	温度/℃	$\nu/(cm^2/s)$	液体名称	温度/℃	$\nu/(cm^2/s)$
汽油	18	0.0065	石油	18	0.2500
酒精	18	0.0133	重油	18	1.4000
煤油	18	0.0250	甘油	20	8.7000

运动黏度更能说明流体流动的难易程度。运动黏度越大，反映流体质点相互牵制的作用越明显，流动性能越差。压强对流体黏度基本无影响，仅在高压系统中才稍有增加，因此流体的黏性与压强的大小几乎无关。但温度对流体黏性的影响较大，且温度对气体和液体的黏性影响情况不相同。气体分子黏聚力较小，分子运动较剧烈，黏性主要取决于流层间分子的动量交换，所以，当温度升高时，气体分子运动加剧，其黏度增大。液体的情况则与此相反，当温度升高时，液体分子的黏聚力减小，所以其黏度降低。

值得注意的是：牛顿内摩擦定律只适用于部分流体，对于某些特殊流体是不适用的。把符合牛顿内摩擦定律的流体称为牛顿流体，不符合的称为非牛顿流体，如泥浆、血浆、油漆和颜料等。本书研究的对象主要是牛顿流体。

1.1.3 流体的压缩性和热膨胀性

流体受压，体积缩小、密度增大的性质称为流体的压缩性。流体受热，体积膨胀、密度减小的性质称为流体的膨胀性（也称热胀性）。液体和气体的压缩性和膨胀性是有所区别的。

液体的压缩性和膨胀性都很小。在实际工程中可认为液体是不可压缩流体。而液体随着温度的升高体积膨胀的现象较为明显，所以认为液体具有膨胀性。但是水的膨胀性比较特殊，当水温在 0~4℃时，水的体积随温度的降低而增大，密度和重度相应减小。气体和液体不同，具有显著的压缩性和膨胀性，即气体的体积随压强和温度的变化而变化的数值较大，因而其密度和重度也有较大的变化，气体是很容易被压缩或膨胀的。其中有少数气体的压强和温度不变或变化很小时，气体的密度和重度可以视为常数，此种气体称为不可压缩气体。

流体的膨胀性的大小用热膨胀系数 α（1/K 或 1/℃）来表示，热膨胀系数表示单位温度所引起的体积相对变化量，即

$$\alpha = \frac{1}{V_0} \frac{dV}{dT} \tag{1-7}$$

式中　V_0——初温度 T_0（K）时的流体体积，单位为 m^3；

　　　T——温度，单位为 K 或℃。

流体压缩性的大小一般用压缩系数 β（单位为 Pa^{-1}）来表示。压缩系数是指单位压强所引起的体积相对变化量。

$$\beta = -\frac{1}{V_0} \frac{dV}{dp} \tag{1-8}$$

式中　V_0——受压缩前流体体积，单位为 m^3；

　　　V——流体的体积，单位为 m^3；

　　　p——流体的压强，单位为 Pa。

式（1-8）中等号右边的负号，表示 dV 与 dp 的变化相反。

液体分子的间隙小，在很大的外力作用下，其体积只有极微小的变化。水从一个大气压增加到一百个大气压时，每增加一个大气压，水的密度只增加两千分之一；水的温度在 10～20℃ 时，温度每增加 1℃，水的密度减小还不到万分之二；当水的温度在 90～100℃ 时，温度每增加 1℃，水的密度减小也只有万分之七。因此，水的压缩性和热膨胀性是很小的，一般可看成是不可压缩流体。在建筑设备工程中，一般均不考虑液体的压缩性和热膨胀性，即我们研究的主要对象是不可压缩流体。

从流体的分子结构来看，气体分子的间隙大，分子之间的引力很小，气体的体积随压强和温度的变化而发生的变化是非常明显的，故称为可压缩流体，若在一定容器内气体的质量不变，则两个稳定状态之间的参数关系可由理想气体状态方程确定

$$\frac{p_1 V_1}{T_1} = \frac{p_2 V_2}{T_2} \tag{1-9}$$

式中　p_1、V_1 和 T_1——气体状态变化前的压强、体积和热力学温度；

　　　p_2、V_2 和 T_2——气体状态变化后的压强、体积和热力学温度。

1.1.4　流体的惯性

流体和其他物体一样，具有惯性。流体具有的抵抗改变其原有运动状态的物理特性称为惯性。惯性是物体保持原有运动状态的性质。运动状态的任何改变，都必须克服惯性的作用。质量是衡量惯性的唯一尺度。质量越大，惯性越大，运动状态越难改变。

1.1.5　表面张力

液体表面，包括液体与其他液体或固体的自由接触表面，存在着一种力使液体表面积收缩为最小的力，称为表面张力。表面张力是由液体分子的黏聚力引起的，发生在曲面上，液体表面的曲率越大，表面张力就越大。气体分子具有扩散作用，不存在自由表面，故气体不存在表面张力。

将细玻璃管竖立在液体中，由于表面张力的作用，液体就会在细管中上升或下降，称此为毛细管现象。在工程实际中，有时需要消除测量仪器中因毛细管现象所造成的误差。

在水流实验中，经常用盛有水或水银的细玻璃管作测压管，就要消除毛细管现象。

水的毛细升高，所造成的误差是正值；水银的毛细降低，所造成的误差是负值，如图 1-3 所示。

水的毛细升高　　$h = \dfrac{30}{d}$　　　（1-10）

水银的毛细降低　　$h = \dfrac{10.15}{d}$　　（1-11）

式中　h——毛细升高或下降值，单位为 mm；

　　　d——玻璃管内径，单位为 mm。

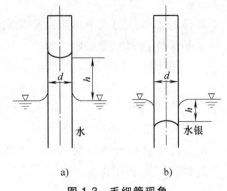

图 1-3　毛细管现象

管的内径越小，毛细管升高或下降值越大，故测量压强的玻璃管内径不宜太小，否则造成很大的误差。

1.1.6 作用于流体上的力

为了便于分析流体的运动或平衡规律，作用于流体上的力，按其作用特点可分为表面力和质量力。

1. 质量力

质量力是指通过所研究流体的每一部分质量而作用于流体的力，其大小与流体的质量成正比。常见的质量力有重力和各种惯性力（如直线加速运动时的直线惯性力和圆周运动时的离心力等）。质量力的单位为牛顿（N）。

质量力除用总质量力度量外，也常用单位质量力来表示。作用在单位质量流体上的质量力称单位质量力，单位质量力的量纲和加速度的量纲 LT^{-2} 相同。

若质量为 m 的均质流体，总质量力为 F，则单位质量力 f 为

$$f = \frac{F}{m} \tag{1-12}$$

设总质量力 F 在空间坐标上的投影分别为 F_x、F_y、F_z，则单位质量力 f 在相应坐标轴上的投影为 f_x、f_y、f_z，即

$$f_x = \frac{F_x}{m}, \quad f_y = \frac{F_y}{m}, \quad f_z = \frac{F_z}{m} \tag{1-13}$$

当液体所受的质量力只有重力时，重力 $G = mg$ 在直角坐标系的三个轴向分量分别为 $G_x = 0$、$G_y = 0$、$G_z = -mg$，则单位质量重力的轴向分力大小为

$$f_x = 0、f_y = 0、f_z = -g \tag{1-14}$$

2. 表面力

表面力是指作用在流体表面上的力，其大小与受力表面的面积成正比。例如，固体边界对流体的摩擦力、边界对流体的反作用力、一部分流体对相邻流体产生的压力等。表面力可分解为垂直于作用面的压力和沿作用面方向的剪力。表面力的单位为牛顿。表面力的大小除用总作用力度量外，常用单位表面力（应力）即单位面积上所受的表面力来表示。若单位表面力与作用面垂直，称为压应力或压强；若与作用面平行，称为切应力。

流体处于静止状态时，不存在黏性力引起的内摩擦力（切向力为零），表面力只有法向压力。对于理想流体，无论是静止或处于运动状态，都不存在内摩擦力，表面力只有法向压力。

1.2 流体静压强及其分布规律

流体质点间没有相对运动，流体的黏滞性表现不出来，认为流体处于静止状态或相对静止状态（统称为平衡状态）。当流体处于平衡状态时，流体各质点之间均不产生相对运动。因而平衡状态时流体的黏滞性不起作用，流体只受重力和法向压力。

1.2.1 流体静压强

液体和固体一样，由于自重而产生压力。但流体和固体不同，因为流体具有流动性，流

体对任何方向的接触面都显示压力。流体对容器壁面、液体内部之间都存在压力。

在静止或相对静止的流体中，单位面积上的内法向表面力称为静压强。在静水中取一表面积为 A 的水体，如图1-4所示。设周围水体对 A 表面上某一微小面积 ΔS 产生的作用力为 ΔP，则该微小面积上的平均压强为

$$\bar{p} = \frac{\Delta P}{\Delta S} \tag{1-15}$$

当 ΔS 无限缩小到 a 点时，比值趋于某一极限值，该极限值为 a 点的静压强，以 p 表示

$$p = \lim_{\Delta S \to a} \frac{\Delta P}{\Delta S} \tag{1-16}$$

1.2.2 流体静压强的特性

流体静压强有两个重要特性：

特性一：流体静压强永远垂直于作用面，并指向该作用面的内法线方向即垂直性。

特性一表明静压强的方向总是和受压面垂直，并且只能是压力，不能是拉力。这一特性可用反证法证明。在平衡状态液体中，取出某一体积的液体，现假设作用在这一部分液体表面上的流体静压强的方向不是垂直于该作用面的。此时将该压强分解为垂直于作用面和平行于作用面的两个力。后者即为剪切摩擦力，这表明流体存在相对运动，与静止或平衡的约束条件相矛盾。故流体的静压强只能是垂直并指向受压面。

特性二：静止流体中任一点的静压强只有一个值，与作用面的方向无关，即任意点处各方向的静压强均相等，即各向等值性。

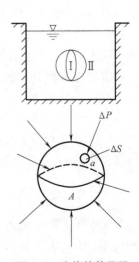

图1-4 流体的静压强

1.2.3 流体静压强的分布

1. 分界面、自由表面和等压面

两种密度不同且互不混合液体之间的接触面为分界面；液面和气体的交界面称为自由表面。流体中压强相等的各点组成的面叫作等压面。静止流体在重力作用下，分界面和自由表面既是等压面，又是水平面，这一规律只适于满足同种、静止和连续三个条件的流体。

等压面具有两个重要性质：一是在平衡液体中等压面即等势面；二是等压面与质量力正交。只有重力作用下的静止液体，其等压面必然是水平面。

敞口容器内静止液体中任一水平面均为等压面，液体的自由表面上所受的压强相同，为大气压强。若在连通器内，相连通的同一种液体在同高度上的压强相等。相连通的液体可以是在此水平面之下或之上。如图1-5中4—4面、5—5面不是等压面。

2. 静压强的分布规律

在静止的流体内部中任取一圆柱体作为隔离体，研究其底面的静压强，如图1-6所示。已知圆柱体的高度为 h，断面面积为 ΔA，其上表面与自由表面重合，所受压强为 p_0。在圆柱体侧面上的静水压力方向与轴向垂直，而且对称，故相互平衡，则圆柱体轴向的作用力有三个：上表面压力 $P_0 = p_0 \Delta A$，方向垂直向下；下表面压力 $P = p \Delta A$，方向垂直向上；圆柱体

的重力 $G=\rho gh\Delta A$，方向垂直向下。

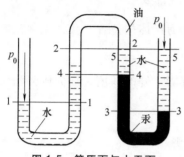

图 1-5　等压面与水平面

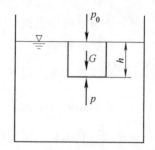

图 1-6　静止液体中的小圆柱体

根据圆柱体静止状态的平衡条件，假设方向向上为正，向下为负，则可得圆柱体轴向的力平衡方程，即

$$p\Delta A-\rho gh\Delta A-p_0\Delta A=0 \tag{1-17}$$

即

$$p=p_0+\rho gh=p_0+\gamma h \tag{1-18}$$

式中　p——静止流体中任一点的压强，单位为 N/m^2；

p_0——液体表面压强，单位为 N/m^2；

γ——液体的重度，单位为 N/m^3；

h——所研究的点在液面下的深度，单位为 m。

式（1-18）是静水压强基本方程式。式中 γ 和 p_0 都是常数。该方程表达了只有重力作用时流体静压强的分布规律。由式（1-18）说明流体的静压强与深度成直线分布规律，且流体中某点静压由两部分组成，即液面上的压强 p_0 和单位断面液柱自重引起的压强 γh。式（1-18）还说明流体内任一点的静压强都包含液面上的压强 p_0，因此，液面压强若有任何增量，都会使其内部各处的压强有同样的增量，即 $(p_B+\Delta p)=(p_0+\Delta p)+\gamma h$，这称为液面压强等值地在液体内传递的原理，即帕斯卡定律。

该方程也适用于静止气体，只是气体的重度很小，在高差不大的情况下可忽略 γh 项。

只有重力作用时静止液体静压强的分布规律如下：

1）静止液体内任意一点的压强等于液面压强加上液体重度与深度乘积之和。

2）静止液体内压强随深度按直线规律变化。

3）同一深度的点压强相等，即等压面为水平面。

4）液面压强可等值在液体内传递。

3. 流体静力学方程式的其他形式

设水箱水面的压强为 p_0，在箱内的液体中任取两点 A 和 B，在箱底以下任取一基准面 0—0。箱内液面到基准面的高度为 z_0，A 点和 B 点到基准面的高度分别为 z_1 和 z_2，如图 1-7 所示。

由式（1-18），列出 A 点、B 点的压强表达式

A 点的压强为

$$p_1=p_0+\gamma（z_0-z_1） \tag{1-19}$$

B 点的压强为

$$p_2=p_0+\gamma（z_0-z_2） \tag{1-20}$$

将式（1-19）和式（1-20）两边同除以液体的重度并整理可得

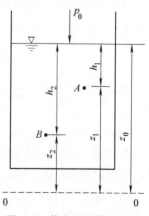

图 1-7　静水压强基本方程
的其他形式

$$z_1+\frac{p_1}{\gamma}=z_2+\frac{p_2}{\gamma}=z_0+\frac{p_0}{\gamma}=C=常数 \tag{1-21}$$

式中　　z——任一点的位置相对于基准面的高度，称为流体的位置水头，也称几何意义的位能、势能，几何压头等；

$\dfrac{p}{\gamma}$——在该点压强作用下，液体在测压管中所能上升的高度，称为压强水头，也称为流体的静压头等；

$z+\dfrac{p}{\gamma}$——测压管水头，图1-8表示流体测压管水头。

$z+\dfrac{p}{\gamma}=C$ 表示同一容器内的静止液体中，所有各点的测压管水头均相等。

4. 流体压强的表示方法

压强的表示方法一般有三种：

1）用应力单位表示。从压强定义出发，用单位面积上的力表示，单位为 N/m^2，国际单位制为 Pa。1Pa 表示每平方米面积上承受 1N 的压力。常用的还有 kN/m^2、N/cm^2 等。

2）用液柱高度表示。常用水柱高度和汞柱高度表示。其单位为 mH_2O、mmH_2O 或 mmHg。

3）用大气压的倍数表示。国际上规定一个标准大气压为 101.325kPa，其单位为 atm。

工程上经常使用的单位还有毫米汞柱（mmHg）、毫米水柱（mmH_2O）、大气压（atm）等。它们之间的换算关系如下：

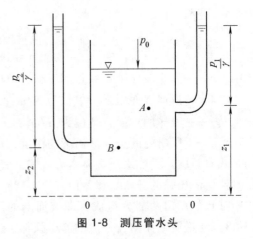

图1-8　测压管水头

$$1atm=760mmHg=10.33mH_2O=101325Pa=101.325kPa=101.325kN/m^2$$

5. 流体压强的度量

流体的压强按照基准点的不同，可分为绝对压强和相对压强。

（1）绝对压强　绝对压强是以设想没有大气存在的绝对真空状态作为零点计算的压强，称为绝对压强，常用符号 p' 表示。若液面的绝对压强为 p_0'，由式（1-18），则液体内某点绝对压强 p' 可写为

$$p'=p_0'+\rho gh \tag{1-22}$$

若液面的压强等于当地大气压强 p_a，则

$$p'=p_a+\rho gh \tag{1-23}$$

（2）相对压强　相对压强是以大气压强（p_0）为零点计算的压强。用符号 p 表示。

在实际工程中，因为被研究对象的表面均受大气压强作用，因此不需考虑大气压强的作用，即常用相对压强。在以后的讨论中，一般都指相对压强，若指绝对压强将会注明。

如果液体是自由表面，则自由表面压强有 $p_0=p_a$，则式（1-18）简化为

$$p=\rho gh \tag{1-24}$$

（3）绝对压强和相对压强的关系　绝对压强和相对压强的关系为

$$p = p' - p_0 \qquad (1-25)$$

式（1-25）表示绝对压强和相对压强相差一个当地大气压强值。

图 1-9 所示说明绝对压强和相对压强之间的关系。绝对压强总是正值，相对压强可能大于大气压强，也可以小于大气压强，即相对压强可以是正值也可以是负值。相对压强为正值的表示正压，即压力表读数；相对压强为负值，表示流体处于真空状态，可用真空度（真空压强）表示流体的真空程度。真空度用符号 p_k 表示。

$$p_k = p_0 - p' = -p \qquad (1-26)$$

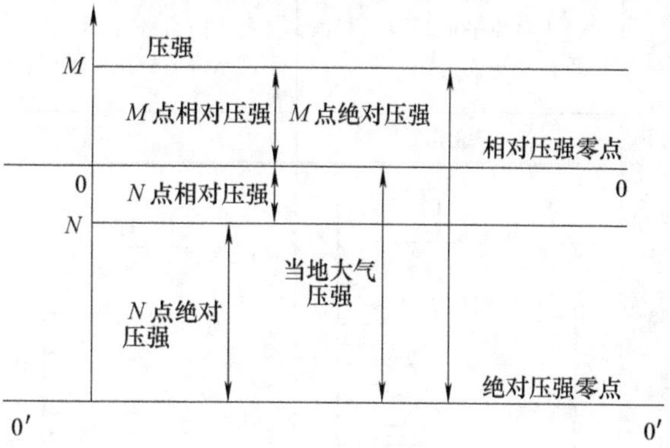

某点的真空度越大，说明它的绝对压强越小。真空度的最大值为 $98kN/m^2$，即该点处于完全真空状态，真空度的最小值为 0，即处于一个大气压强下。

图 1-9　压强图示

1.2.4　静水总压力计算

工程中，常常需要计算作用于整个建筑物上的静水总压力，如大坝的坝面、水池池壁、平板闸门等，这些水工设施的共同点是受压面都是平面，故称为平面静水总压力。水力计算的任务主要是计算静水总压力 P 的大小、方向和作用点。作用在平面上的液体总压力的常用方法有图解法和解析法。这两种方法的原理都是以静压强的特性及流体静压强公式为依据的。

1. 静水压强分布图

由静水压强方程 $p = \rho g h$ 可知，压强 p 与水深 h 呈线性函数关系，把受压面上压强与水深的这种函数关系表示成图形，称为静水压强分布图。在静压强计算中只涉及相对压强，所以只需画出相对压强分布图，其绘制原则是：

1）选定比例尺，用线段长度代表该点静水压强的大小。

2）在线段的一端用箭头标出静水压强的方向，并与受压面垂直。

由液体内任一点静水压强与水深呈直线变化，只要给出两点的压强即可确定此直线。以表 1-5 中序号 1 列中的图为例，具体做法：可选受压面最上点 A 和最下点 B，并用 $p = \rho g h$ 算出其大小，再按一定的比例尺取 $BC = \rho g h$，连 AC 可得压强分布图 ABC。静水压强方向垂直并指向受压面，故箭头指向受压面。

表 1-5 绘制出常见的相对压强分布图，压强分布图的图形因其受压面在液体中的位置、形状不同，也各不相同。

2. 图解法

图解法是利用静压强分布图计算液体总压力的方法。工程上常遇到的是矩形平面的问题，该方法用于计算作用在矩形平面上的液体总压力最为方便。

作用在平面上静水总压力的大小应等于分布在平面上各点静水压强的总和。因而，作用在单位宽度上的静水总压力应等于静水压强分布图的面积；整个矩形平面的静水总压力则等于平面的宽度乘压强分布图的面积。

表 1-5 常见的相对压强分布图

序号	1	2	3
类型	受压面为平面且顶点与液面重合	受压面为平面,受压面两侧同时承受不同水深的静压力作用	受压面为平面,受压面的顶点被淹没在液面以下
形状	三角形	梯形	梯形
静水压强分布图			

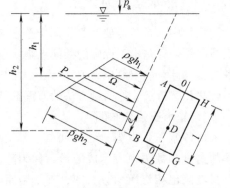

图 1-10 所示为一任意倾斜放置的矩形平面 AB-GH,平面长为 l,宽为 b,并令其压强分布图的面积为 Ω,因压强分布图为梯形,则作用于矩形平面上的静水总压力为

$$P=b\Omega=\frac{1}{2}(\rho gh_1+\rho gh_2)bl \qquad (1-27)$$

矩形平面有纵向对称轴,P 的作用点 D 必位于纵向对称轴 0—0 上,同时总压力 P 的作用点还应通过压强分布图的形心点 Q,这样,P 的作用位置即可确定。

当压强分布为三角形时,压力中心 D 距底部距

图 1-10 倾斜放置矩形平面静水总压力

离为 $e=\dfrac{l}{3}$;当压强分布图为梯形分布时,压力中心距底部距离 $e=\dfrac{l(2h_1+h_2)}{3(h_1+h_2)}$。

3. 解析法

当受压面为任意形状,即无对称轴的不规则平面时,液体总压力的计算不能利用图解法求得。因此常用解析法求解液体总压力的大小和作用点的位置。

有一任意形状平面 EF,倾斜置于水中,与水平面的夹角为 α,平面面积为 A,平面形心点为 C。设平面 EF 的延展面与水面的交线为 OB,以及与 OB 相垂直的 OL 为一组参考坐标系,如图 1-11 所示。

先分析总压力的大小,因为静水总压力是由每一微面积上的静水压力所构成,在 EF 平面上任选一点 M,围绕 M 点取微分面积 dA。设 M 点在液面下的淹没深度为 h,故 M 点的静水压强为 $p=\rho gh$,微分面 dA 上各点压强可视为与 M 点相同,故作用在 dA 面上静水压力为 $dP=pdA=\rho ghdA$,整个 EF 平面上的静水总压力为

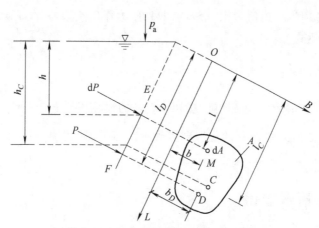

图 1-11 任意形状平面上静水总压力

$$P = \int_A \mathrm{d}P = \int_A \rho g h \mathrm{d}A$$

设 M 点在 OBL 参考坐标系上的坐标为 (b, l)，由图可知 $h = l\sin\alpha$。则

$$P = \int_A \mathrm{d}P = \int_A \rho g h \mathrm{d}A = \rho g \sin\alpha \int_A l \mathrm{d}A$$

$\int_A l \mathrm{d}A$ 为受压面面积 A 对 OB 轴的静面矩。由理论力学可知，其值等于受压面积 A 与其形心点坐标 l_C 的乘积。故

$$p = \rho g \sin\alpha \, l_C A = \rho g h_C A \tag{1-28}$$

式中 A——受压面面积。

因 $h_C = l_C \sin\alpha$，$p_C = \rho g h_C$ 为形心点的压强，故式（1-28）可写为

$$p = p_C A \tag{1-29}$$

式（1-29）表明：作用在任意平面上的静水总压力等于平面形心点的压强与平面面积的乘积。

再分析总压力作用点的位置 D，D 点在坐标系中的坐标为 (b_D, l_D)。根据理论力学知识可知，合力对任一轴的力矩等于各分力对该轴力矩的代数和。根据这一原理，计算静水压力分别对 OB 轴及 OL 轴的力矩。

对 OB 轴有

$$Pl_D = \int_A l p \mathrm{d}A = \int_A l \rho g h \mathrm{d}A = \int_A l \rho g l \sin\alpha \mathrm{d}A = \rho g \sin\alpha \int_A l^2 \mathrm{d}A \tag{1-30}$$

令 $I_b = \int_A l^2 \mathrm{d}A$，$I_b$ 表示平面 EF 对 OB 轴的惯性矩。由平行移轴定理 $I_b = I_c + l_C^2 A$，I_c 表示平面 EF 对于通过其形心 C 且与 OB 轴平行的轴线的惯性矩。将平行移轴定理代入式（1-30）：

$$Pl_D = \rho g I_b \sin\alpha = \rho g \sin\alpha (I_c + l_C^2 A) \tag{1-31}$$

则

$$l_D = \frac{\rho g \sin\alpha (I_c + l_C^2 A)}{P} = \frac{\rho g (I_c \sin\alpha + l_C^2 A)}{\rho g l_C A \sin\alpha}$$

即

$$l_D = l_C + \frac{I_c}{l_C A} \tag{1-32}$$

式（1-32）中各项均为正值，则 $l_D > l_C$。即总压力作用点 D 在平面形心点 C 的下方。同理得 b_D 的表达式为

$$b_D = \frac{I_{bl}}{l_C A}$$ (1-33)

式中 I_{bl}——$\int_A bl dA$，表示平面 EF 对 OB 及 OL 轴的惯性积。

求出 l_D 和 b_D，则压力中心 D 的位置即可确定。若平面 EF 有纵向对称轴，则 b_D 不必计算，因为 D 点必在纵向对称轴上。

1.3 流体运动基本知识

流体在建筑设备中都和运动密切相关，因此需要了解一些流体运动的基本概念。流体的运动是自然界中一种普遍现象。流体动力学是研究流体运动的规律及其在工程中的应用的科学。流体的运动是多种多样的，但都应服从物体机械运动的基本规律，即质量守恒定律、能量守恒定律和动能定律。

流体动力学包括流体运动学与流体动力学两部分。前者研究流体运动的方式及其速度、加速度、位移等随空间与时间的变化；后者研究引起运动的原因和确定作用力、力矩、动量和能量的方法。

1.3.1 流体动力学的基本概念

1. 元流和总流

元流是流体运动时，在流体中取一微小面积 dS，并在 dS 面积上各点引出流线并形成一股流束，在元流内的流体不会流到元流外面；在元流外面的流体也不会流进元流内。由于 dS 很小，可以认为 dS 上各点的压强、流速等运动要素相等。如图 1-12 所示。总流是流体运动时无数元流的总和。

2. 过流断面、流量和断面平均流速

过流断面是流体运动时，与元流或总流全部流线正交的横断面，用 dw 或 w 表示，单位为 m² 或 cm²。均匀流的过流断面为平面；渐变流的过流断面可视为平面，如图 1-13a 所示；非均匀流的过流断面为曲面，如图 1-13b 所示。

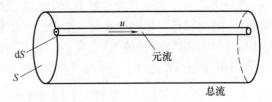

图 1-12　元流与总流

研究表明，均匀流和渐变流的过流断面上的压强符合静压强分布。

流量是流体运动时单位时间内通过过流断面的流体的量。流量通常用体积流量和质量流量来表示。体积流量是指单位时间内通过过流断面流体的体积，一般流量指的都是体积流量。质量流量是指单位时间内通过过流断面的流体质量。流体流动时，断面各点流速一般不同，在工程中经常使用断面平均流速，即断面上各点流速的平均值。如图 1-14 所示，断面平均流速为断面上各点流速的平均值。

流量、过流断面面积和流速三者之间应符合下面关系。即

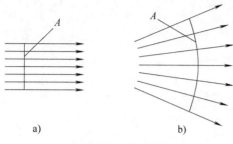
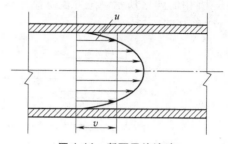

图 1-13　过流断面
a）均匀流的过流断面　b）非均匀流的过流断面

图 1-14　断面平均流速

$$Q = \omega v = \int \omega u \mathrm{d}\omega \qquad (1-34)$$

式中　Q——体积流量，单位为 $\mathrm{m^3/s}$；

　　　v——平均流速，单位为 $\mathrm{m/s}$；

　　　ω——过流断面面积，单位为 $\mathrm{m^2}$。

3. 恒定流和非恒定流

根据流体质点流经流场中某一固定位置时，其运动参数是否随时间变化这一条件，将流体运动形式分为恒定流动和非恒定流动两类。

恒定流动是指流体中任一点的压强和流速等运动参数不随时间变化的流动。例如，在定转速下离心式水泵的吸水管中的液体流动和不变水位容器的管嘴出流均为恒定流动，如图1-15a 所示。

非恒定流动是指流体中任一点压强和流速等参数随时间变化的流动。往复式水泵的吸、排水管中的流动和变水位容器的管嘴出流均为非恒定流动，如图1-15b 所示。

自然界的流体流动都是非恒定流动，在一定条件下工程上近似认为是恒定流。

4. 压力流和无压流

压力流是流体在压差作用下流动时，流体各个过流断面的整个周界都与固体壁相接触，没有自由表面，如供热工程中管道输送等，风道中气体、给水管中水的输送等都是压力流。压力流也称有压流、管流等。

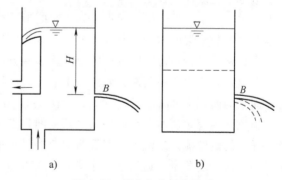

图 1-15　恒定与非恒定流动
a）恒定流动　b）非恒定流动

无压流是流体在重力作用下流动时，流体的部分周界与固体壁相接触，部分周界与气体相接触，形成自由表面。这种流体的运动称为无压流或重力流，或称为明渠流。如河流、明渠流和建筑排水横管中的水流等一般都是无压流动。

5. 均匀流和非均匀流

均匀流是流体运动时流线是平行直线的流动，如等截面长直管中的流动。非均匀流是流体运动时流线不是平行直线的流动，如流体在收缩管、扩大管或弯管中的流动等。

非均匀流又可分为渐变流和急变流。渐变流是流体运动中流线接近于平行线的流动，如

· 15 ·

图 1-16 中的 A 区所示。急变流是流体运动中流线不能视为平行直线的流动，如图 1-16 中的 B、C 和 D 区所示。

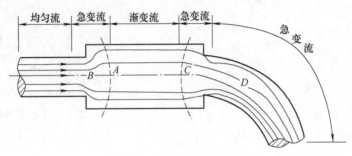

图 1-16　均匀流和非均匀流

6. 湿周与水力半径

湿周是指流体的过流断面与边界接触的固体周界长度，以 χ 表示，单位为 m。

水力半径是过流面面积与湿周的比值，用 R 表示，单位为 m，即

$$R = \frac{\omega}{\chi} \tag{1-35}$$

水力半径 R 反映断面的过水能力，与几何半径是不同的概念。对满流圆管，几何半径为 r，则有

$$R = \frac{\omega}{\chi} = \frac{\pi r^2}{2\pi r} = \frac{r}{2} \tag{1-36}$$

1.3.2　恒定流的连续性方程式

恒定流连续性方程是流体运动的基本方程之一，它是流体运动过程中质量守恒定律的数学表达式，是由质量守恒定律得出的。它的形式简单，但是在工程中的应用却十分广泛，尤其是在管道和明渠的水力计算中。对于不同的流体流动情况，连续性方程有不同的表达方式，本教材只讨论不可压缩流体的稳定连续性方程。

在恒定总流中取一元流，元流在 1—1 过流断面上的面积为 $\mathrm{d}\omega_1$，流速为 u_1，在 2—2 过流断面上的面积为 $\mathrm{d}\omega_2$，流速为 u_2，如图 1-17 所示。

当流动为恒定流时，元流形状以及空间各点的流速不随时间变化，流体为连续介质且不能从元流的侧壁流入或流出，即管路中流体没有增加和漏失的情况。因此，应用质量守恒定律，同一流体的质量在运动过程中既不能创生也不能消失，即流体流进断面 $\mathrm{d}\omega_1$ 的质量一定等于流出 $\mathrm{d}\omega_2$ 断面的质量，其质量是保持不变的。

令流体流进 $\mathrm{d}\omega_1$ 的密度为 ρ_1，流出 $\mathrm{d}\omega_2$ 的密度为 ρ_2，则在 $\mathrm{d}t$ 时间内流进与流出的元流的质量相等，即

$$\rho_1 u_1 \mathrm{d}\omega_1 \mathrm{d}t = \rho_2 u_2 \mathrm{d}\omega_2 \mathrm{d}t \tag{1-37}$$

即

$$\rho_1 u_1 \mathrm{d}\omega_1 = \rho_2 u_2 \mathrm{d}\omega_2 \tag{1-38}$$

推广到总流，得

$$\int_{\omega_1} \rho_1 u_1 \mathrm{d}\omega_1 = \int_{\omega_2} \rho_2 u_2 \mathrm{d}\omega_2 \tag{1-39}$$

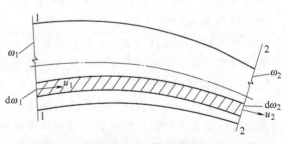

图 1-17　恒定总流段

由于在同一过流断面上，密度 ρ 为常数，以 $\int_\omega u\mathrm{d}\omega = Q$ 代入式（1-39）得

$$\rho_1 Q_1 = \rho_2 Q_2 \tag{1-40}$$

或

$$\rho_1 \omega_1 v_1 = \rho_2 \omega_2 v_2 \tag{1-41}$$

式中 ρ——流体密度；

ω——总流过流断面面积；

v——总流的断面平均流速；

Q——总流的流量。

式（1-40）与式（1-41）为不可压缩流体的总流的质量流量的连续性方程式。

由于重度 $\gamma = \rho g$，同一地区的重力加速度 g 又相同，故可得出过流断面 1—1、2—2 总流的流量关系

$$\gamma_1 Q_1 = \gamma_2 Q_2 \tag{1-42}$$

或

$$\gamma_1 v_1 \omega_1 = \gamma_2 v_2 \omega_2 \tag{1-43}$$

或

$$G_1 = G_2 \tag{1-44}$$

式（1-42）、式（1-43）与式（1-44）为不可压缩流体的总流重力流量的连续性方程式。

当流体不可压缩时，流体的重度 γ 不变，得

$$Q_1 = Q_2 \tag{1-45}$$

或

$$v_1 \omega_1 = v_2 \omega_2 \tag{1-46}$$

推广至任意截面，有 $v_1 \omega_1 = v_2 \omega_2 = \cdots = $ 常数。

式（1-45）和式（1-46）为不可压缩流体的总流体积流量的连续性方程式。式（1-46）表明流速与断面面积成反比的关系，即截面积越小，流速越大；反之，截面积越大，流速越小。式（1-45）和式（1-46）在实际工程中应用广泛。

对于工程上的不可压缩流体，可用总流重力流量的连续性方程式，即式（1-40）或式（1-42）来进行计算。

对于圆形管道，式（1-46）可变形为

$$\frac{v_1}{v_2} = \frac{\omega_2}{\omega_1} = \frac{d_2^2}{d_1^2} \tag{1-47}$$

该式说明不可压缩流体在圆形管道中任意截面的流速与管内径的平方成反比。

[例 1-1] 图 1-18 所示为一变断面圆管，已知 1—1 断面直径 $d_1 = 200\text{mm}$，$v_1 = 0.20\text{m/s}$，2—2 断面直径 $d_2 = 100\text{mm}$，求 v_2 为多少？

解：由式（1-46）$v_1 \omega_1 = v_2 \omega_2$ 得

$$v_2 = \frac{\omega_1}{\omega_2} v_1 = \frac{\frac{1}{4}\pi d_1^2}{\frac{1}{4}\pi d_2^2} v_1 = \frac{200^2}{100^2} \times 0.20\text{m/s} = 0.80\text{m/s}$$

[例 1-2] 如图 1-19 所示管路由一段 $\phi 89\text{mm} \times 4\text{mm}$ 的管 1，一段 $\phi 108\text{mm} \times 4\text{mm}$ 的管 2 和两段 $\phi 57\text{mm} \times 3.5\text{mm}$ 的分支管 $3a$ 及 $3b$ 连接而成。若水以 $9 \times 10^{-3}\text{m}^3/\text{s}$ 的体积流量流动，且在两段分支管内的流量相等，试求水在各段管内的速度为多少（注：4mm 为壁厚）。

解：管 1 的内径为 $d_1 = (89 - 2 \times 4)\text{mm} = 81\text{mm}$

管 2 的内径为 $d_2 = (108 - 2 \times 4)\text{mm} = 100\text{mm}$

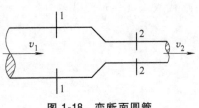

图 1-18　变断面圆管

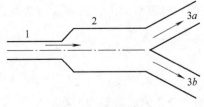

图 1-19　管路系统

管 3 的内径为 $d_3 = (57 - 2 \times 3.5)\,\text{mm} = 50\,\text{mm}$

则水在管 1 中的流速为 $v_1 = \dfrac{Q}{\omega_1} = \dfrac{Q}{\dfrac{\pi d_1^2}{4}} = \dfrac{9 \times 10^{-3}}{0.785 \times 0.081^2}\,\text{m/s} = 1.75\,\text{m/s}$

则水在管 2 中的流速为 $v_2 = v_1\dfrac{d_1^2}{d_2^2} = 1.75 \times \dfrac{81^2}{100^2}\,\text{m/s} = 1.15\,\text{m/s}$

因水在分支管路管 3a 及 3b 中的流量相等，则有 $v_2\omega_2 = 2v_3\omega_3$

即水在管 3a 及 3b 中的流速为 $\dfrac{v_2}{2}\dfrac{d_2^2}{d_3^2} = \dfrac{1.15}{2} \times \dfrac{100^2}{50^2}\,\text{m/s} = 2.30\,\text{m/s}$

1.3.3　实际液体恒定总流能量方程式

能量既不能消失也不能创生，只能由一种形式转化为另一种形式，或从一个物体转移到另一个物体，而在转化和转移的过程中总和保持不变。

能量守恒及其转化规律是物质运动的一个普遍规律。应用此规律来分析液体运动，可以揭示液体在运动中压强、流速等运动要素随空间位置的变化关系，从而为解决许多工程技术问题奠定基础。

如图 1-20 所示，液体流过过流断面 Ⅰ—Ⅰ 和 Ⅱ—Ⅱ 间流段，同一过流断面上单位质量液体包含位能、压能和动能，则该断面上单位质量液体的机械能量为三项能量之和。当为黏性不可压缩液体恒定流动时，根据能量守恒定律，实际液体总流的能量方程即为单位质量液体通过过流断面 Ⅰ—Ⅰ 和 Ⅱ—Ⅱ 的平均能量损失，也等于两个过流断面的机械能之差，即伯努利方程。

$$h_{l,1\text{-}2} = H_1 - H_2 = \left(z_1 + \frac{p_1}{\gamma} + \frac{\alpha_1 v_1^2}{2g}\right) - \left(z_2 + \frac{p_2}{\gamma} + \frac{\alpha_2 v_2^2}{2g}\right) \tag{1-48}$$

式中　$h_{l,1\text{-}2}$——单位质量液体通过流段 Ⅰ—Ⅰ 和 Ⅱ—Ⅱ 的水头损失，单位为 m；

H_1、H_2——过流断面 Ⅰ—Ⅰ 和 Ⅱ—Ⅱ 上单位质量液体的总水头，单位为 m；

z_1、z_2——过流断面 Ⅰ—Ⅰ 和 Ⅱ—Ⅱ 上单位质量液体的位置水头，单位为 m；

$\dfrac{p_1}{\gamma}$、$\dfrac{p_2}{\gamma}$——过流断面 Ⅰ—Ⅰ 和 Ⅱ—Ⅱ 上单位质量液体的压强水头，单位为 m；

$\dfrac{\alpha_1 v_1^2}{2g}$、$\dfrac{\alpha_2 v_2^2}{2g}$——过流断面 Ⅰ—Ⅰ 和 Ⅱ—Ⅱ 上单位质量液体的流速水头，单位为 m。

式中的 α 为动能修正系数，如果用断面平均流速 v 代替质点流速 u 计算动能所造成误差的修正，一般 α 取 $1.05 \sim 1.1$，为计算方便，一般常取 $\alpha = 1.0$。

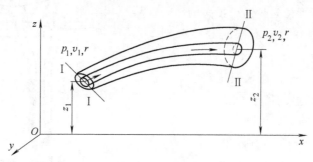

图 1-20 恒定总流段

同一过流断面上单位质量液体位置水头、压强水头和流速水头之和为该断面上的总水头。式（1-48）表明单位质量液体通过流段 Ⅰ—Ⅱ 的平均能量损失等于两个断面的机械能之差。

伯努利方程式中每一项的量纲都是长度，位置水头、压强水头和流速水头可用测压管和测速管测出，它们都可以在断面上用垂直线段在图中表示出来。这就对方程式各项在流动过程中的变化关系以更形象的描述，如图 1-21 所示。

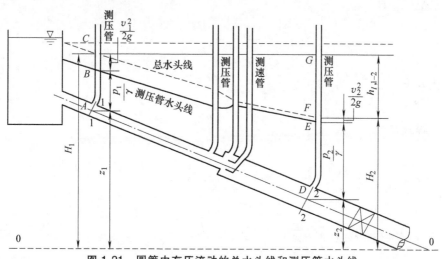

图 1-21 圆管中有压流动的总水头线和测压管水头线

（1）总水头线 将各断面上的总水头顶点连成的一条线。在实际水流中由于水头损失的存在，所以总水头线总是沿流程下降的倾斜线。通常把总水头线沿流程的降低值 $h_{l,1-2}$ 与沿程长度 l 的比值称为总水头坡度或水力坡度，用符号 i（Pa/m）表示，它表示沿流程单位长度上的水头损失，即

$$i = \frac{h_{l,1-2}}{l} \tag{1-49}$$

（2）测压管水头线 各过流断面的测压管水头 $\left(z + \dfrac{p}{\gamma} \right)$ 连成的一条线。测压管水头线可能上升，可能下降，也可能水平，可能是直线也可能是曲线。

[例1-3] 图1-22所示为文丘里流量计，它装置在管路中，是一段管径先收缩后扩大的短管，将流量计收缩前的 A 点和收缩喉部的 B 点分别与水银压差计的两端连通。当管中水从 A 向 B 通过时，因 A、B 两点的压强不等，在水银压差计上将出现水银柱高差 Δh。求通过的流量 Q 值。

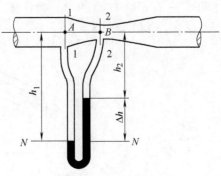

图1-22 文丘里流量计

解：以 N—N 为等压面，则

$$p_A + \gamma h_1 = p_B + \gamma h_2 + \gamma_{Hg} \Delta h$$

$$\frac{1}{\gamma}(p_A - p_B) = \left(\frac{\gamma_{Hg}}{\gamma} - 1\right)\Delta h = 12.6\Delta h$$

过流断面选在安置水银压差计的 1—1 和 2—2 断面上，基准面选为文丘里管轴线，则由伯努利方程可得：

$$h_{l,1\text{-}2} = \left(z_1 + \frac{p_1}{\gamma} + \frac{\alpha_1 v_1^2}{2g}\right) - \left(z_2 + \frac{p_2}{\gamma} + \frac{\alpha_2 v_2^2}{2g}\right)$$

取 $\alpha_1 = \alpha_2 = 1.0$。因管路很短，水头损失很小，可取 $h_{l,1\text{-}2} \approx 0$。又由于文丘里管水平设置，采用的为水银压差计，故 $z_1 = z_2 = 0$

$$\frac{p_1}{\gamma} - \frac{p_2}{\gamma} = \frac{1}{\gamma}(p_A - p_B) = 12.6\Delta h$$

将上述值代入上列公式可得 $12.6\Delta h = \dfrac{v_2^2}{2g} - \dfrac{v_1^2}{2g}$ (1-a)

根据连续方程式得 $v_2 = v_1 \dfrac{d_1^2}{d_2^2}$ (1-b)

式（1-a）、式（1-b）联立得 $12.6\Delta h = \dfrac{v_1^2}{2g}\left(\dfrac{d_1^4}{d_2^4} - 1\right)$ 或 $v_1 = \sqrt{\dfrac{2g\,(12.6\Delta h)}{\dfrac{d_1^4}{d_2^4} - 1}}$

所以，$Q' = \omega_1 v_1 = \dfrac{\pi d_1^2}{4}\sqrt{\dfrac{2g\,(12.6\Delta h)}{\dfrac{d_1^4}{d_2^4} - 1}}$

为了简化公式，用符号 A 表示上式所得常数，即 $A = \dfrac{\pi d_1^2}{4}\sqrt{\dfrac{2g}{\dfrac{d_1^4}{d_2^4} - 1}}$

则文丘里流量公式为 $Q' = A\sqrt{12.6\Delta h}$

上式未计入水头损失，算得的流量会比管中实际流量略大。如果考虑流经文丘里流量计过流断面 1—1、2—2 间的水头损失，应乘以小于 1 的系数 μ，称为文丘里流量系数，实验中测定 μ 一般为 $0.97 \sim 0.99$。

则 $Q' = \mu A\sqrt{12.6\Delta h}$

1.4 流动阻力和水头损失

1.4.1 流动阻力和水头损失的两种形式

由于流体具有黏滞性及固体边壁的不光滑，因此流体在流动过程中既受到存在相对运动的各流层间内摩擦力的作用，又受到流体与固体边壁之间摩擦阻力的作用，同时由于固体边壁形状的变化，也会对流体流动产生阻力作用。为了克服上述阻力，在流动过程中必须消耗流体所具有的机械能，称为能量损失或水头损失。

本节的任务就是研究恒定流动时各种流态下的流动阻力和水头损失的相关计算。确定管路系统中流体的水头损失是进行工程计算的重要内容之一，也是对工程中有关设备和管路中的管径进行选择的重要依据。

1. 沿程阻力和沿程水头损失

流体在长直管（或明渠）中流动，所受的摩擦阻力称为沿程阻力。为了克服沿程阻力而消耗的单位质量流体的机械能量称为沿程压力损失（相应的水头损失 h_f）。

2. 局部阻力和局部水头损失

流体的边界在局部地区发生急剧变化时，迫使主流脱离边壁而形成漩涡，流体质点间产生剧烈的碰撞所形成的阻力称为局部阻力。为了克服局部阻力而消耗的单位质量流体的机械能量称为局部阻力损失（相应的局部水头损失 h_j）。

管路系统主要由两部分组成，一部分是直管，另一部分是管件、阀门等。故在直径不变的直管段上，只有沿程水头损失 h_f，在管道入口处和管道管径处有弯头、阀门等水流边界急剧改变处产生局部水头损失 h_j。

如图 1-23 所示给水管道，管道有弯头、突然扩大、突然缩小、闸门等。在管径不变的管段上，只有沿程水头损失 h_f。测压管水头线和总水头线都是互相平行的直线。在弯头、突然扩大、突然缩小、闸门等水流边界面急剧改变处产生局部水头损失 h_j。

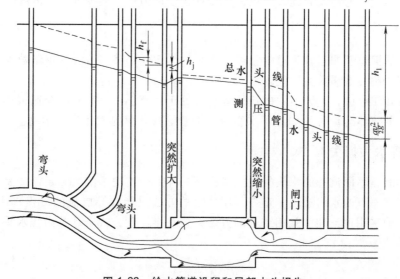

图 1-23　给水管道沿程和局部水头损失

整个管道的总水头损失 h_1 等于各沿程水头损失 h_f 与各局部水头损失 h_j 叠加之和，即

$$h_1 = \sum h_f + \sum h_j \tag{1-50}$$

1.4.2 流态与判定

对于圆管，采用管径 d、流体密度 ρ、动力黏度 μ 和流速 v 组合的无量纲的数，即雷诺数 Re 来判别流动状态。

$$Re = \frac{\rho v d}{\mu} = \frac{v d}{\nu} \tag{1-51}$$

式中　Re——雷诺数；

ρ——流体的密度，单位为 kg/m^3；

v——流体的平均流速，单位为 m/s；

d——管径，单位为 m；

μ——流体的动力黏度，单位为 $Pa \cdot s$ 或 $N \cdot s/m^2$；

ν——流体的运动黏度，单位为 m^2/s。

对于流速等于临界流速的雷诺数称为临界雷诺数。管流的临界雷诺数约为 2000～2300。若实际雷诺数大于临界雷诺数为紊流，小于临界雷诺数为层流。

对于明渠、天然河道及非圆管管道，其特征长度量为水力半径。

设 R 为水力半径，则　　　　　$$R = \frac{\omega}{\chi} \tag{1-52}$$

式中　ω——过流断面积，单位为 m^2；

χ——湿周，表示流体同固体边壁在过流断面上接触的周边长度，单位为 m。

对于圆形断面管流的水力半径 $R = \dfrac{\omega}{\chi} = \dfrac{\frac{\pi d^2}{4}}{\pi d} = \dfrac{d}{4} \tag{1-53}$

对于矩形断面管道的水力半径 $R = \dfrac{ab}{2(a+b)} \tag{1-54}$

对于明渠、天然河道及非圆管管道，其特征长度量为水力半径 R，雷诺数

$$Re = \frac{\rho v R}{\mu} = \frac{v R}{\nu} \tag{1-55}$$

明渠、天然河道及非圆管管道的临界雷诺数约为 500～575。若实际雷诺数大于临界雷诺数为紊流，小于临界雷诺数为层流。

在建筑设备工程中，绝大多数的流体运动都处于紊流形态。只有在流速很小，管径很小或黏滞性很大的流体运动时（如地下水渗流、油管等）才可能发生层流运动。

1.4.3 沿程水头损失

流体运动时，不同流态的水头损失规律是不一样的。工程中的大多数流动是紊流，因此下面介绍紊流状态下的水头损失。迄今，用理论的方法只能推导层流的沿程水头损失公式。对于紊流，目前采用理论和实验相结合的方法，建立半经验公式来计算沿程水头损失，这类公式普通表达式为

$$h_f = \lambda \frac{l}{d} \frac{v^2}{2g} \tag{1-56}$$

式中　h_f——沿程水头损失，单位为 m；

　　　λ——沿程阻力系数；

　　　d——管径，单位为 m；

　　　l——管长，单位为 m；

　　　v——管中平均流速，单位为 m/s。

对于圆断面管渠，$d=4R$，所以式（1-56）变为

$$h_f = \lambda \frac{l}{4R} \frac{v^2}{2g} \tag{1-57}$$

式（1-57）也称为达西公式。

在实际工程中，有时是已知沿程水头损失 h_f 和水力坡度 i，而要求流速 v 的大小，为此，将式（1-57）整理得到

$$v = \sqrt{\frac{8g}{\lambda}} \sqrt{Ri} = C\sqrt{Ri} \tag{1-58}$$

式（1-58）称为均匀流流速公式或称谢才公式。该公式在明渠中应用很广。

1.4.4　沿程阻力系数 λ 和流速系数 C 的确定

1. 尼古拉兹实验曲线

沿程阻力系数是反映边界粗糙情况和流态对水头损失影响的一个系数。层流中沿程阻力系数 λ 只与雷诺数 Re 有关，在湍流中 λ 与雷诺数及粗糙度相关。为了确定沿程阻力系数 λ 的变化规律，尼古拉兹在圆管内壁采用人工加糙的方法，将多种粒径的砂粒分别粘贴在不同管径的管道内壁上，得到了 $\dfrac{\Delta}{d} = \dfrac{1}{1014} \sim \dfrac{1}{30}$ 六种不同的相对粗糙度的实验管道。其中 Δ 为砂粒粒径，称为绝对粗糙度，$\dfrac{d}{\Delta}$ 称为相对光滑度，$\dfrac{\Delta}{d}$ 称为相对粗糙度。尼古拉兹实验量测不同流量时的断面平均流速 v、沿程水头损失 h_f 及水温。

根据 $Re = \dfrac{vd}{\nu}$ 和 $\lambda = \dfrac{d}{l} \dfrac{2g}{v^2} h_f$ 两式，即可算出 Re 和 λ。把实验的结果点绘在双对数坐标纸上，横坐标以 $\lg Re$ 表示，纵坐标以 $\lg(100\lambda)$ 表示，最后得出图 1-24 所示的结果。

分析曲线，根据 Re-λ 的变化特征，图中曲线可分为五个区：

1）Ⅰ区为层流区。当 $Re<2300$ 时，所有的实验点，不论其相对粗糙度如何，都聚积在直线Ⅰ上，λ 与相对粗糙度 $\left(\dfrac{\Delta}{d}\right)$ 无关，λ 只与 Re 有关，其关系为 $\lambda = \dfrac{Re}{64}$。

2）Ⅱ区为层流转变为紊流的过渡区。当 $2300<Re<4000$ 时，λ 随 Re 的增大而增大，而与相对粗糙度 $\left(\dfrac{\Delta}{d}\right)$ 无关。此区域雷诺数范围很窄，实用意义不大。

3）Ⅲ区为紊流光滑区。不同相对粗糙度的实验点起初都集中在直线Ⅲ上，当 Re 增大时，相对粗糙度大的实验点在较低的 Re 时就偏离了直线Ⅲ，而相对粗糙度较小的实验点要在较大的 Re 时才偏离光滑区，即不同相对粗糙度的管道其紊流光滑的区域不同。在紊流光滑区，λ 只与 Re 有关，与相对粗糙度 $\left(\dfrac{\Delta}{d}\right)$ 无关。

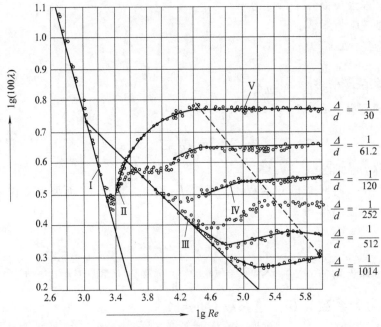

图 1-24 尼古拉兹实验曲线

4）Ⅳ区为紊流过渡区。在直线Ⅲ与虚线之间的范围内，不同相对粗糙度的实验点各自分散成一条波状的曲线。λ 既与 Re 有关，又与相对粗糙度$\left(\dfrac{\Delta}{d}\right)$有关。

5）Ⅴ区为紊流粗糙区。其区域为虚线以右的范围，不同相对粗糙度的实验点分别落在与横轴平行的直线上，λ 只与相对粗糙度有关，与 Re 无关，此区的流动阻力与流速平方成正比。故又称阻力平方区。

尼古拉兹实验全面揭示了不同流态下 λ 与 Re 及相对粗糙度的关系以及 λ 计算式的适用范围。

2. 沿程阻力系数 λ 的几个半经验公式

1）紊流光滑区：

尼古拉兹光滑管半经验公式 $\dfrac{1}{\sqrt{\lambda}} = 2\lg\left(Re\sqrt{\lambda}\right) - 0.8$ （1-59）

适用范围 $Re = 5\times10^4 \sim 3\times10^6$。

布劳修斯经验公式 $$\lambda = \frac{0.316}{Re^{\frac{1}{4}}}$$ （1-60）

适用范围 $Re = 4000 \sim 10^5$。

2）紊流粗糙区：

$$\frac{1}{\sqrt{\lambda}} = 2\lg\frac{d}{\Delta} + 1.136$$ （1-61）

此式为尼古拉兹粗糙管公式，适用范围 $Re \geqslant \dfrac{383}{\sqrt{\lambda}}\left(\dfrac{d}{\Delta}\right)$。

3）紊流过渡区：

$$\frac{1}{\sqrt{\lambda}} = -2\lg\left(\frac{\Delta}{3.7d} + \frac{2.51}{Re\sqrt{\lambda}}\right) \qquad (1\text{-}62)$$

此公式是柯列勃洛克-怀特（Colebrook & White）提出的。适用范围 $Re = 3000 \sim 10^6$。

3. 流速系数 C（或称谢才系数）的经验公式

1769 年法国工程师谢才根据明渠均匀流大量实测资料提出公式

$$v = C\sqrt{RJ} \qquad (1\text{-}63)$$

式中　v——断面平均流速，单位为 m/s；

　　　R——水力半径，单位为 m；

　　　J——水力坡度；

　　　C——谢才系数，单位为 $m^{1/2}/s$。

谢才系数一般由经验公式求得，在理论上仅适用于紊流粗糙区。1890 年爱尔兰工程师曼宁发表了他的研究结果。

$$C = \frac{1}{n}R^{1/6} \qquad (1\text{-}64)$$

式中　n——粗糙系数，视管壁、渠壁材料粗糙而定，见表 1-6。

海澄-威廉公式适用于常温下管径大于 50mm，流速小于 3m/s 的管中水流。

$$v = 0.85CR^{0.63}i^{0.54} \qquad (1\text{-}65)$$

式中　v——管中平均流速，单位为 m/s；

　　　C——海澄-威廉系数，可由表 1-7 选取；

　　　R——水力半径，单位为 m；

　　　i——水力坡度，单位为 Pa/m。

表 1-6　给水排水工程中常用管渠材料的 n 值

管渠材料	n	管渠材料	n
钢管、新的接缝光滑铸铁管	0.011	粗糙的砖砌面	0.015
普通的铸铁管	0.012	浆砌块石	0.020
陶土管	0.013	一般土渠	0.025
混凝土管	0.013~0.014	混凝土渠	0.014~0.017

表 1-7　C 值

管道类别		海澄-威廉系数 C
钢管、铸铁管	水泥砂浆内衬	120~130
	涂料内衬	130~140
	旧钢管、旧铸铁管（未加内衬）	90~100
混凝土管	预应力混凝土管（PCP）	110~130
	预应力钢筒混凝土管（PCCP）	120~140
塑料管	化学管材（聚乙烯管、聚氯乙烯管、玻璃纤维增强树脂加砂管等），内衬与内涂塑料的钢管	140~150

1.4.5　局部水头损失

在实际水力计算中，局部水头损失可以采用流速水头乘以局部阻力系数后得到，即

$$h_j = \xi \frac{v^2}{2g} \tag{1-66}$$

式中 h_j——局部水头损失，单位为 m；

ξ——局部阻力系数，多是根据管配件、附件不同，由实验测出，各种局部阻力系数值可查阅相关手册得到；

v——过流断面的平均流速，它应与 ξ 值相对应，除注明外，一般用阻力后的流速；

g——重力加速度。

以上分别讨论了沿程和局部水头损失的计算，从而解决了流体运动中任意两过流断面间的水头损失计算问题，即

$$h_l = \sum h_f + \sum h_j = \sum \lambda \frac{l}{d} \frac{v^2}{2g} + \sum \xi \frac{v^2}{2g} \tag{1-67}$$

[例1-4] 水泵的吸水管装置如图1-25所示。设水泵的最大允许压力为 $\frac{p_k}{\gamma} = 7mH_2O$，工作流量 $Q = 8.3L/s$，吸水管直径 $d = 80mm$，长度 $l = 10m$，$\lambda = 0.04$，弯头局部阻力系数 $\xi_{弯头} = 0.7$，$\xi_{底阀} = 8$，求水泵的最大许可安装高度 H_s。

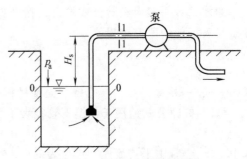

图1-25 水泵吸水管装置简图

解：以吸水井的水面为基准面，列断面0—0与1—1的伯努利方程为

$$0 + \frac{p_a}{\gamma} + 0 = H_s + \frac{p_1}{\gamma} + \frac{\alpha_1 v_1^2}{2g} + h_l$$

得

$$H_s = \frac{p_a - p_1}{\gamma} - \frac{\alpha_1 v_1^2}{2g} - h_l$$

式中，$\frac{p_a - p_1}{\gamma} = \frac{p_k}{\gamma}$ 是水泵进口断面1—1处的压力，$\frac{p_k}{\gamma} = 7mH_2O$

$$v = \frac{Q}{S_1} = \frac{0.0083}{\frac{\pi}{4} \times (0.08)^2} m/s = 1.65 m/s$$

$$h_l = \left(\lambda \frac{l}{d} + \xi_{底阀} + \xi_{弯头} \right) \frac{v_1^2}{2g} = \left(0.04 \times \frac{10}{0.08} + 8 + 0.7 \right) \times \frac{1.65^2}{2 \times 9.81} mH_2O = 1.91 mH_2O$$

将以上各值代入前式，得

$$H_s = \left(7 - \frac{1.65^2}{2 \times 9.81} - 1.91 \right) m = 4.95 m$$

1.5 孔口、管嘴出流

在建筑工程和水利工程中，储水容器、水池、水库的水位常根据需要进行调节，因此，孔口出流和管嘴出流是工程上常见的水力学问题，例如，水池、水库和船闸的放水是通过孔口、闸孔和管嘴的出流来实现的。在容器上开孔，水经孔口流出的水流现象称为孔口出流。

在孔口上接一个 $3\sim4$ 倍孔径短管，水经过短管并在其出口断面形成满管出流的水力现象称为管嘴出流。

液体从容器侧壁的孔口流出，出流的水舌在重力作用下发生弯曲。水舌内的动水压强显然不服从静水压强分布规律，因为，水舌上下表面的压强都等于当地大气压。一般可近似认为水舌内的动水压强也等于大气压。水舌内的流体速度分布也很复杂，各点的速度大小和方向都不相同。

1.5.1 薄壁小孔口恒定出流

孔口出流时，壁厚对出流无影响的孔口称为薄壁孔口。

孔口上下缘在水面下的深度不同，其作用水头不同。当孔口的直径 d 或高度 e 与孔口形心在水面下的深度 H 相比较很小，即 $\dfrac{H}{d}\geqslant 10$ 时，便可认为孔口断面上各点的水头相等，这样的孔口认为是小孔口，当 $\dfrac{H}{d}<10$ 时，应考虑孔口不同高度上的水头不等，这样的孔口则称为大孔口。

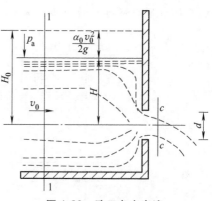

图1-26 孔口自由出流

1. 自由出流

自由出流是指管道出口水流直接流入大气中的出流。如图1-26所示，箱中水流的流线从孔口四周各个方向向孔口收缩，在孔口断面处各流线互不平行，水流在出口处距壁面约 $\dfrac{1}{2}$ 孔高处形成流股的收缩最小断面，称为收缩断面，如图1-26中的 c—c 断面。设孔口断面面积为 A，收缩断面面积为 A_c，则收缩系数 $\varepsilon=\dfrac{A_c}{A}$。

为推导孔口出流的基本公式，选通过孔口过水断面形心的水平面为基准面，取孔口前符合渐变流条件的过流断面 1—1，收缩断面 c—c。1—1 断面到 c—c 断面间的流段称为孔口出流段，一般孔口出流段较短，且为急变流段，忽略沿程水头损失，仅考虑局部水头损失。列1—1 和 c—c 断面的伯努利方程

$$H+\frac{p_0}{\rho g}+\frac{\alpha_0 v_0^2}{2g}=\frac{p_c}{\rho g}+\frac{\alpha_c v_c^2}{2g}+h_j \tag{1-68}$$

式（1-68）中孔口的局部水头损失 $h_j=\xi_0\dfrac{v_c^2}{2g}$，又 $p_0=p_c=p_a$，则有

令 $H_0=H+\dfrac{\alpha_0 v_0^2}{2g}$，代入式（1-68）整理得

收缩断面流速 v_c 为
$$v_c=\frac{1}{\sqrt{\alpha_c+\xi_0}}\sqrt{2gH_0}=\varphi\sqrt{2gH_0} \tag{1-69}$$

孔口的流量
$$Q=v_c A_c=\varphi\varepsilon A\sqrt{2gH_0}=\mu A\sqrt{2gH_0} \tag{1-70}$$

式中 H——作用水头，如流速 $v_0 \approx 0$，则 $H=H_0$；

ξ_0——孔口的局部阻力系数；

φ——孔口的流速系数，$\varphi=\dfrac{1}{\sqrt{\alpha_c+\xi_0}}\approx\dfrac{1}{\sqrt{1+\xi_0}}$；

μ——孔口的流量系数，$\mu=\varepsilon\varphi$。

2. 淹没出流

水由孔口直接进入另一部分水中称为孔口淹没出流，如图1-27所示。

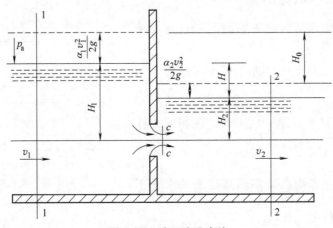

图1-27 孔口淹没出流

孔口淹没出流和自由出流一样，由于惯性作用，水流经孔口流束形成收缩断面 $c—c$，取上下游过流断面 1—1、2—2，列伯努利方程

$$H_1+\frac{\alpha_1 v_1^2}{2g}=H_2+\frac{\alpha_2 v_2^2}{2g}+\xi_0\frac{v_c^2}{2g}+\xi_{se}\frac{v_c^2}{2g} \tag{1-71}$$

令 $H_0=H_1-H_2+\dfrac{\alpha_1 v_1^2}{2g}$，$v_2$ 忽略不计，代入式（1-71）整理得

收缩断面流速 v_c 为

$$v_c=\frac{1}{\sqrt{\xi_0+\xi_{se}}}\sqrt{2gH_0}=\varphi\sqrt{2gH_0} \tag{1-72}$$

孔口的流量

$$Q=v_c A_c=\varphi\varepsilon A\sqrt{2gH_0}=\mu A\sqrt{2gH_0} \tag{1-73}$$

式中 H_0——作用水头，如流速 $v_1\approx 0$，则 $H_0=H_1-H_2$；

ξ_0——孔口的局部阻力系数，与自由出流相同；

ξ_{se}——水流自收缩断面突然扩大局部阻力系数；

φ——淹没孔口的流速系数，$\varphi=\dfrac{1}{\sqrt{\xi_0+\xi_{se}}}\approx\dfrac{1}{\sqrt{1+\xi_0}}$，$\varphi=0.97\sim0.98$；

μ——淹没孔口的流量系数，$\mu=\varepsilon\varphi$。对于薄壁小孔口的 $\mu=0.60\sim0.62$。

将孔口出流的两个基本公式进行对比，两式的形式相同，各项系数也相同。所不同的是，自由出流的水头是水面至孔口形心的深度，而淹没出流的水头是上下游水面高差。

1.5.2 圆柱形外管嘴恒定出流

水流入圆柱形外管嘴，在距进口不远处，形成收缩断面 $c—c$，在收缩断面处水流与管壁脱离，并形成旋涡区。其后水流逐渐扩大，在管嘴出口断面满管出流，如图 1-28 所示。

设开口容器，水由管嘴自由出流，取容器内过流断面 1—1 和管嘴断面 b—b 列伯努利方程（几何意义的能量方程）

$$H+\frac{\alpha_0 v_0^2}{2g}=\frac{\alpha v^2}{2g}+\xi_n\frac{v^2}{2g} \qquad (1\text{-}74)$$

令 $H_0 = H+\dfrac{\alpha_0 v_0^2}{2g}$，代入式（1-74）

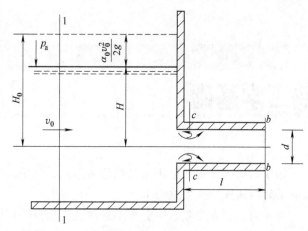

图 1-28　管嘴出流

整理得

管嘴出口流速 v 为
$$v=\frac{1}{\sqrt{\alpha+\xi_n}}\sqrt{2gH_0}=\varphi_n\sqrt{2gH_0} \qquad (1\text{-}75)$$

管嘴流量
$$Q=vA=\varphi_n A\sqrt{2gH_0}=\mu_n A\sqrt{2gH_0} \qquad (1\text{-}76)$$

式中　H_0——作用水头，如流速 $v_0=0$，则 $H_0=H$；

ξ_n——管嘴局部损失系数，相当于管道锐缘进口的损失系数，$\xi_n=0.5$；

φ_n——管嘴的流速系数，$\varphi_n=\dfrac{1}{\sqrt{\alpha+\xi_n}}\approx\dfrac{1}{\sqrt{1+0.5}}=0.82$；

μ_n——管嘴的流量系数，因出口断面无收缩，$\mu_n=\varphi_n=0.82$。

与孔口自由出流流量公式相比，管嘴的流量公式与之完全相同。所不同的是管嘴的流量系数 $\dfrac{\mu_n}{\mu}=\dfrac{0.82}{0.62}=1.32$，可见，在相同的作用水头下，同样断面积管嘴的过流能力是孔口过流能力的 1.32 倍。

为什么接管嘴后局部阻力增加了，而流量却增大呢？这是因为在收缩断面处存在真空，与孔口出流比较，对 c—c 断面而言，管嘴出流实际上提高了作用水头。

思　考　题

1. 流体的重度和密度有何区别和联系？

2. 什么是流体的黏滞性？它对流体流动有何作用？动力黏度和运动黏度有何联系和区别？

3. 什么是流体的压缩性和膨胀性？它们对液体和气体的重度和密度有何影响？

4. 什么是绝对压强、相对压强、真空度？它们之间的关系怎样？

5. 什么是雷诺数和水力半径？怎样用雷诺数判别流态？

第2章
热工学基础

　　热学是采用宏观方法研究热现象的理论，其中采用观察与试验方法得到的热能性质及其他能量转换的规律称为热力学。

　　在建筑工程专业领域中更是不乏涉及利用传热问题，例如，建筑新墙体材料的研制及其热物理性质的测试；热源和冷源设备的选择；供热通风空调及燃气产品的开发、设计和实验研究；各种热力设备及管道的保温材料的研制，热损失的分析计算；各类换热器的设计、选择和性能评价；建筑物的节能计算等。

2.1　工质的热力学状态

　　工质在热力设备中，必须经过吸热、膨胀、排热等过程才能完成将热能转化为机械能的工作，在这些过程中，工质的宏观物理状况随时在起变化。我们把工质在热力变化过程中的某一瞬间所呈现的宏观物理状况称为工质的热力学状态，简称状态。描述工质所处状态的宏观物理量称为状态参数。状态参数一旦完全确定，工质的状态也就确定了，因而状态参数是热力系统状态的单值函数，它的值取决于给定的状态，而与如何达到这一状态的途径无关。

　　研究热力过程时，常用的状态参数有压力 p、温度 T、体积 V、热力学能 U、焓 H 和熵 S，其中 p、T 和 V 可直接用仪器测量，使用最多，称为基本状态参数。其余状态参数可根据基本状态参数间接算出。

1. 温度 T

　　温度是宏观上反映物体的冷热程度。从微观上看，温度标志物质分子热运动的激烈程度。国际单位 K。温度值的高低用温标表示。常用的温标有热力学温标 T（单位 K）和摄氏温标 t（单位 ℃），两者之间的关系为

$$t = T - 273.15 \tag{2-1}$$

测量温度的仪器称为温度计。

2. 压力 p

　　压力是指单位面积上所受的垂直作用力，即压强，单位为 Pa。

　　1）大气压力 B：地球表面单位面积上所受到的大气的压力称为大气压力。大气压力不是一个定值，随着海拔、季节和气候条件而变化。通常把 0℃下、北纬 45°处海平面上作用的大气压作为一个标准大气压（atm），其值为

$$1\text{atm} = 101325\text{Pa} = 1.01325\text{bar}$$

　　2）相对压力：压力计指示的压力。

　　3）绝对压力 p：工质的真实压力，是热力学状态参数。

绝对压力、相对压力和大气压之间的关系如下：

当 $p > B$ 时 $p = B + p_g$

当 $p < B$ 时 $p = B - H$

式中 B——当地大气压力，单位为 Pa；

p_g——高于当地大气压时的压力，称为表压力，单位为 Pa；

H——低于当地大气压时的压力，称为真空度，单位为 Pa。

3. 比体积 v

工质所占有的空间称为工质的容积，单位质量工质所占有的容积称为工质的比体积。如果工质的容积为 V，质量为 m，那么比体积 v（m^3/kg）为

$$v = V/m \tag{2-2}$$

4. 热力学能（内能）U

热力学能是气体内部所具有的分子动能与分子位能的总和，单位为 J。它包括下面各项：

1）分子直线运动的动能。

2）分子旋转运动的动能。

3）分子内部原子和电子的振动能。

4）分子位能。

5）与分子结构有关的化学能和原子核内的原子能等。

由上分析可知，热力学能是温度和比体积的函数，即

$$U = f(T, v) \tag{2-3}$$

5. 焓 h

对于流动的工质，焓表示流动工质向流动前进方向传递的总能量中取决于热力状态的那部分能量。每 1kg 干空气的焓加上与其同时存在的 $d$kg 水蒸气的焓的总和，称为（$1+d$）kg 湿空气的焓，其单位用 J/kg（干）表示。焓 h（J/kg）的表达式为

$$h = U + pv \tag{2-4}$$

对于流动工质，焓是一个状态参数；对于不流动工质，焓只是一个复合状态。

6. 熵 s

熵是热力学第二定律非常重要的一个参数，1865 年克劳修斯将 $\dfrac{\delta q}{T}$ 定义为熵，单位为 J/（kg·K）。熵变的表达式为

$$\Delta s = \int_1^2 (\delta q/T)_{re} \tag{2-5}$$

2.2　水蒸气和湿空气

2.2.1　水蒸气

由于水蒸气容易获得，热力参数适宜且不污染环境，它是工业上广泛使用的工质。比如水蒸气作为热源加热供热网路中的循环水，空调中用水蒸气对空气进行加热或者加湿。

水蒸气是由液态水经汽化而来的一种气体，它离液态较近，性质较为复杂。

1. 水的三相点

如图 2-1 水的 p-T 所示，水的三相点为 T_{tp}，C 为临界点。$T_{tp}A$、$T_{tp}B$、$T_{tp}C$ 分别为气固、液固和气液相平衡曲线，即三条相平衡曲线的交点称为三相点。

2. 水蒸气的计算参数

1）温度为 0.01℃、压力为 p 的未饱和水。

2）温度为 t_n℃、压力为 p 的饱和水。

3）压力为 p 的干饱和蒸汽。

4）压力为 p 的湿饱和蒸汽。

5）压力为 p 的湿过热蒸汽。

3. 水蒸气表和图

水蒸气一般是在锅炉中制备的，是在定压的过程中产生的。在工程实际中，水蒸气的状态参数可根据水蒸气表和图查得。

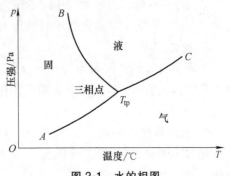

图 2-1　水的相图

水蒸气表一般有三种：按压力排列的饱和水与饱和水蒸气表；按温度排列的饱和水与饱和水蒸气表；按温度和压力排列的未饱和水与过热蒸汽表。

1）饱和水与饱和水蒸气表，因为在饱和线上和饱和区内压力和温度只有一个独立变量，因而可以用 t_n 或者 p_s 或者两者均有为独立变量列表。

2）未饱和水与过热蒸汽表，由于液体和过热蒸汽都是单相物质，需要两个独立参数才能确定。一般取 p 和 T 为独立变量。

2.2.2　湿空气

在通风、空调和干燥工程中，为使空气达到一定的温度和湿度，以符合生产工艺和生活上的要求，就不能忽略空气中水蒸气，在这种情况下，称空气为湿空气。湿空气是一种混合气体，其总压力为大气压力，其压力很低，组成湿空气的各种气体及水蒸气的分压力更低。

湿空气中水蒸气的含量比较少，但其变化却对空气环境的干燥和潮湿程度产生重要影响，而且水蒸气含量的变化也对一些工业生产的产品质量产生影响。因此，研究湿空气中水蒸气含量的调节在空气调节中占有重要地位。

1. 湿空气的焓湿图

湿空气的状态参数有很多，可以把与空气调节最密切的几个主要状态参数绘制在焓湿图（h-d 图）上，如图 2-2 所示。

2. 湿空气的压力

1）水蒸气分压力 p_q：湿空气中水蒸气单独占有湿空气的容积，并具有与湿空气相同温度时所产生的压力称为湿空气中水蒸气的分压力。

水蒸气分压力的大小反映空气中水蒸气含量的多少。空气中水蒸气含量越多，水蒸气分压力就越大。

2）饱和水蒸气分压力 p_{qb}：在一定温度下，湿空气中水蒸气含量达到最大限度时称湿空气处于饱和状态，此时相应的水蒸气分压力称为饱和水蒸气分压力。

湿空气的饱和水蒸气分压力是温度的单值函数。

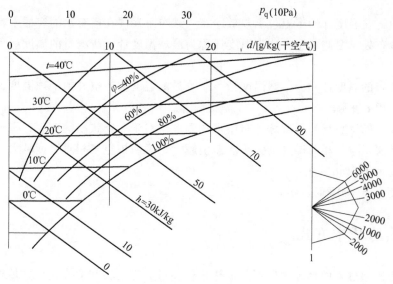

图 2-2　焓湿图

3. 含湿量 d

含湿量的定义为对应于 1kg 干空气的湿空气中所含有的水蒸气质量。它的单位为 kg/kg（干空气）。

含湿量的大小随空气中水蒸气含量的多少而改变，它可以确切地反映空气中水蒸气含量的多少。

4. 相对湿度 φ

相对湿度 φ 定义为湿空气的水蒸气分压力与同温度下饱和湿空气的水蒸气分压力之比，即 $\varphi = p_q / p_{qb}$

相对湿度反映了湿空气中水蒸气接近饱和含量的程度，反映了空气的潮湿程度。当相对湿度 $\varphi = 0$ 时，是干空气；当相对湿度 $\varphi = 100\%$ 时，为饱和湿空气。

5. 焓 h

每 1kg 干空气的焓加上与其同时存在的 d kg 水蒸气的焓的总和，称为（1+d）kg 湿空气的焓，其单位用 kJ/kg（干）表示。

在空气调节中，空气的压力变化一般很小，可近似为定压过程，因此湿空气变化时初、终状态的焓差，反映了状态变化过程中热量的变化。

6. 露点温度 t_l

在含湿量保持不变的条件下，湿空气冷却达到饱和状态时所具有的温度称为该空气的露点温度，用 t_l 表示。

当湿空气被冷却时，只要湿空气温度大于或等于其露点温度，就不会出现结露现象，因此湿空气的露点温度是判断是否结露的依据。

7. 湿球温度 t_s

在理论上，湿球温度是在定压绝热条件下，空气与水直接接触达到稳定热湿平衡时的绝热饱和温度，即在湿空气焓保持不变的条件下，湿空气冷却达到饱和状态时所具有的温度，

用 t_s 表示。

在现实中，在温度计的感温包上包敷纱布，纱布下端浸在盛有水的容器中，在毛细现象的作用下，纱布处于湿润状态，这支温度计称为湿球温度计，所测量的温度称为空气的湿球温度。

没有包纱布的温度计称为干球温度计，所测量的温度称为空气的干球温度，也就是空气的实际温度，用 t 表示。

湿球温度计的读数反映了湿球纱布中水的温度。对于一定状态的空气，干、湿球温度的差值实际上反映了空气相对湿度的大小。差值越大，说明该空气相对湿度越大。

相对湿度为 100% 时：$t_1 = t_s = t$。

相对湿度小于 100% 时：$t_1 < t_s < t$。

2.3 传热的基本方式

根据热量传递过程的物理本质不同，热量传递可分为三种基本方式：热传导、热对流和热辐射。

2.3.1 热传导

热传导也称导热。它是指热量由物体的高温部分向低温部分的传递，或者由一个高温物体向与其接触的低温物体的传递。例如，把铁棒的一端放入炉中加热时，由于铁棒具有良好的导热性能，热很快从加热端传递到未加热端，使该端温度升高。

导热可以在固体、液体和气体中发生，但在地球引力场的作用范围内，单纯的导热只发生在密实的固体和静止的流体中。

从微观角度来看，导热是物质的分子、原子和自由电子等微观粒子的热运动而产生的热传递现象，气体、液体、金属固体和非金属固体的导热机理是有所不同的。在气体中，导热是气体分子不规则热运动时相互碰撞的结果，就使热量由高温区传至低温区。在非金属晶体内，热量是依靠晶格的热振动波来传递，即依靠原子、分子在其平衡位置附近的振动所形成的弹性波来传递。在金属固体中，这种晶格振动波对热量传递只起很小的作用，主要是依靠自由电子的迁移来实现。至于液体的导热机理，至今还不清楚。

设有如图 2-3 所示的大平板，厚为 δ，表面积为 A，两表面分别维持均匀的温度 t_{w1} 及 t_{w2}，且 $t_{w1} > t_{w2}$。单位时间内从表面 1 传导到表面 2 的热流量 Q（W）与壁面两侧表面温差 $\Delta t = t_{w1} - t_{w2}$ 和垂直于热流方向的面积 A 成正比，与平板的厚度 δ 成反比，即

$$Q = \lambda A \frac{\Delta t}{\delta} \qquad (2-6)$$

单位时间内通过单位面积的热流量 q（W/m^2）为

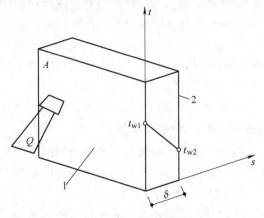

图 2-3　平壁导热

$$q = \frac{Q}{A} = \lambda \frac{\Delta t}{\delta} \tag{2-7}$$

式中，比例系数 λ 称为热导率，是表征材料导热能力的物性量，单位为 W/(m·K)；不同材料的热导率不同，金属材料的热导率最高，是良导电体，也是良导热体，液体次之，气体最小；q 又称为热流密度。

2.3.2 热对流

热对流是指由于流体的宏观运动，流体各部分之间发生相对位移、冷热流体相互掺混所引起的热量传递过程。

热对流仅发生在流体中。由于流体微团的宏观运动不是孤立的，与周围流体微团也存在相互碰撞和相互作用，因此，对流过程必然伴随有导热现象。流体既充当载体，又充当导热体。

对流换热是指流体与固体壁面之间有相对运动，且两者之间存在温度差时所发生的热量传递现象。对流换热概念在本质上有别于热对流，在实际工程应用中，普遍关心的问题是流体与固体壁面之间的热量传递。

当流体流过某一截面时，流体的温度按一定的规律变化着。除了流体各部分之间产生冷热流体相互掺混所引起的热量传递过程之外，相邻流体接触时也发生导热行为，因此对流换热是对流与导热共同作用的热量传递过程。对流换热的基本定律是英国科学家牛顿于1701年提出的牛顿冷却定律，其方程式为

$$Q = \alpha \Delta T A \tag{2-8}$$

或

$$q = \alpha \Delta T \tag{2-9}$$

式中 Q——对流换热量，单位为 W；

A——与流体接触的壁面换热面积，单位为 m^2；

ΔT——流体与壁面之间的温差，单位为 K 或 ℃；

α——表面传热系数或放热系数，单位为 W/(m^2·K)。

α 表示在单位时间内，当流体与壁面温差为 1K 时，流体通过壁面单位面积所交换的热量。其大小表征对流换热的强烈。

对于表面传热系时或放热系数的物理意义，一般来说，α 可认为是系统的几何形状、流体的物性和流体流动的状况（如层流、湍流及层流边界层等）以及温差 ΔT 的函数，近似计算时，可参照表 2-1 选取。

表 2-1 表面传热系数 α 近似值表

换热机理	α /[W/(m^2·K)]	换热机理	α /[W/(m^2·K)]
空气自由对流	5~50	水蒸气凝结	5000~100000
空气受迫对流	25~250	墙壁内表面	8.72
水受迫对流	250~15000	水沸腾	2500~25000

2.3.3 热辐射

热辐射是另一种热传递方式。物体以电磁波方式向外传递能量的过程称为辐射，被传递

的能量称为辐射能。但是，通常也把辐射这个术语用来表明辐射能本身。物体可因多种不同的原因产生电磁波从而发出辐射能。无线电台利用强大的高频电流通过天线向空间发出无线电波，就是辐射过程的例子。无线电波是电磁波的一种，此外，尚有由于其他种种原因而产生的宇宙射线、γ射线、X射线、紫外线、可见光和红外线等电磁波。从热传递的角度出发，并不需要涉及全部的电磁波类型，而只研究起因于热的原因的电磁波辐射。这种由于热的原因而发生的辐射称为热辐射。热辐射的电磁波是由物体内部微观粒子在运动状态改变时所激发出来的。在热辐射过程中，物体把它的热能不断地转换成辐射能。只要设法维持物体的温度不变，其发射辐射能的数量也不变。当物体的温度升高或降低时，辐射能也相应增加或减少。此外，任何物体在向外发出辐射能的同时，还在不断地吸收周围其他物体发出的辐射能，并把吸收的辐射能重新转换成热能。所谓辐射换热指物体之间的相互辐射和吸收过程的总效果。例如，在两个温度不等的物体之间进行的辐射换热，温度较高的物体辐射多于吸收，而温度较低的物体则辐射少于吸收，因此辐射换热的结果是高温物体向低温物体转移了热量。若两个换热物体温度相等，此时它们辐射和吸收的能量恰好相等，因此，物体间辐射换热量等于零。值得注意的是，此时物体间的辐射和物体间吸收过程仍在进行，这种情况称为热动平衡。

物体表面每单位时间、单位面积对外辐射的热量称为辐射力，用 E 表示，单位 W/m^2，其大小与物体表面性质及温度有关。对于绝对黑体，它的辐射力 E_b 与表面热力学温度的四次方成正比，即斯蒂芬-玻耳兹曼定律。

$$E_b = C_b (T/1000)^4 \tag{2-10}$$

式中　E_b——绝对黑体辐射力，单位为 W/m^2；

　　　C_b——绝对黑体辐射系数，$C_b = 5.67W/(m^2 \cdot K)$；

　　　T——热力学温度，单位为 K。

一切实际物体的辐射力 E 都低于同温度下绝对黑体的辐射力，有

$$E_b = \xi_b C_b (T/1000)^4$$

式中　ξ——实际物体表面的发射率，也叫黑度，其值为 0~1。

2.4　传热过程与传热系数

2.4.1　传热过程

工业生产中所遇到的许多实际热交换过程常常是热介质将热量传给换热面，然后由换热面再传给冷介质，这种热量由热流体通过间壁传给冷流体的过程称为传热过程。例如，有一墙壁如图 2-4 所示，其壁厚为 δ，面积为 A，在壁面温度为 t_{w1} 的一侧有温度为 t_1 的热流体，其与壁表面之间的表面传热系数为 α_1。在壁面温度 t_{w2} 的一侧有温度为 t_2 的冷流体，其与壁面之间的表面传热系数为 α_2，在稳态传热过程中，上述各温度将不随时间而变化，则墙一侧表面的对流换热、墙壁的导热量以及墙另一侧表面的对流换热量三者应相等，依据式（2-6）、式（2-8）和式（2-9）可列出以下三个等式

$$q = \alpha_1 (t_1 - t_{w1}) \tag{2-11}$$

$$q = \frac{\lambda}{\delta}(t_{w1} - t_{w2}) \tag{2-12}$$

$$q = \alpha_2(t_{w2} - t_2) \tag{2-13}$$

三式相加可得

$$q\left(\frac{1}{\alpha_1} + \frac{\delta}{\lambda} + \frac{1}{\alpha_2}\right) = t_1 - t_2 \tag{2-14}$$

$$q = \frac{t_1 - t_2}{\frac{1}{\alpha_1} + \frac{\delta}{\lambda} + \frac{1}{\alpha_2}} = K(t_1 - t_2) \tag{2-15}$$

式中

$$K = \frac{1}{\frac{1}{\alpha_1} + \frac{\delta}{\lambda} + \frac{1}{\alpha_2}} \tag{2-16}$$

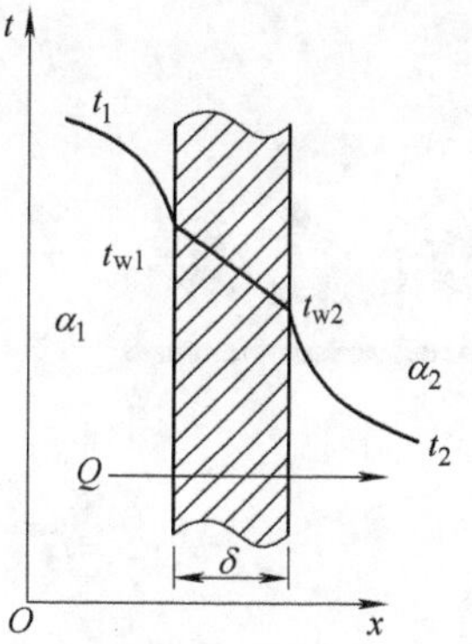

图 2-4 传热过程

2.4.2 传热系数

传热系数的意义是当壁面两侧流体的温差为 1K 时，单位时间内通过每平方米的壁面所传递的热量。K 值越大，传热量越多。因此，对于上述情况 K 值表示了热流体的热量通过墙壁传递给冷流体的能力。各种不同情况下传热系数计算式不一样，式（2-16）是平面壁单位面积的传热系数 K 值的计算公式。

对于多层壁

$$K = \frac{1}{\frac{1}{\alpha_1} + \sum \frac{\delta}{\lambda} + \frac{1}{\alpha_2}} \tag{2-17}$$

对圆管等其他情况的传热系数计算公式，可参阅有关传热学的书籍。

思 考 题

1. 工质的热力状态由哪些参数确定？
2. 什么是导热、热对流、热辐射现象？
3. 简述实际工程中的热传递现象，并举例说明。

第 **2** 篇

给水排水工程

第3章
室外给水排水工程

室外给水工程是为满足城乡居民及工业生产等用水需要而建造的工程设施。给水工程包括取水工程、净水工程、输水工程和配水工程四部分。经净水工程处理后，水质满足建筑物的用水要求。室内给水工程的任务是按水量、水压供应不同类型建筑物的用水。经过室内给水系统，水满足各种需要后变成污废水。室内排水工程的任务把建筑物内的污废水和屋面的雨水、雪水等收集起来，及时通畅地排到室外排水管网。室外排水工程的任务是收集污水与废水并及时地将其输送至污水管网，最终经污水处理厂进行无害化处理后排入水体或再利用，它包括排水管网、污水处理厂等。

经过室外给水工程、室内给水工程、室内排水工程和室外排水工程，水在人们生活中被循环使用。

3.1 室外给水工程

室外给水工程是由取水构筑物、净水设施及输配水设施三个部分组成。根据城市规划、自然条件及用水要求等主要因素，进行综合考虑，确定出安全可靠、经济合理的给水系统。

3.1.1 室外给水系统的形式

室外给水系统有多种形式，可按具体情况分别采用不同的给水系统。

1. 统一给水系统

整个给水区的水质均要符合生活饮用水质标准，通过统一的给水管网向各用水户供水，满足给水区的生活、生产及消防等用水的需要，这种系统称为统一给水系统，如图3-1所示。

原水由河中取水构筑物1，通过一级泵站2，将河水抽送到给水厂3中，经给水构筑物净化，使水质达到生活饮用水的水质标准，然后储存于清水池4中，再由二级泵站5将清水升压，经输水管6输送到城市给水管网7，配送到各用水

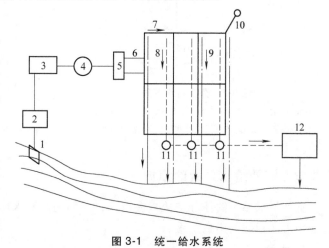

图3-1 统一给水系统

1—取水构筑物 2——级泵站 3—给水厂 4—清水池
5—二级泵站 6—输水管 7—给水管网 8—排水管网 9—雨水管网
10—水塔或高位水池 11—检查井 12—污水处理厂

户，满足用户生活、生产及消防等用水的需求。为调节用水量的变化、平稳水压及节省能耗，可设置水塔或高位水池 10。使用后的污水或废水排入城市排水管网 8，有组织地经检查井 11 排放到污水处理厂 12。此外城市区域还设有雨水管网 9，雨水可直接排入水体或处理后回用。

2. 分区给水系统

分区给水方式一般可分为分压给水系统、分质给水系统和分区给水系统。城市地形高差大或者各区用水压力要求相差较大时，若采用统一给水系统，势必造成低压给水区水压过高，使用不便，而且电能耗费大，此时宜采用分压给水系统，将管网分成高、低压两区供水，如图 3-2 所示。城市各用水部门对水质的要求不同，且用水量较大时，如部分工业用水量较大，且水质要求不高时，这时可考虑使用分质给水系统，如图 3-3 所示。分区给水系统一般使用在城市中地势地形差别大或功能上有明显的划分或自然环境造成的区域分割，经过技术经济比较，也可考虑按区分别设置给水系统。

3. 循环及循序给水系统

工业用水量一般较大，其中多数仅是水温升高所受的热污染而水质未受污染，可将受热的废水经过冷却降温或简单处理后，再进行使用，此种系统称为循环给水系统。

循序给水系统是采用对各生产车间水质和水温的要求高低进行顺序供水方式，先供给水质要求高、低水温的车间或生产设备，使用后水质稍受污染，但仍能够满足其他车间或生产设备的用水水质及水温的要求，而再次进入车间水系统使用。

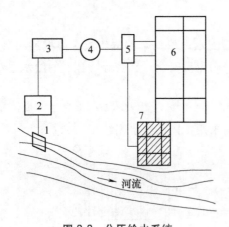

图 3-2　分压给水系统
1—取水构筑物　2—一级泵站　3—给水厂　4—清水池
5—高低压泵站　6—低压给水区　7—高压给水区

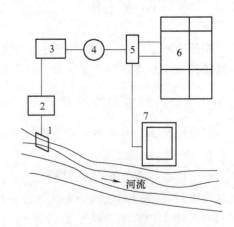

图 3-3　分质给水系统
1—取水构筑物　2—一级泵站　3—给水厂
4—清水池　5—二级泵站　6—生活区　7—工厂区

3.1.2　室外给水系统的组成

室外给水系统的任务是从水源取水，按照用户对水质的要求进行净化处理，然后将水输送到用水区，并向用户配水。

1. 水源

给水水源分为地表水源和地下水源。地表水源指地面上的淡水水源，有江河、湖泊、水库等。地表水源的质量应符合一定的标准，该标准包括地表水环境质量标准、集中式生活饮用水地表水源地补充项目和特定项目。地表水环境质量标准适用于全国江河、湖泊、运河、渠道、水库等具有使用功能的地表水水域；集中式生活饮用水地表水源地补充项目和特定项目适用于集中式生活饮用水地表水源地一级保护区和二级保护区。

给水水源还包括地下水源。地下水源有泉水、井水等，它埋藏于地层中，水质较为清洁，且水温较低。一般情况下，地下水的水质较地表水的水质好，更接近生活饮用水的水质标准或经过较简单的处理可达到生活饮用水的标准。选择水源时，在地下水有足够的储水量的情况下，应优先选用地下水。地下水不易受到外界污染，但地下水中矿物质盐类含量高，硬度大，如果埋藏过深或者储量小则不宜作为水源。地表水水源较为丰富，水的硬度较低，但水中无机物和有机物含量较大，同时易受到各种污染，需作净化处理后方能达到饮用水的水质标准。

大、中城市均优先选取地表水源，它的优点是水量丰富，供水可靠性高。

2. 取水工程

取水工程的主要任务是保证给水系统取得足够的水量并符合我国用水水源的水质标准。取水工程包括选择水源和取水地点，修建取水构筑物和一级泵站。

地下水的取水构筑物可分为管井、大口井、渗渠等。

地表水的取水构筑物一般建于水源岸边，其位置应根据取水水质、水量并结合当地的地质、地形、水深及其变化情况和施工条件等确定。

取水构筑物按构造及使用形式，可分为固定式及活动式两种。

3. 净水工程

通过给水处理构筑物，对原水进行处理，使其满足国家生活饮用水水质标准或工业生产用水水质标准。

水质净化方法和净化程度要根据水源的水质情况和用户对水质的要求而定。生活饮用水要满足表 3-1 的水质要求。净水厂净化后的水必须满足我国现行生活饮用水的水质指标。工业企业用水对水质一般具有特殊要求，往往单独建造生产给水系统，以满足不同的生产性质、产品对水质的要求不同所规定的水质标准。

表 3-1　生活饮用水水质标准

指　标	限　值
1. 微生物指标	
总大肠菌群（MPN/100mL 或 CFU/100mL）	不得检出
耐热大肠菌群（MPN/100mL 或 CFU/100mL）	不得检出
大肠埃希氏菌（MPN/100mL 或 CFU/100mL）	不得检出
菌落总数（CFU/mL）	100
2. 毒理指标	
砷/（mg/L）	0.01
镉/（mg/L）	0.005
铬（六价）/（mg/L）	0.05
铅/（mg/L）	0.01

（续）

指　　标	限　　值
2. 毒理指标	
汞/(mg/L)	0.001
硒/(mg/L)	0.01
氰化物/(mg/L)	0.05
氟化物/(mg/L)	1.0
硝酸盐(以 N 计)/(mg/L)	10(地下水源限制时为 20)
三氯甲烷/(mg/L)	0.06
四氯化碳/(mg/L)	0.002
溴酸盐(使用臭氧时)/(mg/L)	0.01
甲醛(使用臭氧时)/(mg/L)	0.9
亚氯酸盐(使用二氧化氯消毒时)/(mg/L)	0.7
氯酸盐(使用复合二氧化氯消毒时)/(mg/L)	0.7
3. 感官性状和一般化学指标	
色度(铂钴色度单位)	15
浑浊度(NTU)	1(水源与净水技术条件限制时为 3)
臭和味	无异臭、异味
肉眼可见物	无
pH	不小于 6.5 且不大于 8.5
铝/(mg/L)	0.2
铁/(mg/L)	0.3
锰/(mg/L)	0.1
铜/(mg/L)	1.0
锌/(mg/L)	1.0
氯化物/(mg/L)	250
硫酸盐/(mg/L)	250
溶解性总固体/(mg/L)	1000
总硬度(以 $CaCO_3$ 计)/(mg/L)	450
耗氧量(COD_{Mn}法,以 O_2 计)/(mg/L)	3(水源限制,原水耗氧量>6mg/L 时为 5)
挥发酚类(以苯酚计)/(mg/L)	0.002
阴离子合成洗涤剂/(mg/L)	0.3
4. 放射性指标	指导值
总 α 放射性/(Bq/L)	0.5
总 β 放射性/(Bq/L)	1

　　地表水水源中含有各种杂质,如悬浮物、胶体和溶解物等,使水呈现浑浊、颜色、臭和味,达不到生活用水的水质要求,需要经一定的净化处理。地表水的处理流程如图 3-4 所示。

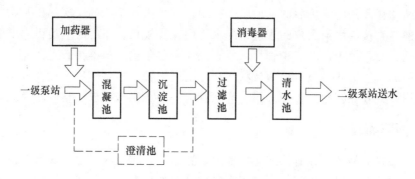

图 3-4　地表水制备生活用水净化流程

地下水一般不需要像地表水那样进行净化处理，一般情况下其水质较好，有的甚至可直接饮用，有的仅需进行加氯消毒，或经滤池和消毒等简单处理之后，就能满足饮用水水质要求。

目前，我国大多数城市以Ⅲ类地表水为饮用水源，采用第二代城市饮用水净化工艺。

第一代城市饮用水净化工艺是 20 世纪初以混凝、沉淀、过滤、氯消毒为代表的净水工艺。因第一代饮用水处理工艺存在不能对有害物进行控制的弊端，故第二代城市饮用水净化工艺采用在第一代工艺的后面增加臭氧、颗粒活性炭的工艺对该弊端进行有效控制。目前我国的供水厂普遍采用这种工艺。但是第二代饮用水处理工艺有两个主要缺点：一是对于含有溴化物的水源水被臭氧氧化后容易产生致癌的溴酸盐；二是随着水污染的加剧和检测技术的提高，第二代饮用水处理工艺的出水中发现了越来越多的细菌和微生物，水的生物安全性出现了问题。

生物稳定性是指出厂水在输送和储存过程中出现的微生物增殖现象，是否具有生物稳定性，这是另一个新出现的重大生物安全性问题。第三代城市饮用水净化工艺要解决的就是生物安全性的问题，即采用膜技术。膜技术为一种过滤技术，包括纳滤、超滤、微滤。在现有的各种孔径的膜中，纳滤和超滤是最有效地去除水中微生物的方法。纳滤膜目前在我国尚需要进口，成本很高。超滤膜在我国已具有相当规模的生产能力，且价格已降至可接受的地步。故我国选择超滤膜提高水的生物安全性。超滤膜在未来第三代处理工艺中占据主导地位。

超滤利用一种压力活性膜，在外界推动力（压力）作用下截留水中胶体、颗粒和相对分子质量较高的物质，而水和小的溶质颗粒透过膜的分离过程。当被处理水借助于外界压力的作用以一定的流速通过膜表面时，水和小的溶质颗粒透过膜，而大于膜孔的微粒、大分子等由于筛分作用被截留，从而使水得到净化。当水通过超滤膜后，可将水中含有的大部分胶体硅除去，同时可去除大量的有机物等。

4. 输配水工程

输配水工程是将足够的水量输送和分配到各用水点，并保证足够的水压和良好的水质，由输水管道、配水管网、二级泵站以及水塔或高位水池等构筑物组成。

输水管是输送用水到城市配水管网的输水总管，不负担配水任务，为增强供水安全性，一般应敷设两条管线，管线最好沿道路敷设，少占或不占农田并尽量避开工程艰巨地段，减小工程投资，增加安全性，便于管线的维护管理。

二级泵站的任务是将净化后的水加压送往用户，是供水系统的二次加压泵站。

配水管网是直接供水给用户的管道，配水管网管线较长，布线时应使供水干管布置于用水量较大区域，力求简短，可减少管材，节省能耗和便于施工与维护管理。

配水管网的布置形式一般可分为枝状网和环状网两种。枝状管网一般在较小工程或非重要工程中采用，或者在初建工程中采用。环状管网一般在供水要求严格的较大城市中采用。

3.1.3 管网附属设备

基于养护工作的需要，在管网适当位置上设置阀门、排气阀及泄水阀等。由于附属设备的造价一般较高，布置时在便于管网使用和管网维修的情况下应尽量少采用。

1. 阀门

阀门的作用是控制水流，调节流量以及维修管网使用，一般安装在分支管、过长的干管及其他需控制水流的部位，每 400~600m 设置一个。

2. 排气阀

在管道高处易于积气，需要设置排气阀。排气阀只排气，不排水。气、水分离盘设计采用特殊的结构，保证排气时绝不排水。排气阀每隔一定距离安装，用来排出供水系统中的气体。

3. 泄水阀

在管道低处装置泄水阀，保证管道正常运行，便于管道泄水维修。

3.1.4 调节设备

管网的水量和水压的调节设备主要有水塔、高位水池及水厂中的清水池。当管网供水量超过用水量时，多余水量存入水塔或高位水池中，当供水量不足时，由水塔或高位水池的储存量来补充，可起到调节管网供水能力和稳定压力的作用，同时改善水泵的运行状况，节约电能。这样，水塔或高位水池起到调节二级泵站与管网用水水量不平衡的问题。按照水塔在管网中的位置可分为前置水塔、对置（或后置）水塔以及网中水塔三种。但大城市采用水塔较少，因水塔造价高，容量不能过大，所起的水量调节作用不大，而采用多台水泵直接调节流量，这更为经济有效。

清水池也可达到供需变化，起到调节作用，它是调节水量的构筑物，用于调节一级泵站和二级泵站的不平衡流量问题。由于用户用水量每小时都在变化，因此二级泵站后一般需设置清水池。

3.1.5 给水管网布置的基本要求

给水管网的作用是将净化后的水从净水厂输送到用户。给水管网的布置应满足以下要求：

1）应符合城市总体规划的要求，考虑供水的分期发展，并留有充分的余地。

2）应布置在整个给水区域内，并能在适当的水压下，向所有用户供给足够的水量。

3）管网的造价及经营管理费用应满足经济性，应沿最短路线输送到各用户，使管线敷设长度最短。

4）应保证供水的可靠性。

3.2　室外排水系统

在人类的生活和生产中，使用着大量的水。水在使用的过程中均会受到不同程度的污染，因而改变其原有的化学成分和物理性质，这样的水成为污水或者废水。污水也包括雨水及冰雪融化水。室外排水工程就是在现代化的城市及工业企业中用以收集、输送、处理和利用污水的一整套市政建设设施。因此，室外排水管网和污水处理厂应运而生。排水管网的任务是收集和输送城镇生活污水、工业废水和大气降水，以保障城镇的正常生产与生活活动。收集的污水经过污水处理厂的处理和利用后排入水体。

3.2.1　排水系统的组成

城市排水系统是由城市污水排水系统和雨水排水系统组成。

城市污水排水系统由室外污水管网系统、污水提升泵站和配套管道、污水利用和处理构筑物、污水排入水体的出水口等组成。雨水排水系统由居住小区的雨水管渠系统、街道雨水管渠系统、排洪沟、雨水局部提升泵站和出水口组成。

3.2.2　排水系统的体制

排水系统中的污水通常有生活污水、工业废水和雨水。它们可采用一套管渠系统排出或采用各自独立的分质排水管网系统排出。这种不同排出方式所形成的排水系统称为排水系统的体制。排水系统的体制，分为分流制和合流制两种类型。

1. 分流制

分流制排水系统是将生活污水、工业废水和雨水分别采用各自独立的分质排水管网系统。其中，用以排除生活污水、工业废水的系统称为污水排水系统，用以排除雨水的系统称为雨水排水系统。因此，分流制排水系统根据排除雨水方式的不同，可分为完全分流制和不完全分流制，如图 3-5 所示。具有完整的污水排水系统和雨水排水系统是完全分流制。不完

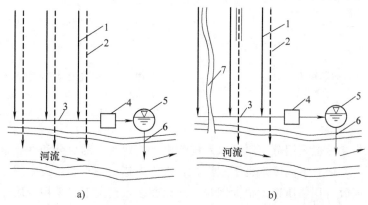

图 3-5　分流制排水系统

a）完全分流制排水系统　b）不完全分流制排水系统

1—污水干管　2—雨水干管　3—污水主干管　4—排水总泵站

5—污水处理厂　6—处理水排放口　7—渠道

全分流制则是只有污水排水系统而未建雨水排水系统，如城市发展初期多采用不完全分流制。雨水的排除可沿天然地面、街道边沟、沟渠等排除。随着城市化步伐的加快，经济的不断发展，将逐步改造不完全分流制系统，使其向完全分流制系统转变。

2. 合流制

合流制排水系统是将生活污水、工业废水和雨水用同一个管渠排出的系统。合流制排水系统一般包括三种形式：直排式合流制、截流式合流制和完全合流制。最早出现的合流制排水系统是将排出的混合污水不经处理直接就近排入水体，这种排放方式为直排式合流制，如图3-6所示。由于污水未经无害化处理直接排入水体，使受纳水体受到严重污染。现在一般可采取在临河岸边设置溢流井，在晴天和初降雨时，所有污水不从溢流井溢出，全部由截流干管截流至污水处理厂，随着降雨历时的增加，雨水径流增加，当污水的流量超过截流干管的输水能力后，则有一部分污水经溢流井溢出，排入水体。这种污水排放方式称为截流式合流制，如图3-7所示。针对截流式合流制排水系统对水体还存在着污染、对污水处理厂处理能力的冲击问题，也可建设蓄水贮存池，将雨天溢流入河道的雨、污混合水，用蓄水池暂时存起来，待到晴天时再送到污水处理厂进行无害化处理，这样既能保证污水处理厂的处理负荷，又能保障污水不直接排入水体，此种方法为完全合流制。但这种办法需要建设较大的蓄水池，增加了管网的造价。

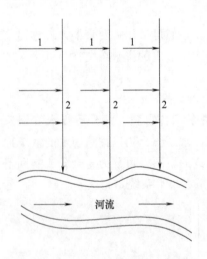

图3-6 直排式合流制排水系统

1—合流支管 2—合流干管

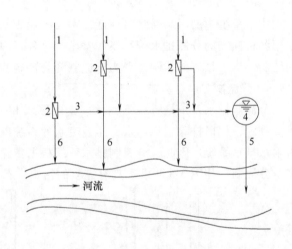

图3-7 截流式合流制排水系统

1—合流干管 2—溢流井 3—截流干管
4—污水处理厂 5—排水口 6—溢流干管

在工业企业中，一般采用分流制排水系统。由于工业废水的成分和性质很复杂，不但与生活污水不宜混合，而且不同废水也不宜混合，否则将造成污水和污泥处理复杂化，以及给废水重复利用和回收有用物质造成很大困难。所以在多数情况下，采用分质分流管道系统分别排出。

合理地选择排水系统的体制，是城市和工业企业排水系统规划和设计的重要问题。它不仅从根本上影响排水系统的设计、施工、维护管理，同时也影响排水系统的建设投资费用和运行管理费用，而且对城市和工业企业的规划和环境保护影响深远。

3.2.3 排水系统的布置形式

排水系统在平面上的布置，应综合考虑城市、居住区和工业企业的地形、地貌、污水处理厂的位置、河流情况，以及污水的种类、污染程度等因素，因地制宜地进行。排水干管的布置形式可采用两种基本布置形式，即正交式和平行式。

1. 正交式

正交式指排水干管与地形等高线垂直相交，而主干管与等高线平行敷设。正交式适应于地形平坦，略向一边倾斜的城市。其优点是可使排水长度较短、最大地利用地形坡度，管径小。这种形式在原来的合流管道中多有应用，但因为直接排入河流，存在污染环境的问题，因此，现阶段在雨水排水管道布置中广泛应用，污水中一般不允许采用此种方式。

当地形比较平坦，为不使管道的埋深过大，常将干管的走向布置为与等高线近似垂直，主干管与河流近似平行的方式。该方式一般在干管与截流干管相交处设置溢流井，主干管一般又称为截流干管，截流的混合污水流入污水处理厂进行无害化处理后排入水体。

2. 平行式

当地形坡度较大时，为不使管内流速较大，常将干管的走向布置为与等高线基本平行，而主干管则与等高线基本垂直的布置形式。平行式布置适应于城市地形坡度很大时，可以减小管道的埋深，避免设置过多的跌水井，改善干管的水力条件。

3.2.4 排水管道敷设的位置

排水管道需要经常维护和管理。因此，排水管道应避免敷设在交通繁忙的街道下，宜敷设在道路边缘地、人行道、绿化带下，便于排水管检修和维护。由于污水管道存在发生泄漏的问题，因此应与建筑的基础和其他管线如电缆、煤气管道、给水管道和热力管道保持一定的间距。

在地下设施十分拥挤而街道又十分繁忙的情况下，可采用地下管廊将所有管道集中在管廊中布置。在管廊中，污水管道一般在其他管线之下。雨水管因为管径较大，一般不设于管廊中。

排水干管与主干管的定位还应考虑到地质情况，应将管线选在地基坚实的位置，遇到劣质地基时，可考虑绕道敷设或加固后进行敷设。

当排水干管通过河流、铁路、重要建筑物等障碍物时，可以采用开挖沟槽直通，或者采用顶管技术施工。

3.2.5 排水管网布置

在进行城市污水管道的规划设计时，先要在城市总平面图上进行管道系统平面布置，也称定线。主要内容有：确定排水区界，划分排水流域；选择污水处理厂和出水口的位置等。平面布置的正确合理，可为设计阶段奠定良好基础，并使整个排水系统的投资节省。

污水管道平面布置，一般按先确定主干管、再定干管、最后定支管的顺序进行。

排水管道在敷设时，应尽量在满足管距短、埋深浅的条件下，使最大区域的污水按照重力流排放；管道应尽可能以平行地面的自然坡度埋设，以减小管道埋深；地形平坦处的小流量管道应以最短路线与干管相接；当管道埋深达到最大允许值时，如再继续挖深则将增加施工的难度且不经济，应考虑设置污水泵站中途提升，同时应力求减少泵站的数量；为了不设中途提升泵站或少设中途泵站，应尽力保持设计坡度，不跌水。当与其他管线交叉时，应遵循新建让已建的、临时让永久的、小管让大管、检修次数少的让检修次数多的、有压管让无压管的原则。

3.2.6　污水管道在检查井处的连接

污水管道在连接处需设置检查井。在设计时必须考虑在检查井内上下游管道衔接时的高程关系问题。管道在衔接时应遵循两个原则：尽量提高下游管段的起点标高，以达到减小下游管段埋深的目的和尽量避免上游管段产生回水现象，防止上游管段产生淤积。

污水管道是按照无压非满流设计，管道的衔接为了满足以上两个原则，通常采取水面平接和管顶平接两种，如图3-8所示。水面平接即上游管段终端与下游管段起端的水面标高相同。此种方式在上下游管段管径相同时采用。管顶平接是指上游管段终端和下游管段起端的管顶标高相同，此方法的实质是下游管段起点的管底标高为上游管段终点的管底标高减去上下游的管径差。

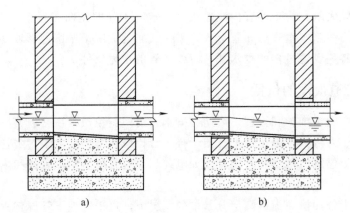

图3-8　污水管道的衔接

a）水面平接　b）管顶平接

3.2.7　雨水管线的布置

雨水管道系统包括雨水口、雨水管线、检查井、出水口等构筑物。其中雨水口是收集地面径流的构筑物，雨水径流通过雨水箅子进入井室，井室内有一连接管将雨水汇入雨水管道。

1. 雨水口的布置

合理布置雨水口，以保证路面雨水排出通畅。雨水口的布置应根据地形及汇水面积确定，一般在道路交叉口的汇水点、低洼地段等均应设置雨水口。雨水口设在汇水面的低洼处，顶面标高低于地面10~20mm。

雨水口担负的汇水面积不应超过其集水能力，且最大间距不宜超过40m。雨水收集宜采用具有拦污截污功能的成品雨水口。

雨水收集系统中设有集中式雨水弃流装置时，各雨水口至弃流装置的管道长度宜相近。

2. 雨水管线的布置

雨水支管应布置在地势低的一侧，且应与道路平行，宜设在道路边的绿地下或人行道下，不宜设在快车道下，应防止雨水漫至人行道，妨碍交通；雨水干管的布置，避免与其他管线发生过多交叉，可以暗沟浅埋；雨水管线尽量以重力流最短距离布设，但当管道遇水源地或第二防护带时，雨水管应绕道排至水源地下游；雨水管网力求正交式布置，使雨水管渠尽量以最短的距离重力流排入附近的池塘、河流、湖泊等水体中，即分散式多出口的方式。当水体位置较远且地形平坦或地形不利或设计区排放水体水位较高，洪水位高于设计区地面时，宜采用集中式的少出口，设置雨水泵站排放至水体。

3.2.8　雨水的储存方式

雨水蓄水池、蓄水罐宜设置在室外地下。室外地下蓄水池（罐）的人孔或检查口应设置防止人员落入水中的双层井盖。雨水储存设施应设有溢流排水措施，溢流排水措施宜采用重力溢流。

蓄水池（罐）应设检查口或人孔，池底宜设集泥坑或吸水坑。当蓄水池分格时，每格都应设检查口或集泥坑。池底设不小于5%的坡度坡向集泥坑。检查口附近应设给水栓和排水泵的电源插座。

蓄水池（罐）的溢流管和通气管应设防虫措施。

3.2.9　污水处理基本方法

1. 污水处理技术分类

现代污水处理技术，按处理程度划分，可分为一级处理、二级处理和三级处理。

一级处理，主要去除污水中呈悬浮状态的固体污染物。经过一级处理后的污水，BOD的去除率为30%左右，达不到排放标准。一级处理可作为二级处理的预处理。

二级处理，主要去除污水中呈胶体和溶解状态的有机污染物（即BOD、COD等物质），去除率可达到90%以上，使有机污染物达到二级排放标准。

三级处理，是进一步处理难降解的有机物、磷和氮等能够导致水体富营养化的可溶性无机物等。三级处理设于二级处理之后，深度处理则为以污水回收、再用为目的，在一级和二级处理后增加的处理工艺。污水再利用的范围很广，从工业上的重复利用、水体的补给水源到成为生活用水等。

对于某种污水采用何种处理方法，要根据污水水质、水量等具体条件，并结合调查研究与经济技术比较后确定。

2. 氮磷的去除

引起富营养化的营养元素有碳、氮、磷、钾、铁等，其中，氮和磷是引起藻类大量繁殖的主要因素。欲控制富营养化，必须限制氮、磷的排放。国外一些污水处理厂把氮、磷的排放标准分别设定为15mg/L和0.5mg/L。

废水中的氮可能以有机氮、氨氮、亚硝酸氮和硝酸氮四种形式存在。在生活污水中，主要含有机氮和氨态氮，它们均来源于人们食物中的蛋白质。氨氮排入水体，可导致水体富营养化。水体若为水源，将增加给水处理的难度和成本。因此，二级处理的出水有时需进行脱氮处理。脱氮的方法有化学法和生物法两大类。

（1）化学法除氮　常用于去除氨氮的方法有吹脱法、折点加氯法和离子交换法。它们主要用于工厂内部的治理，对于城市污水处理厂很少采用。

（2）生物法脱氮　生物脱氮技术的开发是从19世纪30年代发现生物滤床中的硝化、反硝化反应开始的。随着生物脱氮技术的发展，新的工艺不断被开发出来，如氧化沟、序批式活性污泥法等，可在同一池中通过控制运行条件，在不同时段，形成缺氧和好氧的条件，从而达到除碳和脱氮的目的。另外，人们又开发了与除磷相结合的脱氮工艺。

城市污水中的磷主要有三个来源：粪便、洗涤剂和某些工业废水。污水中的磷以正磷酸盐、聚磷酸盐和有机磷等形式溶解于水中。一般仅能通过物理、化学或生物方法使溶解的磷化合物转化为固体形态后予以分离。除磷的方法主要分为物理法、化学法及生物法三大类。物理法因成本过高、技术复杂而很少应用。

化学法除磷是最早采用的一种除磷方法。它是以磷酸盐能和某些化学物质如铝盐、铁盐、石灰等反应生成不溶的沉淀物为基础进行的。

生物法除磷是新工艺，近20年来受到了广泛的重视和研究。它是利用微生物在好氧条件下对污水中溶解性磷酸盐的过量吸收作用，然后沉淀分离而除磷。

3. 污水处理流程

城市污水处理的基本流程如图3-9所示。

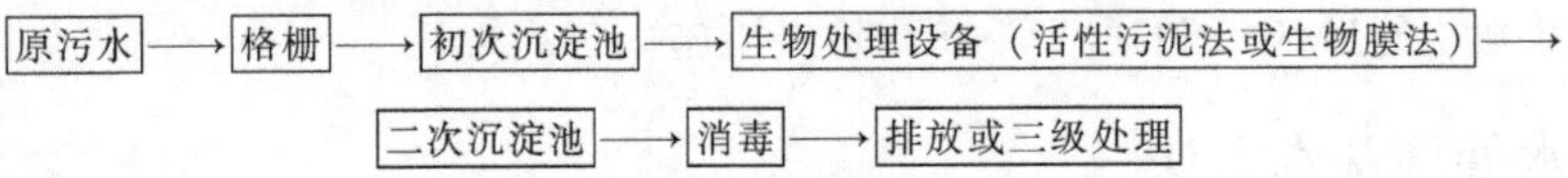

原污水 → 格栅 → 初次沉淀池 → 生物处理设备（活性污泥法或生物膜法）→

二次沉淀池 → 消毒 → 排放或三级处理

图3-9　城市污水处理的基本流程

4. 工业废水处理

为了区分工业废水的种类，了解其性质，认识其危害，应将废水进行分类：按照行业的产品加工对象分类，如造纸废水、制革废水等；按照工业废水中所含主要污染物的性质分类，如无机废水和有机废水；按废水中所含污染物的主要成分分类，如酸性废水、碱性废水、含酚废水等。

废水处理法大体分为：物理处理法、化学处理法、物理化学处理法和生物处理法。

物理处理法分为调节、离心分离、沉淀、除油、过滤。

化学处理法分为中和、化学沉淀、氧化还原等。

物理化学处理法分为混凝、气浮、吸附、离子交换、膜分离等方法。

生物处理法一般可分为好氧和厌氧生物处理法。

3.3　室外给水排水工程规划概要

3.3.1　城市给水工程规划概要

城市给水工程规划应从城市总体规划到详细实施方案进行综合考虑，分区分级进行规划，应适应城市对给水厂的需求，依据城市给水工程建设的近远期科学规划进行合理规划设计，规划内容应逐级展开和细化。其主要内容包括近远期工程规模、水质、水量、水压预测、水源选择、给水系统的选择等。近年来随着人民生活水平的提高、科学技术的发展、工业结构的调整等，对给水工程规划提出了更高的要求。

水量预测是给水工程规划的基础。城市用水量一般包括居民生活用水量、消防用水量、工业用水量、公共设施用水量、其他用水量（包括浇洒道路、绿化等）等。

　　在进行水量预测时，城市规划提供的不是详细规划，因此预测水量可能与实际的发展会有一定的差异，主要是不确定因素太多。因而进行水量预测时应该考虑水量预测的不确定因素。

　　选择水源时，应根据城镇建设远、近期规划要求，水文地质资料及其附近地区的卫生状况等因素来选定在水质、水量及卫生防护方面均较理想的水源。取水点一般应设于城镇水系的上游。

　　集中式生活饮用水源地，应选在Ⅱ、Ⅲ类水域，工业用水及娱乐用水宜选在Ⅳ类水域。

1. 城市给水管网规划和布置的原则

　　按照城市总体规划，结合当地实际情况布置给水管网，要进行多方案技术经济比较；主次分明，先定好输配水管线，然后布置一般管线。输配水管渠的线路应做到线路短、起伏小、土石方工程量小、造价经济、少占农田或不占农田；输配水管渠走向和位置应符合城市和工业企业的规划要求，并尽可能沿现有道路或规划道路敷设，以利施工和维护；输配水管线应尽量避免穿越河谷、山脊、沼泽、重要铁路和泄洪地区；输配水管线应充分利用水位高差，当条件许可优先考虑重力输水；输配水管线的选择应考虑近远期结合和分期实施的可能。

2. 城市给水管网布置的方法

　　给水管线遍布于整个给水区区域，主次明确，先布置输水管线和主干管，然后布置一般管线与设施。管网中的干管应以最近距离输水到用户和调节构筑物，并保证与供水系统直接接通；配水管网宜布置成环状，供水要求不高时，可为枝状，一般在城市建设初期采用。城镇生活饮用水管网严禁和非生活饮用水管网连接，严禁与各单位自备生活饮用水系统直接接通；当地形高差较大时，可考虑分压供水，局部加压，可以避免地形较低处的管网承受较高压力等。

3.3.2　城市排水工程规划概要

　　城市总体规划包括城市中心区及其需要建设排水设施的地区均应进行排水工程规划。

　　排水工程规划的主要任务是：确定排水量定额和估算总排水量；确定排水体制、排水系统方案、设计规模及设计期限以及确定污水和污泥的出路及其处理方法等。

　　排水体制选择的依据。排水体制在城市的不同发展阶段和经济条件下，同一城市的不同地区，可采用不同的排水体制。经济条件好的城市，可采用分流制，经济条件差而自身条件好的可采用部分分流制、部分合流制，待有条件时再建完全分流制。

　　随着我国城镇现代化发展，我国的排水工程规划的要求日益严格。

1. 城市排水管网规划和布置的原则

　　排水管网布置时应按照城市规划布置，结合当地实际情况布置排水管网，要进行多方案技术经济比较。排水管线布置时先确定排水区域和排水体制，然后布置排水管网，应以从干管到支管的顺序进行布置；充分利用地形，利用重力流排除污水和雨水，并使管线最短、埋深最小；协调好与其他管道、电缆和道路等工程的关系，考虑好与企业内部管道的衔接；需要远近期规划相结合，考虑发展，尽可能安排分期实施。

2. 城市污水处理厂的厂址选择原则

污水处理厂的厂址选择原则如下：

1）厂址必须位于集中给水水源的下游，并应设在城镇、工厂区及生活区的下游和夏季主导风向的下风向。

2）厂址不宜设在易受淹没的低洼处。

3）厂址选择应考虑远期发展的可能，留有扩建余地，并应尽量少占农田或不占良田。

3.3.3 城市给水工程与排水工程的关系

给水排水工程是城市建设的重要内容，给水处理厂、给水管网和污水处理厂、排水管网等是城市的基础设施，也是水污染控制的重要手段。

给水工程与排水工程的关系表现在以下方面：

1）重视饮用水安全保障技术。

2）水污染严重地影响饮用水安全。

3）促进城镇污水处理达标排放向再生利用改变，推进资源再生利用。

4）给水排水工程（城市、建筑、小区）及安全供水、污水处理、排水、水循环利用工程等内容，担负着城市安全供水和污染物减排的双重任务。

思 考 题

1. 污水处理的基本方法有哪些？

2. 污水处理厂的厂址选择应考虑哪些因素？

第4章
建筑给水

4.1 建筑给水系统及给水方式

4.1.1 给水系统的分类

建筑给水的任务是将城镇给水管网（或自备水源给水管网）中的水引入一幢建筑或一个建筑群体，经配水管输送到建筑物内部供人们生活、生产和消防之用，并满足用户对各类用水水质、水量和水压要求的冷水供应系统。

根据用户对用水的不同要求，建筑内部给水系统按照其用途可分为三类基本给水系统。

1. 生活给水系统

供人们在不同场合的饮用、烹饪、盥洗、洗涤、淋浴等日常生活用水的给水系统，其水质必须符合 GB 5749—2006《生活饮用水卫生标准》。

生活给水系统必须满足用水点对水量、水压的要求。根据用水需求的不同，生活给水系统按照供水水质标准不同可再分为生活饮用水给水系统、建筑中水系统等。

生活饮用水是指供食品的洗涤、烹饪以及盥洗、淋浴、衣物洗涤、家具擦洗、地面冲洗的用水。

建筑中水系统是指民用建筑物或居住小区内使用后的各种排水如生活排水、冷却水及雨水等经过适当处理后，回用于建筑物或居住小区内，作为杂用水的供水系统。回用水主要用来冲洗便器、汽车，浇灌绿化植物和浇洒道路。

2. 生产给水系统

为工业企业生产方面用水所设的给水系统称为生产给水系统，包括各类不同产品生产过程中所需的工艺用水、冷却用水和锅炉用水等。生产用水对水质、水量、水压及安全性随工艺要求的不同而有较大的差异。

3. 消防给水系统

消防给水系统指的是供民用建筑、公共建筑以及工业企业建筑中的各种消防设备的用水。根据 GB 50016—2014《建筑设计防火规范》的规定，对于建筑物高度大于21m的住宅建筑，高层公共建筑、建筑面积大于300m²的厂房和仓库等，必须设置室内消防给水系统。消防给水对水质无特殊要求，但要保证水压和水量。

4.1.2 室内给水系统的组成

一般情况下，建筑给水系统如图 4-1 所示，由引入管、干管、立管、支管、附件、增压

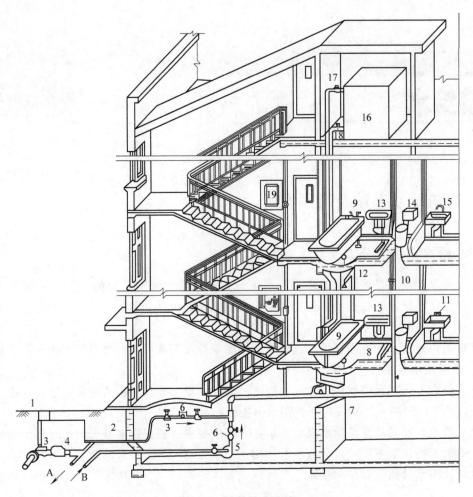

图 4-1 建筑给水系统

1—阀门井 2—引入管 3—闸阀 4—水表 5—水泵 6—止回阀 7—干管 8—支管
9—浴盆 10—立管 11—水龙头 12—淋浴器 13—洗脸盆 14—大便器 15—洗涤盆
16—水箱 17—进水管 18—出水管 19—消火栓 A—入储水池 B—来自贮水池

与储水设备等部分组成。

1. 引入管

引入管，又称进户管，是城镇给水管网与室内给水管网之间的连接管道，是建筑物的总入户管。它的作用是将水从室外给水管网引入到建筑物内部给水系统。

对于一幢单体建筑而言，引入管可以只设一条，从建筑物中部进入。对于一些比较重要的建筑，引入管需要设两条，并分别从建筑物的两侧引入，以确保安全供水。

2. 水表节点

水表节点是安装在引入管上的水表及其前后设置的阀门和泄水装置的总称。此处水表用以计量该建筑的总用水量。水表前后的阀门用以水表检修、拆换时关闭管路之用。泄水阀主要用于室内管道系统检修时放空之用，也可用来检测水表精度和测定管道进户时的水压值。止回阀防止水流倒流。

引入管一般埋设在地下，为了水表修理和拆装方便，也为了水表读数方便，需要设水表

第4章 建筑给水

井，水表以及相应的配件都设在水表井内，如图4-2所示。温暖地区的水表井一般设在室外，寒冷地区的水表井宜设在不会冻结之处。在非住宅建筑内部给水系统中，需计量水量的某些部位和设备的配水管上也要安装水表。住宅建筑每户住家均应安装分户水表。分户水表以前大部分设在每户住家之内，现在的趋势是将分户水表集中设在户外（容易读取数据处）。

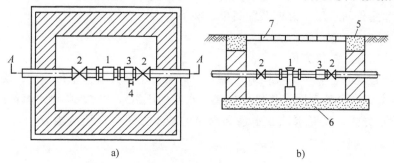

图4-2 水表节点

a）平面图 b）A—A剖面图

1—水表 2—阀门 3—三通 4—泄水检查龙头 5—混凝土井盖座 6—混凝土基础 7—盖板

3. 给水管网

给水管网指的是输送给建筑物内部用水的管道系统，由给水管、管件及管道附件组成。按所处位置和作用分为给水干管、给水立管和给水横支管。给水干管是将引入管送来的水输送到各个立管中去的水平管道，给水立管是将干管送来的水输送到各个楼层的竖直管道，给水横支管将立管送来的水输送到各个配水装置。

从给水干管每引出一根给水立管，在出地面后应设一个阀门，以便对该立管检修时不影响其他立管的正常供水。

4. 给水附件

给水附件是指用以输配水、控制压力和流量的附属部件与装置。在建筑给水系统中，按用途可以分为配水附件和控制附件。

配水附件即配水龙头，又称水嘴、水栓，是向卫生器具或其他用水设备配水的管道附件。

控制附件是管道系统中用于调节水量、水压，控制水流方向，以及关断水流，便于管道、仪表和设备检修的各类阀门，如控制阀、减压阀、止回阀等。

5. 增压和储水设备

当室外给水管网的水量、水压不能满足建筑用水要求，或建筑内要求供水压力稳定、确保供水可靠性时以及在高层建筑中，需要设置的各种设备，如水泵、气压给水装置、变频调速给水装置、水池、水箱等增压和储水设备。

6. 给水局部处理设施

当有些建筑对给水水质要求很高、超出 GB 5749—2006《生活饮用水卫生标准》时或其他原因造成水质不能满足要求时，就需要设置一些给水局部处理设施进行给水深度处理。

4.1.3 建筑内部给水系统的给水方式

给水方式是指建筑内给水系统的具体组成与具体布置的实施方案。简而言之，建筑内部

· 55 ·

的供水方案即给水方式。给水系统给水方式的选择应考虑建筑物的性质、高度，室外供水管网能够提供的水量、水压，室内所需要的用水状况等方面的因素，综合分析后，加以选择。选择合理的给水方式的一般原则是：

1）保证满足生产、生活用水要求的前提下，力求节约用水。

2）尽量利用外网水压，力求系统简单、经济、合理。

3）供水安全、可靠。

4）施工、安装、维修方便。

5）当静压过大时，要考虑竖向分区供水，以防卫生器具零件承压过大，裂损漏水。

典型给水方式有室外管网直接供水方式，水泵加压给水方式，单设水箱给水方式，设水泵和水箱的给水方式，设储水池、水泵和水箱的给水方式，气压给水方式及分区给水方式等，见表4-1。

表4-1 典型的给水方式

序号	名称	图　式	适用条件
1	室外管网直接供水		室外给水管网提供的水量、水压在任何时候均能满足建筑用水时
2	水泵加压直接供水		宜在室外给水管网的水压经常不足且室外管网允许直接抽水时
3	单设水箱的给水方式		室外给水管网提供的水压力只是在用水高峰时段出现不足时；或者为保证建筑内给水系统的良好工况或要求水压稳定，并且该建筑具备设置高位水箱的条件时

（续）

序号	名称	图　式	适用条件
4	设水泵和水箱的给水方式	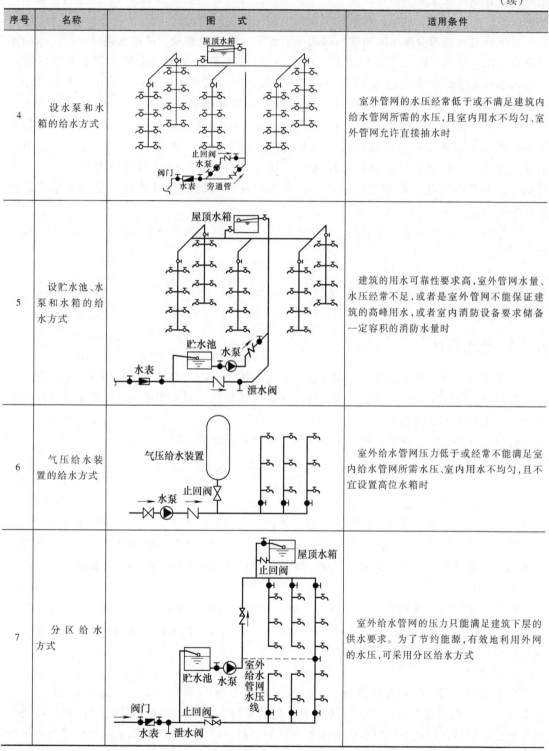	室外管网的水压经常低于或不满足建筑内给水管网所需的水压，且室内用水不均匀、室外管网允许直接抽水时
5	设贮水池、水泵和水箱的给水方式		建筑的用水可靠性要求高，室外管网水量、水压经常不足，或者是室外管网不能保证建筑的高峰用水，或者室内消防设备要求储备一定容积的消防水量时
6	气压给水装置的给水方式		室外给水管网压力低于或经常不能满足室内给水管网所需水压、室内用水不均匀，且不宜设置高位水箱时
7	分区给水方式		室外给水管网的压力只能满足建筑下层的供水要求。为了节约能源，有效地利用外网的水压，可采用分区给水方式

除以上的给水方式外，还有变频调速给水装置的给水方式和分质给水系统。

当室外给水管网水压经常不足，建筑内用水量较大且不均匀，要求可靠性较高、水压恒定时，或者建筑物顶部不宜设高位水箱等情况时，可以采用变频调速给水装置进行供水。这种供水方式可省去屋顶水箱，水泵效率较高，但一次性投资较大。

分质给水方式即根据不同用途所需的不同水质，分别设置独立的给水系统。饮用水给水系统供饮用、烹饪、盥洗等生活用水，水质符合 GB 5749—2006《生活饮用水卫生标准》。杂用水给水系统，水质较差，仅符合 GB/T 18920—2002《城市污水再生利用 生活杂用水水质》，只能用于建筑内冲洗便器、绿化、洗车、扫除等用水。

在实际工程中，如何确定较合理的供水方案，应当全面分析该项工程所涉及的各项因素，如技术因素，它包括对城市给水系统的影响、水质、水压、供水的可靠性、节水节能效果等；经济因素，它包括基建投资、年经常费用等；社会和环境因素，它包括对建筑立面的影响、对结构和基础的影响、占地面积、对周围环境的影响等，进行综合评定而确定。

有些建筑的给水方式，考虑到多种因素的影响，往往是两种或两种以上的给水方式适当组合而成。

4.2　给水管材、附件及水表

4.2.1　给水管材

给水系统是由管材、附件以及设备仪表共同连接而成的。建筑给水和热水供应管材常用的有塑料管、金属复合管、铜管、钢管等。正确选用管材，对工程质量、工程造价和使用安全都会产生直接的影响。

管材有很多种类。按照材质分为金属管、复合管、塑料管等。

1. 金属管

常用的金属管材有钢管和铜管，钢管有焊接钢管、无缝钢管两种。钢管的强度高、承受流体的压力大、抗震性能好、长度较长、接口方便、接头较少、韧性好、加工安装方便、易于加工、内表面光滑、水力条件好，质量比铸铁管小。其缺点是造价高，抗腐蚀性差，易影响水质，因此，虽然以前在建筑给水中普遍使用钢管，但现在已经限制其使用场合。钢管目前多用于消防给水系统和工业给水系统，不适用于生活给水系统，因为钢管容易锈蚀，影响供水水质。

铜管有紫铜管（纯铜管）和黄铜管（铝合金管）两种。铜管质量轻、经久耐用且卫生，主要用于高纯水制备、输送饮用水和民用天然气、煤气及对铜无腐蚀作用的介质，铜管造价相对较高，目前只限于高档建筑使用。

2. 复合管

给水复合管管材有钢塑复合管（PSP）、铝塑复合管（PAP）、交联铝塑复合管（XPAP）等。铝塑复合管（PAP）是目前常用的管材，它是以焊接铝管为中间层，内外层均为聚乙烯塑料，通过挤压成型的方法复合成的管材。除具有塑料管的优点外，还有耐压强度高、耐热、可挠曲、接口少、施工方便、美观等优点。

3. 塑料管

近年来，塑料管的开发在我国取得了很大的进展，给水塑料管管材有聚乙烯管（PE）

和硬聚氯乙烯管（PVC-U）等。塑料管有良好的化学稳定性，耐腐蚀，不受酸、碱、盐和油类等物质的侵蚀；物理机械性能也很好，不燃烧、无不良气味、质轻且坚，运输安装方便；管壁光滑，水流阻力小；容易切割，还可制造成各种颜色。当前，已有专供输送热水使用的塑料管，其使用温度可达 95℃。为了防止管网水质污染，塑料管的使用推广正在加速进行，并将逐步替代其他一些管材。但其缺点是不耐高温。

在实际工程中，应根据各类管材的特性指标（包括耐温耐压能力、线性膨胀系数、抗冲击能力、热导率及保温性能、管径范围、卫生性能等）、水质要求和建筑使用要求等因素进行技术经济比较后确定选择管材。需要遵循的原则是安全可靠、卫生环保、经济合理、水力条件好、便于施工维护。

安全可靠性是指管材本身的承压能力，包括管件连接的可取性，要有足够的刚度和机械强度，做到在工作压力范围内不渗漏、不破裂；卫生环保要求管材的原材料和添加剂等应保证饮用水水质不受污染；管材内外表面光滑，水力条件好，容易加工，且有一定的耐腐蚀能力，在保证管材质量的前提下，尽可能选择价格低廉、货源充足、供货方便的管材。

埋地给水管道采用的管材应具有耐腐蚀和能承受相应地面荷载的能力，可采用塑料给水管、有衬里的铸铁给水管。室内的给水管道应选用耐腐蚀和安装连接方便可靠的管材，可采用塑料给水管、铜管及不锈钢管等。

生活给水管应选用耐腐蚀和连接方便的管材，一般可采用塑料管、金属管等；消防与生活共用给水管网，消防给水管管材应采用与生活给水管相同的管材。

4.2.2 附件

管道附件是给水管网系统中调节水量、水压，控制水流方向，通断水流等各类装置的总称。附件种类有配水附件、控制附件和其他附件三类。

1. 配水附件

配水附件是指为各类卫生洁具或受水器分配或调节水流的各式水龙头（或阀件），是使用最为频繁的管道附件，应符合节水、耐用、通断灵活、美观等要求。常见配水附件有：

（1）截止阀式配水龙头 一般安装在洗涤盆、污水盆、盥洗槽上。该龙头阻力较大。其橡胶衬垫容易磨损，使之漏水。一些发达城市正逐渐淘汰此种铸铁龙头。

（2）旋启式配水龙头 该龙头旋转 90° 即完全开启，可在短时间内获得较大流量，阻力也较小，缺点是易产生水击，适用于浴池、洗衣房、开水间等处。

（3）瓷片芯片配水龙头 该龙头采用陶瓷片阀芯作为密封材料，解决了普通水龙头的漏水问题，使用方便，但水流阻力较大。

（4）混合配水龙头 该龙头安装在洗面盆、浴盆等卫生器具上，通过控制冷热水流量调节水温，作用相当于两个水龙头，使用时将手柄上下移动控制流量，左右偏转调节水温。混合配水龙头一般有莲蓬头式、鸭嘴式、角式、长脖式等多种形式。

（5）延时自闭水龙头 主要用于酒店及商场等公共场所的洗手间，使用时将按钮下压，每次开启持续一定时间后，靠水压力及弹簧的增压而自动关闭水流。

（6）自动控制水龙头 根据光电效应、电容效应、电磁感应等原理自动控制水龙头的启闭，常用于建筑装饰标准较高的盥洗、淋浴、饮水等的水流控制。

此外，还有小便器龙头、皮带龙头、消防龙头、电子自动龙头等。

2. 控制附件

控制附件用以调节水量或水压、通断水流、改变水流方向等。它应符合性能稳定、操作方便等优点。

（1）截止阀　如图4-3a所示，此阀关闭严密，开启高度小，但水流阻力较大，因局部阻力系数与管径成正比，故只适用于管径小于等于50mm的管道上。

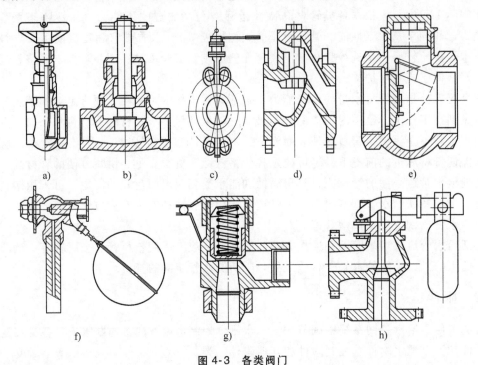

图4-3　各类阀门

a）截止阀　b）闸阀　c）蝶阀　d）升降式止回阀　e）旋启式止回阀　f）水力浮球阀
g）弹簧式安全阀　h）单杠杆微启式安全阀

（2）闸阀　如图4-3b所示，此阀具有全开时水流呈直线通过，阻力较小，介质的流向不受限制等优点。但外形尺寸和开启高度都较大，安装所需空间较大，水中如有杂质落入阀座后，阀门不能关闭严实，因而易产生磨损和漏水。水流阻力要求较小时采用闸阀，宜在管径大于50mm的管道上采用。

（3）蝶阀　如图4-3c所示，蝶阀具有开闭时间短、安装空间小、质量轻等优点。阀板在90°翻转范围内起调节、节流和关闭作用。适用于管径较大或双向流动管道上。

（4）止回阀　指启闭件（阀瓣或阀芯）借介质作用力自动阻止介质逆流的阀门。一般安装在引入管、密闭的水加热器或用水设备的进水管、水泵出水管、进出水管合用一条管道的水箱（塔、池）的出水管段上。常用的有四种类型：升降式止回阀（见图4-3d）、旋启式止回阀（见图4-3e）、消声止回阀和缓闭止回阀等。

（5）水力浮球阀　水力浮球阀是一种用以自动控制水箱、水池水位的阀门，如图4-3f所示。它广泛用于水箱、水池、水塔进水管路中，通过浮球的调节作用来维持水位，防止溢流浪费。其作用原理是当充水到既定水位时，浮球随水位浮起，关闭进水口，防止溢流，当水位下降时，浮球下落，进水口开启。

其缺点是体积较大，阀芯易卡住引起关闭不严而溢水。现多用与浮球阀有相同功用的液压水位控制阀。它克服了浮球阀的弊端，是浮球阀的升级换代产品。

（6）安全阀　安全阀是一种保安器材，可以防止系统内压力超过预定的安全值。管网中安装此阀可以避免管网、用具或密闭水箱超压遭到破坏。一般有弹簧式、杠杆式两种，如图 4-3g、h 所示。

（7）减压阀　给水管网的压力高于配水点允许的最高使用压力时，应设置减压阀。其作用是降低水流压力。在高层建筑中使用它，可以简化给水系统，减少水泵数量或减少减压水箱，同时可增加建筑的使用面积，降低投资，防止水质的二次污染。在消火栓给水系统中可用它防止消火栓接口处超压现象。因此，它的使用已越来越广泛。

（8）排气阀　排气阀是用于排除管道内积气的阀门。

3. 其他附件

在给水系统中经常需要安装一些保障系统正常运行、延长设备使用寿命和改善系统工作性能的附件，如管道过滤器、倒流防止器、水锤消除器、排气阀、橡胶接头、伸缩器等其他附件。

4.2.3　水表

建筑给水系统中广泛采用的是流速式水表，用于计量建筑物的用水量，通常设置在建筑物的引入管、住宅和公寓建筑的分户配水支管、公用建筑物内需要计量的水管上。

1. 流速式水表的构造和性能

流速式水表是根据管径一定时，水流通过水表的速度与流量成正比的原理来测量的。它主要由外壳、翼轮和传动指示机构等组成。

流速式水表按翼轮构造不同分为旋翼式、螺翼式和复式。旋翼式的翼轮转轴与水流方向垂直，如图 4-4a 所示。它的阻力较大，多为小口径水表，宜用于测量小的流量；螺翼式水表的翼轮转轴与水流方向平行，如图 4-4b 所示。它的阻力较小，多为大口径水表，宜用于测量较大的流量。复式水表是旋翼式和螺翼式的组合形式。

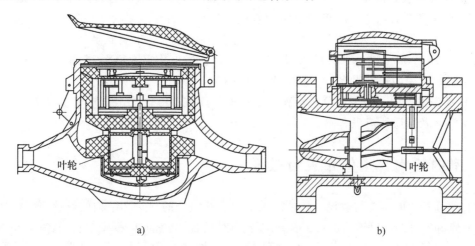

a)　　　　　　　　　　　　　　　b)

图 4-4　流速式水表的构造

a) 旋翼式水表　b) 螺翼式水表

流速式水表又分为干式和湿式两种。干式水表的计数机件用金属圆盘将水隔开，其构造复杂一些；湿式水表的计数机件浸在水中，在计数盘上装有一块厚玻璃（或钢化玻璃）用以承受水压，宜用在水中不含杂质的管道上。

2．流速式水表的性能参数

1）流通能力：水流通过螺翼式水表产生 10kPa 水头损失时的流量值。

2）特性流量：水流通过旋翼式水表产生 100kPa 水头损失时的流量值。此值为水表的特性指标。根据水力学原理有如下关系

$$H_B = \frac{Q_B^2}{K_B} \tag{4-1}$$

$$K_B = \frac{Q_L^2}{100} \tag{4-2}$$

式中　H_B——水流通过水表的水头损失，单位为 kPa；

　　　Q_B——通过水表的流量，单位为 m^3/h；

　　　K_B——水表特性系数；

　　　Q_L——水表特性流量，单位为 m^3/h；

　　　100——水表通过特性流量时的水头损失值，单位为 kPa。

对于螺翼式水表，根据式（4-2）及流通能力的定义，则有

$$K_B = \frac{Q_L^2}{10} \tag{4-3}$$

式中　Q_L——螺翼式水表特性流量，单位为 m^3/h；

　　　10——水表通过特性流量时的水头损失值，单位为 kPa。

3）最大流量：只允许水表在短时间内承受的流量上限值。

4）额定流量：水表可以长时间正常运转的上限流量值，也称公称流量或常用流量。

5）最小流量：水表能够开始准确指示的流量值，是水表正常运转的下限值。

3．流速式水表的选用

（1）水表类型的确定　应当综合考虑水温、工作压力、水量大小及其变化幅度、计量范围、管径、工作时间、单向或正逆向流动、水质等因素。一般管径≤50mm 时，应采用旋翼式水表；管径>50mm 时，应采用螺翼式水表；当流量变化幅度很大时，应采用复式水表；计量热水时，宜采用热水水表。一般应优先采用湿式水表。

（2）水表的设置　住宅的分户水表宜相对集中读数，应设置于户外观察方便、不冻结、不被任何液体及杂质所淹没和不易被损坏的地方。

4.3　室内给水管道的布置与敷设

室内给水管道的布置与敷设，必须深入了解该建筑物的建筑和结构的设计情况、用水要求、配水点和室外给水管道的位置，以及供暖、通风和供电等其他建筑设备工程管线布置等因素的影响。进行管道布置时，不但要处理和协调好各种相关因素的关系，还要满足一些原则。

4.3.1　给水管道的布置的原则

1．满足良好的水力条件，确保供水的可靠性，力求经济合理

引入管宜布置在用水量最大处或尽量靠近不允许间断供水处，给水干管的布置也是如

此，这样既有利于供水安全，又可减少流程中不合理的转输流量，节省管材。给水管道的布置应力求短而直，尽可能与墙、梁、柱平行，呈直线走向。但不能有碍于生活、工作和通行。

下行上给式的水平干管，通常布置于底层走廊内，走廊地下或地下室中。

上行下给式的干管，一般沿最高的顶棚布置。

不允许间断供水的建筑，应从室外环状管网不同管段引入两条或两条以上引入管，在室内将管道连成环状或贯通枝状双向供水，两条引入管的间距不得小于 15m。若条件达不到，可采取设贮水池（箱）或增设第二水源等安全供水措施。

2. 保证建筑物的使用功能和生产安全

给水管道不能妨碍生产操作、生产安全、交通运输和建筑物的使用。故管道不能穿过配电间，以免因渗漏造成电气设备故障或短路；不能布置在遇水易引起燃烧、爆炸、损坏的设备、产品和原料上方，还应避免在生产设备上面布置管道。

管道不得穿越生产设备基础。当穿越伸缩缝、沉降缝时，应采取相应的措施。给水管道不得布置在烟道和风道内，不得穿过橱窗、壁橱、大便槽和小便槽等。

3. 保证给水管道的正常使用

生活给水引入管与污水排出管管道外壁的水平净距不宜小于 1.0m，室内给水管与排水管之间的最小净距，平行埋设时，应为 0.5m；交叉埋设时，应为 0.15m，且给水管应在排水管的上面。埋地给水管道应避免布置在可能被重物压坏处；为防止振动，管道不得穿越生产设备基础，如必须穿越时，应与有关专业人员协商处理；管道不宜穿过伸缩缝、沉降缝，如必须穿过，需采取保护措施，如软接头法（使用橡胶管或波纹管）、丝扣弯头法等；为防止管道腐蚀，管道不得设在烟道、风道和排水沟内，不得穿过大小便槽，当给水立管距小便槽端部<0.5m 时，应采取建筑隔断措施。

4. 便于管道的安装与维修

布置管道时，其周围要留有一定的空间，在管道井中布置管道要排列有序，以满足安装维修的要求。需进人检修的管道井，其通道不宜小于 0.6m。管道井每层应设检修设施，每两层应有横向隔断。检修门宜朝走廊方向开。

4.3.2 给水管道的布置形式

给水管道的布置按供水可靠程度要求可分为枝状和环状两种形式。枝状即单向供水，供水安全可靠性差，但节省管材，造价低；后者管道相互连通，双向供水，安全可靠，但管线长，造价高。一般建筑内给水管网宜采用枝状布置。高层建筑宜采用环状布置。

按水平干管的敷设位置又可分为上行下给、下行上给和中分式三种形式。

干管设在顶层顶棚下、吊顶内或技术夹层中，由上向下供水的为上行下给式，适用于设置高位水箱的居住与公共建筑和地下管线较多的工业厂房；干管埋地、设在底层或地下室中，由下向上供水的为下行上给式，适用于利用室外给水管网水压直接供水的工业与民用建筑；水平干管设在中间技术层内吊顶内，由中间向上、下两个方向供水的为中分式，适用于屋顶用作露天茶座、舞厅或设有中间技术层的高层建筑。同一栋建筑的给水管网也可同时兼有以上两种形式。

4.3.3　给水管道的敷设

1. 敷设方式

根据建筑物的性质和要求，给水管道的敷设分为明装和暗装两种形式。

（1）明装　明装即管道外露，管道在建筑物内沿墙、梁、柱、地板或在顶棚下等处暴露敷设，并以吊环、管卡或托架等支托物使之固定。

明装管道优点是安装、维修管理方便，造价低。但外露的管道影响美观，表面易结露、积尘，影响环境卫生，影响房间美观。明装用于一般的民用建筑和大部分生产车间，或建筑标准不高的公共建筑等，如普通民用住宅、办公楼、教学楼等可采用明装。

（2）暗装　暗装即管道隐蔽，干管和立管敷设在吊顶、管道井、技术层等内部，支管敷设在楼地面的垫层或沿墙敷设在管槽内。

其优点是卫生条件好、房间美观、整洁。但其造价高，施工要求高，一旦发生问题，维修管理不便。暗装适用于建筑标准比较高的宾馆、高层建筑，或由于生产工艺对室内洁净无尘要求比较高的情况，如电子元件车间，特殊药品、食品生产车间等。

2. 敷设要求

引入管进入建筑内，一种情形是从建筑物的浅基础下通过，另一种是穿越承重墙或基础。在地下水位高的地区，引入管穿地下室外墙或基础时，应采取防水措施，如设防水套管等。

室外埋地引入管要防止地面活荷载和冰冻的影响，其管顶覆土厚度不宜小于 0.7m，并应敷设在冰冻线以下 0.2m 处。建筑物内埋地管无活荷载和冰冻影响的，其管顶离地面高度不宜小于 0.3m。

给水横干管宜敷设在地下室、技术层、吊顶或管沟内，宜有 0.002 ~ 0.005 的坡度坡向泄水装置；立管可敷设在管道井内；给水管道与其他管道同沟或共架敷设时，宜敷设在排水管、冷冻管的上面或热水管、蒸汽管的下面；给水管不宜与输送易燃、可燃或有害的液体或气体的管道同沟槽敷设，通过铁路或地下构筑物下面的给水管道，宜敷设在套管内。

管道在空间敷设时，必须采取固定措施，以保证施工方便与安全供水。固定管道常用的支托架如图 4-5 所示。给水钢质立管一般每层须安装一个管卡，当层高大于 5.0m 时，每层

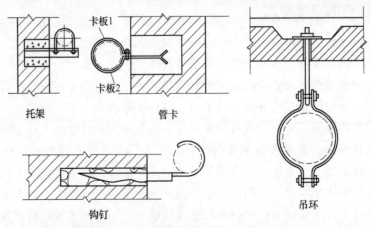

托架　　　　　　　　　管卡

卡板1
卡板2

钩钉

吊环

图 4-5　支托架

须安装两个。

4.4 建筑给水系统计算

4.4.1 给水设计流量

1. 建筑内用水情况和用水定额

建筑内用水包括生活、生产和消防用水三部分。

生活用水量满足人们生活上各种需要所消耗的用水，其用水量受当地气候、建筑物使用性质、卫生器具和用水设备的完善程度、使用者的生活习惯等多种因素的影响，一般不均匀。生产用水在生产班期间比较均匀且有规律性，其用水量根据地区条件、工艺过程、设备情况、产品性质等因素，按消耗在单位产品上的水量或单位时间内消耗在生产设备上的水量计算确定。

消防用水量应根据建筑物的用途功能、体积、耐火等级、火灾危险性等因素综合分析而定，计算方法详见第5章。

用水定额是计算用水量的依据。生活用水定额是指每个用水单位用于生活目的所消耗的水量。它包括居住建筑和公共建筑生活用水定额及工业企业建筑生活、淋浴用水定额。

最高日用水时间内用水量最大的一小时称为最大时用水量，最高日最大时用水量与平均时用水量的比值称为小时变化系数。

对于生活用水，应根据 GB 50015—2003《建筑给水排水设计规范》（2009 年版）作为依据，进行计算。住宅的最高日生活用水定额及小时变化系数根据住宅类别、建筑标准、卫生器具完善程度和区域等因素确定。GB 50015—2003《建筑给水排水设计规范》（2009 年版）中规定的用水定额见表4-2。

表 4-2 住宅最高日生活用水定额及小时变化系数

住宅类别		卫生器具设置标准	用水定额/[L/（人·d）]	小时变化系数
普通住宅	I	有大便器、洗涤盆	85~150	3.0~2.5
	II	有大便器、洗脸盆、洗涤盆、洗衣机、热水器和沐浴设备	130~300	2.8~2.3
	III	有大便器、洗脸盆、洗涤盆、洗衣机、集中热水供应（或家用热水机组）和沐浴设备	180~320	2.5~2.0
别墅		有大便器、洗脸盆、洗涤盆、洗衣机、洒水栓、家用热水机组和沐浴设备	200~350	2.3~1.8

注：1. 当地主管部门对住宅生活用水定额有具体规定时，应按当地规定执行。

2. 别墅用水定额中含庭院绿化用水、汽车洗车水。

宿舍、旅馆等公共建筑生活用水定额及小时变化系数根据卫生器具完善程度和区域条件，可按表4-3确定。

表 4-3　宿舍、旅馆等公共建筑生活用水定额及小时变化系数

序号	建筑物名称	单位	用水定额/ [L/(人·d)]	使用 时数	小时变 化系数
1	宿舍 　　Ⅰ类、Ⅱ类 　　Ⅲ类、Ⅳ类	每人每日 每人每日	150~200 100~150	24	3.0~2.5 3.5~3.0
2	招待所、培训中心、普通旅馆 　　设公用盥洗室 　　设公用盥洗室、沐浴室 　　设公用盥洗室、沐浴室、洗衣室 　　设单独卫生间、公用洗衣室	每人每日 每人每日 每人每日 每人每日	50~100 80~130 100~150 120~200	24	3.0~2.5
3	酒店式公寓	每人每日	200~300	24	2.5~2.0
4	宾馆客房 　　旅馆 　　员工	每床位每日 每人每日	250~400 80~100	24	2.5~2.0
5	医院住院部 　　设公用盥洗室 　　设公用盥洗室、沐浴室 　　设单独卫生间 　　医务人员 　　门诊部、诊疗所 　　疗养院、休养所住房部	每床位每日 每床位每日 每床位每日 每人每班 每病人每次 每床位每日	100~200 150~250 250~400 150~250 10~15 200~300	24 24 24 8 8~12 24	2.5~2.0 2.5~2.0 2.5~2.0 2.0~1.5 1.5~1.2 2.0~1.5
6	养老院、托老所 　　全托 　　日托	每人每日 每人每日	100~150 50~80	24 10	2.5~2.0 2.0
7	幼儿园、托儿所 　　全托 　　日托	每儿童每日 每儿童每日	500~100 30~50	24 10	3.0~2.5 2.0
8	公共浴室 　　淋浴 　　浴盆、沐浴 　　桑拿浴(沐浴、按摩池等)	每顾客每次 每顾客每次 每顾客每次	100 120~150 150~200	12	2.0~1.5
9	理发室、美容院	每顾客每次	40~100	12	2.0~1.5
10	洗衣房	每 1kg 干衣	40~80	8	1.5~1.2
11	餐饮业 　　中餐酒楼 　　快餐店、职工及学生食堂 　　酒吧、咖啡馆、茶座、卡拉 ok 房	每顾客每次 每顾客每次 每顾客每次	40~60 20~25 5~15	10~12 12~16 8~18	1.5~1.2
12	商场 　　员工及顾客	每 1m² 营业厅面积每日	5~8	12	1.5~1.2
13	图书馆	每人每次	5~10	8~10	1.5~1.2
14	书店	每 1m² 营业厅面积每日	3~6	8~12	1.5~1.2

（续）

序号	建筑物名称	单位	用水定额/[L/(人·d)]	使用时数	小时变化系数
15	办公楼	每人每班	30~50	8~10	1.5~1.2
16	教学、实验楼 　中小学校 　高等院校	 每学生每日 每学生每日	 20~40 40~50	 8~9 8~9	 1.5~1.2 1.5~1.2
17	电影院、剧院	每观众每场	3~5	3	1.5~1.2
18	会展中心（博物馆、展览馆）	每1m²营业厅面积每日	3~6	8~16	1.5~1.2
19	健身中心	每人每次	30~50	8~12	1.5~1.2
20	体育场（馆） 　运动员沐浴 　观众	 每人每次 每人每场	 30~40 3	 4 4	 3.0~2.0 1.2
21	会议厅	每座位每次	6~8	4	1.5~1.2
22	航站楼、客运站旅客	每人每次	3~6	8~16	1.5~1.2
23	菜市场地面冲洗及保鲜用水	每1m²每日	10~20	8~10	2.5~2.0
24	停车库地面冲洗水	每1m²每日	2~3	6~8	1.0

2. 给水系统设计流量

（1）最高日用水量　建筑内生活用水的最高日用水量可按式（4-4）计算。最高日用水量一般在确定储水池（箱）容积时采用。

$$Q_d = \frac{mq_d}{1000} \qquad (4\text{-}4)$$

式中　Q_d——最高日用水量，单位为 m³/d;

　　　m——设计单位数（人数、床位数等）;

　　　q_d——最高日生活用水定额，单位为 L/(人·d)、L/(床·d)。

（2）最大小时用水量　根据最高日用水量，进而可算出最大小时用水量。最大小时用水量一般用于确定水泵流量和高位水箱容积等。

$$Q_h = \frac{Q_d}{T}K_h = Q_pK_h \qquad (4\text{-}5)$$

式中　Q_h——最大小时用水量，单位为 m³/h;

　　　T——建筑物内每天用水时间，单位为 h;

　　　Q_p——最高日平均小时用水量，单位为 m³/h;

　　　K_h——小时变化系数。

3. 生活给水设计秒流量

给水管道的设计流量是确定各管段管径，计算管路水头损失，进而确定给水系统所需压力的主要依据。因此，设计流量的确定应符合建筑内的用水规律。建筑内的生活用水量每个时刻都是不均匀的，并且"逐时逐秒"都在变化。为了使建筑内瞬时高峰的用水能得到保证，必须考虑这一因素，以求得最不利时刻的最大用水量，此流量称为设计秒流量。由于建筑物内的卫生器具种类多，且各种卫生器具的额定流量又不尽相同，为便于计算，将安装在污水盆上直径为 15mm 的配水龙头的额定流量 0.2L/s 作为一个当量,其他卫生器具的额定流量以它为标准折算成当量值的倍数,此倍数称为该卫生器具当量数。通过当量数,可把某一管段上不同类型卫生器具的流量换算成当量值,按公式就可计算出管网设计秒流量。

当前我国生活给水管网设计秒流量的计算方法,按建筑的用水特点分为两种:

1) 住宅建筑的生活给水管道的设计秒流量,应按下列步骤和方法计算:

① 根据住宅配置的卫生器具给水当量、使用人数、用水定额、使用时数及小时变化系数,按式 (4-6) 计算出最大用水时卫生器具给水当量平均出流概率

$$U_0 = \frac{100 q_0 m K_h}{0.2 N_g T \times 3600} \ (\%) \tag{4-6}$$

式中　U_0——生活给水管道的最大用水时卫生器具给水当量平均出流概率 (%);

　　　q_0——最高用水日的用水定额,按表 4-2 取用;

　　　m——每户用水人数;

　　　K_h——小时变化系数,按表 4-2 取用;

　　　N_g——每户设置的卫生器具给水当量数;

　　　T——用水时数 (h);

　　　0.2——一个卫生器具给水当量的额定流量 (L/s)。

② 根据计算管段上的卫生器具给水当量总数,按式 (4-7) 计算得出该管段的卫生器具给水当量的同时出流概率

$$U = 100 \times \frac{1 + \alpha_c (N_g - 1)^{0.49}}{\sqrt{N_g}} \ (\%) \tag{4-7}$$

式中　U——计算管道的卫生器具给水当量同时出流概率 (%);

　　　α_c——对应于不同 U 的系数,按表 4-4 取用;

　　　N_g——计算管道的卫生器具给水当量数。

表 4-4　给水管段卫生器具给水当量同时出流概率计算式系数 α_c 取值表

U	α_c	U	α_c
1.0	0.00323	4.0	0.02816
1.5	0.00697	4.5	0.03263
2.0	0.01097	5.0	0.03715
2.5	0.01512	6.0	0.04629
3.0	0.01939	7.0	0.05555
3.5	0.02374	8.0	0.06489

③ 根据计算管段上的卫生器具给水当量同时出流概率,按式 (4-8) 计算得计算管段的设计秒流量

$$q_g = 0.2 U N_g \tag{4-8}$$

式中　q_g——计算管段的给水设计秒流量,单位为 L/s。

④ 给水干管有两条或两条以上具有不同最大用水时卫生器具给水当量平均出流概率的给水支管的给水干管,该管段的最大用水时卫生器具给水当量平均出流概率按式 (4-9) 计算

$$\overline{U}_0 = \frac{\sum U_{0i} N_{gi}}{\sum N_{gi}} \tag{4-9}$$

式中 $\overline{U}_0$——生活干管的卫生器具给水当量平均出流概率;

U_{0i}——支管的最大用水时卫生器具给水当量平均出流概率;

N_{gi}——相应支管的卫生器具给水当量总数。

2) 宿舍（Ⅰ、Ⅱ类）、旅馆、宾馆、酒店式公寓、医院、疗养院、幼儿园、养老院、办公楼、商场、图书馆、书店、客运站、会展中心、中小学教学楼、公共厕所等建筑的生活给水设计秒流量，应按式（4-10）计算

$$q_g = 0.2\alpha\sqrt{N_g} \tag{4-10}$$

式中 q_g——计算管段的给水设计秒流量，单位为 L/s;

N_g——计算管道的卫生器具给水当量数;

α——根据建筑物用途而定的系数，按表 4-5 采用。

表 4-5 根据建筑物用途而定的系数值（α 值）

建筑物名称	α 值	建筑物名称	α 值
幼儿园、托儿所、养老院	1.2	学校	1.8
门诊部、诊疗所	1.4	医院、疗养院、休养所	2.0
办公楼、商场	1.5	酒店式公寓	2.2
图书馆	1.6	宿舍（Ⅰ、Ⅱ类）、旅馆、招待所、宾馆	2.5
书店	1.7	客运站、航站楼、会展中心、公共厕所	3.0

3) 宿舍（Ⅲ、Ⅳ类）、工业企业的生活间、公共浴室、职工食堂或营业餐馆的厨房、体育馆、体育场馆运动员休息室、剧院的化妆间、普通理化实验室等建筑的生活给水管道的设计秒流量，应按式（4-11）计算

$$q_g = \sum q_0 n_0 b \tag{4-11}$$

式中 q_g——计算管段的给水设计秒流量，单位为 L/s;

q_0——同一类型的一个卫生器具给水额定流量，单位为 L/s;

n_0——同类型的卫生器具数;

b——卫生器具的同时给水百分数，按表 4-6~表 4-8 确定。

表 4-6 宿舍（Ⅲ、Ⅳ类）、工业企业生活间、公共浴室、剧院化妆间、
体育场馆等卫生器具同时给水百分数（%）

卫生器具名称	宿舍 （Ⅲ、Ⅳ类）	工业企业 生活间	公共浴室	影剧院	体育场馆
洗涤盆(池)	—	33	15	15	15
洗手盆	—	50	50	50	70(50)
洗脸盆、盥洗槽水嘴	5~100	60~100	60~100	50	80
浴盆	—	—	50	—	—
无间隔淋浴器	20~100	100	100	—	100
有间隔淋浴器	5~80	80	60~80	60~80	60~100

(续)

卫生器具名称	宿舍 （Ⅲ、Ⅳ类）	工业企业 生活间	公共浴室	影剧院	体育场馆
大便器冲洗水箱	5~70	30	20	50（20）	70（20）
大便槽自动冲洗水箱	100	100		100	100
大便器自闭式冲洗阀	1~2	2	2	10（2）	5（2）
小便器自闭式冲洗阀	2~10	10	10	50（10）	70（10）
小便器（槽）自动冲洗水箱	—	100	100	100	100
净身盆	—	33		—	—
饮水器		30~60	30	30	30
小卖部洗涤盆	—	—	50	50	50

注：1. 表中括号内的数值系电影院、剧院的化妆间，体育场馆的运动员休息室使用。

2. 健身中心的卫生间，可采用本表体育场馆运动员休息室的同时给水百分率。

表 4-7　职工食堂、营业餐馆厨房设备同时给水百分数

厨房设备名称	同时给水百分数（%）	厨房设备名称	同时给水百分数（%）
污水盆（池）	50	器皿洗涤机	90
洗涤盆（池）	70	开水器	50
煮锅	60	蒸汽发生器	100
生产性洗涤机	40	灶台水嘴	30

注：职工或学生饭堂的洗碗台水嘴，按100%同时给水，但不与厨房用水叠加。

表 4-8　实验室化验水嘴同时给水百分数

化验水嘴名称	同时给水百分数（%）	
	科学研究实验室	生产实验室
单联化验水嘴	20	30
双联或三联化验水嘴	30	50

若计算结果小于该管段上一个卫生器具的给水额定流量，应采用一个最大卫生器具的给水额定流量作为设计秒流量。

4.4.2　给水管网水力计算

建筑给水管网的水力计算是在完成给水管线布置、管道轴测图绘制、计算管路选定（也叫最不利管路）以后进行。其目的是正确确定给水管网中各管段的管径、各管段产生的水头损失，进而确定室内给水管网所需水压。

1. 确定管径

按建筑物性质和卫生器具当量数求得各管段的设计秒流量后，根据水力学公式及流速控制范围可初步选定管径。

确定管径时，应使设计秒流量通过计算时的水流速度符合下列规定：

1）生活给水管道。生活给水管道的水流速度宜按表4-9确定。

表 4-9 生活给水管道的水流速度

公称直径/mm	15~20	25~40	50~70	≥80
水流速度/(m/s)	≤1.0	≤1.2	≤1.5	≤1.8

与消防合用的给水管网，消防时其管内流速应满足消防要求。

2）消火栓系统管道内水流速度不宜大于 2.5m/s。

3）自动喷水灭火系统管道内水流速度不宜大于 5.0m/s；其配水支管的流速在个别情况下，允许速度大一些，但不得超过 10m/s。

2. 确定管段的水头损失

给水管网中的水头损失包括沿程水头损失和局部水头损失（包括水表的水头损失）。

沿程水头损失用下式计算

$$h_f = iL \tag{4-12}$$

$$i = 105 C_h^{-1.85} d_j^{-4.87} q_g^{1.85} \tag{4-13}$$

式中 i——管段单位长度水头损失，单位为 kPa/m；

d_j——管段计算内径，单位为 m；

q_g——给水设计流量，单位为 m^3/s；

C_h——海澄-威廉系数，按表 4-10 确定。

表 4-10 海澄-威廉系数

管道类型	C_h	管道类型	C_h
塑料管、内衬（涂）塑管	140	内衬水泥、树脂的铸铁管	130
铜管、不锈钢管	130	普通钢管、铸铁管	100

生活给水管道的配水管的局部水头损失宜按管道的连接方式，采用管（配）件当量长度法计算。当管道的管（配）件当量长度资料不足时，可按下列管件的连接状况，按管网的沿程水头损失的百分数取值：

1）管（配）件内径与管道内径一致，采用三通分水时，取 25%~30%；采用分水器分水时，取 15%~20%。

2）管（配）件内径略大于管道内径，采用三通分水时，取 50%~60%；采用分水器分水时，取 30%~35%。

3）管（配）件内径略小于管道内径，管（配）件的插口插入管口内连接，采用三通分水时，取 70%~80%；采用分水器分水时，取 35%~40%。

3. 给水管网所需水压

建筑给水系统的压力应保证配水最不利点（通常位于系统的最高、最远处）具有足够的流出水头。所需压力计算公式

$$H = H_2 + H_3 + 0.01(H_1 + H_4) \tag{4-14}$$

式中 H——建筑给水系统引入管前所需的水压，单位为 MPa；

H_1——最不利配水点与引入管的标高差，单位为 m；

H_2——管网内沿程与局部水头损失之和，单位为 MPa；

H_3——水流通过水表时的水头损失，单位为 MPa；

H_4——最不利配水点所需流出水头，单位为 m。

4.5 给水增压与调节设备

4.5.1 水泵

水泵是给水系统中的主要增压设备。在建筑给水系统中，一般采用离心式水泵。为节省占地面积，可采用结构紧凑、安装管理方便的立式离心泵。

1. 水泵的选择

选择水泵除满足设计要求外，还应使水泵在大部分时间为高效运行，这样有利于节约能源，因此正确地确定其流量、扬程至关重要。

（1）流量的确定　在生活（生产）给水系统中，当无水箱调节时，其流量均应按设计秒流量确定，有水箱调节时，水泵流量应按最大小时流量确定；当调节水箱容积较大，且用水量均匀，水泵流量可按平均小时流量确定。

消防水泵的流量应按室内消防设计水量确定。

（2）扬程的确定　水泵的扬程应根据建筑物最不利配水点或消火栓等所需水压和水量来选择。

当水泵从贮水池吸水向室内管网输水时，其扬程由式（4-15）确定

$$H_b \geqslant H_Z + H_S + H_C \tag{4-15}$$

当水泵从贮水池向室内管网中的高位水箱输水时，其扬程由式（4-16）确定

$$H_b \geqslant H_Z + H_S + H_V \tag{4-16}$$

当水泵直接从室外管网吸水向室内管网输水时，水泵扬程应考虑外网的最小压力，同时应按可能最大水压核算水泵扬程是否会对管道、配件和附件造成损害。

上两式中　H_b——水泵扬程，单位为 m；

$\qquad H_Z$——贮（吸）水池最低水位至最不利配水点或消火栓等的几何高差，单位为 m；

$\qquad H_S$——水泵吸入管和出水管（至高位水箱入口）的总水头损失，单位为 m；

$\qquad H_V$——水泵出水管末端的流速水头，单位为 m。

2. 水泵的设置

水泵机组一般设置在水泵房内，宜设在水池侧面、下方。泵房应远离需要安静，要求防振、防噪声的房间，不应毗邻居住用房或其上层或下层，并应有良好的通风、采光、防冻和排水的条件；泵房的条件和水泵的布置要便于起吊设备的操作，其间距要保证检修时能拆卸、放置泵体和电动机，并能进行维修操作。泵房内宜设置手动起重设备。

每台水泵一般应设独立的吸水管。如必须设置成几台水泵共用吸水管时，吸水管与吸水总管的连接应管顶平接；每台水泵的出水管上应装设压力表、止回阀和阀门，必要时应设置水锤消除措施。自灌式吸水的水泵的吸水管上应装设阀门，并宜装设管道过滤器。泵房内宜有检修水泵的场地，检修场地尺寸宜按水泵或电动机外形尺寸四周有不小于 0.7m 的通道

确定。

与水泵连接的管道力求短而直，水泵基础应高出地面的高度以便于水泵安装，不应小于0.1m；水泵吸水管内的流速宜采用1.0~1.2m/s，吸水管上应设置喇叭口。喇叭口宜向下，低于水池最低水位不宜小于0.3m。当达不到此要求时，应采取防止空气被吸入的措施。

给水泵房应采用减振防噪措施，如应选用低噪声水泵机组，吸水管和出水管上应设置减振装置，水泵机组的基础应设置减振装置，管道支架、吊架和管道穿墙、楼板处，应采取防止固体传声措施，必要时，泵房的墙壁和顶棚应采取隔声吸声处理。建筑上采取的水泵橡胶垫隔振和吸声措施如图4-6所示。

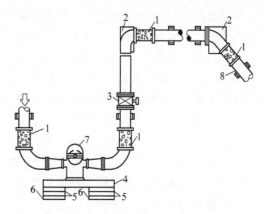

图4-6 水泵橡胶垫隔振和吸声措施
1—可曲挠橡胶接头 2—锚架 3—阀门 4—混凝土基础
5—铁板 6—橡胶隔振垫 7—泵 8—管道

生活和消防水泵应选择安装备用泵，并且互为备用，生产用水泵可根据工艺要求确定是否设置备用泵。

4.5.2 水箱

建筑给水系统中，在需要增压、稳压、减压或者需要储存一定的水量时，均可设置水箱。其形状多为矩形和圆形。制作材料有钢板（包括普通、搪瓷、复合与不锈钢板等）、钢筋混凝土和玻璃钢等，当用玻璃钢作为生活用水水箱时，应采用食品级树脂作为原料。水箱按照不同用途，可分为高位水箱、减压水箱、冲洗水箱等多种类型。在给水系统中使用较广的起到保证水压和储存、调节水量的是高位水箱。

1. 水箱的配管与附件

水箱的配管和附件如图4-7所示。水箱上通常设置进水管、出水管、溢流管、水箱泄水管、水位信号管、通气管等管道。

1）进水管。进水管出口应装设液压水位控制阀（优先采用）或水力浮球阀，进水管上还应装设检修用的阀门，当管径>50mm时，控制阀（或水力浮球阀）应不少于两个。从侧壁进入的进水管其中心距箱顶应有150~200mm的距离。

2）出水管。出水管可从侧壁或底部接出，出水管内底或管口应高出水箱内底；出

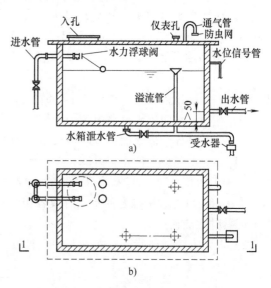

图4-7 水箱配管和附件示意图
a) 1—1剖面图 b) 平面图

水管管径应按设计秒流量计算；出水管不宜与进水管在同一侧面；为方便和减小阻力，出水管上应装设阻力较小的闸阀，不允许安装阻力大的截止阀；如进水、出水合用一根管道，则应在出水管上装设阻力较小的旋启式止回阀；消防和生活合用的水箱除了确保消防储备水量不做它用的技术措施外，还应尽量避免产生死水区。

3）溢流管。溢流管的进水口应高出水箱最高设计水位50mm，溢流管上不允许设置阀门，溢流管出口应设网罩，管径应比进水管大一级。

4）水箱泄水管。水箱泄水管应自水箱底部接出，管上应装设闸阀，其出口可与溢流管相接，但不得与排水系统直接相连，其管径应>50mm。

5）水位信号管。水位信号装置安装在水箱溢流管口以下10mm处，管径为15~20mm，信号管另一端通到经常有值班人员房间的洗脸盆、洗涤盆等处，以便随时发现水箱水力浮球阀失灵，能及时修理。

6）通气管。通气管与供生活饮用水的水箱，当储存量较大时，宜在水箱上设密封箱盖，箱盖上应设有人孔和通气管，通气管上需装设阀门，管口应朝下并设防虫网罩。通气管管径一般不小于50mm。为便于清洗、检修，箱盖上应该设置人孔。

2. 水箱的有效容积

水箱的有效容积，应根据调节水量、生活和消防贮备量、生产事故贮备量确定。水箱有效容积常按经验确定。常用经验数据和计算公式如下：

1）水泵自动运行时按式（4-17）计算

$$V_t = 1.25 \frac{Q_b}{4n_{max}} \qquad (4-17)$$

式中　　V_t——高位水箱的有效（调节）容积，单位为 m^3；

　　　　Q_b——水泵的出水量，单位为 m^3/h；

　　　　n_{max}——水箱一小时内最大启动次数。

n_{max}根据水泵电动机容量及其起动方式、供电系统大小和负荷性质等确定。在水泵可以直接起动，且对供电系统无不利影响时，可选用较大值，一般宜采用6~8次/h。

水箱有效容积也可按式（4-18）估算

$$V = (Q - Q_b)T + Q_b T_b \qquad (4-18)$$

式中　　Q——设计秒流量，单位为 m^3/h；

　　　　Q_b——水泵的出水量，单位为 m^3/h；

　　　　T——设计秒流量的持续时间，单位为 h；

　　　　T_b——水泵最短的运行时间，单位为 h。

对于生活用水 V_t，当水泵采用自动控制时宜按水箱供水区域内的最大小时用水量的50%计算。按以上方法确定的水箱有效容积，往往相差很大，因此只有在确保自动控制装置安全可靠时才能使用。

2）水泵人工操作时，按式（4-19）计算

$$V_t = \frac{Q_d}{n} - T_b Q_m \qquad (4-19)$$

式中　　Q_d——最高日用水量，单位为 m^3/h；

　　　　n——水泵每天启动次数；

T_b——水泵启动一次的运行时间，单位为 h；

Q_m——水泵运行时段内平均小时用水量，单位为 m^3/h。

3）单设水箱时，按式（4-20）计算

$$V_t = Q_m T \qquad (4-20)$$

式中　Q_m——由于管网压力不足，需要从水箱供水的最大连续平均小时用水量，单位为 m^3/h；

　　　T——需要由水箱供水的最大连续时间，单位为 h。

3. 水箱的布置和安装

水箱间的位置应结合建筑、结构条件和便于管道布置来考虑，能使管线尽量短，同时应有良好的通风、采光和防蚊蝇条件。水箱间的净高不得低于 2.20m，并能满足布管要求。

水箱的布置间距应满足表 4-11。对于高层建筑和公共建筑，为保证供水安全，应将水箱分成两格或设置为两个水箱。水箱底距地面应有不小于 800mm 的净空距离，以便安装管道和进行检修。

表 4-11　水箱布置间距　（单位：m）

形式	箱外壁至墙面的距离		水箱之间的距离	箱顶至建筑最低点的距离
	有阀一侧	无阀一侧		
圆形	0.8	0.5	0.7	0.6
矩形	1.0	0.7	0.7	0.6

4.5.3 贮水池

贮水池是储存和调节水量的构筑物。当一幢或几幢相邻建筑所需的水量、水压明显不足，或者是用水量很不均匀，城市供水管网难以满足时，应当设置贮水池。

贮水池可设置成生活用水贮水池，生产用水贮水池，消防用水贮水池，或者是生活与生产、生活与消防、生产与消防和生活、生产与消防合用的贮水池等。贮水池的形状有圆形、方形、矩形等。

1. 贮水池的容积计算

贮水池的容积与水源供水能力、生活（生产）调节水量、用户要求和建筑物性质、消防储备水量和生产事故备用水量有关，可按下式计算

$$V \geqslant (Q_b - Q_g) T_b + V_x + V_s \qquad (4-21)$$

$$Q_g T_t \geqslant (Q_b - Q_g) T_b \qquad (4-22)$$

式中　V——贮水池有效容积，单位为 m^3；

　　　Q_b——水泵的出水量，单位为 m^3/h；

　　　Q_g——水池的进水量，单位为 m^3/h；

　　　T_b——水泵最长连续运行时间，单位为 h；

　　　T_t——水泵运行的间隔时间，单位为 h；

　　　V_x——火灾延续时间内，室内外消防用水量之和，单位为 m^3；

　　　V_s——生产事故备用水量，单位为 m^3。

当资料不足时，生活（生产）调节水量 $(Q_b - Q_g) T_b$ 宜按建筑最高日用水量的 20%~25%确定。当贮水池仅起调节水量的作用，则 V_x 和 V_s 不计入贮水池有效容积。

2. 贮水池的设置

贮水池一般布置在室内地下室或室外泵房附近。其布置原则如下：

1）埋地式生活饮用水贮水池周围 10m 以内，不得有化粪池、污水处理构筑物、渗水井、垃圾堆放点等污染源；周围 2m 以内不得有污水管和污染物；建筑物内的生活饮用水水池（箱）宜设在专用房间内，其上层的房间不应有厕所、浴室、盥洗室、厨房、污水处理间等。

2）建筑物内的生活饮用水水池（箱），应采用独立结构形式，不得利用建筑物的本体结构作为水池（箱）的壁板、底板及顶盖。生活饮用水水池（箱）与其他用水水池（箱）并列设置时，应有各自独立的分隔墙。贮水池不得兼作他用，消防和生产事故贮水池可兼作喷泉池、水景池和游泳池等，但不得少于两格。

3）水池（箱）应设水位监视和溢流报警装置，信息应传至监控中心。

4）消防用水与其他用水共用的水池，应采取确保消防用水量不作他用的技术措施。

5）消防贮水池中包括室外消防用水量时，应在室外设有供消防车取水用的吸水口，昼夜用水的建筑物贮水池容积大于 500m³ 时，宜设成两格能独立使用的消防水池，当大于 1000m³ 时，应设置能独立使用的两座消防水池。每格消防水池应设置独立的出水管，并应设置满足最低有效水位的连通管，且其管径应能满足消防给水设计流量的要求。

生活饮用水水池（水箱）的设置高度应利于水泵自灌式吸水；贮水池应设进水管、出水管、溢流管、泄水管等，也应设置人孔、通气管和溢流管等，并应有防止生物进入水池（水箱）的措施；溢流管宜采用水平喇叭口集水，喇叭口下的垂直管段不宜小于 4 倍溢流管管径，溢流管的管径应按能排泄水池（箱）的最大入流量确定，并宜比进水管管径大一级；贮水池进水管和出水管宜分别设置，并应采取防止水流短路的措施，必要时应设导流装置，以便水流经常流动，避免池水腐化。

4.5.4 吸水池（井）

当室外给水管网能够满足建筑内所需水量、不需设置贮水池，但室外管网又不允许直接抽水时，此时可设置仅满足水泵吸水要求的吸水池（井）。

吸水池（井）的容积应不得小于最大一台或多台同时工作水泵 3min 的出水量。对于水泵，吸水池（井）容积可适当放大，宜按水泵出水量的 5~10min 计算。

吸水池（井）可设在室内底层或地下室，也可设在室外地下或地上，对于生活用吸水池（井），应有防止水被污染的措施。吸水池（井）的尺寸应满足吸水管的布置、安装和水泵正常工作的要求，吸水管在吸水池（井）中布置的最小尺寸如图 4-8 所示。

4.5.5 气压给水设备

气压装置是一种局部升压和调节水量的给水设备，该设备是用水泵将水压入密闭的罐体内，压缩罐内空气，用水时罐内空气将存水压进管网，供各用水点用水。其功能与水塔或高位水箱相似。气压给水设备可设置在任何位置，如室内外地下、地上或楼层中。

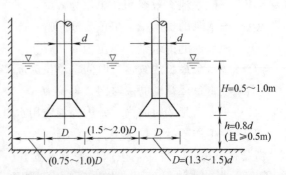

图 4-8 吸水管在吸水池（井）中布置的最小尺寸

1. 分类与组成

气压给水设备按罐内水气接触方式，可分为补气式和隔膜式两类。按照输水压力的稳定状况，可分为变压式和定压式两类。

（1）变压式　罐内充满压缩空气和水，水被压缩空气送往给水管网中。随着用户的使用，罐内水量减少，空气膨胀，压力降低；当降到最小设计压力时，压力继电器起动水泵，由水泵向给水管及水箱供水，这时再次压缩箱内空气，压力上升；当压力升到最大工作压力时，水泵停泵。运行一段时间之后，罐内空气减少，需要补气设备进行补充。补气可用空压机或自动补气装置。

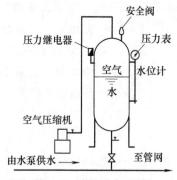

图4-9　变压式气压罐

变压式气压罐为最常用的给水装置，广泛用于用水压力无严格要求的建筑物中，如图4-9所示。

（2）定压式　用水压力要求稳定的给水系统中，一般采用定压装置，可在变压式装置的供水管设置调压阀，使压力调到用水要求压力或在双罐气压装置的空气连通管上设调压阀，保持管网要求的压力，使管网处于定压运行。定压式气压罐工作原理如图4-10所示。

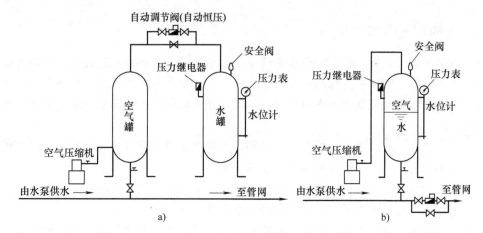

图4-10　定压式气压罐工作原理

a）双罐　b）单罐

2. 气压给水设备的特点

与高位水箱比较，气压给水设备的优点很明显：设置位置限制条件少，灵活性大；便于安装和维护管理；占地面积小，施工速度快，土建费用低，建设快；水在密闭罐之内，水质不容易受到污染；具有消除管网系统中水击的作用。

但是气压给水设备也有缺点：储水量小，调节容积小，一般调节水量为总容积的15%～35%；供水压力不太稳定，有时压力变化很大，直接影响给水配件的使用寿命；供水可靠性较差；罐容量小，调节水量小，罐内水压变化大。

因此气压给水设备耗电能较多，水泵起动频繁，起动电流大，可能导致水泵不在高效区工作，水泵的效率低。建议两台以上水泵并联工作时采用气压给水设备。

3. 气压给水设备调节容积计算

气压给水设备调节容积按式（4-23）计算

$$V_{q_1} = \alpha_a \frac{q_b}{4n_b}$$　　　　　　　　　　　　（4-23）

式中　V_{q_1}——气压给水设备的调节容积，单位为 m^3；

　　　q_b——水泵出水量，单位为 m^3/h；

　　　n_b——水泵在 1h 内起动次数，宜采用 $6\sim8$ 次；

　　　α_a——安全系数，宜采用 $1.0\sim1.3$。

气压给水设备总容积按式（4-24）计算

$$V_q = \frac{\beta V_{q_1}}{1-\alpha_b}$$　　　　　　　　　　　　（4-24）

式中　V_q——气压给水设备的总容积，单位为 m^3；

　　　V_{q_1}——气压给水设备的调节容积，单位为 m^3；

　　　α_b——气压给水设备的工作压力比，一般取 $0.65\sim0.85$；

　　　β——气压给水设备内起始压力 p_0 与最低工作压力的比值，$\beta=\dfrac{p_1}{p_0}$。

4.5.6　变频调速供水设备

为提高供水的可靠性，在实际给水系统中用于增压的水泵都是根据管网最不利工况的流量、扬程而选定的。管网中高峰用水量时间较短，用水量在大多数时间里都小于最不利工况时的流量，其扬程将随流量的下降而上升，因此，在实际管网中存在水泵能耗增高、效率降低的运行工况。

为了解决此种矛盾，提高水泵的运行效率，变频调速供水设备应运而生，它能够根据管网中的实际用水量及水压，通过自动调节水泵的转速而达到平衡。

就一台变频调速水泵而言，它只能在一定的转速范围内变化，才能保持高效率运行。实际管网中一般采用变频调速泵与恒速泵组合供水方式。

变频调速供水设备的主要优点是：效率高、耗能低；运行稳定可靠，自动化程度高；设备紧凑，占地面积小（省去了水箱、气压罐）；对管网系统中用水量变化适应能力强。变频调速供水设备适用于不便设置其他水量调节设备的给水系统，但其造价高，所需管理水平高，且要求电源可靠。

思　考　题

1. 建筑给水系统的给水方式有哪些？每种方式各有什么特点？
2. 常用建筑给水管材有哪些？各有什么特点？如何选用？
3. 不同类型的阀门各有什么特点？如何选用？
4. 建筑给水管道的布置形式有哪些？布置管道时主要应考虑哪些因素？
5. 建筑给水管道的敷设形式有哪些？敷设管道时主要应考虑的因素是什么？
6. 建筑给水管网为何要用设计秒流量公式计算设计流量？常用的公式有几种？
7. 水箱应当如何配管？

第5章
建筑消防

随着城市建设的迅速发展，各种功能的大型建筑、地下建筑、高层和超高层建筑不断涌现，火灾隐患逐渐增多。建筑消防系统为扑灭火灾，保护国家财富和人民生命财产安全提供了安全可靠的保障。扑灭初期火灾对于建筑消防意义十分重大，将火灾控制在萌芽状态，尽可能减少人员财产的重大损失。建筑消防的任务就是从安全着手，在假想失火条件下，考虑如何抑制火情的发展，控制火势的传播和蔓延。火灾虽是偶然事故，一旦发生却危害无穷，因而对消防要求均很严格，必须使供水管网及设备处于警备状态，保证合理安全的消防设施。建筑消防系统是为建筑物的火灾预防和火灾扑灭而建立的一套完整有效的保障体系，以提高建筑物的安全水平。

建筑消防系统根据设置的位置分为室内消防系统与室外消防系统（即城市消防给水系统）。室内消防系统根据使用灭火剂的种类和灭火方式分为下列三种灭火系统：

1）消火栓消防给水系统。

2）自动喷水灭火系统。

3）其他灭火系统。

5.1 城市消防给水系统

5.1.1 分类

室外消防给水管道可采用高压、临时高压和低压管道。城镇、居住区、企业事业单位的室外消防给水一般采用低压给水系统，而且一般与生产、生活给水管道共同使用。但是高压或临时高压给水管道为确保供水安全，应与生产、生活给水管道分开，设置独立的消防给水管道。

1. 城市消防给水系统按照水压要求分类

（1）低压消防给水系统　指管网平时水压较低，水枪的压力是通过消防车或其他移动消防泵加压形成的。消防车从低压给水管网消火栓内取水可通过两种形式，一是直接用吸水管从消火栓上吸水；二是用水带接上消火栓往消防车水罐内灌水。为满足消防车吸水的需要，低压给水管网最不利点处消火栓的压力不应小于 0.1MPa，压头为 10m（自地面算起）。一般城镇和居住区多采用这种管网。

（2）高压消防给水系统　指管网内经常保持足够的压力，火场上不需使用消防车或其他移动式水泵加压，而直接由消火栓接出水带、水枪灭火。当建筑高度小于等于 24m 时，室外高压给水管道的压力应保证生产、生活、消防用水量达到最大，且水枪布置在保护范围内任何建筑物的最高处时，水枪的充实水柱不应小于10m。当建筑物高度大于24m时，应立足于室内消防设备扑救火灾。该系统要求管网内常年保持着灭火需要的足够压力和水压，消防时不需起动消防水泵系统。此种系统不需设置消防水箱，管网内水压高，需用耐高压材料设备，故较少采用。

（3）临时高压消防给水系统　该系统平时水压不高，通过高压消防水泵加压，使管网内的压力达到高压给水管道的压力要求。当城镇、居住区或企事业单位有高层建筑时，可以采用室外和室内均为高压或临时高压的消防给水系统，也可以采用室内为高压或临时高压，而室外为低压的消防给水系统。此系统管网内平时压力不高，在火灾未发生时以低压供水，在火灾发生时，起动消防泵，达到消防灭火的要求。

2. 城市消防给水系统按管网平面布置分类

（1）环状消防给水管网　城镇市政给水管网、建筑物室外消防给水管网应布置成环状管网，管线形成若干闭合环，供水安全可靠，其供水能力较枝状管网约提高1.5~2.0倍。但室外消防用水量不大于15L/s时，可布置成枝状管网。输水干管向环状管网输水的进水管不应少于两条，输水管之间要保持一定距离，并应设置连接管。接市政消火栓的环状给水管网的管径不应小于DN150；当城镇人口小于2.5万人时，给水管网的管径可适当减小，但不应小于DN100。

（2）枝状消防给水管网　在建设初期，或者分期建设较大工程或是室外消防用水量不大的情况下，室外消防供水管网可以布置成枝状管道。水流在管网内向单一方向流动，当管网检修或损坏时，其他地方就会断水，供水安全性较差。所以，应限制枝状管网的使用范围。接市政消火栓的枝状管网的管径不应小于DN200；当城镇人口小于2.5万人时，给水管网的管径可适当减小，但不应小于DN150。

5.1.2　室外消火栓用水量计算

城市消防给水必须有可靠的水源，才能保证消防用水量。在城乡规划区域范围内，市政消防给水与市政给水管网同步规划、设计与实施。水源可采用城市给水管网。如果城市有天然水体，如河流、湖泊等，水量能满足消防用水要求，也可作为消防水源。若上述两种水源不能满足消防用水量的要求时，需利用消防贮水池供水。

消防贮水池容量应满足在火灾延续时间内消防用水量的要求。延续时间按照规范要求：居住区、工厂及难燃仓库应按2h计算；易燃、可燃物品仓库应按3h计算；易燃、可燃材料的露天、半露天堆场应按6h消防用水量计算。

消火栓设计流量应根据建筑物的用途功能、体积、耐火等级、火灾危险性等因素综合分析确定。

1. 城镇市政消防给水流量

同一时间内的火灾发生起数和一起火灾灭火设计流量经计算确定。同一时间内的火灾起数和一起火灾灭火设计流量不应小于表5-1的规定。

2. 建筑物室外消火栓设计流量

建筑物室外消火栓的设计流量，应根据建筑物的用途功能、体积、耐火等级、火灾危险性等因素综合分析确定。建筑物室外消火栓设计流量不应小于表5-2的规定。

表 5-1　城镇同一时间内的火灾起数和一起火灾灭火设计流量

人数 /万人	同一时间内 火灾次数/次	一次灭火 用水量/（L/s）	人数 /万人	同一时间内 火灾次数/次	一次灭火 用水量/（L/s）
$N \leqslant 1.0$	1	15	$20.0 < N \leqslant 30.0$	2	60
$1.0 < N \leqslant 2.5$	1	20	$30.0 < N \leqslant 40.0$	2	75
$2.5 < N \leqslant 5.0$	2	30	$40.0 < N \leqslant 50.0$	3	75
$5.0 < N \leqslant 10.0$	2	35	$50.0 < N \leqslant 70.0$	3	90
$10.0 < N \leqslant 20.0$	2	45	$N > 70.0$	3	100

表 5-2　建筑物室外消火栓设计流量　　　　　　　　（单位：L/s）

耐火 等级	建筑物名称和类别			建筑体积/m³					
				$V \leqslant 1500$	$1500 < V \leqslant 3000$	$3000 < V \leqslant 5000$	$5000 < V \leqslant 20000$	$20000 < V \leqslant 50000$	$V > 50000$
一、 二级	工业 建筑	厂房	甲、乙	15	20	25	30	35	
			丙	15	20	25	30	40	
			丁、戊	15				20	
		仓库	甲、乙	15		25		—	
			丙	15		25	35	45	
			丁、戊	15				20	
	民用 建筑	住宅		15					
		公共 建筑	单层及多层	15			25	30	40
			高层	—			25	30	40
	地下建筑（包括地铁）、 平战结合的人防工程			15			20	25	30
三级	工业建筑	乙、丙		15	20	30	40	45	—
		丁、戊		15			20	25	35
	单层及多层民用建筑			15	20	25	30		
四级	丁、戊类工业建筑			15	20	25	—		
	单层及多层民用建筑			15	20	25			

3. 构筑物消防给水设计流量

以煤、天然气、石油及其产品等为原料的工艺生产装置的消防给水设计流量，应根据其规模、火灾危险性等因素综合确定，且应为室外消火栓设计流量、泡沫灭火系统和固定冷却水系统等水灭火系统的设计流量之和。

5.1.3　消防给水管网

1. 管网布置

市政消防给水管网一般都是与生活、生产给水管网结合设置，市政消防管网宜为环状管网，当城镇人口小于 2.5 万人时可为枝状，有特殊要求的消防给水管网可以设置独立系统。

向环状管网供水的输水干管不应少于两条，当其中一条发生故障时，其余的输水干管仍能满足消防给水设计流量。另外消防给水管道的最小管径应不小于100mm。

室外消防给水采用两路消防供水时应采用环状管网，但当采用一路消防供水时可采用枝状管网。

2. 消火栓

市政消火栓宜在道路的一侧设置，并靠近十字路口，当市政道路宽度超过60m时，应在道路的两侧交叉错落设置市政消火栓；市政消火栓的间距不应大于120m，保护半径不应大于150m，距路边不应大于2m，不宜小于0.5m，距离建筑外墙或外墙边缘不宜小于5m。地下式消火栓应该有明显的永久性标志。

建筑室外消火栓的数量应根据室外消火栓设计流量和保护半径经计算确定，保护半径不应大于150m，每个室外消火栓的用水量宜按10~15L/s计算。

室内消火栓应设在楼梯间、走道等明显易于取用的地点，消火栓的数量应能满足两股消火栓的充实水柱同时到达室内的任何部位，但建筑高度小于24m且体积小于5000m³的多层仓库、建筑高度小于或等于54m且每单元设置一部疏散楼梯的住宅，可采用一只消防水枪的1股充实水柱到达室内任何部位。

3. 消防水池

消防水池可设于室外地下或地面上，也可设在室内地下室。一般用在消防水源的水量、水压不满足规范的情况下。水池若是消防用水与其他用水合用的水池，应有确保消防用水不被他用的技术措施。消防水池的容积如超过1000m³时，应分设成两个或两格。

4. 水泵接合器

水泵接合器是消防车向建筑内管网送水的接口设备。当建筑遇特大火灾，消防水量供水不足时或消防泵发生故障时，须用消防车取消火栓或消防水池的水，通过水泵接合器来补充建筑中灭火水量。超过四层的厂房和库房、高层工业建筑、高层民用建筑、设有消防管网的住宅及超过五层的其他民用建筑，其室内消防管网应设水泵接合器。消防给水为竖向分区供水时，在消防车供水压力范围内的分区，应分别设置水泵接合器；当建筑高度超过消防车供水高度时，消防给水应在设备层等方便操作的地点设置手抬泵或移动泵接力供水的吸水和加压接口。

水泵接合器的设置数量应按室内消防用水量确定。每个水泵接合器的流量应按10~15L/s计算。消防水泵接合器的设置数量，每种灭火系统的消防水泵接合器的数量应按系统设计流量经计算确定，当计算数量超过3个时，可根据供水可靠性适当减少。

水泵接合器已有标准定型产品，其接出口直径有65mm和80mm两种。水泵接合器可安装成墙壁式、地上式、地下式三种类型。图5-1所示为SQ型地上式水泵接合器外形图。水泵接合器应有明显的标志，以免误认为是消火栓。

水泵接合器应设在便于消防车到达和使用的

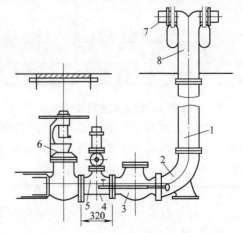

图5-1 SQ型地上式水泵接合器外形图

1—法兰接管 2—弯管 3—升降式单向阀
4—放水阀 5—安全阀 6—楔式闸阀
7—进水用消防接口 8—本体

地点，其周围15~40m范围内应设室外消火栓、消防水池。

5.2　消火栓消防给水系统

消火栓消防给水系统设置在建筑物内。由于建筑高度和消防车扑灭火灾能力的限制，可将系统分为临时高压系统和高压系统。在消防给水系统中，根据建筑物的具体要求，可以设置消火栓给水系统、自动喷水系统和水幕系统等。

5.2.1　高、低层民用建筑的划分和火灾的救助原则

1. 高、低层民用建筑的划分

民用建筑根据其建筑高度和层数可分为单、多层民用建筑和高层民用建筑。高层民用建筑根据其建筑高度、使用功能和楼层的建筑面积可分为一类和二类。民用建筑的分类应符合表5-3的规定。

表5-3　民用建筑的分类

名称	高层民用建筑		单、多层民用建筑
	一类	二类	
住宅建筑	建筑高度大于54m的住宅建筑（包括设计商业服务网点的住宅建筑）	建筑高度大于27m,但不大于54m的住宅建筑（包括设置商业服务网点的住宅建筑）	建筑高度不大于27m的住宅建筑（包括设置商业服务网点的住宅建筑）
公共建筑	1. 建筑高度大于50m的公共建筑 2. 建筑高度24m以上部分任一楼层建筑面积大于1000m²的商店、展览、电信、邮政、财贸金融建筑和其他多种功能组合的建筑 3. 医疗建筑、重要公共建筑 4. 省级及以上的广播电视和防灾指挥调度建筑、网局级和省级电力调度建筑 5. 藏书超过100万册的图书馆、书库	除一类高层公共建筑外的其他高层公共建筑	1. 建筑高度大于24m的单层公共建筑 2. 建筑高度不大于24m的其他公共建筑

2. 不同高度建筑物的救助原则

（1）不设室内消防给水系统的低层建筑　此类建筑高度低，规模小，其建筑火灾全靠消防车水泵或室外消火栓直接灭火、控火。

（2）室内有消防给水系统的低层建筑　室内设置消防给水系统的低层建筑，高度低、规模小，其建筑火灾主要靠消防车水泵或室外临时水泵抽吸室外水源来直接灭火、控火。室内消火栓给水系统主要用来扑救初期火灾。

（3）建筑高度为24~50m的高层建筑　建筑高度为24~50m的高层建筑发生火灾时，应以室内"自救"为主，"外救"为辅。建筑高度超过24m时，消防车不能直接扑救火灾，此时高层建筑主要依靠室内消防设备系统灭火，而消防车通过室外水泵接合器向室内供水，以加强室内消防力量。

（4）建筑高度在50~100m的高层建筑　建筑高度在50~100m的高层建筑发生火灾时，室内消防应该完全靠"自救"。当建筑高度超过50m，室外消防设备无法向室内消防给水管

网供水而发挥作用。为此，室内消防水泵给水系统应具备独立扑灭室内火灾的能力。

（5）建筑高度超过100m的高层建筑　建筑高度超过100m的高层建筑应设置"全自救"消防系统，并以扑灭初期火灾为重点。

5.2.2　消火栓给水系统设置范围

建筑物内部设置以水为灭火剂的消防给水系统是最经济有效的方法。根据我国常用消防车的供水能力，十层以下的住宅建筑、建筑高度不超过24m的其他民用建筑和工业建筑的室内消防给水系统，属于低层建筑室内消防给水系统。其主要任务是：扑灭建筑物初期火灾，对较大火灾还要求助于城市消防车赶到现场扑灭。我国GB 50016—2014《建筑设计防火规范》规定，下列建筑物必须设置室内消防给水系统：

1）建筑占地面积大于300m^2的厂房、仓库。

2）高层公共建筑和建筑高度大于21m的住宅建筑。

3）体积超过5000m^3的车站、码头、机场的候车（船、机）建筑、展览建筑、商店建筑、旅馆建筑、医疗建筑和图书馆建筑等单、多层建筑。

4）特等、甲等剧场，超过800个座位的其他等级的剧场和电影院等以及超过1200个座位的礼堂、体育馆等单、多层建筑。

5）建筑高度大于15m或体积超过1万m^3的办公建筑、教学建筑和其他单、多层民用建筑。

6）国家级文物保护单位的重点砖木或木结构的古建筑，宜设置室内消火栓系统。

5.2.3　消火栓消防给水系统的组成

消火栓给水系统由给水管网、消火栓、消防水箱、消防水池及消防水泵等组成。

（1）给水管网　给水管网应采用水平或立式环网，设不少于两条进水管并附有水泵及水箱等设备，立管靠近消火栓，确保供水防火安全。

（2）消火栓　消火栓主要由水枪、水龙带和消防龙头等组成，均安装于消火栓箱内。常用消火栓箱一般用铝合金或钢板制作而成，外装玻璃门，门上应有明显的标志，箱内水带和水枪平时应安放整齐，箱内设有通过消防室内按钮起动水泵按钮及火灾报警按钮，如图5-2所示。

水枪喷嘴口径有11mm、13mm、16mm、19mm四种。另一端配有和水带相连的接口。口径11mm、13mm水枪配备50mm水带，16mm水枪可配50mm或65mm水带，19mm水枪配备65mm水带。水枪常用铜、铅或塑料制成。水枪是灭火的重要工具，一般为直流

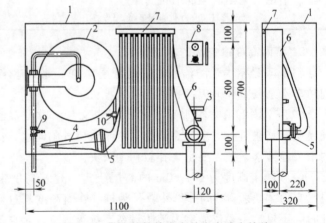

图5-2　带消防软管卷盘的室内消火栓箱

1—消火栓箱　2—消防软管卷盘　3—消火栓　4—水枪
5—水带接口　6—水带　7—挂架　8—消防水泵按钮及火灾
报警按钮　9—SNA25消火栓　10—小口径开关水枪

式，其作用在于收缩水流，产生灭火需要的充实水柱。

水带口径有 50mm、65mm 两种，水带长度一般为 15m、20m、25m、30m 等四种。水带材质有麻织和化纤两种，有衬胶与不衬胶之分。

消防龙头为内扣式接口的球形阀式龙头。双出口的消火栓如图 5-3 所示。

水枪、水带、消火栓和消防卷盘一起设于带有玻璃门的消防箱内。安装高度为消火栓栓口中心距地面 1.1m。

（3）消防水箱 消防水箱对扑灭初期火灾有着重要的作用。消防水箱可设在建筑物的最高部位，依靠重力自流灭火。消防水箱与其他用水共同使用时，应有消防用水不作他用的技术设施。水箱的安装高度应满足室内最不利点消火栓所需的水压要求，且应储存 10min 的室内消防用水量。临时高压消防给水系统的高位消防水箱的有效容积应满足初期火灾消防用水量的要求，一类高层公共建筑不应小于 $36m^3$，但当建筑高度大于 100m 时，不应小于 $50m^3$，当建筑高度大于 150m 时，不应小于 $100m^3$；多层公共建筑、二类高层公共建筑和一类高层住宅，不应小于 $18m^3$，当一类高层住宅建筑高度超过 100m 时，不应小于 $36m^3$；二类高层住宅，不应小于 $12m^2$；建筑高度大于 21m 的多层住宅，不应小于 $6m^3$。

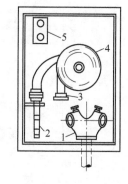

图 5-3 双出口消火栓
1—双出口消火栓 2—水枪
3—水带接口 4—水带
5—按钮

（4）消防水泵 室内消火栓灭火系统的消防水泵房宜与其他水泵房合建，以便于管理。高层建筑的室内消防水泵房，宜设在建筑物的地下室。

必须注意，在同一建筑物内的消防器材均要使用统一规格，以免消防急用时发生器材接装困难，延误灭火时间、造成损失。

5.2.4 消火栓给水系统的方式

消防给水系统是在建筑物内使用最广泛的一种室内消防给水系统。该系统由消防水源、消防管道（进户管、干管、支管、横支管）、室内消火栓、水泵、水箱和水泵接合器等组成。常采用生活或生产与消防共用系统，简化管道设备，降低造价，但在对消防要求严格或采用系统在经济技术上不合理时，可采取独立设置消防系统。

室内消火栓给水系统的方式见表 5-4。

表 5-4 室内消火栓给水系统的方式

序号	名称	图 式	适 用 条 件
1	室外给水管网直接供水的生活—消防共用给水系统	给水立管 消火栓立管 室内管网 室外给水管网	室外给水管网提供的水量和水压能满足室内消火栓给水系统在任何时候所需的水量、水压的要求时

（续）

序号	名称	图　式	适用条件
2	单设水箱的消火栓给水方式	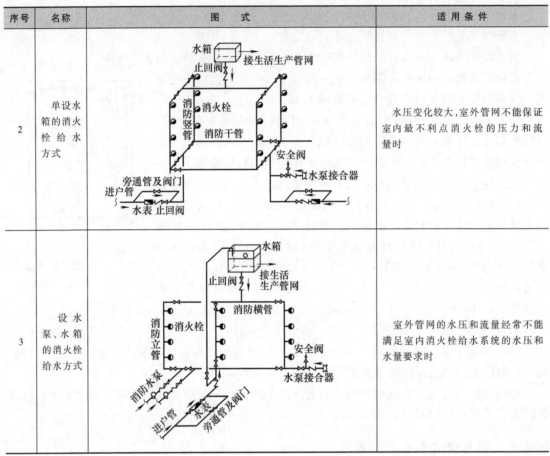	水压变化较大,室外管网不能保证室内最不利点消火栓的压力和流量时
3	设水泵、水箱的消火栓给水方式		室外管网的水压和流量经常不能满足室内消火栓给水系统的水压和水量要求时

5.2.5　消火栓系统布置

消火栓应设置在建筑物中经常有人通过、明显且使用方便之处,如走廊、楼梯间、门厅及消防电梯等处,应标有鲜明"消火栓"字样,平时封锁,使用时击破玻璃,按开关起动水泵,取枪开栓灭火。

1. 水枪的充实水柱

消火栓设备的水枪射流灭火需要有一定强度的密实水流才能有效地扑灭火灾。如图 5-4 所示,水枪射流在 26~38mm 直径圆断面内,包含全部水量 75%~90% 的密实水柱长度即水枪的充实水柱,用 H_m 表示。当水枪的充实水柱长度小于 7m 时,火场的辐射热使消防人员无法接近着火点,达不到有效灭火的目的;当水枪的充实水柱长度大于 15m 时,因射流的反作用力而使消防人员无法把握水枪灭火。各类建筑要求的水枪充实水柱长度为:高层建筑、厂房、库房和室内净空高度超过 8m 的民用建筑等场所,消火栓栓口动压不应小于 0.35MPa,且消防水枪充实水柱应按 13m 计算;其他场所,消火栓栓口动压不应小于 0.25MPa,且消防水枪充实水柱应按 10m 计算。

图 5-4　垂直射流组成

2. 消火栓的保护半径

消火栓射出的充实水柱必须到达建筑物的任何位置，覆盖全部建筑面积。消火栓的保护半径可按式（5-1）计算

$$R = L_h + L_p \tag{5-1}$$

式中　R——消火栓的保护半径，单位为 m；

　　　L_h——水带长度，单位为 m，考虑到水带的转折，一般乘以折减系数 0.8~0.9；

　　　L_p——水枪充实水柱在平面上的投影长度，单位为 m，水枪上倾角一般按 45° 计，如图 5-5 所示。

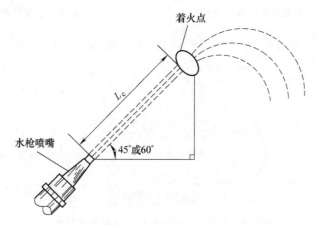

图 5-5　倾斜射流的 L_p

$$L_p = L_c \cos 45° = 0.71 L_c \tag{5-2}$$

式中　L_c——充实水柱长度，单位为 m。

3. 消火栓的间距

室内只设一排消火栓，要求有一股水柱到达同层内任何部位，消火栓的间距按图 5-6 布置，并按式（5-3）计算

$$L_1 \leqslant 2\sqrt{R^2 - b^2} \tag{5-3}$$

式中　L_1——消火栓间距，单位为 m；

　　　R——消火栓保护半径，单位为 m；

　　　b——消火栓最大保护宽度，单位为 m。

室内只设一排消火栓，而要求有两股水柱同时到达同层内任何部位时，消火栓的间距按图 5-7 布置，并按式（5-4）计算。

$$L_2 \leqslant \sqrt{R^2 - b^2} \tag{5-4}$$

式中　L_2——消火栓间距，单位为 m；

　　　b——消火栓最大保护宽度，单位为 m。

当房间宽度较宽，需要布置多排消火栓，且要求有一股水柱达到同层内任何部位时，消火栓的间距按图 5-8 布置，并按式（5-5）计算

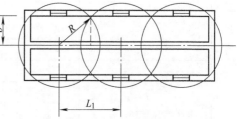

图 5-6　单排一股水柱到达同层内任何部位时的消火栓布置间距

$$L_n \leqslant \sqrt{2}R \qquad (5-5)$$

式中　L_n——多排消火栓一股水柱时的消火栓间距，单位为 m。

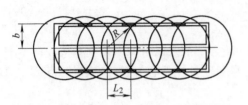

图 5-7　单排两股水柱时的消火栓布置间距

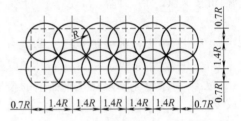

图 5-8　多排一股水柱时的消火栓布置间距

　　当室内需要布置多排消火栓，且要求有两股水柱到达同层内任何部位，可按图5-9布置。

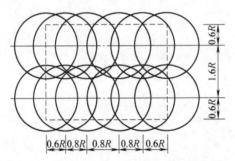

图 5-9　多排一股水柱时的消火栓布置间距

5.2.6　室内消火栓用水量

　　室内消火栓灭火系统的用水量与建筑类型、大小、高度、结构、耐火等级和生产性质有关，其数值不应小于表5-5中的数值。

表 5-5　建筑物室内消火栓设计流量

建筑物名称		高度 h/m、体积 V/m^3、座位数 $n/$个、火灾危险性		消火栓用水量/（L/s）	同时使用水枪数量/支	每根竖管最小流量/（L/s）
工业建筑	厂房	$h \leqslant 24$	甲、乙、丁、戊	10	2	10
			丙　$V \leqslant 5000$	10	2	10
			丙　$V > 5000$	20	4	15
		$24 < h \leqslant 50$	乙、丁、戊	25	5	15
			丙	30	5	15
		$h > 50$	乙、丁、戊	30	6	15
			丙	40	8	15
	仓库	$h \leqslant 24$	甲、乙、丁、戊	10	2	10
			丙　$V \leqslant 5000$	15	3	15
			丙　$V > 5000$	25	5	15
		$h > 24$	丁、戊	30	6	15
			丙	40	8	15

（续）

建筑物名称		高度 h/m、体积 V/m³、座位数 n/个、火灾危险性	消火栓用水量/（L/s）	同时使用水枪数量/支	每根竖管最小流量/（L/s）
民用建筑	单层及多层	科研楼、试验楼	$V \leqslant 10000$	10	2	10
			$V > 10000$	15	3	10
		车站、码头、机场的候车（船、机）楼和展览建筑（包括博物馆）等	$5000 < V \leqslant 25000$	10	2	10
			$25000 < V \leqslant 50000$	15	3	10
			$V > 50000$	20	4	15
		剧院、电影院、会堂、礼堂、体育馆等	$800 < n \leqslant 1200$	10	2	10
			$1200 < n \leqslant 5000$	15	3	10
			$5000 < n \leqslant 10000$	20	4	15
			$n > 10000$	30	6	15
		旅馆	$5000 < V \leqslant 10000$	10	2	10
			$10000 < V \leqslant 25000$	15	3	10
			$V > 25000$	20	4	15
		商店、图书馆、档案馆等	$5000 < V \leqslant 10000$	15	3	10
			$10000 < V \leqslant 25000$	25	5	15
			$V > 25000$	40	8	15
		病房楼、门诊楼等	$5000 < V \leqslant 25000$	10	2	10
			$V > 25000$	15	3	10
		办公楼、教学楼、公寓、宿舍等其他建筑	$h > 15$ 或 $V > 10000$	15	3	10
		住宅	$21 < h \leqslant 27$	5	2	5
	高层	住宅	$27 < h \leqslant 54$	10	2	10
			$h > 54$	20	4	10
		二类公共建筑	$h \leqslant 50$	20	4	10
		一类公共建筑	$h \leqslant 50$	30	6	15
			$h > 50$	40	8	15
国家级文物保护单位的重点砖木或木结构的古建筑			$V \leqslant 10000$	20	4	10
			$V > 10000$	25	5	15
地下建筑			$V \leqslant 5000$	10	2	10
			$5000 < V \leqslant 10000$	20	4	15
			$10000 < V \leqslant 25000$	30	6	15
			$V > 25000$	40	8	20
人防工程		展览厅、影院、剧场、礼堂、健身体育场等	$V \leqslant 1000$	5	1	5
			$1000 < V \leqslant 2500$	10	2	10
			$V > 2500$	15	3	10
		商场、餐厅、旅馆、医院等	$V \leqslant 5000$	5	1	5
			$5000 < V \leqslant 10000$	10	2	10

（续）

建筑物名称		高度 h/m、体积 V/m³、座位数 n/个、火灾危险性	消火栓用水量/（L/s）	同时使用水枪数量/支	每根竖管最小流量/（L/s）
人防工程	商场、餐厅、旅馆、医院等	$10000<V\leqslant25000$	15	3	10
		$V>25000$	20	4	10
	丙、丁、戊类生产车间、自行车库	$V\leqslant2500$	5	1	5
		$V>2500$	10	2	10
	丙、丁、戊类物品库房、图书资料档案库	$V\leqslant3000$	5	1	5
		$V>3000$	10	2	10

5.3 自动喷水灭火系统

自动喷水灭火系统是一种在发生火灾时能自动打开喷头灭火并同时发出火灾报警信号的固定消防灭火设施。它适用于扑救初期火灾，是目前适用范围最广、灭火成功率最高的固定灭火设施，是最有效的建筑火灾自救设施。

自动喷水灭火系统在大火发生时，喷头封闭元件自动开启喷水灭火，并同时发出报警信号，灭火及控制火势蔓延的效果好，成功率可达95%以上。

自动喷水灭火系统根据系统中所使用喷头的形式的不同，可分为闭式和开式自动喷水灭火系统。闭式系统又根据系统内是否有水分可分为湿式系统、干式系统、预作用喷水灭火系统和重复启闭预作用系统等。湿式自动喷水灭火系统使用最为广泛。在已安装的自动喷头灭火系统中有70%以上为湿式系统。开式系统又可分为雨淋系统、水幕系统和水喷雾系统等。

5.3.1 闭式自动喷水灭火系统类型

1. 湿式自动喷水灭火系统

湿式自动喷水灭火系统由闭式喷头、水流指示器、湿式报警阀组以及配水管道和供水设施等组成。由于该系统在报警阀的前后管道内始终充满着压力水，故称湿式喷水灭火系统。当火灾发生时，在火场温度的作用下，闭式喷头的感温元件温度达到预定的动作温度范围时，喷头的闭锁装置融化脱落，即时喷水灭火。同时，该层的水流指示器被水流触动，转化为电信号，在消防总控制室的火警信号控制箱的显示屏上发出该区域的火警信号。另外，水力警铃被水流推动，发出报警铃声，并且系统压力下降，触动压力开关，从而起动消防水泵，保障火警区域的喷头洒水有足够的流量和水压，有效扑灭灾情。其工作原理流程图如图5-10所示。此灭火系统具有结构简单、施工和管理维护方便、使用可靠、灭火速度快、控火效率高等优点。但由于其管路在喷头中始终充满水，所以应用受环境温度的限制，适合安装在室内温度不低于4℃，且不高于70℃，能用水灭火的建、构筑物内。

2. 干式自动喷水灭火系统

干式自动喷水灭火系统类似湿式系统，所不同的是管网中平时不充水，而充以有压空气（或氮气），并设有干式报警阀及充气设备等。其特点是报警阀前管内充有压力水，阀后管

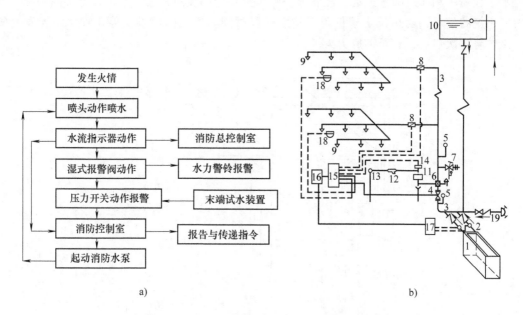

图 5-10　湿式自动喷水灭火系统工作原理流程图

a）工作原理流程图　b）组成示意图

1—消防水池　2—消防泵　3—管网　4—控制蝶阀　5—压力表　6—湿式报警阀组　7—泄放试验阀　8—水流指示器
9—闭式喷头　10—高位水箱　11—延时器　12—过滤器　13—水力警铃　14—压力开关　15—报警控制器
16—非标控制箱　17—水泵控制箱　18—探测器　19—水泵接合器

内充满有压空气，时时处于警备状态。当建筑物发生火灾、温度达到开启闭式喷头时，喷头开启、排气、充水、灭火等。该系统的缺点是灭火时需先排气，故喷头出水灭火效率不如湿式系统及时，造价也高于湿式系统，对于可能发生蔓延速度较快火灾的场所不适合采用干式自动喷水灭火系统。但由于其配水管道中平时不充水，对建筑物装饰无影响，不受建筑物温度的限制，可用于有冰冻危险与环境温度可能超过 70℃ 的场所。

3. 预作用自动喷水灭火系统

预作用自动喷水灭火系统采用预作用报警阀组，并由火灾自动报警系统启动。系统的配水管道中平时不充水，发生火灾时，由比闭式喷头更灵敏的火灾报警系统联动报警（雨淋）阀和供水泵，在闭式喷头开放前完成管道充水过程，转换为湿式系统，使喷头能在开放后立即喷水，如图 5-11 所示。预作用系统既兼有湿式、干式系统的优点，又避免了湿式、干式系统的缺点，在不允许出现误喷或管道漏水的重要场所，可替代湿式系统使用；在低温或高温场所中替代干式系统使用，可避免干式系统喷头开启后延迟喷水的缺点。

4. 重复启闭预作用系统

重复启闭预作用系统，是能在扑灭火灾后自动关闭、复燃后再次开阀门喷水的预作用系统。为了防止喷头误动作，该系统与常规预作用系统的不同之处，在于采用了一种既可输出火灾信号，又可在环境恢复常温时输出灭火信号的感温探测器。适用于灭火后必须及时停止喷水，要求减少不必要水渍损失的场所。

当环境温度超出预定值时，报警并起动供水泵和打开具有复位功能的雨淋阀，为配水管道充水，在喷头动作后喷水灭火。随着喷头喷水火场的温度将恢复至常温，该感温探测器发出关停系统的信号，在按设定条件延迟喷水一段时间后，关闭雨淋阀停止喷水。若发生复燃，系统将再次启动，直至彻底灭火。

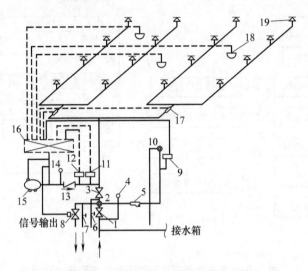

图 5-11　预作用自动喷水灭火系统

1—总控制阀　2—预作用报警阀　3—检修闸阀　4—压力表　5—过滤器　6—截止阀　7—手动开启截止阀
8—电磁阀　9—压力开关　10—水力警铃　11—压力开关　12—低气压报警压力开关　13—止回阀
14—压力表　15—空压机　16—火警报警控制箱　17—水流指示器　18—火灾探测器　19—闭式喷头

5.3.2　开式自动喷水灭火系统类型

1. 雨淋自动喷水灭火系统

雨淋自动喷水灭火系统是由开式喷头、雨淋报警阀组、配套的火灾自动报警系统或传动管联动雨淋阀等组成。发生火灾时，系统管道内给水是通过火灾自动报警系统或传动管控制，自动开启雨淋报警阀和起动供水泵后向开式洒水喷头供水的自动喷水灭火系统。

雨淋自动喷水灭火系统采用开式喷头。只要雨淋阀起动后，就可以在它的保护区内迅速地、大面积地喷水灭火，因此降温和灭火效果均十分显著；但其自动控制部分需有很高的可靠性，不允许误动作或不动作。

工作原理：发生火灾时，由自动控制装置打开集中控制阀门，探测器起动，并向控制箱发出报警信号。报警箱接到信号后，经过确认，发出指令，打开雨淋阀，使整个保护区内的开式喷头喷水冷却或灭火。该系统具有出水量大，灭火及时的优点，适用于火灾蔓延大、危险性大的建筑或部位。

雨淋自动喷水灭火系统用于扑灭大面积火灾，可用在以下场所：

1）火柴厂的氯酸钾压碾厂房；建筑面积超过 $100m^2$ 且生产或使用硝化棉、喷漆棉、火胶棉、硝化纤维、赛璐珞胶片的厂房。

2）乒乓球厂的轧坯、切片、磨球、分球检验部位。

3）建筑面积超过 $60m^2$ 或储存量大于 2t 的硝化棉、喷漆棉、火胶棉、硝化纤维、赛璐珞胶片的仓库。

4）日瓶装数量大于3000瓶的液化石油气储配站的灌瓶间、实瓶间。

5）特等、甲等剧场，超过1500个座位的其他等级剧场和超过2000个座位的会堂或礼堂的舞台葡萄架下部。

6）建筑面积大于400m²的演播室和建筑面积不小于500m²的电影摄影棚。

2. 水幕灭火系统

水幕灭火系统的组成与雨淋自动喷水灭火系统相似，也是一种开式喷头喷水灭火系统。该系统是由水幕喷头、雨淋报警阀组及控制设备所组成，利用密集喷洒所形成的水墙或水帘，或者配合防火卷帘等分隔物，从而阻断烟气和火势的蔓延，利用直接喷向分隔物的水的冷却作用，保持分隔物在火灾中的完整性和隔热性。喷头成排装设在给水管上，喷出水帘，作防火隔断及局部降温用，也可与防火幕、防火卷帘配合使用，在大空间可代替防火墙；或设在门窗口防止火焰扩散，都起隔断火灾的作用，如图5-12所示。

水幕灭火系统和雨淋自动喷水灭火系统不同的是雨淋灭火系统中用开式喷头，将水喷洒成锥体扩散射流，而水幕灭火系统中用开式喷头，将水喷洒成水帘幕状。故而，水幕灭火系统不能用来直接扑灭火灾，而是与防火卷帘、防火墙等配合使用，提高它们的耐火性能。

水幕灭火系统喷头成1~3排排列，将水喷洒成水幕状，具有阻火、隔火、冷却作用，能阻止火焰穿过开口部位，防止火势蔓延，冷却防火隔绝物，增强其耐火性能。

在下列建筑物中应设水幕灭火系统：

1）特等、甲等剧场，超过1500个座位的其他等级的剧院，超过2000个座位的会堂，礼堂的舞台口和高层民用建筑内超过800个座位的剧场或礼堂和高层民用建筑内超过800个座位的剧场或礼堂的舞台口及上述场所内与舞台相连的侧台、后台的洞口。

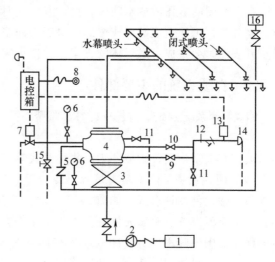

图5-12 水幕灭火系统图示

1—水池 2—水泵 3—供水闸阀 4—雨淋阀 5—止回阀
6—压力表 7—电磁阀 8—按钮 9—试警铃阀
10—警铃管阀 11—放水阀 12—滤网 13—压力开关
14—警铃 15—手动快开阀 16—水箱

2）应设防火墙、防火门等防火分隔物而又无法设置的开口部位。

3）需要防护冷却的防火卷帘或防火幕的上部。

3. 水喷雾灭火系统

水喷雾灭火系统是由水源、供水设备、管道、雨淋阀组、过滤器和水雾喷头等组成，向保护对象喷射水雾灭火或防护冷却的灭火系统。其灭火的机理是利用高压水，经过各种形式的雾化喷头喷射出雾状水流，喷射到燃烧物上，一方面使燃烧物和空气隔绝产生窒息；另一方面进行冷却，对油类火灾能使油面起乳化作用，对水溶性液体火灾起稀释作用。

水喷雾灭火系统，平时管网里充以低压水，或在发生时，由火灾探测器探测到火灾，通过控制箱，电动开启着火区域的控制阀，或由火灾探测传动系统自动开启着火区域的控制阀，并起动消防水泵，管网水压增大，当水压大于一定值时，水喷雾头上的压力起动帽脱落，喷头一起喷水灭火。

水喷雾灭火系统用于扑救储存易燃液体场所的火灾，也用于有火灾危险的工业装置，有粉尘火灾（爆炸）危险的车间，以及橡胶等特殊可燃物的火灾危险场所。

使用水喷雾灭火系统时，应综合考虑保护对象性质和可燃物的火灾特性，以及周围环境等因素。

下列情况不应使用水喷雾灭火系统：

1）不适宜用水扑救的物质，包括两类：

第一类为过氧化物，如过氧化钾、过氧化钠、过氧化镁等。第二类为遇水燃烧物质，如钾、钠、钙、碳化铝等，这些物质遇水能使水分解，夺取水中的氧与之化合，并放出热量和产生可燃气体造成燃烧或爆炸的恶果。

2）使用水喷雾会造成爆炸或破坏的场所，包括以下几种情况：

高温密闭的容器内或空间内，当水雾融入时，由于水雾的急剧气化使容器或空间内的压力急剧升高，可能造成破坏或爆炸；对于表面温度经常处于高温状态的可燃液体，当水雾喷射至其表面时会造成可燃气体的飞溅，致使火灾蔓延。

5.3.3 自喷系统的主要部件

自动喷水系统由喷头、报警阀、水流报警装置、火灾探测器、延迟器、末端试水装置等组成。

1. 喷头

喷头有很多形式，大体分为闭式、开式等。

（1）闭式喷头　闭式喷头是有感温装置的自动喷头，该感温装置有易熔合金和玻璃球形等热敏感元件两种形式，如图5-13所示。当达到预定温度范围时能通过感温装置自动开启，如玻璃球爆炸、热敏元件脱离喷头主体等方式自动开启，并按照规定的形状和水量在规定的作用范围内喷水灭火。闭式喷头按照安装位置、布水形状和溅水盘的形式可分为直立型、下垂型、吊顶型、普通型和边墙型等；按照使用场所的分类见表5-6。

表5-6　各种闭式喷头使用场所

喷 头 类 型	使 用 场 所
玻璃球洒水喷头	对美观要求高和耐腐蚀的场所
易熔合金洒水喷头	对外观和耐腐蚀性要求不高的场所
直立型洒水喷头	安装在管路下经常有移动物体和尘埃较多的场所
下垂型洒水喷头	各种保护场所
吊顶型洒水喷头	属于装饰性喷头，在旅馆、办公室等建筑使用较多
边墙型洒水喷头	空间狭窄、通道状建筑适用此种喷头
普通型洒水喷头	有可燃吊顶的房间

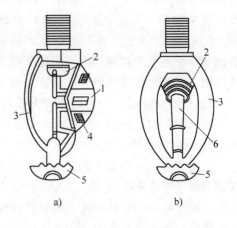

图5-13　闭式喷头

a）易熔合金闭式喷头　b）玻璃球闭式喷头

1—易熔合金锁闸　2—阀片　3—喷头框架

4—八角支撑　5—溅水盘　6—玻璃球

（2）开式喷头　开式喷头可分为三种：开启式洒水喷头、水幕喷头及喷雾式喷头。开启式洒水喷头适用于雨淋喷水灭火等开式系统。水幕喷头适用于凡需保护的门、窗、洞、檐口、舞台口等位置。对于石油化工装置和电力设备可使用喷雾喷头。

2. 报警阀

报警阀的作用是开启和关闭管网的水流，传递控制信号至控制系统并起动水力警铃直接报警。报警阀安装在消防给水立管上。当喷头开启时，报警阀都能自动打开。报警阀有湿式、干式、雨淋式等。湿式报警阀用于湿式自动喷水灭火系统；干式报警阀用于干式自动喷水灭火系统；雨淋阀则用于雨淋自动喷水灭火系统、预作用系统、重复启闭预作用系统、水幕灭火系统等。

3. 水流报警装置

在自动喷水系统中起监测、控制和报警作用。水流报警装置有水力警铃、水流指示器和压力开关等形式。水流指示器能及时报告火灾发生的部位，因此，要求每个防火分区和每个楼层都设水流指示器。水力警铃主要用在湿式喷水灭火系统，宜安装在湿式报警阀附近，其连接管不宜超过 6m，当报警阀打开消防水源后，具有一定压力的水流冲动叶轮打铃报警。因此，严禁用电动警铃代替水力警铃。

水流指示器用于湿式喷水灭火系统，安装于各楼层的配水干管或支管上，是将水流动信号转换为电信号的部件。当某个喷头开启喷水或管网发生水量泄漏时，管道中的水产生流动，引起水流指示器中桨片随水流而动作，继而通过电信号报警发出区域水流电信号，送至消防控制室。

压力开关垂直安装于延迟器和水力警铃之间的信号管道上，在水力警铃报警的同时，依靠水力警铃内水压的升高自动接通电触点，发出电动警铃报警，向消防控制室传送信号或起动消防水泵。

4. 火灾探测器

火灾探测器是自动喷水灭火系统的重要组成部分，一般有感烟型和感温型两种，可布置在房间或走道的顶棚下面。感烟探测器是利用火灾发生地点的烟雾浓度进行探测的；感温探测器是通过火灾引起的温升进行探测的。

5. 延迟器

延迟器一般安装在报警阀和水力警铃（或压力开关）之间，为罐式容器。延迟器用于防止水压波动等原因引起报警阀开启而导致的误报，一般延迟时间为 30s。

6. 末端试水装置

自动喷水灭火系统喷水管网的末端应设置末端试水装置。末端试水装置一般由试水阀、压力表、试水接头和排水管等组成，设于每个水流指示器作用范围的供水最不利点处，用于检测系统和设备的安全可靠性。末端试水装置的出水采取孔口出流的方式排入排水管道。

5.4　其他灭火系统

因各类建筑物与构筑物的功能不同，其中存储的可燃物质和设备可燃性也各异，因此仅使用水作为消防手段是不能达到扑救目的的，或者用水扑救会造成很大的水害损失。故根据各种可燃物质的物理、化学性质，对于不宜直接用水灭火的燃烧物，可以用干粉灭火系统、CO_2 灭火系统、泡沫灭火系统，可以扑救液体、气体及固体等各种火灾，效果极佳，且有不毁坏被救物体的优点。

5.4.1 干粉灭火系统

以干粉作为灭火剂的灭火系统称为干粉灭火系统。干粉灭火剂是一种干燥的、易流动的细微粉沫。干粉灭火系统是依靠高压气体通过减压器而进入干粉储罐，与罐内干粉按一定比例混合，形成含压力的气固两相态，然后经系统释放阀、选择阀、输送管网等部件，最后经喷嘴喷出，形成粉雾而扑灭燃烧物料表面火灾，在很短的时间内达到灭火的效果。其灭火原理是干粉对燃烧物起到化学抑制的作用，使燃烧物熄灭。

干粉灭火剂由基料和添加剂组成，基料起灭火作用，添加剂则用于改善干粉灭火剂的流动性、防潮性、防结块等性能。干粉有普通型干粉（BC 类干粉）、多用途干粉（ABC 类干粉）和金属专用灭火刑（D 类火灾专用干粉）。

BC 类干粉即用于 B 类火灾和 C 类火灾的干粉。根据其制造基料的不同，有钠盐、钾盐、氨基干粉。BC 类干粉适用于扑救易燃、可燃液体，如汽油、润滑油等火灾，也可用于扑救可燃气体（液化气、乙炔气等）和带电设备的火灾。

ABC 类干粉按其组成的基料有磷酸盐、硫酸铵与磷酸铵混合物和聚磷酸铵之分。这类干粉适用于扑救易燃液体、可燃气体、带电设备和一般固体物质，如木材、棉、麻、竹等形成的火灾。D 类火灾专用干粉投加到某些燃烧金属上时，可与金属表层发生反应而形成熔层与周围空气隔绝，使金属燃烧窒息。

干粉灭火具有灭火历时短、效率高、绝缘好、灭火后损失小、不怕冻、不用水，可长期储存等优点。

干粉灭火系统的组成，如图 5-14 所示。

设置干粉灭火系统，其干粉灭火剂的储存装置应靠近其防护区，但不能对干粉储存器形成着火的危险，干粉还应避免潮湿和高温。输送干粉的管道宜短而直、光滑，无焊缝、缝隙。管内应清洁，无残留液体和固体杂物，以便喷射干粉时提高效率。

5.4.2 CO$_2$灭火系统

CO$_2$灭火系统是一种物理的、没有化学变化的气体灭火系统，具有不污损保护物、灭火快、空间淹没效果好等优点。CO$_2$灭火系统可用于扑灭某些气体、固体表面、液体和电器等火灾。但是，该系统造价高，灭火过程中达到一定浓度时可使人窒息，对人有致命伤害。CO$_2$灭火系统不适用于扑灭含氧化剂的化学制品如硝酸纤维、硝化纤维（赛璐珞）、火药等物质的燃烧，不适用于扑灭活泼金属如锂、钠、钾、镁、铝、锑、钛、镉、铀等火灾，也不适用于扑灭金属氢化物类物质的火灾。

二氧化碳灭火原理：二氧化碳的主要灭火作

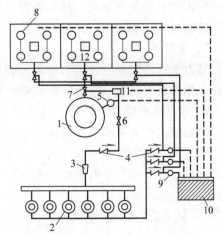

图 5-14　干粉灭火系统的组成

1—干粉储罐　2—氮气瓶和集气管　3—压力控制器
4—单向阀　5—压力传感器　6—减压阀　7—球阀
8—喷嘴　9—启动气瓶　10—消防控制中心
11—电磁阀　12—火灾探测器

用在于隔绝燃烧需要的氧气，其次是冷却。灭火时，二氧化碳从储存系统中释放出来，一方面压力骤然下降，使得二氧化碳由液态迅速变为气态，吸收周围的热量，产生冷却燃烧物的作用。释放出来的二氧化碳可以稀释燃烧物周围的空气中的含氧量，燃烧就会停止，这就是二氧化碳的窒息作用。CO_2 灭火系统有全淹没系统、半固定系统、局部应用系统和移动式系统。全淹没 CO_2 灭火系统适用于无人居留或火灾发生能在 30s 内迅速撤离的防护区；局部 CO_2 灭火系统适用于经常有人的较大防护区内，扑救个别易燃设备或室外设备火灾；半固定系统常用于增援固定 CO_2 灭火系统。

5.4.3　泡沫灭火系统

泡沫灭火系统采用泡沫药剂作为灭火剂，主要用于扑灭非水溶性可燃易燃液体和一般固体物质的火灾。泡沫灭火系统的原理主要是通过泡沫的隔断作用，将燃烧液体与空气隔离而实现灭火。泡沫中水的成分占 96% 以上，因此同时伴有冷却而降低燃烧液体蒸发的作用及灭火过程中产生的水蒸气的窒息作用，从而达到灭火的目的。

泡沫灭火剂分为普通型泡沫、蛋白泡沫、氟蛋白泡沫、水成膜泡沫等。泡沫灭火系统按发泡倍数分为低倍数、中倍数和高倍数灭火系统，按泡沫的喷射方式的不同分为液上喷射、液下喷射和喷淋喷射三种形式。

思　考　题

1. 哪些建筑物必须设置室内消防给水系统？
2. 室内消火栓灭火系统由哪几部分组成？
3. 消防给水系统设置水泵接合器的目的是什么？其设置方式和要求有哪些？
4. 什么是闭式自动喷水灭火系统？它由哪几部分组成？
5. 闭式自动喷水灭火系统主要有哪些类型？
6. 雨淋喷水灭火系统的工作原理是什么？
7. 重复启闭预作用系统的工作原理是什么？

第6章
建筑排水工程

　　建筑排水的作用是将建筑内部人们在日常生活和工业生产中产生的污（废）水以及降落在建筑屋面的雨水和融积雪水收集起来，及时迅速地排至室外，以免发生室内冒水或屋面漏水，影响室内环境卫生及人们的生活和生产活动。

　　本章系统介绍了排水系统的分类、组成，排水体制与选择，污水排入城市管网的条件，卫生器具和生产设备受水器，排水管道系统，清通设备和提升设备，通气管道系统，室内排水系统的设计计算及污（废）水的局部处理构筑物等知识。

6.1　建筑排水系统的分类和污水排放条件

6.1.1　建筑排水系统的分类和污水排放条件

　　建筑排水系统的任务是及时迅速地排除居住建筑、公共建筑和工业建筑内的污（废）水。根据污（废）水的来源，建筑排水系统可分为3类：

　　1. 生活排水系统

　　排除人们日常生活中所产生的洗涤污水和粪便污水等。粪便污水为生活污水；盥洗、洗涤等排水为生活废水。

　　2. 工业废水排水系统

　　排除生产废水和生产污水。生产废水为工业建筑中污染较轻或经过简单处理后可循环或重复使用的废水；生产污水为生产过程中被化学杂质（有机物、重金属离子、酸、碱等）或机械杂质（悬浮物及胶体物）污染较重的污水。

　　3. 屋面雨水排水系统

　　排除建筑屋面雨水和融化的雪水。建筑物屋面雨水排水系统应单独设置。

6.1.2　建筑排水体制及其选择

　　1. 建筑排水体制

　　建筑排水体制是指建筑内部污废水的排除方式。建筑内部的排水体制可分为分流制和合流制，分流制是粪便污水和生活废水或生产污水和生产废水采用独立的排水管道系统排除。合流制是指建筑中生活污废水采用同一套排水管道系统排除或生产污废水采用同一套排水管道系统排除。

　　2. 排水体制选择

　　选择建筑内部排水方式时要综合考虑污废水的性质、受污染程度、室外排水系统体制以及污水的综合利用和处置情况等因素。例如，建筑小区有中水工程时，建筑内部排水体制应采用分流制，以利于中水处理及综合利用；工业冷却水与生产污水需要采用分流制，以利于后续中水处理，而含有大量固体杂质的污（废）水、含量较高的酸（碱）性污废水及含有毒物或油脂的污废水需要设置独立的排水系统，且要达到国家规定的污水排放标准后，才允许排入市政排水管网。

6.1.3　污水排放条件

鉴于污（废）水排水系统排水水质的特殊性，直接排入市政排水管网的污水应注意下列几点要求：

1）污水水温应不高于 40℃，因为水温过高会引起管子接头破坏造成漏水。

2）要求污水基本上呈中性（pH 值为 6~9），含量过高的酸碱污水排入市政排水管网不仅对管道有侵蚀作用，而且会影响污水的进一步处理。

3）污水中不应含有大量的固体杂质，以免在管道中沉淀而阻塞管道。

4）污水中不允许含有大量汽油或油脂等易燃液体，以免在管道中产生易燃、爆炸和有毒气体。

5）污水中不能含有毒物，以免伤害管道养护工作人员和影响污水的利用、处理和排放。

6）对伤寒、痢疾、炭疽、结核、肝炎等病原体，必须严格消毒灭除，对含有放射性物质的污水应严格按照国家有关规定执行，以免危害农作物、污染环境和危害人民身体健康。

7）排入水体的污水应符合 GBZ 1—2010《工业企业设计卫生标准》的要求；利用污水进行农田灌溉时，也应符合有关部门颁布的污水灌溉农田卫生管理的要求。

6.2　建筑排水系统的组成

完整的排水系统一般由下列部分组成，如图 6-1 所示。

1. 卫生器具或生产设备受水器

卫生器具或生产设备受水器是建筑排水系统的起点，接纳各种污水后排入管网系统。污水从器具内的水封装置或器具排水管流入横支管。

2. 排水管道系统

（1）器具排水管　连接卫生器具与污水横支管的短管。

（2）排水横支管　汇集各卫生器具排水管的污水并将其排至排水立管。为了便于排水，排水横支管应具有坡向排水立管的坡度。

（3）排水立管　接受各排水横支管流来的污水，然后再排至排出管。为了保证排水畅通，排水立管管径不得小于 50mm，也不应小于任何一根接入的排水横支管的管径。

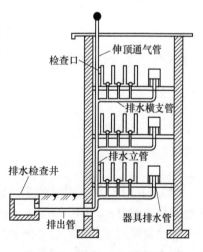

图 6-1　建筑排水系统的组成

（4）排出管 排出管是室内排水立管与室外排水检查井之间的连接管段，它接受一根或几根排水立管流来的污水并排至室外市政排水管网。排出管的管径不得小于与其连接的最大排水立管的管径，连接几根排水立管的排出管，其管径应通过水力计算确定。

3. 伸顶通气管

排水管道系统水流流动状态大多数为重力流，因此排水系统必须和室外大气相通，以保持管内气压恒定，保护卫生器具水封，保证排水通畅。

伸顶通气管的作用是：

1）使排水管道中产生的臭气及有毒害的气体能排到大气中去。

2）使管系内在污水排放时的压力变化尽量稳定并接近大气压力，因而可保护卫生器具存水弯内的水封不致因压力波动而被抽吸（负压时）或喷溅（正压时）。

3）管道内经常有新鲜空气流动，可减轻管道内废气对管道的腐蚀。

4. 清通设备

排水管道系统排除的是受到污染的污废水，是水气固的三相流动，容易堵塞淤积，为了对排水管道进行疏通，在建筑内排水系统中，一般均需设置以下三种清通设备，如图 6-2 所示。

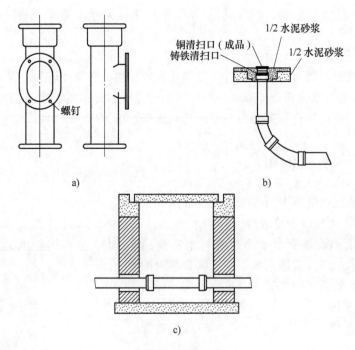

图 6-2　清通设备
a）检查口　b）清扫口　c）检查井

（1）检查口 设在排水立管上及较长的水平管段上，检查口为一带有螺栓盖板的短管，清通时将盖板打开。GB 50015—2003《建筑给水排水设计规范（2009 年版）》规定排水立管上除建筑最高层及最低层必须设置外，可每隔二层设置一个，若为二层建筑，可在底层设置。检查口的设置高度一般距地面 1m，并应高于该层卫生器具上边缘 0.15m。塑料排水立管宜每六层设置一个检查口。

（2）清扫口 当悬吊在楼板下面的污水排水横支管上有两个及两个以上的大便器或三个及三个以上的卫生器具时，应在排水横支管的起端设置清扫口，也可采用带螺栓盖板的弯头、带堵头的三通配件作清扫口，清扫口应上升至楼板上面。采用管堵代替清扫口时，与墙面的净距不得小于 0.4m。在水流转角大于 45°的污水排水横支管上，应设清扫口或检查口。直线管段较长的污水排水横支管，在一定长度内也应设置清扫口或检查口，其最大间距见表 6-1。排水管道上设置清扫口时，若管径小于 100mm，其口径尺寸与管道同径；管径等于或大于 100mm 时，其口径尺寸应为 100mm。

（3）检查井 对于不散发有害气体或大量蒸汽的工业废水的排水管道，在管道转弯、变径处和坡度改变及连接支管处，可在建筑物内设检查井。在直线管段上，排除生产废水时，检查井的间距不宜大于 80m，排除生产污水时，检查井的距离不宜大于 20m。对于生活污水排水管道，在建筑物内不宜设检查井。

表 6-1 污水横管的直线管段上清扫口或检查口之间最大距离　　　（单位：m）

管径 /mm	清扫设备 种类	生产废水	生活污水及与生活污水 成分接近的生产污水	含有大量悬浮物和 沉淀物的生产污水
50~70	检查口	15	12	10
	清扫口	10	8	6
10~150	检查口	20	15	10
	清扫口	15	10	8
200	检查口	25	20	15

5. 污（废）水提升设备

在工业与民用建筑的地下室、人防地道和地下铁道等地下建筑物中，卫生器具的污（废）水不能自流排至室外检查井时，需设水泵和贮水池等局部提升设备，将污（废）水抽送到室外排水管道中去，以保证生产的正常进行和保护环境卫生。提升设备的选择应考虑污（废）水性质（悬浮物含量、腐蚀程度、水温高低和污水的其他危害性）。

6. 污（废）水局部处理设备

当个别建筑物排出的污（废）水不允许直接排入室外排水管道时（如呈强酸性、强碱性、含多量汽油、油脂或大量杂质的污（废）水），则需设置污（废）水局部处理设备，使污（废）水得到初步处理后再排入室外排水管道；当城市没有污（废）水处理厂时，室内污（废）水也需经过局部处理后才能排入附近水体或排入室外排水管网。根据污（废）水性质的不同，可以采用不同的污（废）水局部处理设备，如沉淀池、除油池、化粪池、中和池及其他含毒污水的局部处理设备。

6.3 建筑排水管道的布置与敷设

6.3.1 建筑排水管道布置与敷设总原则

建筑排水管道的布置与敷设在保证排水通畅、安全可靠的前提下，还应兼顾经济、施工、管理、美观等因素。

1）排水通畅，水力条件好。排水管道系统水流流动状态为重力流，为了保证排水通畅，室内污（废）水应以最短距离、最短的时间排出室外，尽量避免在室内转弯。

2）保证设有排水管道房间或场所的正常使用。排水管道布置或穿越某些房间或场所时，要保证这些房间或场所正常使用，如排水横支管不得穿越有特殊卫生要求的生产厂房、食品及贵重商品仓库、通风小室和变电室。

3）保证排水管道不受损坏。为使排水系统安全可靠地使用，必须保证排水管道不会受到腐蚀、外力、热烤等破坏。如管道不得穿越沉降缝、烟道、风道；管道穿越承重墙和基础时应预留孔洞；埋地管不得布置在可能受重物压坏处或穿越生产设备基础；湿陷性黄土地区横干管应设在地沟内等。

4）室内环境卫生条件好。为创造一个安全、卫生、舒适、安静、美观的生活、生产环境，管道不得穿越卧室、病房等对卫生、安静要求较高的房间，并不宜靠近与卧室相邻的内墙。

5）施工安装、维护管理方便。为便于施工安装，管道距楼板和墙应有一定的距离。为便于日常维护管理，应按规范设置清通设备。

6）占地面积小，总管线短，工程造价低。

6.3.2 建筑排水管道布置与敷设要求

1. 排水横支管

排水横支管在底层可以埋设在地下，在楼层可以沿墙明装在地板上或悬吊在楼板下。当建筑有较高要求时，可采用暗装，将管道敷设在吊顶内，但应留有检修门，考虑安装和检修的方便。

架空或悬吊排水横支管不得布置在遇水后会引起破坏的原料、产品和设备的上方，不得布置在卧室内及厨房炉灶上方或布置在食品及贵重物品储藏室、变配电室、通风小室及空气处理室内，以保证安全和卫生。

排水横支管不得穿越沉降缝、烟道、风道，并应避免穿越伸缩缝，必须穿越伸缩缝时，应采取相应的技术措施，如装伸缩接头等。

排水横支管不宜过长，一般不得超过10m，以防因管道过长而造成虹吸作用对卫生器具水封的破坏；同时，要尽量少转弯。尤其是连接大便器的排水横支管，宜直线与排水立管连接，以减少阻塞及清扫口的数量。排水立管仅设通气管时，最底层排水横支管接入处至立管底部排出管的最小垂直距离应符合表6-2所示的要求。

表6-2 最底层排水横支管接入处至立管底部排出管的最小垂直距离

立管连接卫生器具的层数/层	≤4	5~6	7~12	13~19	≥20
最小垂直距离/m	0.45	0.75	1.20	3.0	3.0

注：单根排水立管的排出管宜与排水立管管径相同。

2. 污水立管

污水立管宜靠近最脏、杂质最多、排水量最大的卫生器具处设置，例如尽量靠近大便器。污水立管应避免穿越卧室、办公室和其他对卫生、安静要求较高的房间。生活污水立管应避免靠近与卧室相邻的内墙。

污水立管一般布置在墙角明装，无冰冻危害地区也可布置在墙外。当建筑有较高要求时，可在管槽内或管井内暗装。暗装时需考虑检修的方便，在检查口处设检修门，如图 6-3 所示。在多层建筑物内，由于污水立管较高，污水立管上连接的横支管较多，同时排水比例大，污水立管内气压波动比较大，底层排水横支管上的卫生器具存水弯的水封会被破坏，影响室内卫生。若不满足表 6-2 的要求，底层的生活污水宜单独排出。

污水立管管壁与墙、柱等表面应有 35～50mm 的安装净距。污水立管穿楼板时，应加设套管，对于现浇楼板应预留孔洞或预埋套管，其孔洞尺寸较管径大 50～100mm。

污水立管的固定常采用管卡，管卡的间距不得超过 3m，但每层必须设一个管卡，宜设于立管接头处。为了便于管道清通，污水立管上应设检查口，其间距不宜大于 10m，若采用机械疏通时，污水立管检查口的间距可达 15m。

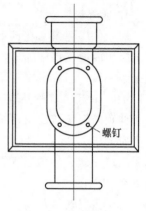

图 6-3 管道检修门

排水立管下端与排水横干管或排出管的连接处宜采用两个 45°的弯头，以保证排水管道畅通。

3. 排水横干管与排出管

为了保证水流畅通，排水横干管要尽量少转弯，排水横干管与排出管之间、排出管与其同一检查井内的室外排水管之间的水流方向的夹角不得小于 90°，但当跌落差大于 0.3m 时，可以不受此限制。排出管与室外排水管连接时，其管顶标高不得低于室外排水管管顶标高，以利于排水。

排出管可埋在底层地面以下或悬吊在地下室的顶板下面。排出管的长度取决于室外排水检查井的位置。检查井的中心距建筑物外墙面一般不小于 2.5m，不宜大于 10m。

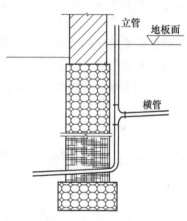

图 6-4 排出管与立管的连接

排出管与立管宜采用两个 45°弯头连接，排出管穿越承重墙的基础时，应防止建筑物下沉压破管道，防止措施同给水管道。排出管在穿越基础时，应预留孔洞（见图 6-4），其大小为：排出管直径 d 为 50mm、75mm、100mm 时，孔洞尺寸为 300mm×300mm；管径 d 大于 100mm 时，孔洞高为 $d+300mm$，宽为 $d+200mm$。

对于明装的排水管道，如果可能结露，则应根据建筑物的性质和使用要求，采取防结露措施。对于埋地排水管，应进行防腐处理。

为防止管道受机械损坏，在一般的厂房内排水管道的最小覆土厚度应按表 6-3 确定。

表 6-3 生产厂房内排水管道最小覆土厚度

管材	最小覆土厚度/m	
	素土夯实、碎石、砾石、砖地面	水泥、混凝土地面
排水铸铁管	0.7	0.4
混凝土管	0.7	0.5
带釉陶土管	1.0	0.6

4. 通气管

对于低层建筑，在排水横支管不长、卫生器具数不多的情况下，采取将排水立管上部延伸出屋顶的通气措施即可。排水立管上延部分称为伸顶通气管。管径与排水立管的管径相同或是小一级，但在最冷月平均气温低于−13℃的地区，且在没有采暖的房间内，从顶棚以下 0.15~0.2m 起，其管径应较排水立管管径大 50mm，以免管中结冰霜而缩小或阻塞管道断面；伸顶通气管应高出建筑屋面 0.3m 以上，且大于当地最大积雪厚度；屋面有人停留时，高度应大于 2.0m；若在伸顶通气管管口周围 4m 以内有门窗时，管口应高出窗顶 0.6m 或引向无门窗一侧；伸顶通气管管口不宜设在建筑物挑出部分（如屋檐檐口、阳台和雨篷等）的下面。

对于多层建筑及高层建筑，由于排水立管较长而且卫生器具设置数量较多，可能同时排水的百分数较高，更易使管道内压力产生波动而将器具水封破坏。故在多层及高层建筑中需要设置专门的通气管道系统，如图 6-5a 所示。通气管道系统包括通气支管、通气立管、结合通气管和汇合通气管。

通气支管有环形通气管和器具通气管两类，如图 6-5b 和图 6-5d 所示。当排水横支管较长、连接的卫生器具较多时（连接四个及四个以上卫生器具且长度大于 12m 或连接六个及六个以上大便器）应设环形通气管。环形通气管在横支管起端的两个卫生器具之间接出，连接点在横支管中心线以上，与横支管呈垂直或 45°连接。对卫生和安静要求较高的建筑物宜设置器具通气管，器具通气管在卫生器具的存水弯出口端接出，环形通气管和器具通气管与通气立管连接，连接处的标高应在卫生器具上边缘 0.15m 以上，且有不小于 0.01 的上升坡度。

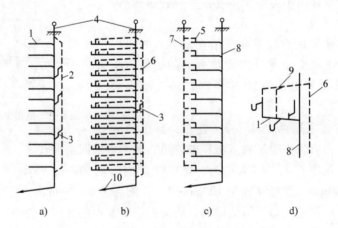

图 6-5 通气管道系统

a）专用通气管 b）环形通气管（主通气立管） c）副通气立管 d）器具通气管

1—排水横支管 2—专用通气立管 3—结合通气管 4—伸顶通气管 5—环形通气管

6—主通气立管 7—副通气立管 8—排水立管 9—器具通气管 10—排出管

通气立管有专用通气立管、主通气立管和副通气立管三类。系统不设环形通气管和器具通气管时，通气立管称为专用通气立管；系统设有环形通气管和器具通气管，通气立管与排水立管相邻布置时，称为主通气立管，如图 6-5b 所示；通气立管与排水立管相对布置时，称为副通气立管，如图 6-5c 所示。

通气管不得与建筑物的风道或烟道连接。通气管的顶端应装设网罩或风帽。

6.4　建筑排水系统计算

6.4.1　排水定额

建筑内部的排水定额有两个，一个是以每人每日为标准，每人每日排出的污水量和时变化系数、气候、建筑物卫生设备完善程度以及生活习惯等因素有关；另一个是以卫生器具为标准，卫生器具排水定额是经过实测，主要用来计算建筑内部各个管段的排水流量，进而确定各个管段的管径。某管段的设计流量与其接纳的卫生器具类型、数量及使用频率有关。为了便于累加计算，以污水盆排水量 0.33L/s 为一个排水当量，其他卫生器具的排水量与 0.33L/s 的比值，即为该卫生器具的排水当量。由于卫生器具排水具有突然迅速、流量大的特点，一个排水当量的排水流量是一个给水当量的额定流量的 1.65 倍。各种卫生器具的排水流量、当量、排水管管径见表 6-4。

6.4.2　排水设计流量

按照建筑的类型，我国生活排水设计秒流量计算公式有两个：

1）住宅、集体宿舍、旅馆、医院、幼儿园、养老院、办公楼、商场、会展中心、学校教学楼等建筑用水设备使用不集中，用水时间长，同时排水百分数随卫生器具数量增加而减少，设计秒流量计算公式为

$$q_p = 0.12\alpha\sqrt{N_p} + q_{max} \tag{6-1}$$

式中　q_p——计算管段的设计秒流量，单位为 L/s；

N_p——计算管段上的排水当量总数，接表 6-4 选用；

α——根据建筑物用途而定的系救，住宅、宾馆、医院、疗养院、幼儿园、养老院卫生间的 α 取 1.5，集体宿舍、旅馆和其他公共建筑公共盥洗间和厕所的 α 值采用 2.0~2.5；

q_{max}——计算管段上排水量最大的一个卫生器具的排水量，按表 6-4 中选用。

表 6-4　卫生器具排水流量、当量和排水管管径

序号	卫生器具名称	卫生器具类型	排水流量 /(L/s)	排水当量	排水管管径 /mm
1	洗涤盆、污水盆（池）		0.33	1.00	50
2	餐厅、厨房洗菜盆（池）	单格 双格	0.67 1.00	2.00 3.00	50 50
3	盥洗槽		0.33	1.00	50~75
4	洗手盆		0.10	0.30	32~50
5	洗脸盆		0.25	0.75	32~50
6	浴盆		1.00	3.00	50
7	淋浴器		0.15	0.45	50

（续）

序号	卫生器具名称	卫生器具类型	排水流量 /(L/s)	排水当量	排水管管径 /mm
8	大便器	高水箱 低水箱冲洗式 低水箱虹吸式 自闭式冲洗阀	1.50 1.50 2.00 1.50	4.50 4.50 6.00 4.50	100 100 100 100
9	医用倒便器		1.50	4.50	100
10	小便器	自闭式冲洗阀 感应式冲洗阀	0.10 0.10	0.30 0.30	40~50 40~50
11	大便槽	≤4个蹲位 >4个蹲位	2.50 3.00	7.50 9.00	100 50
12	小便槽(每米)	自动冲洗水箱	0.17	0.50	
13	化验盆(无塞)		0.20	0.60	40~50
14	净身器		0.10	0.30	40~50
15	饮水器		0.05	0.15	25~50
16	家用洗衣机		0.50	1.50	50

2）工业企业生活间、公共浴室、洗衣房、公共食堂、实验室、影剧院、体育场等建筑用水设备使用集中，排水时间集中，同时排水百分数大，其排水设计秒流量计算公式为

$$q_p = \sum_{i=1}^{m} q_{0i} n_{0i} b_i \qquad (6\text{-}2)$$

式中　q_p——计算管段的排水设计秒流量，单位为 L/s；

q_{0i}——计算管段上同类型的一个卫生器具排水量，单位为 L/s；

n_{0i}——该计算管段上同类型卫生器具数；

b_i——卫生器具的同时排水百分数，与给水相同（大便器的同时排水百分数应按12%计算，当排水量小于一个大便器排水量时，应接一个大便器计算）。

6.4.3　水力计算

排水管道水力计算的目的是根据排水设计流量，确定排水管的管径和管道坡度，以使管系能正常地工作。

1. 计算规定

排水管道系统水流流动状态多为重力流，为确保排水系统在良好的水力条件下工作，排水横管应满足下述四个水力要素的规定：

（1）设计充满度　管道充满度表示管道内的水深 h 与其管径 d 的比值。在重力流的排水管中，污水应在非满流的情况下排除，管道上部未充满水流的空间的作用是使污（废）水中的有害气体能经过通气管排走，或容纳未被估计到的高峰流量。排水管道的最大计算充满度应满足表6-5及表6-6的规定。

（2）管道流速　污（废）水在管道内的流速对于排水管道的正常工作有很大影响。为使污水中的悬浮杂质不致沉淀在管底，并且使水流能及时冲刷管壁上的污物，管道流速必须

有一个最小的保证值，这个流速称为自清流速（不淤流速）。表 6-7 为各种管道在设计充满度下的自清流速。

　　为防止管壁因受污水中坚硬杂质高速流动的摩擦和防止过大的水流冲击而损坏，排水管应有最大允许流速的规定，各种管材的排水管道最大允许流速列于表 6-8 中。

表 6-5　建筑物内生活排水铸铁管的最小坡度、通用坡度和最大设计充满度

管径/mm	通用坡度	最小坡度	最大设计充满度
50	0.035	0.025	
75	0.025	0.015	
100	0.020	0.012	0.5
125	0.015	0.010	
150	0.010	0.007	0.6
200	0.008	0.005	

表 6-6　建筑排水塑料管排水横管的最小坡度、通用坡度和最大设计充满度

管径/mm	通用坡度	最小坡度	最大设计充满度
50	0.025	0.012	
75	0.015	0.007	
110	0.012	0.004	0.5
125	0.010	0.0035	
160	0.007	0.003	
200	0.005	0.003	
250	0.005	0.003	0.6
315	0.005	0.003	

表 6-7　各种排水管道的自清流速　　　　　　　　　　（单位：m/s）

灌渠类别	生活污废水管道			明渠	雨水管及合流制排水管
	$d<150mm$	$d=150mm$	$d>150mm$		
自清流速	0.6	0.65	0.70	0.40	0.75

表 6-8　各种排水管道的最大流速　　　　　　　　　　（单位：m/s）

管道材料	生活污水	含有各种杂质的工业废水、雨水
金属管	7.0	10.0
陶土及陶瓷管	5.0	7.0
混凝土及石棉水泥管	4.0	7.0

　　（3）管道坡度　排水管道的敷设坡度应满足流速和充满度的要求，一般情况下应采用标准坡度，管道的最大坡度不得大于 0.15。生活污水和工业废水的标准坡度和最小坡度可按表 6-5、表 6-6 和表 6-9 选用。为了计算方便起见，根据上面所介绍的水力计算公式并按不同的管道粗糙系数计算编制成各种水力计算表，这样就可按所算得的排水设计流量方便地查出排水管所需的管径和坡度。

表 6-9 工业废水排水横管的标准坡度和最小坡度

管径/mm	生产废水		生产污水	
	标准坡度	最小坡度	标准坡度	最小坡度
50	0.025	0.020	0.035	0.030
75	0.020	0.015	0.025	0.020
100	0.015	0.008	0.020	0.012
125	0.010	0.006	0.015	0.010
150	0.008	0.005	0.010	0.006
200	0.006	0.004	0.007	0.004
250	0.005	0.0035	0.006	0.0035
300	0.004	0.003	0.005	0.003

（4）最小管径 为了排水系统通畅，防止堵塞，保证室内环境卫生，规定了建筑内部排水管道的最小管径为50mm。医院洗涤盆和污水盆内通常含有一些棉花球、纱布、玻璃渣和竹签等杂物，为防止堵塞，管径不得小于75mm。

对于排泄含大量油脂、泥沙杂质的公共食堂排水管，干管管径不得小于100mm，支管管径不得小于75mm；对于连接有大便器的管段，即使仅有一个大便器，其管径仍应不小于100mm；对于大便槽的排出管，管径应不小于150mm。小便槽和连接3个及3个以上小便器的排水支管管径不小于75mm。

2. 水力计算

（1）计算确定横管管径 对于横干管及连接多个卫生器具的横支管，应逐段计算各管段的排水设计秒流量，通过水力计算来确定各管段的管径和坡度。建筑内部横管按圆管均匀流公式计算

$$q = \omega v \tag{6-3}$$

$$v = \frac{1}{n} R^{\frac{2}{3}} I^{\frac{1}{2}} \tag{6-4}$$

式中 q——计算管段的排水设计秒流量，单位为 m^3/s；

ω——管道水流断面积，单位为 m^2；

v——过水断面的流速，单位为 m/s；

R——水力半径，单位为 m；

I——水力坡度；

n——管道粗糙系数，塑料管取0.009，铸铁管取0.013。

（2）计算立管管径 按式（6-1）、式（6-2）计算出排水设计流量后，再按表6-10确定。

（3）伸顶通气管道计算 单立管排水的伸顶通气管管径可与污水立管相同，但在最冷月平均气温低于-13℃的地区，为防止伸顶通气管管口结霜，减小通气管断面，应在室内平顶或吊顶以下0.3m处将管径放大一级。

伸顶通气管的管径应根据排水量、管道长度来确定，一般不小于排水管管径，伸顶通气管的最小管径可按表6-11确定。

双立管排水系统中，当伸顶通气管长度小于或等于50m时，通气管最小管径可按表

6-11确定。当伸顶通气管长度大于 50m 时，空气在管内流动时阻力损失增加，为保证排水支管内气压稳定，通气立管管径应与排水立管相同。

表 6-10 排水立管最大排水能力

通气情况	管材	立管工作高度/m	通水能力/(L/s)							
			管径/mm							
			50	75	90	100	110	125	150	160
仅设伸顶通气管	铸铁管	—	1.0	2.5	—	4.5	—	7.0	10.0	—
	塑料管	—	1.2	3.0	3.8	—	5.4	7.5	—	12.0
	螺旋管	—	—	3.0	—	6.0	—	—	13.0	
设通气立管	铸铁管			5.0		9.0		14.0	25.0	
	塑料管					—	10.0	16.0	—	28.0
特配件单立管	混合器					6.0		9.0	13.0	
	旋流器	—				7.0		10.0	15.0	
不通气立管		≤2	1.00	1.70	—	3.80	3.80	5.00	7.00	7.00
		3	0.64	1.35		2.40	2.40	3.40	5.00	5.00
		4	0.50	0.92		1.76	1.76	2.70	3.50	3.50
		5	0.40	0.70		1.36	1.36	1.90	2.80	2.80
		6	0.40	0.50		1.00	1.00	1.50	2.20	2.20
		7	0.40	0.50		0.76	0.76	1.20	2.00	2.00
		≥8	0.40	0.50		0.64	0.64	1.00	1.40	1.40

注：1. 排水立管工作高度按最高排水横支管和立管连接点至排出管中心线间的距离计算。
 2. 如排水立管工作高度在表中列出的两个高度值之间时，可用内插法求得排水立管的最大排水能力数值。
 3. 排水立管管径不得小于横支管管径。
 4. 塑料管、螺旋管、特制配件单立管的排出管、横干管以及与之连接的立管底部（最低排水横支管以下）应放大一号管径。
 5. 管径 DN100 的塑料排水管公称外径为 110mm，管径 DN150 的塑料排水管公称外径为 160mm。

表 6-11 伸顶通气管最小管径

管材	通气管名称	排水管管径/mm									
		32	40	50	75	90	100	110	125	150	160
铸铁管	器具通气管	32	32	32			50		50		
	环形通气管			32	40		50		50		
	通气立管			40	50		75		100	100	
塑料管	器具通气管		40	40				50			
	环形通气管			40	40	40		50	50		
	通气立管							15	90		110

三立管排水系统中，当伸顶通气管长度大于 50m 时，应按最大一根排水立管管径查表 6-11 确定共用通气立管管径，但同时应保证共用通气立管的管径不小于其余任何一根排水立管管径。

结合通气管管径不小于通气立管管径。

汇合通气管和总伸顶通气管的断面积可按式（6-5）计算

$$d_e \geqslant \sqrt{d_{max}^2 + 0.25 \sum d_i^2}\tag{6-5}$$

式中　d_e——汇合通气管和总伸顶通气管管径，单位为 mm；

　　　d_{max}——最大一根通气立管管径，单位为 mm；

　　　d_i——其余通气管管径，单位为 mm。

6.5　排水管材、附件及卫生器具

6.5.1　建筑排水管材

建筑排水管材主要有排水铸铁管、塑料管、混凝土管、钢筋混凝土管、陶土管、石棉水泥管等。在选择排水管道材料时，应综合考虑建筑物的使用性质、建筑高度、抗震要求、防火要求及当地管材供应条件，因地制宜选用。

（1）排水铸铁管　排水铸铁管因质地较脆，不能承受较大压力，耐腐蚀性强，价格低廉，常用于生活污水和雨水管道及在生产工艺设备振动较小的场所。有刚性接口和柔性接口两种。排水铸铁管管径一般为 50~200mm，采用承插连接。承插口直管有单承口和双承口两种；主要接口有铅接口、普通水泥接口、石棉水泥接口、氯化钙石棉水泥接口和膨胀水泥接口等。最常用的是石棉水泥接口。排水铸铁管常用管件如图 6-6 所示。

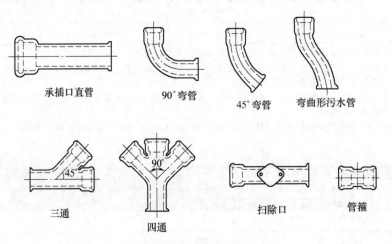

承插口直管　　90°弯管　　45°弯管　　弯曲形污水管

三通　　四通　　扫除口　　管箍

图 6-6　常用铸铁管管件

（2）排水塑料管　建筑内部广泛使用的排水塑料管是硬聚氯乙烯塑料管（简称 UPVC 管），具有良好的化学稳定性和耐腐蚀性，以及质量轻、内外壁表面光滑、不易结垢、容易切割、节约金属管材等优点，但强度低、耐温性能差、易老化、防火性能差。常用于室内连续排放污水温度不大于 40℃、瞬时温度不大于 80℃的生活污水管道，也可用于生产污水管道。排水 UPVC 塑料管规格见表 6-12。排水塑料管通过配件连接，常用的塑料管连接配件如图 6-7 所示。

（3）混凝土管　混凝土管适用于排除雨水、污水等。管口通常有承插式、企口式和平口式。混凝土管的管径一般小于 450mm，长度一般为 1m。混凝土管的原料充足、设备制造工艺简单，它的缺点是抗渗性较差，抗腐蚀性较差，管节短，接头多。

表 6-12 建筑排水用 UPVC 塑料管规格

公称直径/mm	40	50	75	100	150
外径/mm	40	50	75	110	160
壁厚/mm	2.0	2.0	2.3	3.2	4.0
参考质量/(kg/m)	0.341	0.431	0.751	1.535	2.803

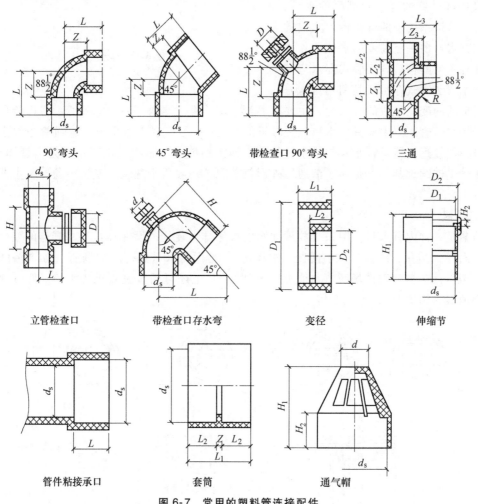

图 6-7 常用的塑料管连接配件

（4）钢筋混凝土管 钢筋混凝土管适用于排除雨水、污水等。多用于室外排水管道及车间内部地下排水管道，一般直径在 500mm 以上者为钢筋混凝土管。其最大优点是节约金属管材、耐腐蚀性强；缺点是内表面不光滑。管道连接多采用承插法，接口同铸铁管的接法。

（5）陶土管 陶土管可分为涂釉和不涂釉两种。陶土管表面光滑，耐酸碱腐蚀，特别适用于排除酸性废水，是良好的排水管材，但切割困难、质脆易碎、运输安装过程损耗大。室内埋设覆土深度要求在 0.6m 以上，在荷载和振动不大的地方，可作为室外的排水管材。

（6）石棉水泥管 石棉水泥管质量轻、不易腐蚀、表面光滑、容易切割钻孔，但性脆强度低、抗冲击力差、容易破坏，多作为屋面通气管，外排雨水管。

6.5.2　排水附件

建筑排水用附件主要有存水弯、地漏、通气帽等。

1. 存水弯

存水弯是在卫生器具排水管上或卫生器具内部设置的有一定高度的水柱，防止排水管道系统中的气体传入室内的附件，存水弯内一定高度的水柱称作水封。按存水弯的构造分为管式存水弯和瓶式存水弯。管式存水弯是利用排水管

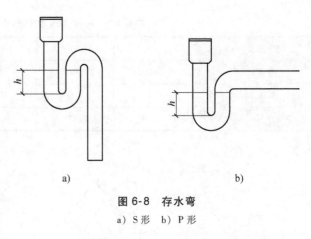

图 6-8　存水弯
a) S形　b) P形

道几何形状的变化形成的存水弯，主要有P形、S形两种类型，如图6-8所示。P形存水弯适用于排水横管距卫生器具出水口位置较近的情况。S形存水弯适用于排水横管距卫生器具出水口位置较远，器具排水管与排水横管垂直连接的情况。瓶式存水弯本身是由管体组成，但排水管不连续，其特点是易于清通，外形较美观，一般用于洗脸盆或洗涤盆等卫生器具的排水管上。

2. 地漏

地漏是一种内有水封，用来排放地面水的特殊排水装置，设在经常有水溅落的卫生器具附近地面（如浴盆、洗脸盆、小便器、洗涤盆）、地面有水需要排除的场所（如淋浴间、水泵房）或地面需要清洗的场所（如食堂、餐厅），住宅还可用作洗衣机排水口。图6-9是几种类型地漏的构造图。

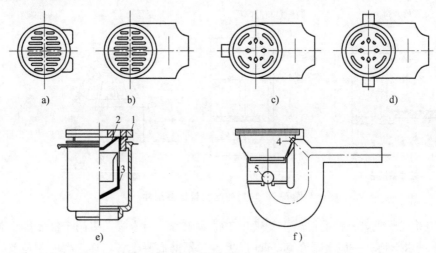

图 6-9　地漏
a) 普通地漏　b) 单通道地漏　c) 双通道地漏　d) 三通道地漏
e) 双箅杯式地漏　f) 防倒流地漏
1—外箅　2—内箅　3—杯式水封　4—清扫口　5—浮球

（1）普通地漏　仅用于收集排放地面水，普通地漏的水封深度较浅。若地漏仅担负排除地面的溅落水时，注意经常注水，以免地漏内的水蒸发，造成水封破坏。

（2）多通道地漏 有一通道、二通道、三通道等多种形式，不仅可以排除地面水，还有通道连接卫生间内洗涤盆、浴盆或洗衣机的排水，并设有防止卫生器具排水可能造成的地漏反冒水措施。

（3）双算杯式地漏 双算杯式地漏内部水封盒用塑料制作，形如杯子，便于清洗，比较卫生，排泄量大，排水快，采用双算有利于拦截污物。这种地漏另附塑料密封盖，完工后去除，以免施工时发生泥沙等物堵塞。

（4）防倒流地漏 可以防止污水倒流。一般可在地漏内设塑料浮球，或在倒流后设防倒流阻止阀。防倒流地漏适用于标高较低的地下室、电梯井和地下通道排水。

淋浴室的淋浴水一般用地漏排除，当淋浴水沿地面径流到地漏时，地漏直径按表 6-13 选用，当淋浴水沿排水沟流到地漏时，每八个淋浴器设一个管径为 100mm 的地漏。

3. 通气帽

在通气管顶墙应设通气帽，以防杂物进入管内。其形式一般有两种，如图 6-10 所示。

表 6-13　公共浴室地漏管径

地漏管径/mm	淋浴器数量/个	地漏管径/mm	淋浴器数量/个
50	1~2	100	4~5
75	3		

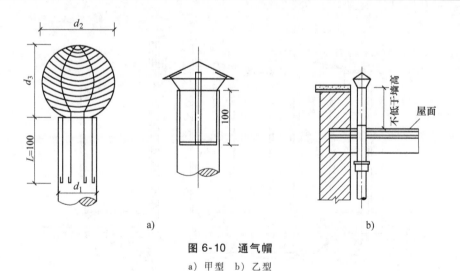

图 6-10　通气帽

a）甲型　b）乙型

甲型通气帽采用 20 号钢丝按顺序编绕成螺旋形网罩。可用于气候较暖和的地区；乙型通气帽采用镀锌薄钢板制作而成的伞形通气帽，适于冬季采暖室外温度低于-12℃的地区，它可避免因潮气结冰霜而封闭钢丝网罩而堵塞通气口的现象发生。

6.5.3　卫生器具

卫生器具是建筑设备的一个重要组成部分，是建筑排水系统的起点，是用来收集和排除生活及生产中产生的污（废）水的设备。

1. 卫生器具类型

（1）便溺用卫生器具 便溺用卫生器具是用来收集排除粪便、尿液用的卫生器具。设置在卫生间和公共厕所内，包括便器和冲洗设备两部分。有大便器、大便槽、小便器、小便槽四种类型。

1）大便器：

① 坐式大便器。坐式大便器有冲洗式、虹吸式和干式坐便器。水冲洗的坐式大便器本身构造包括存水弯，多安装在住宅、饭店、宾馆等建筑内。冲洗设备一般采用低水箱，如图 6-11 所示，干式坐便器是一种通过空气循环作用消除臭味并将粪便脱水处理，适用于无条件用水冲洗的特殊场所。

② 蹲式大便器。蹲式大便器多装设在公共卫生间、普通旅馆等建筑内。多使用高水箱冲洗。其构造及安装如图 6-12 所示。

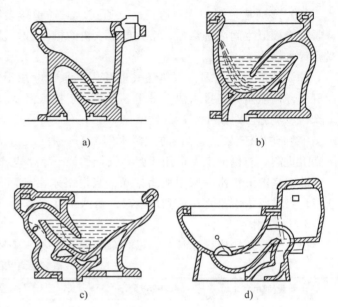

图 6-11 坐式大便器

a）冲洗式 b）虹吸式 c）喷射虹吸式 d）旋涡虹吸式

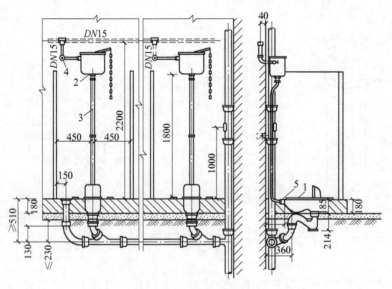

图 6-12 蹲式大便器

1—蹲式大便器 2—高水箱 3—DN32 冲水管 4—DN15 角阀 5—橡胶碗

2）大便槽：大便槽是可供多人同时使用的长条形沟槽，用隔板隔成若干小间，多用于学校、火车站、汽车站、码头、游乐场等人员较多的场所，一般采用混凝土或钢筋混凝土浇筑而成，槽底有坡度，坡向排出口。为及时冲洗，防止污物黏附、散发臭气，大便槽采用集中自动冲洗水箱或红外线数控冲洗装置。

3）小便器：小便器设在公共男厕所内，有立式和挂式两种，如图 6-13、图 6-14 所示。挂式小便器又称小便斗，安装在墙上，立式小便器又称落地小便器，用于标准高的建筑。如展览馆、大剧院、宾馆等公共建筑，多为两个以上成组装置，小便器可采用自动冲洗水箱或自闭式冲洗阀冲洗，小便器均应装设存水弯。

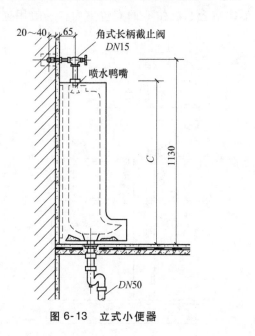

图 6-13　立式小便器

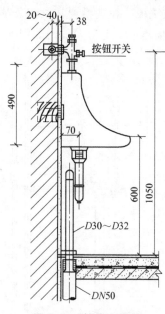

图 6-14　挂式小便器

4）小便槽：小便槽多为用瓷砖沿墙砌筑的浅槽，其构造简单、造价低，可供多人同时使用，因此广泛应用于公共建筑、工矿企业、集体宿舍的男厕所内，如图 6-15 所示。小便槽可用普通阀门控制的多孔管冲洗，也可采用自动冲洗水箱冲洗。

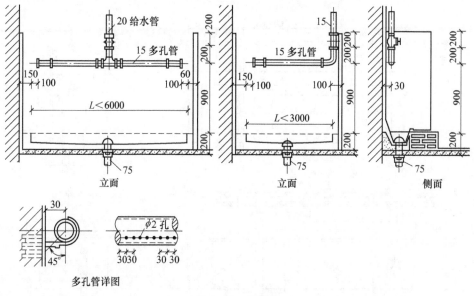

图 6-15　小便槽

（2）盥洗、沐浴用卫生器具

1）洗脸盆：洗脸盆安装在住宅的卫生间及公共建筑物的盥洗室、洗手间、浴室中，供洗脸洗手用。洗脸盆有长方形、椭圆形和三角形等形式。其安装方式有墙架式和柱脚式两种，如图 6-16 所示。

2）盥洗槽：盥洗槽通常设在公共建筑、集体宿舍、旅馆等的盥洗室中，一般用瓷砖或水磨石现场建造，造价较低，如图 6-17 所示。

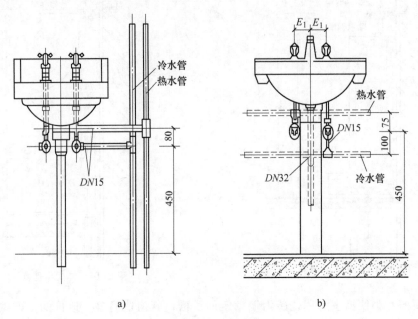

图 6-16　洗脸盆
a）墙架式　b）柱脚式

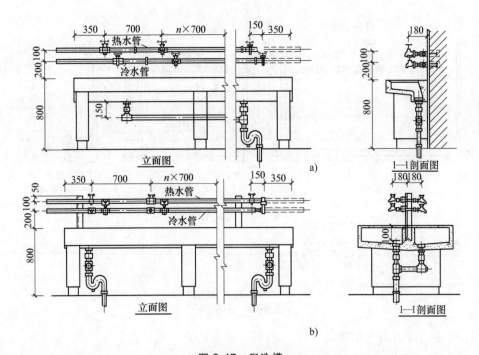

图 6-17　盥洗槽
a）单面盥洗槽　b）双面盥洗槽

3）浴盆：浴盆一般设在宾馆、高级住宅、医院的卫生间或公共浴室，供人们淋浴用。有长方形、方形和圆形等形式。一般用陶瓷、搪瓷和玻璃钢等材料制成，如图6-18所示。

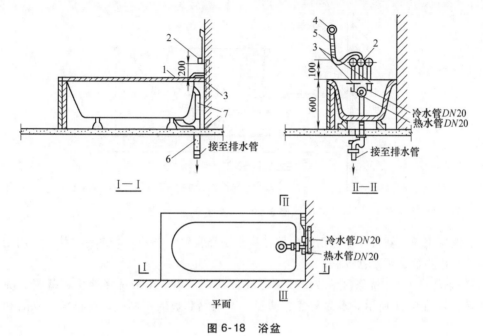

图6-18　浴盆

1—浴盆　2—混合阀　3—给水管　4—莲蓬头　5—蛇皮管　6—存水弯　7—溢水管

4）淋浴器：淋浴器占地少，造价低，清洁卫生，在工厂生活间和集体宿舍等公共浴室中广泛采用。淋浴器安装如图6-19所示。

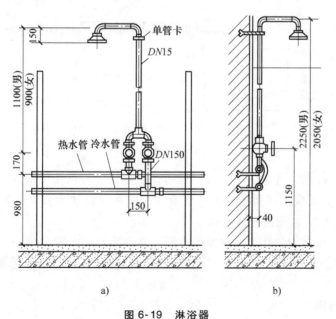

图6-19　淋浴器

a）双管双门手调式　　b）单管单门脚踏式

5）净身盆：净身盆是专供妇女洗濯下身用的卫生器具，通常设在医院、疗养院和养老院中的公共浴室或高级住宅、宾馆的卫生间内，如图6-20所示。

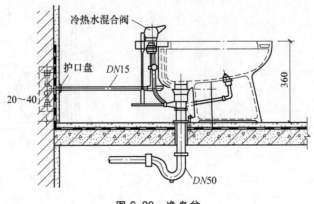

图6-20 净身盆

（3）洗涤用卫生器具 洗涤用卫生器具用来洗涤食物、衣物、器皿等物品。常用的主要有洗涤盆、化验盆、污水盆等。

1）洗涤盆（池）：洗涤盆是装设在厨房或公共食堂内，用来洗涤碗筷、蔬菜的洗涤用卫生器具，如图6-21所示。多为陶瓷、搪瓷、不锈钢和玻璃钢制品，有单隔、双隔和三隔之分。

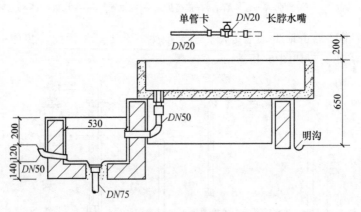

图6-21 洗涤盆

2）化验盆：化验盆是洗涤化验器皿、供给化验用水、倾倒化验排水用的洗涤用卫生器具。设置在工厂、科研机关和学校的化验室或实验室内，盆体本身常带有存水弯，如图6-22所示。材质为陶瓷、玻璃钢和搪瓷制品。

3）污水盆：污水盆设置在公共建筑的厕所、盥洗室内，供洗涤清扫用具、倾倒污废水的洗涤用卫生器具。污水盆多为陶瓷、不锈钢或玻璃钢制品，污水池以水磨石现场建造，如图6-23所示。

2. 卫生器具材质

各种卫生器具的结构、形式和材料应根据其用途、设置地点、维护条件等要求而定。作为卫生器具的材料应表面光滑易于清洗、不透水、耐腐蚀、耐冷热和有一定的强度。目前制

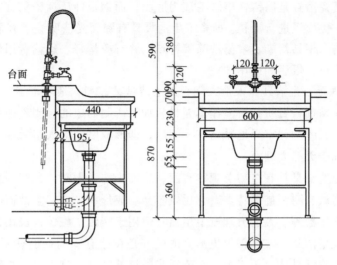

图 6-22　化验盆

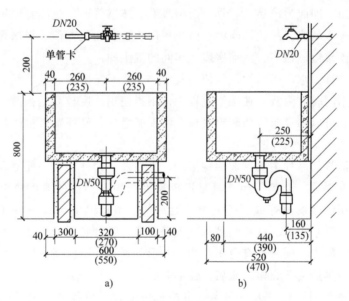

a)　　　　　　　　　　　　　b)

图 6-23　污水盆

a）立面　b）侧面

造卫生器具所选用的材料主要有陶瓷、搪瓷、生铁、塑料、不锈钢、水磨石和复合材料等。

（1）陶瓷卫生洁具　陶瓷卫生洁具是采用黏土及其他天然矿物原料，经过一定的加工工艺而制成的。陶瓷卫生洁具经久耐用、抗腐蚀、不老化；它表面有釉，光亮细腻，具有良好的洗刷功能；装饰丰富多彩，有单色釉、彩色釉和窑变釉等，是其他材料不能媲美的。由于陶瓷卫生洁具的原料来自于大自然的无机非金属材料，而且制品经高温烧成，不含对人体有刺激或过敏的物质，因此最容易被人们所接受。陶瓷卫生洁具在运输过程中应小心，防止破损。

（2）搪瓷卫生洁具　搪瓷卫生洁具主要以浴缸为主，还有洗面器和洗涤槽等，分铸铁和钢板两种。铸铁搪瓷浴缸是以铸铁浴缸毛坯为底胎；而钢板冲压搪瓷浴缸则为一次拉伸模压成型，其内部均用优质瓷进行涂瓷。搪瓷卫生洁具具有瓷面光洁明亮、瓷质坚硬、耐磨、机械强度高、耐冲击、不易污染、容易洗涤等特点，并有质量轻、运输费用低、安装方便等优点。广泛适用于宾馆、饭店和民用住宅。

（3）人造大理石卫生洁具　人造大理石卫生洁具又称"人造玛瑙卫生洁具"。它是以不饱和聚酯树脂作胶黏剂，石粉、石渣作填充材料加工研制而成的。当不饱和聚酯树脂在固化过程中，把石渣、石粉均匀牢固地粘结在一起后，即形成坚硬的人造大理石。人造大理石的物理、化学性能优于天然大理石。

人造大理石卫生洁具具有造型美观、富丽、表面光洁、平滑、色泽鲜艳、花色多样、变形较小、耐酸、耐碱、耐污迹等特点。它比较容易制成形状复杂、多曲面的构件和制品，如浴缸、洗面器、坐便器等。人造大理石卫生洁具适用于宾馆、旅馆及民用住宅。

（4）玻璃钢卫生洁具　玻璃钢卫生洁具的生产是在涂有隔离剂的铁制或木制的模具上，将玻璃纤维布或玻璃纤维毡片用不饱和聚酯树脂随糊随粘到模具上，并排除其间的空气，达到厚度要求，待树脂固化后从模具上脱下即成为制品的坯体，然后进行管道接口、洗净面和边缘部位的后加工，即成为成品。它具有造型雅致、体感舒适、色泽鲜艳等特点，并具有强度高、质量轻、耐水耐热、耐化学腐蚀、经久耐用、安装运输方便、维修简单等优点。玻璃钢卫生洁具适用于旅馆、住宅、活动房屋、车间的卫生间。

玻璃钢卫生洁具耐水、耐腐蚀，但使用及清洗均受一定限制。玻璃钢浴缸在使用时，以先放冷水或冷热水同时放为宜。在洗涤过程中，不得使用浓度较高的强酸、强碱或颗粒较粗的物质擦洗污垢，可以用轻质泡沫塑料或擦布沾上肥皂粉、洗涤剂等掠除污垢，然后用清水洗干净。

玻璃钢卫生洁具的品种主要有玻璃钢浴缸、坐便器、蹲便器、小便器和洗面器等。

（5）塑料卫生洁具　塑料卫生洁具是近年来生产的一种新型卫生洁具，它是以各种塑料为主原料，采用注塑模压等成型工艺方法制成的。塑料卫生洁具主要有塑料浴盆、坐便器、坐便器盖、高低水箱等。这些制品具有表面光滑、强度高、价格低、冲击韧性好、不变形、耐化学性好等特点，同时具有色彩柔和、外形美观、入浴舒适、坚固耐用、安装方便等优点。塑料卫生洁具适用于宾馆、旅店、住宅等。

（6）人造玛瑙健身浴缸　人造玛瑙健身浴缸由浴缸、单级离心泵、配套电动机、水和气的循环管道、喷嘴、触电保安器等组成。在使用时，浴缸的前后左右六个喷嘴喷出射流和气泡，使浴缸中浴液形成旋流运动状态，水流均匀柔和、流量适中，对人体穴位进行水流按摩，可解除疲劳、松弛神经、洁净皮肤、舒筋活血，达到健身防病的目的。

6.6　屋面雨水排放

降落在建筑物屋面的雨水和融化的雪水，特别是暴雨，在短时间内会形成积水，为了避免造成屋面积水、漏水，影响生活及生产。需要设置屋面雨水排水系统，有组织地将屋面雨水迅速地排除至室外，屋面雨水的排除方式一般可分为外排水和内排水两种。选择雨水排水方式时，要综合考虑建筑物结构形式、气候条件及生产使用要求。

6.6.1 外排水系统

1. 檐沟外排水（雨水管外排水）

檐沟外排水由檐沟、雨水斗及立管（雨水管）组成，如图 6-24 所示。

降落到屋面的雨水沿屋面汇集到檐沟流入雨水斗，雨水斗是屋面雨水导入雨水管的装置。雨水管是敷设在建筑物外墙、用于排除屋面雨水的排水立管，它将雨水排至室外地面散水或雨水口。一根雨水管应具备的排水能力根据屋面形状、面积计算确定，其间距一般民用建筑约 12~16m；工业建筑约 18~24m。雨水管的设置应尽量满足建筑立面的美观要求。

多层住宅建筑、屋面面积和建筑体量较小的一般民用建筑，多采用檐沟外排水。

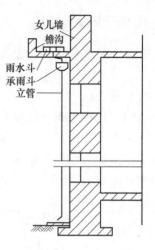

图 6-24 檐沟外排水

2. 天沟外排水

天沟外排水由天沟、雨水斗和雨水管组成，如图 6-25 所示。天沟设置在两跨中间并坡向端墙，雨水斗设在伸出山墙的天沟末端，也可设在紧靠山墙的屋面，如图 6-26 所示。立管（雨水管）连接雨水斗并沿外墙布置。降落到屋面上的雨水沿坡向天沟的屋面汇集到天沟，再沿天沟流至两端，流入雨水斗，经立管排至室外地面或雨水井。天沟的排水断面形式应根据屋面情况而定，一般多为矩形和梯形。

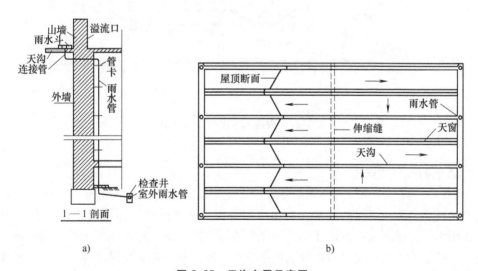

图 6-25 天沟布置示意图

a）剖面 b）平面

天沟坡度不宜太大，以免天沟起端垫层过厚而增加结构的荷重，但也不宜太小，以免天沟出现倒坡，使雨水在天沟中积存，造成屋顶漏水，天沟坡度一般为 0.003~0.006。天沟外排水方式在屋面不设雨水斗，管道不穿过屋面，排水安全可靠，不会因施工不善造成屋面漏水或检查井冒水，节省管材、施工简便，但寒冷地区排水立管可能被冻裂。

6.6.2　内排水系统

对于大面积建筑屋面及多跨的工业厂房，当采用外排水有困难时，可采用内排水系统。

（1）内排水系统的组成　内排水系统由雨水斗、悬吊管、雨水管、地下雨水沟管及清通设备等组成。内排水系统构造如图 6-27 所示。

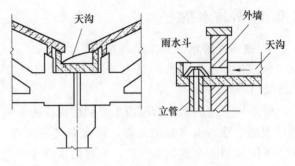

图 6-26　天沟与雨水斗连接示意图

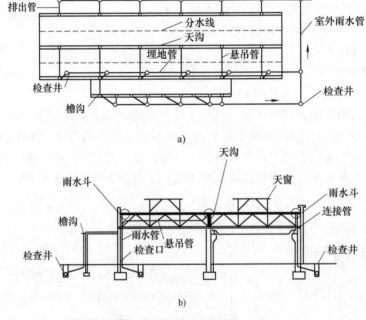

图 6-27　内排水系统构造示意图
a）平面　b）剖面

（2）系统的布置和安装

1）雨水斗。雨水斗是一种专用装置，设在屋面雨水由天沟进入雨水管道的入口处，雨水斗有整流格栅装置，格栅的进水孔有效面积是雨水斗下连接管面积的 2～2.5 倍，能迅速排除屋面雨水。格栅还具有整流作用，避免形成过大的旋涡，稳定斗前水位，减少掺气，并拦隔树叶等杂物。整流格栅可以拆卸以便清理上面的杂物，应选用导水通畅、水流平缓、通过流量大、水流中掺气量小的雨水斗。目前，我国常用的雨水斗有 65 式、79 式和 87 式等，其中 87 式雨水斗的进出口面积比最大，掺气量少，水力性能稳定，能迅速排除屋面雨水。图 6-28 所示为雨水斗组合图。

在阳台、花台和供人们活动的屋面及窗井处可采用平算式雨水斗。内排水系统布置雨水斗时应以伸缩缝、沉降缝和防火墙为天沟分水线，自成排水系统。如果分水线两侧两个雨水斗需连接在同一根立管或悬吊管上时，应采用伸缩接头，并保证密封不漏水。

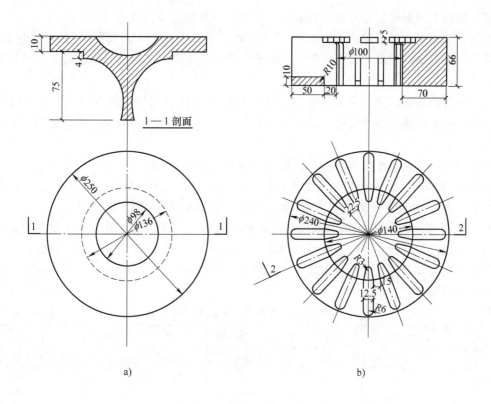

图 6-28　雨水斗组合图
a）顶盖　b）底座

虹吸式雨水斗应设置在天沟或檐沟内，天沟的宽度和深度应按雨水斗的要求确定，一般沟的宽度不小于 550mm，沟的深度不小于 300mm。一个计算汇水面积内，不论其面积大小，均应设置不少于两个雨水斗，而且雨水斗之间的距离不应大于 20m。

雨水斗布置的位置应考虑集水面积均匀和便于与悬吊管及雨水立管的连接，以确保雨水能通畅流入。布置雨水斗时，应首先考虑以伸缩缝或沉降缝作为分水线。在有伸出屋面的防火墙时，由于其隔断了天沟，因此可考虑将防火墙作为天沟排水分水线，否则应在伸缩缝、沉降缝或防火墙的两侧各设一个雨水斗。伸缩缝或沉降缝两侧的两个雨水斗如连接在一根立管或总的悬吊管上时，应采用伸缩接头并保证密封，但防火墙两侧的雨水斗如连接在一根立管或总悬吊管上时，可不必考虑设置伸缩接头和固定支点。雨水斗的位置不宜太靠近变形缝，以免遇暴雨时，天沟水位涨高，从变形缝上部流入车间内。

2）连接管。连接管是连接雨水斗和悬吊管的一段竖向短管。连接管一般与雨水斗同径，连接管应固定在建筑物的承重结构上，下端用斜三通与悬吊管连接。

3）悬吊管。悬吊管固定在厂房的桁架上，为便于经常性的维修清通，悬吊管需有不小于 0.003 的坡度坡向立管。悬吊管管径不得小于雨水斗连接管管径，悬吊管采用 45°斜三通与连接管相连。当管径小于或等于 150mm，长度超过 15m 时，或管径为 200mm，长度超过 20m 时，悬吊管的始端均应设置检查口或带法兰盘的三通。检查口应设在靠近墙、柱的地方，以便于清通。悬吊管在实际工作中为有压管路，因此管材一般采用给水铸铁管，石棉水泥接口，当需要防振或工艺有特殊要求时，也可采用钢管，焊接接口。

悬吊管与立管间宜采用45°三通或90°斜三通连接。悬吊管一般可采用铸铁管，用钢箍、吊卡固定在建筑物的桁架或梁上。在管道可能受振动或生产工艺有特殊要求时，可采用钢管焊接连接。

对于一些重要的厂房，不允许室内检查井冒水，不能设置埋地横管时，必须设置悬吊管。在精密机械设备和遇水会产生危害的产品及原料的上空不得设置悬吊管，否则应采取预防措施。

悬吊管的排水量与连接雨水斗的数量应和雨水斗至立管的距离有关。在多斗系统中，当降雨深度为100mm，管中水流充满度为0.8，管壁粗糙度 $n = 0.013$ 时，悬吊管的最大汇水面积见表6-14。在同样情况下，单斗系统排水能力比多斗系统约大20%左右。

4）立管。雨水管承接悬吊管或雨水斗流来的雨水，立管一般宜沿墙壁或柱子明装。立管上应装设检查口，检查口中心距地面的高度一般为1m。立管管径应由计算确定，但不得小于与其连接的悬吊管的管径。雨水立管一般采用铸铁管，石棉水泥接口。在可能受到振动的地方采用焊接钢管，焊接接口。

表6-14　悬吊管最大汇水面积　　　　　　　　　　　　（单位：m^2）

水力坡度	管径/mm					
	75	100	150	200	250	300
0.005	60	129	379	817	1480	2408
0.007	71	152	449	967	1751	2849
0.009	80	172	509	1097	1986	3231
0.010	84	182	536	1156	2093	3406
0.012	92	199	587	1266	2293	3731
0.016	107	230	678	1462	2648	4308
0.020	119	257	758	1365	2960	4816

5）埋地管。埋地管敷设于室内地下，承接立管的雨水，并将其排至室外雨水管道。埋地管最小管径为200mm，最大不超过600mm。埋地管一般采用混凝土管、钢筋混凝土管或陶土管。在车间内，当敷设暗管受到限制或采用明沟有利于生产工艺时，则地下雨水管道也可采用有盖板的明沟排水。

6）排出管。排出管是立管和检查井之间的一段有较大坡度的横向管道，其管径不得小于立管管径。

6.6.3　雨水排水系统的计算

1. 屋面雨水流量计算

（1）设计暴雨强度 q　设计暴雨强度公式中有重现期 P 和屋面集水时间 t。设计重现期应根据建筑物的重要程度、气候条件确定，一般性建筑取2～5年，重要公共建筑不小于10年，由于屋面面积较小，屋面集水时间较短，因此，我国推导暴雨强度公式所需实测降雨资料的最小时段为5min，所以屋面集水时间按5min计算。

（2）降雨历时 T　在降雨量累积曲线上取某一时间段 T，称为降雨历时，如果该降雨历时覆盖了降雨的雨峰时间，则上面计算的数值即为对应于该降雨历时的降雨强度，降雨历时区间取得越宽，计算出的降雨强度就越小。

（3）汇水面积 F　屋面汇水面积按屋面水平投影面积计算。高出屋面的侧墙应附加其最大受雨面积正投影的一半作为有效汇水面积计算。窗井、贴近高层建筑外墙的地下汽车库出入口坡道和高层建筑裙房屋面的汇水面积应附加其高出部分侧墙面积的1/2。

（4）径流系数 ϕ　雨水的汇水面积上形成的径流量与降水量之比称为径流系数。

（5）雨水流量计算公式　雨水流量可按以下公式计算

$$Q=\frac{\phi F q_5}{1000} \tag{6-6}$$

式中　Q——屋面雨水设计流量，单位为 L/s；

　　　F——屋面汇水面积，单位为 m^2；

　　　q_5——当地降雨历时为 5min 时的降雨强度，单位为 $L/(s \cdot 10^4 m^2)$；

　　　ϕ——径流系数，屋面取 0.9。

2. 雨水斗泄流量

雨水斗的泄流量与流动状态有关，重力流状态下，雨水斗的排水状况是自由堰流。通过雨水斗的泄流量与雨水斗进水口直径和斗前水深有关，其泄流量计算公式为

$$Q=\mu\pi D h\sqrt{2gh} \tag{6-7}$$

式中　Q——通过雨水斗的泄流量，单位为 m^3/s；

　　　μ——雨水斗进水口的流量系数，取 0.45；

　　　D——雨水斗进水口直径，单位为 m；

　　　h——雨水斗进水口前水深，单位为 m。

3. 天沟外排水设计流量

屋面天沟为明渠排水，天沟排水量和流速可按式（6-8）、式（6-9）计算

$$Q=\omega v \tag{6-8}$$

$$v=\frac{1}{n}R^{\frac{2}{3}}I^{\frac{1}{2}} \tag{6-9}$$

式中　Q——天沟排水流量，单位为 m^3/s；

　　　v——流速，单位为 m/s；

　　　n——天沟粗糙度系数，与天沟材料及施工情况有关，见表6-15；

　　　I——天沟坡度，不小于 0.003；

　　　ω——天沟过水断面积，单位为 m^2。

表 6-15　各种抹面天沟粗糙度系数

天沟壁面材料	粗糙度系数	天沟壁面材料	粗糙度系数
水泥砂浆光滑抹面	0.011	喷浆抹面	0.006~0.021
普通水泥砂浆抹面	0.012~0.013	不整齐表面	0.020
无抹面	0.014~0.017	豆砂沥青玛琋脂	0.025

6.7　建筑中水工程

中水一词源于日本，是由上水和下水派生出来的，是指将各种排水经过物理处理、物理

化学处理或生物处理，达到规定的水质标准，可用在生活、市政、工业、环境等范围内杂用的非饮用水，如用来冲洗便器、冲洗汽车、绿化、浇洒道路和城市景观等。因其标准低于生活饮用水水质标准，所以称为中水。

中水利用是污水资源化的一个重要方面，由于具有明显的社会效益和经济效益，已受到各方面的重视，特别是在一些严重缺水的地区，包括一些发达国家及发展中国家的缺水城市，如美国、日本、韩国等得到高度重视和广泛应用。

6.7.1 中水系统基本类型

中水系统是由中水原水收集系统、处理系统和中水供水系统等工程设施组成的有机结合体，是建筑或居住小区的功能配套设施之一。中水处理系统由前处理、主要处理和后处理三部分组成。前处理除了截流大的漂浮物、悬浮物和杂质外，主要调节水量和水质。主要处理是去除水中的有机物、无机物等。后处理是对中水供水水质要求很高时进行的深度处理。中水供水系统是由中水配水管网（包括干管、立管、横管）、中水储水池、中水高位水箱、控制和配水附件、计量设备等组成。其任务是把经过处理的符合杂用水水质标准的中水输送至各个中水用水点。中水系统按照其供水范围的大小，可分为建筑中水系统、小区中水系统和城镇中水系统，其基本类型如下：

（1）建筑中水系统 建筑中水系统是指一栋或几栋建筑物内建立的中水系统。建筑中水宜采用原水污、废分流，中水专供的完全分流系统。其理由是：水量可以平衡。一般情况下，有洗浴设备的建筑优质杂排水或杂排水经处理后可满足杂用水水量；处理流程可以简化，由于原水水质较好，可不需二段生物处理，减少处理占地面积，降低造价；减少污泥处理困难以及产生臭气对建筑环境的影响；处理设备容易实现设备化，管理方便；中水用户容易接受。

（2）小区中水系统 小区中水系统指在居住小区、院校和机关建立的中水系统。设置小区中水系统的建筑区的排水系统大都采用分流制的排水体制，小区建筑物内的排水方式应根据居住小区内排水设施的完善程度来确定，但应使居住小区给水排水系统与建筑物内的给水排水系统相配套。小区中水系统以小区内各建筑物排放的优质杂排水或杂排水作为水源，经过中水处理系统的处理后，通过小区配水管网分配到各个建筑物内使用。小区内的中水给水系统可采用全部完全分流系统、部分完全分流系统、半完全分流系统和无分流管系统的简化系统等形式。

（3）城镇中水系统 城镇中水系统是以城镇二级污水处理厂的出水和雨水为水源，在经过城镇中水处理设施的处理，达到中水水质标准后，作为城镇杂用水使用。设置中水系统的城镇供水采用双管分质、分流的供水系统，但城镇排水和建筑物内的排水系统不要求采用分流制。

6.7.2 中水系统组成

中水系统是由中水原水收集系统、处理系统和中水供水系统等工程设施组成的有机结合体，是建筑或居住小区的功能配套设施之一。

1. 中水原水收集系统

中水原水收集系统是指收集、输送中水原水到中水处理设施的管道系统和一些附属构筑物，分为污（废）水分流制和合流制两种系统。建筑中水系统多采用分流制中的优质杂排水或杂排水作为中水水源。

2. 中水处理系统

中水处理系统由前处理、主要处理和后处理三部分组成。

前处理阶段主要用来截留中水原水中较大的悬浮物、漂浮物和杂质，分离油脂，调节水量、水质和 pH 值。其主要处理设施有格栅、滤网、沉砂池、隔油井、化粪池等。主要处理是去除水中的有机物、无机物等。其主要处理设施包括沉淀池、混凝池、气浮池和生物处理设施等。后处理是对中水供水水质要求很高时进行的深度处理。常用的处理工艺有膜滤、活性炭吸附和消毒等，其主要处理设施包括滤池、吸附池、消毒设施等。

3. 中水供水系统

中水供水系统由中水配水管网（包括干管、立管、横管）、中水贮水池、中水高位水箱、控制和配水附件、计量设备等组成。中水供水管道系统应单独设置，管网系统的类型、供水方式、系统组成、管道敷设形式和水力计算的方法均与给水系统相同，只是在范围、水质、使用等方面有些限定和特殊要求。中水供水管道必须采用耐腐蚀性管材，不得采用非镀锌钢管，中水贮水池宜采用耐腐蚀、易清垢的材料制作。中水管道上部装有取水接口时，必须采取严格的防止误饮、误用的设施。

6.7.3　中水水质及水量平衡

1. 中水水质

中水用于卫生间冲洗便器、城市绿化和洗车、扫除用水水质标准，应按现行的 GB/T 18920—2002《城市污水再生利用　城市杂用水水质》执行；当中水用于城市景观用水时，应按现行的 GB/T 18921—2002《城市污水再生利用　景观环境用水水质》执行；当中水用于空调冷却等工业用水时，应按现行的 GB/T 19923—2005《城市污水再生利用　工业用水水质》执行。当建筑中水同时用于多种用途时，其水质应按最高水质标准确定。

2. 中水用水量

根据中水的不同用途，按有关设计规范，分别计算各项中水日用水量，各项中水日用水量的汇总即为中水总用水量。小区中水要考虑再生水出路和水量平衡：一般杂用水占 40%，工业用水占 29%，农业灌溉占 15%，环境景观用水占 16%。

3. 水量平衡

水量平衡是将设计的建筑或建筑群的中水原水量、处理量、处理设备耗水量、中水调节储存量、中水用量、自来水补给量等进行计算和协调，使其达到供给与使用平衡一致的过程。

（1）水量平衡图　水量平衡图是系统工程设计及量化管理所必须做的工作和必备的资料。在水量平衡计算的同时绘制。水量平衡图用图线和数字直观地表示出中水原水的收集、储存、处理、使用、溢流和补充之间量的关系。

（2）水量平衡措施　为使中水原水量与处理水量、中水产量与中水用水量之间保持平衡，使中水原水的连续集流与间歇运行的处理设施之间保持平衡，使间歇运行的处理设施与中水的连续使用之间保持平衡，适应中水原水与中水用水量随季节的变化，应采取一些水量平衡调节措施。

1）溢流调节。在原水管道进入处理站之前和中水处理设施之后分别设置分流井和溢流井，以适应原水量出现顺时高峰、设备故障检修或用水短时间中断等紧急特殊情况，以保护中水处理设施和调节设施不受损坏。

2）储存调节。设置原水调节池、中水调节池、中水高位水箱等进行水量调节，以控制原水量、处理水量、用水量之间的不平衡性。

3）运行调节。利用水位信号控制处理设备自动运行，并合理调整运行班次，可有效地调节水量平衡。

4）用水调节。充分开辟其他中水用途，如浇洒道路、绿化、冷却水补水、采暖系统补水、建筑施工用水等，从而可以调节中水使用的季节性不平衡。

5）自来水调节。在中水调节池、中水高位水箱上设自来水补水管，当中水原水不足或集水系统出现故障时，由自来水补充水量，以保证用户的正常使用。

6.7.4 中水处理工艺

中水处理工艺流程应根据中水原水的水质、水量和中水的水质、水量及使用要求等因素经过技术经济比较后确定。常用的工艺流程如下：

（1）当以优质杂排水或杂排水为中水水源时

1）物化处理工艺流程：

原水→格栅→调节池→絮凝沉淀或气浮→过滤→消毒→中水。

2）生物处理和物化处理相结合的工艺流程：

原水→格栅→调节池→生物处理→沉淀→过滤→消毒→中水。

3）预处理和膜分离相结合工艺流程：

原水→格栅→调节池→预处理→膜分离→消毒→中水。

（2）当以生活污水为中水水源时

1）生物处理和深度处理相结合的工艺流程：

原水→格栅→调节池→生物处理→沉淀→过滤→消毒→中水。

2）生物处理和土地处理：

原水→格栅→厌氧调节池→土地处理→消毒→中水。

3）曝气生物滤池：

原水→格栅→调节池→预处理→曝气生物滤池→消毒→中水。

4）膜生物反应器：

原水→调节池→预处理→膜生物反应器→消毒→中水。

（3）当以城市污水处理厂二级生物出水为水源时

1）物化法深度处理工艺流程：

二级出水→调节池→混凝沉淀或气浮→过滤→消毒→中水。

2）物化与生化结合的深度处理流程：

二级出水→调节池→微絮凝过滤→生物活性炭→消毒→中水。

3）微孔过滤处理工艺流程：

二级出水→调节池→微孔过滤→消毒→中水。

6.8　污水局部处理构筑物

当建筑内生活排水的水质达不到排水管道或接纳水体的排放标准时（如泥沙、油脂、BOD、COD、SS、水温），应设置相应的污水局部处理构筑物，如化粪池、隔油池、降温池和医院污水处理构筑物等进行处理，使排水水质达到排放标准。

6.8.1　化粪池

国内化粪池的应用较为普遍，这是由于我们目前大多数城市或工矿企业区的排水系统为合流制，很少有生活污水处理厂的缘故。因此，民用建筑和工业建筑生活间内所排出的生活粪便污水，必须流经化粪池处理后才能排入合流制下水道或水体中去。

化粪池是最初级的污水处理构筑物，污水中所含的大量粪便、纸屑、病原菌等杂质进入化粪池后，流速降低，水中悬浮物逐渐沉入池底，形成污泥。在池中经过数小时的沉淀去除，去除50%~60%，沉淀下来的污泥在无氧（或缺氧）的条件下腐化，进行厌氧分解，使污水中的有机物转化为稳定状态，分解出的沼气等从水中逸出。污泥经三个月以上时间的酸性发酵后，脱水熟化便可清掏做肥料使用。尽管化粪池处理污水的程度很不完善，所排出的污水仍具有恶臭，但是在目前我国多数城镇还没有污水处理厂的情况下，化粪池的使用还是比较广泛的。

化粪池一般用砖或钢筋混凝土砌筑，有圆形和矩形两类。通常多采用矩形化粪池，在污水量较小或地盘较小时，也可采用圆形化粪池，矩形化粪池的长、深、宽比例应根据污水中需悬浮物的沉降条件及其积存数量由水力计算确定，矩形化粪池有双格和三格两种（见图6-29）。双格矩形化粪池第一格容积占总容积的75%；三格矩形化粪池第一格容积占总容积的50%，第二格和第三格分别为总容积的25%。

各化粪池隔间顶上都设有活动盖板，作为检查和清掏污泥之用，在水面以上的间隔部分设有通气孔，以便流通空气。

化粪池多设置在庭院内建筑物背面靠近卫生间的地方，因在清理机掏粪时不卫生、有臭气，不宜设在人们经常停留活动之处。化粪池池壁距建筑物外墙不宜小于5m，如受条件限制时，可酌情减小，但不得影响建筑物基础。化粪池距离地下水取水构筑物不得小于30m，池壁、池底应防止渗漏。

化粪池的容积及尺寸通常需根据使用人数、每人每日的排水量标准、污水在池中停留时间和污泥的清掏周期等因素通过计算决定。我国现行的《给水排水标准图集》合订本 S2 制定了有效容积为 2.0~100m³ 的砖砌和钢筋混凝土矩形及圆形化粪池，可供设计时选用。

选用单栋建筑物的化粪池时，实际使用卫生设备的人数并不完全等于建筑物总人数，实际使用人数与总人数的百分比，根据建筑物的性质规定如下：

1）医院、疗养院、幼儿园（有住宿）等一类建筑，因病员、休养员和儿童全天生活在内，故百分比为100%。

2）住宅、集体宿舍、旅馆一类建筑中，人员在其中逗留时间约为16h，故采用70%。

3）办公楼、教学楼、工业企业生活间等工作场所，职工在其内工作时间为8h，故采用40%。

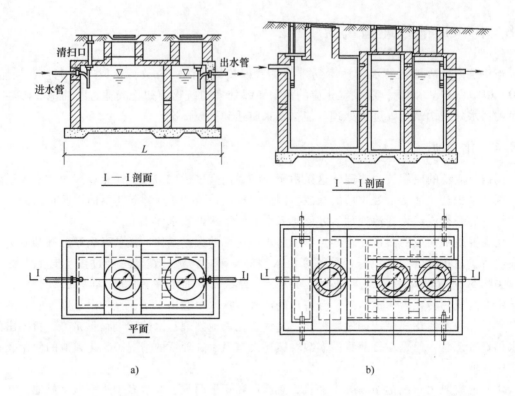

图 6-29 化粪池
a）双格化粪池 b）三格化粪池

4）公共食堂、影剧院、体育场等建筑，人们在其中逗留时间约 2~3h，故采用 10%。

6.8.2 隔油池

食品加工车间、餐饮业的厨房等排水，均含有较多的食用油脂，此类油脂进入排水管道后，水温下降，污废水中携带的油脂凝固附着在管壁，缩小管道断面，堵塞管道。由汽车库排出的汽车冲洗污水和其他一些生产污水进入排水管道后，挥发聚集于检查井处，随着油类的挥发，当达到一定的浓度后，易发生爆炸或引发火灾，以致破坏污水管道，影响维修工作人员健康。因此，必须对上述污水进行除油处理。

上述污水中的油类多以悬浮或乳浊状存在，因此，隔油池的工作原理是降低含油污水流速，并使水流方向改变，石油类悬浮在水面，然后将其收集处理。

为了保证隔油池良好的除油效果，使其集留下来的油脂有重复利用的条件，粪便污水和其他污水不得排入隔油池内。隔油池的构造如图 6-30 所示。

隔油池应有活动盖板，进水管应考虑清通方便。污水如有其他沉淀物时，在排入隔油池前应经沉砂处理或隔油池内附有沉淀部分容积。

当污水中含有汽油、煤油等易挥发油类时，隔油池不得设置于室内；污水中含有食用油、重油等油类时，隔油池可设于耐火等级一、二、三级建筑物内，但宜设于地下，并以盖板封闭。砖砌隔油池及构造可参阅《给水排水标准图集》S211-5。

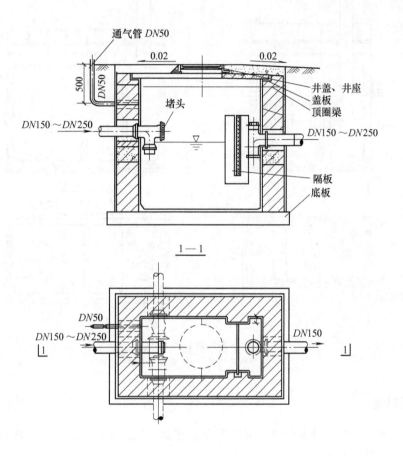

图 6-30　隔油池

6.8.3　降温池

建筑物附属的发热和加热设备所排污水及工业排放的废水水温超过 40℃ 时，应首先考虑将其所含热量回收利用。如不能回收或回收不合理，在排入城市下水道前应采用降温措施。否则，会影响维护管理人员身体健康和管材的使用寿命。一般可在室外设置降温池。

降温池降温的方法主要有二次蒸发、水面和加冷水降温。以锅炉排污水为例，当锅炉排出的污水由锅炉内的工作压力降到大气压力时，一部分热污水汽化蒸发，减少了所排污水量和所带热量，再将冷却水加入剩余的热污水混合，使污水温度降低到 40℃ 后排放。降温采用的冷却水应尽量利用低温废水。

降温池有虹吸式和隔板式两种类型。虹吸式适用于冷却废水较少，主要靠自来水冷却降温的场合，如图 6-31b 所示的隔板式适用于有冷却废水的场合。这两种形式的降温池已有国家标准图集，设计时可直接选用。

降温池的容积与废水的排放形式有关，若废水是间断排放的，按一次最大排水量与所需冷却水量的总和计算有效容积；若废水是连续排放的，应保证废水与冷却水能够充分混合。

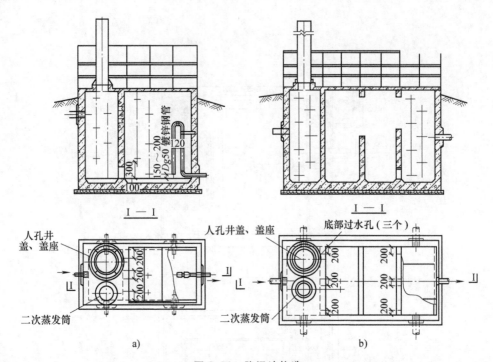

图 6-31 降温池构造

a）虹吸式降温池 b）隔板式降温池

6.8.4 沉砂池

汽车库内冲洗汽车的污水含有大量的泥沙，在排入城市排水管道之前，应设沉砂池，以除去污水中粗大颗粒杂质。

沉砂池的有效容积包括污水和污泥两部分，应根据车库存车数、冲洗水量和设计参数确定。沉砂池有效容积按式（6-10）计算

$$V = V_1 + V_2 \tag{6-10}$$

式中 V——沉砂池有效容积，单位为 m^3；

V_1——污水部分容积，单位为 m^3；

V_2——污泥部分容积，单位为 m^3。

6.8.5 医院污水处理

医疗卫生机构排放的污水中一般含有较多的病原体、病菌和原虫等，如不进行消毒处理，会导致传染病流行，危害很大。医院污水消毒前预处理的目的在于降低污水中所含悬浮物、有机物和无机物等杂质的含量，以减少消毒剂耗量，提高消毒效果。预处理的方法有一级处理和二级处理，对出水水质要求高的场合还需进行三级处理。经处理后的污水，不得排入城镇和工矿企业生活区饮用水集中取水的水源点上游 1000m 及下游 100m 范围内的地面水域。

一级处理即机械处理，是用物理方法去除污水中的悬浮物质。处理构筑物有化粪池、调节池、沉淀池和格栅等。一级处理能去除污水中悬浮物约 50%～60%，生化需氧量减少 20% 左右。在一般医院污水排入城市下水道的情况下，仅要求消灭污水中的病原体而无须改善水

质时,多采用此种工艺流程来处理医院污水。

医院污水一级处理工艺流程达不到排放水质要求时,需进行二级处理。二级处理是用生物化学法去除污水中剩余的有机物质。经过生化处理后,污水中的氨氯、还原物质等污染物的含量和生化需氧量,均能去除 70% ~ 90%;由于氧化和生物絮凝的作用,污水中的病原菌及病毒的去除,可达 90% 以上。污水经二级处理对全面改善水质和节约消毒剂有利,污水的需氯量为经一级处理后的 40% 左右,但二级处理构筑物占地面积大,基建投资一般要比一级处理大一倍以上。我国医院污水二级处理的常用方法主要有生物转盘、接触氧化、塔式生物滤池等。

三级处理是在二级处理的基础上,用物理、化学的方法除去污水中的氮和磷。用过滤法进一步去除悬浮物和胶体物质;用活性炭吸附溶解性有机物质,并去除污水中的色、臭味和油等;用离子交换法去除污水中的六价铬等重金属离子;最后,用强氧化剂(如氛、臭氧等)氧化污水中的有机物质,杀死病毒和病菌。医院污水三级处理是较彻底的处理,但初次投资和运行管理费用均较高。

医院污水处理包括医院污水消毒处理、放射性污水处理、重金属污水处理、废弃药物污水处理和污泥处理。医院污水消毒一般采用氯消毒(成品次氯酸钠、漂白粉、漂粉精或液氯)。如运输或供应困难时,可采用现场制备次氯酸钠、化学法制备二氧化氯消毒方式。如有特殊要求并经技术经济比较认为合理,可采用臭氧消毒法。

医院污水在处理过程中,有大量污泥沉淀,这些污泥中含有 70% ~ 80% 的病菌与病毒,90% 的蠕虫卵。这些污泥若不处理,会造成二次污染,危害甚大。由于医院污泥量较小,一般采用自然干化法脱水。至于污泥的消毒,根据不同的条件有高温堆肥、蒸汽消毒、厌氧消毒等方法,其中以采用堆肥发酵处理较好,病菌在厌氧条件下仅 2 ~ 3 个月即死亡,病毒活力也大大被削弱了。

医院污水处理流程应根据污水性质、排放条件等因素确定,一般排入城市下水道时,宜采用一级处理;排入地表水体时,采用二级处理。经消毒处理后的污水,不得排入生活饮用水的集中取水点上游 1000m 和下游 100m 的水体范围内。对于含有放射性物质、重金属及其他有毒、有害物质的污水,如不符合排放标准时,需进行单独处理后,方可排入医院污水处理站或城市排水管道。医院污水处理系统的污泥宜由城市环卫部门集中处理。当城镇无集中处理条件时,可采用高温堆肥或石灰消毒处理。

医院污水处理的具体设计要求可参考 CECS 07:2004《医院污水处理设计规范》、GB 8978—1996《污水综合排放标准》和 GB 18466—2005《医疗机构水污染物排放标准》。

思 考 题

1. 分流制排水系统有哪些?有什么缺点?
2. 简述建筑排水系统的组成。
3. 清通设备有哪些?如何设置?
4. 建筑排水系统中水封的作用是什么?防止水封破坏的措施有哪些?
5. 低层建筑和高层建筑通气管系统设计有何不同?
6. 屋面雨水排放方式有哪些?各有何特点?
7. 中水系统水量平衡的措施有哪些?

第7章
热水及燃气供应

室内热水供应系统是指水的加热、储存和输配的总称，其任务是满足建筑内人们在生产和生活中对热水的需求。本章系统地介绍了热水供应系统和饮水系统的组成、供水方式、循环方式、热水的制备和供应方式、热水管网的敷设要求及燃气供应。

7.1 热水供应系统

7.1.1 热水供应系统分类

热水供应系统按照其供应范围的大小，分为局部热水供应系统、集中热水供应系统及区域性热水供应系统。应根据使用要求、耗热量、用水点分布情况，结合热源条件选定。

1. 局部热水供应系统

局部热水供应系统是采用小型加热器在用水场所就地加热，供局部范围内一个或几个配水点使用的热水系统。

局部热水供应系统的优点是：热水输送管线简短，热损失小，设备、系统简单，造价低，维护管理方便、灵活；易于改建或增设。缺点是：热效率低，制水成本高，加热装置分散设置，占用建筑总面积较大。

局部热水供应系统适用于热水用量较小（设计小时耗热量不超过293100kJ/h，约折合4个淋浴器的耗热量）的建筑；热水用水点分散且耗热量不大（只为洗手盆供应热水的办公楼）；或是采用集中热水供应系统不合理的场所。

2. 集中热水供应系统

集中热水供应系统是在锅炉房、热交换间或加热间将水集中加热后，通过热水管网输送到整栋或几栋建筑的热水系统。

集中热水供应系统的优点是：设备集中，便于维护管理；加热设备热效率较高，热水成本较低；占用建筑总面积较小，使用较为方便舒适。其缺点是：系统较复杂，建筑投资较大；需有专门维护管理人员；管网较长，热损失较大，建成后改、扩建较困难。

集中热水供应系统宜用于热水用量较大，用水点比较集中的建筑，如标准较高的居住建筑、旅馆、公共浴室、医院、体育馆、游泳池、大型饭店等公共建筑，布置较集中的工业企业建筑等。

3. 区域性热水供应系统

区域性热水供应系统是在热电厂、区域性锅炉房或热交换间将水进行加热后，通过市政热力管网输送到整个建筑群、居民区、街坊或工业企业的热水供应系统。

区域性热水供应系统的优点是：便于集中、统一管理和热能的综合利用；有利于减少环境污染、设备热效率和自动化程度较高；热水成本低，设备总容量小，占地面积小；保证率高。其缺点是：系统复杂，建筑投资大；需有较高维护管理水平；改、扩建较困难等。该系统适用于建筑较集中、热水用量较大的城市和工业企业。

7.1.2　热水供应系统组成

热水供应系统主要由热媒系统、热水供应系统及附件三部分组成，如图7-1所示。

1. 热媒系统（第一循环系统）

热媒系统由热源、水加热器和热媒管网组成。热源是用于制取热水的能源，可以是工业余热、废热、太阳

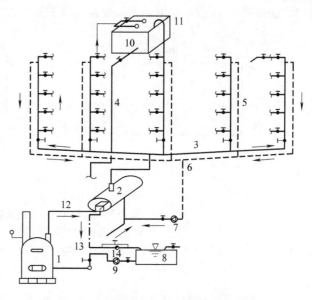

图7-1　热媒为蒸汽的集中热水供应系统

1—锅炉　2—水加热器　3—配水干管　4—配水立管　5—回水立管
6—回水干管　7—循环泵　8—凝结水池　9—冷凝水泵　10—给水
水箱　11—通气管　12—热媒蒸汽管　13—凝水管　14—疏水器

能、可再生低温能源、地热、燃气、电能，也可以是城镇热力网、区域锅炉房或附近锅炉房提供的蒸汽或高温水。锅炉产生的蒸汽或高温水通过热媒管网送到水加热器加热冷水，经过二次换热变成冷凝水，靠余压经疏水器流至冷凝水池，冷凝水和新补充的软化水经冷凝水泵再送回锅炉加热为蒸汽或高温水，如此循环完成热的传递作用。

2. 热水供应系统

热水供应系统由热水配水管网和回水管网组成。加热器里一定温度的热水经热水配水管网送至各个热水配水点，水加热器冷水由高位水箱或市政给水管网补给。为保证各用水点随时都有规定水温的热水，需要设置回水管网，使一定量的热水经过循环水泵流回水加热器以补充管网所损失的热量。

3. 附件

热水供应系统中为满足控制、连接和使用的要求，以及由于温度的变化引起的水的体积膨胀，通常设置的附件有温度自动调节器、疏水器、减压阀、安全阀、自动排气阀、膨胀管、补偿器等。

1）温度自动调节器：当采用蒸汽直接加热热水或容积式水加热器时，为了控制热水出水温度，可在水加热器上安装温度自动调节装置。温度自动调节器可分为直接式和电动式两种类型。直接式温度自动调节器构造原理如图7-2所示，调节阀必须垂直安装，

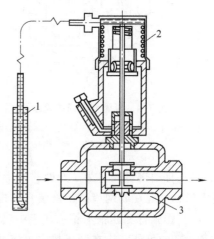

图7-2　直接式温度自动调节器构造原理

1—温包　2—感温原件　3—调压阀

使用方法如图 7-3a 所示。电动式温度自动调节器安装方法如图 7-3b 所示。

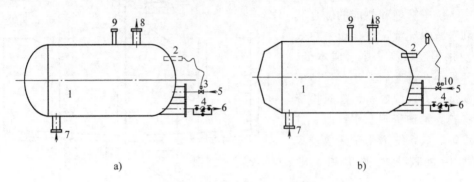

a) b)

图 7-3 温度自动调节器安装示意图

a）直接式温度调节 b）间接式温度调节

1—加热设备 2—温包 3—自动调节器 4—疏水器 5—蒸汽 6—凝水

7—冷水 8—热水 9—安全阀 10—齿轮传动变速开关阀门

2）疏水器：疏水器的作用是保证凝水及时排放，同时阻止蒸汽漏失，装设在蒸汽的凝结水管上，疏水器按其工作压力有低压和高压之分，热水系统常采用高压疏水器，疏水器的种类很多，一般常采用机械吊桶式和热动力型圆盘式疏水器，分别如图 7-4 和图 7-5 所示。

3）减压阀：当热水供应系统采用蒸汽为热媒，若蒸汽管道供应的压力超过水加热器的承压能力，应在水加热器的蒸汽入口处安装减压阀，以把蒸汽压力降低到规定值，确保设备安全运行。减压阀是利用流体通过阀体内的阀瓣时产生局部阻力而减压。工程中常用的减压阀有波纹管式、活塞式和膜片式等类型。

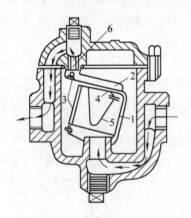

图 7-4 机械型吊桶式疏水器

1—吊桶 2—杠杆 3—球阀 4—快速排气孔

5—双金属弹簧片 6—阀孔

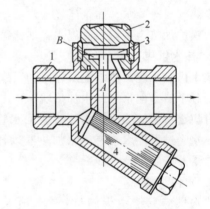

图 7-5 热动力型圆盘式疏水器

1—阀体 2—阀盖 3—阀片 4—过滤器

4）自动排气阀：为了及时排除上行下给式热水管网中热水气化产生的气体，保证管内热水通畅，应在管网最高处安装自动排气阀，如图 7-6 所示。

5）膨胀管和膨胀水箱：在集中热水供应系统中，冷水被加热后，体积膨胀，有胀裂管道和设备的可能，应在开式热水供应系统中装设膨胀管，如图 7-7 所示，膨胀管上严禁装设阀门，且应防冻；闭式热水供应系统中装设膨胀水箱，如图 7-8 所示。

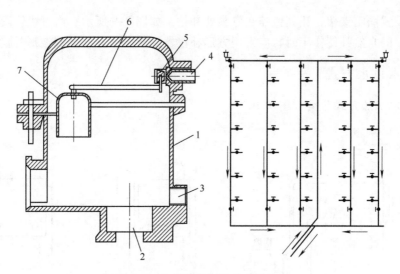

图 7-6　自动排气阀及其安装位置

1—排气阀体　2—直角安装出水口　3—水平安装出水口

4—阀座　5—滑阀　6—杠杆　7—浮钟

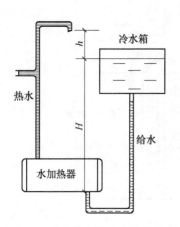

图 7-7　膨胀管安装高度计算用图

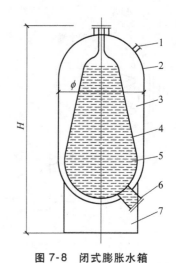

图 7-8　闭式膨胀水箱

1—充气嘴　2—外壳　3—气室　4—隔膜

5—水室　6—接管　7—罐座

6）补偿器：热水供应系统中常在管道上每隔一定距离安装热力补偿器，以补偿管道因温度变化而产生的伸缩量，保护管道系统正常工作。常用的补偿器有自然补偿器、方形补偿器、套管式补偿器和波形补偿器等。自然补偿器是利用管道敷设自然形成的 L 形和 Z 形弯曲管段来补偿管道的伸缩量。通常的做法是在转弯前后的

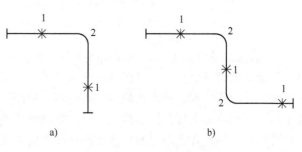

图 7-9　自然补偿器

a）L 形　b）Z 形

1—固定支架　2—弯管

直线管段上设置固定支架，让其伸缩在弯头处补偿，如图7-9所示；当直线管段过长，不能依靠管段弯曲的自然补偿作用时，应采用方形补偿器、套管式补偿器和波形补偿器等。

7.1.3 热水供水方式

1. 按热水加热方式分类（图7-10）

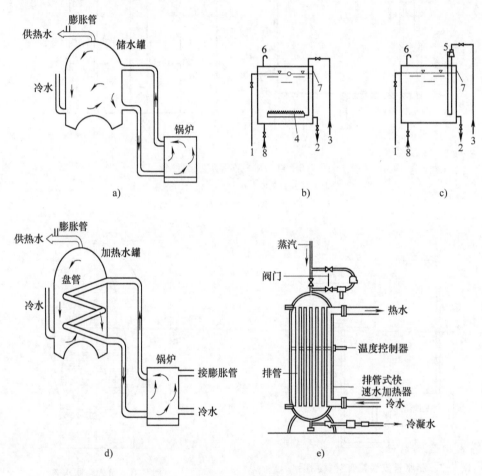

图 7-10 加热方式

a）热水锅炉直接加热　b）蒸汽多孔管直接加热　c）蒸汽喷射器混合直接加热

d）热水锅炉间接加热　e）蒸汽-水加热器间接加热

1—给水　2—热水　3—蒸汽　4—多孔管　5—喷射器　6—通气管　7—溢水管　8—泄水管

1）直接加热供应方式：直接加热又称一次换热，是在锅炉内通过燃料的燃烧，把燃料的化学能转化为被加热水的热能加热冷水，或是将蒸汽或高温水通过多孔板或喷射器直接通入冷水混合制备热水。热水锅炉直接加热热效率高、节能，蒸汽直接加热方式设备简单、热效率高、无须冷凝水管，但噪声大，蒸汽质量要求高，冷凝水不能回收，新鲜水补充量大，运行费用高。该方式适用于对噪声无严格要求的公共浴室、洗衣房、工矿企业等用户。

2）间接加热供应方式：间接加热又称二次换热，是将热媒通入水加热器通过盘管表面的散热及热传递作用加热冷水，热媒与被加热水不直接接触，冷凝水可重复利用，新鲜水补充量小，运行费用低，加热时不产生噪声，供水安全稳定。由于间接加热供水方式进行二次换热，增加了换热设备，增大了热损失，造价较高。但间接加热方式能利用冷水系统的供水压力，无须另设热水加压系统，有利于保持整个系统冷、热水压力平衡，适用于要求供水稳定、安全、噪声小的旅馆、住宅、医院、办公楼等建筑。

2. 按热水系统是否敞开分类

1）开式热水供应方式：开式热水供应方式是在所有用水点关闭后，系统内的水仍与大气相通，如图 7-11 所示。该方式一般在屋顶设置高位水箱，系统的水压取决于水箱的设置高度，不受市政给水管网的影响，水压稳定，高位水箱水质易受污染，适用于用户要求水压稳定，且允许设置高位水箱的热水系统。

2）闭式热水供应方式：闭式热水供应方式如图 7-12 所示，在所有用水点关闭后，整个系统与大气隔绝，形成密闭系统，水质不易受外界污染，供水水压稳定性较差，安全可靠性较差，适用于不宜设置高位水箱的热水供应系统。

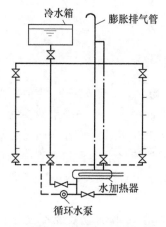

图 7-11　开式热水供应方式

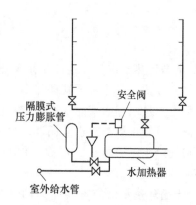

图 7-12　闭式热水供应方式

3. 按热水管网采用的循环动力分类

1）自然循环方式供应方式：自然循环方式利用热水管网中配水管和回水管内的温度差所造成的自然循环作用水头（自然压力），使管网内维持一定的循环流量，以补偿热损失，保证一定的供水温度。由于各个立管之间供水流量难以调节，供水过程中又因结垢，管径减小，阻力增加，只适用于系统小、管路简单、干管水平方向很短但竖向标高高差大的热水供应系统，以及对水温要求不严的场合。

2）机械循环方式供应方式：机械循环方式利用循环水泵强制水在管网中循环，按照一定的循环流量，以补偿管网热损失，维持一定的供水温度。

4. 按热水管网运行方式分类

1）全天循环方式供应方式：全天循环方式是在全天任何时候，管网中都维持有不低于循环流量的流量，使设计管段的水温在任何时候都保持不低于设计温度。

2）定时循环方式供应方式：定时循环方式是在集中使用热水前，利用循环水泵和回水管使管网中已经冷却的水强制循环加热，在热水系统中的热水水温达到规定温度后才使用热水。

5. 按热水管网是否设置循环管网分类

1）全循环热水供应方式：全循环热水供应方式是指热水干管、热水立管和热水支管都设置相应循环管道，保持热水循环，各配水龙头随时打开均能提供符合设计水温要求的热水，该方式用于对热水供应要求比较高的建筑中，如图 7-13a 所示。

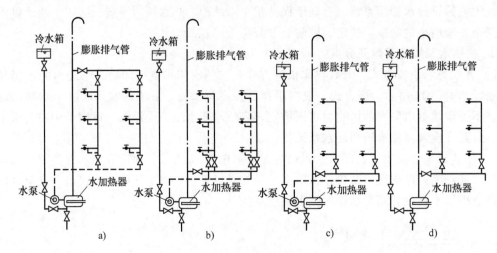

图 7-13　循环方式

a）全循环　b）立管半循环　c）干管半循环　d）无循环

2）半循环热水供应方式：半循环热水供应方式又分为立管和干管循环两种，立管半循环热水供应方式是指热水干管和热水立管内均保持有热水的循环，打开配水龙头时只需放掉热水支管中少量的存水就能获得规定水温的热水，如图 7-13b 所示；干管半循环热水供应方式是指热水干管保持有热水的循环，打开配水龙头时只需放掉热水支管和立管中少量的存水就能获得规定水温的热水，如图 7-13c 所示，该方式多用于全日热水供应的建筑和设有定时热水供应的高层建筑中。

3）无循环热水供应方式：无循环热水供应方式是指在热水供应系统不设任何循环管道，如图 7-13d 所示。对于热水供应系统较小、使用要求不高的定时热水供应系统，如公共浴室、洗衣房等可采用此方式。

7.1.4　热水水质、用水定额和水温

热水供应系统主要供给生产、生活用户洗涤及盥洗用热水。应能保证用户随时可以得到符合设计要求的水质、水温和水量。

1. 热水水质

要根据生产工艺要求的标准来确定。生活用热水的水质标准除了应符合 GB 5749—2006《生活饮用水卫生标准》外，对集中热水供应系统加热前的水质是否需要软化处理，应根据水质、水量、使用要求等因素进行技术经济比较后按下列要求确定：

1）洗衣房日用热水量（按 60℃ 水温计）大于等于 $10m^3$ 且原水总硬度（以碳酸钙计）大于 300mg/L 时，应进行水质软化处理。

2）其他生活日用热水量（按 60℃ 水温计）大于等于 $10m^3$ 且原水总硬度（以碳酸钙计）大于 300mg/L 时，宜进行水质软化或稳定处理。

3）经软化处理后的水质总硬度宜为：洗衣房用水，50～100mg/L；其他用水，75～150mg/L。

2. 用水定额

用水定额应根据水温、卫生设备完善程度、热水供应时间、当地气候条件和生活习惯等因素来确定。热水用水定额的标准有两种：一种是按热水用水单位所消耗的热水量及所需水温而定的，如每人每日的热水消耗量及所需水温、洗涤每1kg干衣所需的水量及水温等，此标准见表7-1；另一种是按卫生器具一次或1h热水用水量和所需水温而制定的，见表7-2。

表7-1 热水用水定额

序号	建筑物名称	分类	单位	最高日用水定额/L	使用时间/h
1	住宅	有自备热水供应和淋浴设备	每人每日	40~80	24
		有集中热水供应和淋浴设备	每人每日	40~80	24
2	别墅		每人每日	70~110	24
3	单身职工宿舍、学生宿舍、招待所、培训中心、普通旅馆	设公用盥洗室	每人每日	25~40	24或定时供应
		设公用盥洗室、淋浴室	每人每日	40~60	
		设公用盥洗室、淋浴室、洗衣室	每人每日	50~80	
		设单独卫生间、公用洗衣室	每人每日	60~100	
4	宾馆客房	旅客	每床位每日	120~160	24
		员工	每人每日	40~50	24
		设公用盥洗室	每床位每日	60~100	24
		设公用盥洗室、淋浴室	每床位每日	70~130	24
5	医院住院部	设单独卫生间	每床位每日	110~200	24
		医务人员	每人每班	70~130	8
		门诊部、诊疗所	每病人每次	7~13	8
6	养老院	疗养院、休养所住房部	每床位每日	100~160	24
			每床位每日	50~70	24
7	幼儿园、托儿所	有住宿	每儿童每日	20~40	24
		无住宿	每儿童每日	10~15	10
8	公共浴室	淋浴	每顾客每次	40~60	12
		淋浴、浴盆	每顾客每次	60~80	
		桑拿浴(淋浴、按摩池)	每顾客每次	70~100	
9	理发室、美容院		每顾客每次	10~15	12
10	洗衣房		每千克干衣	15~30	8
11	餐饮娱乐厅	营业餐厅	每顾客每次	15~20	10~12
		快餐店、职工及学生食堂	每顾客每次	7~10	11
		酒吧、咖啡厅、茶座、卡拉OK房	每顾客每次	3~8	18
12	办公楼		每人每班	5~10	8
13	健身中心		每人每次	15~25	12
14	体育场(馆)	运动员淋浴	每人每次	25~35	4
15	会议厅		每座位每次	2~3	4

注：1. 热水温度按60℃计。
2. 表中所列用水定额均已包括在给水用水定额中。
3. 本表以60℃热水温度为计算温度，卫生器具的使用水温见表7-2。

表 7-2 卫生器具的一次和小时热水用水定额及水温

序号	建筑物名称	卫生器具名称	一次用水量/L	小时用水量/L	使用水温/℃
1	住宅、旅馆、别墅、宾馆	带有淋浴器的浴盆	150	300	40
		无淋浴器的浴盆	125	250	40
		淋浴器	70~100	140~200	37~40
		洗脸盆、盥洗槽水嘴	3	30	30
		洗涤盆(池)	—	180	50
2	集体宿舍、招待所、培训中心	淋浴器:有淋浴小间	70~100	310~300	37~40
		无淋浴小间	—	450	37~40
		盥洗槽水嘴	3~5	50~80	30
3	餐饮业	洗涤盆(池)	—	250	50
		洗脸盆:工作人员用	3	60	30
		顾客用		120	30
		淋浴器	40	400	37~40
4	幼儿园、托儿所	浴盆:幼儿园	100	400	35
		托儿所	30	120	35
		淋浴器:幼儿园	30	180	35
		托儿所	15	90	35
		盥洗槽水嘴	15	25	30
		洗涤盆(池)	—	180	50
5	医院、疗养院、休养所	洗手盆		15~25	35
		洗涤盆(池)	—	300	50
		浴盆	125~150	250~300	40
6	公共浴室	浴盆	125	250	40
		淋浴器:有淋浴小间	100~150	200~300	37~40
		无淋浴小间	—	450~540	37~40
		洗脸盆	5	50~80	35
7	办公楼	洗手盆	—	50~100	35
8	理发室 美容院	洗脸盆	—	35	35
9	实验室	洗脸盆		60	50
		洗手盆		15~25	30
10	剧场	淋浴器	60	200~400	37~40
		演员用洗脸盆	5	80	35
11	体育场馆 淋浴器		30	300	35
12	工业企业生活间	淋浴器:一般车间	40	360~540	37~40
		脏车间	60	180~480	40
		洗脸盆或盥洗槽水嘴:			
		一般车间	3	90~120	30
		脏车间	5	100~150	35
13		净身器	10~15	120~180	30

注:一般车间是指 GBZ 1—2010《工业企业设计卫生标准》中规定的 3、4 级卫生特征的车间,脏的车间指该标准中规定的 1、2 级卫生特征的车间。

生产热水用水量和小时变化系数应根据工艺要求或同类型生产实际数据确定。

3. 热水水温

1）热水使用温度：生活用热水水温应满足各种使用要求。各种卫生器具使用水温，按表 7-2 查用。

餐厅、厨房用热水温度与水的用途有关，洗衣机用热水温度与洗涤衣物的材质有关，其热水使用温度见表 7-3。

表 7-3　餐厅、厨房、洗衣机热水使用温度

用水对象餐厅、厨房	用水温度/℃	用水对象洗衣机	用水温度/℃
一般洗涤	50	棉麻织物	50～60
洗碗机	60	丝绸织物	35～45
餐具过清	70～80	毛料织物	35～40
餐具消毒	>80	人造纤维织物	30～35

2）热水供水温度：热水供水温度是指热水供应设备（锅炉、水加热器）的出口温度。最低供水温度应保证热水管网最不利配水点的水温不低于使用水温要求。最高水温应便于使用，过高的供水温度虽可增加蓄热量，减少热水供应量，但也会增大加热设备和管道的热损失，增加管道腐蚀和结垢的可能性，并易引发烫伤事故。根据水质处理情况，加热设备出口的最高水温和配水点最低水温可按表 7-4 采用。

表 7-4　直接供应热水的热水锅炉、热水机组或水加热
器出口的最高水温和配水点的最低水温

水质处理情况	热水的热水锅炉、热水机组或水加热器出口的最高水温/℃	配水点的最低水温/℃
原水水质无须软化处理,原水水质需水质处理且有水质处理	75	45
原水水质需水质处理但未进行水质处理	60	45

3）冷热水比例计算：若以混合水量 100%，则所需热水量占混合水量的百分数按式（7-1）计算

$$K_r = \frac{t_h - t_l}{t_r - t_l} \times 100\% \qquad (7-1)$$

式中　K_r——热水混合系数；

t_h——混合水水温，单位为℃；

t_l——冷水计算温度，单位为℃；应以当地最冷月平均水温确定，当无资料时，可按表 7-5 采用；

t_r——热水水温，单位为℃。

表 7-5　冷水计算温度

地　区	地表水温度/℃	地下水温度/℃
黑龙江、吉林、内蒙古的全部,辽宁的大部分,河北、山西、陕西偏北部分、宁夏偏东部分	4	6～10
北京、天津、山东全部,河北、山西、陕西大部分,河南北部,甘肃、宁夏、辽宁的南部,青海偏东和江苏偏北的一小部分	4	10～15

（续）

地　区	地表水温度/℃	地下水温度/℃
上海、浙江全部,江西、安徽、江苏的大部分,福建北部,湖南、湖北东部,河南南部	5	15~20
广东、台湾全部,广西大部分,福建、云南的南部	10~15	20
重庆、贵州全部,四川、云南的大部分,湖南、湖北的西部,陕西和甘肃秦岭以南地区,广西偏北的一小部分	7	15~20

7.2 热水管道管材及布置与敷设

7.2.1 热水管材

热水供应系统的管件及管材,应符合现行有关产品的国家标准和行业要求。管道的工作压力和工作温度不得大于产品标准标定的允许工作压力和工作温度。热水管道应选用耐腐蚀、安装连接方便可靠的管材。可选用薄壁铜管、薄壁不锈钢管、塑料热水管、塑料和金属复合热水管。

当采用塑料热水管或塑料和金属复合热水管时,管道的工作压力应按相应温度下的允许工作压力选择。由于塑料管质脆、怕撞击,故设备机房内不应采用塑料热水管。

管道与管件宜为相同材质。由于塑料的伸缩系统大于金属的伸缩系数,如采用塑料管、管件为金属材质时,易在接头处出现胀缩漏水的问题。

定时热水供应系统内的水温经常性发生冷热变化,故不宜选用塑料热水管。

7.2.2 热水管网的布置、敷设

根据建筑物的使用要求,热水管道的敷设可分为明装和暗装两种形式。明装管道应尽可能地敷设在卫生间和厨房内,并沿墙、梁、柱敷设,一般与冷水管道平行。暗装管道可敷设在管道竖井或预留沟槽内。

管道穿越建筑物的楼板、墙壁和基础处应加套管,穿越屋面及地下室外墙时,应加防水套管,以免管道膨胀时损坏建筑结构和管道设备。当穿越有可能发生积水的房间地面或楼板面时,套管应高出地面 50~100mm。热水管道在吊顶内穿墙时,可预留孔洞。

热水立管与横管连接时,为了避免管道因伸缩应力而破坏,应采用如图 7-14 所示的乙字弯管。

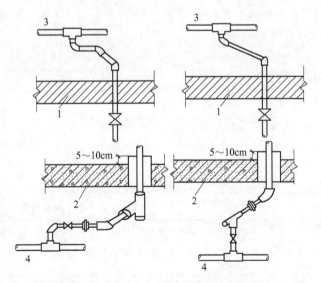

图 7-14　热水立管与水平干管的连接方式

1—吊顶　2—地板或沟盖板　3—配水横管　4—回水管

热水配水管网的配水立管起端、回水立管末端和支管上装设多于五个配水龙头的支管起端均应设置阀门，以便于检修和调节。为了防止热水倒流或串流，水加热器及热水储罐的进水管、机械循环的回水管、直接加热混合器的冷热水供水管都应装设止回阀，如图7-15所示。

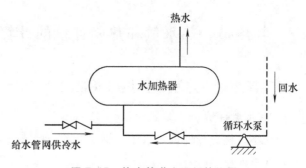

图7-15　热水管道止回阀的位置

为了避免热胀冷缩对管件或管道接头的破坏作用，热水干管应考虑装设自然补偿管道或装设足够的管道补偿器。

热水管道应设固定支架，一般设于伸缩缝或自然补偿管道的两侧，其间距长度应满足管段的热伸长量不大于伸缩器所允许的补偿量。固定支架之间宜设导向支架。

7.2.3　热水管道保温

热水锅炉，燃气、燃油、热水机组，水加热设备，贮水器，热水输（配）水、循环回水干（立）管均应做保温，以减少能量浪费，保证较远的配水点能得到设计水温的热水。绝热材料应选用导热系统小、耐热性强、质量轻、无腐蚀性并具有一定的机械强度、施工方便且经济的材料。还应考虑防火性能等。

保温层厚度应经计算确定。热水管道和设备保温绝热层厚度可按最大允许热损失量计算，见表7-6。

表7-6　最大允许热损失量

设备、管道外表面温度/℃	50	60	100	150
最大允许热损失量/（W/m²）	58	65	93	116

热水供、回水管、热媒水管常用的保温材料为岩棉、超细玻璃棉、硬聚氨酯、橡塑泡棉等材料，其保温层厚度可参照表7-7采用；蒸汽管用憎水珍珠岩管壳保温时，其保温层厚度见表7-8。水加热器、开水器等设备采用岩棉制品、硬聚氨酯发泡塑料等保温时，保温层厚度可为35mm。

管道和设备保温之前，应进行防腐蚀处理。

表7-7　热水供、回水管，热媒水、蒸汽凝结水管保温层厚度

管径 DN/mm	热水供、回水管				热媒水、蒸汽凝结水管	
	15～20	25～50	65～100	>100	≤50	>50
保温层厚度/mm	20	30	40	50	40	50

表7-8　蒸汽管保温层厚度

管径 DN/mm	≤40	50～65	≥80
保温层厚度/mm	50	60	70

7.3 耗热量、热水量和热媒耗量的计算及加热设备

7.3.1 耗热量、热水量和热媒耗量的计算

1. 耗热量计算

设计小时耗热量根据热水用水情况和冷、热水温差及建筑热水用水特点，可采用以下两种公式计算：

1）全日供应热水的住宅、别墅、医院、疗养院、休养所、旅馆、宾馆的客房、招待所、幼儿园等建筑的集中热水供应系统的设计小时耗热量按式（7-2）计算

$$Q_h = K_h \frac{m q_r c (t_r - t_l) \rho_r}{T} \tag{7-2}$$

式中　Q_h——设计小时耗热量，单位为 kJ/h；

m——用水单位数，人数或床位数；

q_r——热水用水定额，单位为 L/（人·d）或 L/（床·d），按表 7-1 采用；

c——水的比热容，4187J/（kg·℃）；

t_r——热水温度，以 60℃ 计；

t_l——冷水计算温度，单位为 ℃，按表 7-5 选用；

ρ_r——热水密度，单位为 kg/L；

K_h——热水时变化系数，全日热水供应可按表 7-9、表 7-10 和表 7-11 采用；

T——每日用水时间。

表 7-9　住宅、别墅的热水时变化系数

居住人数 m	≤100	150	200	250	300	500	1000	3000	≥6000
K_h	5.12	4.49	4.13	3.88	3.70	3.28	2.86	2.48	2.34

表 7-10　旅馆的热水时变化系数

床位数 m	≤150	300	450	600	900	≥1200
K_h	6.84	5.61	4.97	4.58	4.19	3.90

表 7-11　医院的热水时变化系数

床位数 m	≤50	75	100	200	300	500	≥1000
K_h	4.55	3.78	3.54	2.93	2.60	2.23	1.95

2）定时供应热水的住宅、旅馆、医院及工业企业生活间、公共浴室、学校、剧院、体育场等建筑的集中热水供应系统的设计小时耗热量按式（7-3）计算

$$Q_h = \sum q_h (t_r - t_l) \rho_r N_o bc \tag{7-3}$$

式中　Q_h——设计小时耗热量，单位为 kJ/h；

q_h——卫生器具热水的小时用水定额，单位 L/h，按表 7-2 采用；

c——水的比热容，4187J/（kg·℃）；

t_r——热水温度，按表 7-2 采用；

t_l——冷水计算温度，单位为℃，按表 7-5 选用；

ρ_r——热水密度，单位为 kg/L；

N_o——同类型卫生器具数；

b——卫生器具数的同时使用百分数；住宅、旅馆、医院、疗养院病房，卫生间内浴盆或淋浴器按 70%～100% 计算，其他器具不计，但定时连续供水时间应不小于 2h；工业企业生活间、公共浴室、学校、体育场等的浴室内的淋浴器和洗脸盆均按 100% 计；住宅一户带有多个卫生间时，只按一个卫生间计算。

2. 热水量计算

设计小时热水量，可按式（7-4）计算

$$Q_r = \frac{Q_h}{(t_r - t_l)\rho_r c} \tag{7-4}$$

式中 Q_r——设计小时热水量，单位为 L/h；

Q_h——设计小时耗热量，单位为 kJ/h；

t_r——热水供水温度，单位为℃；

t_l——冷水计算温度，单位为℃；

ρ_r——热水密度，单位为 kg/L。

3. 热媒耗量计算

1）采用蒸汽直接加热时，蒸汽耗量按式（7-5）计算

$$G = (1.05 \sim 1.10)\frac{Q_g}{h_m - h_r} \tag{7-5}$$

式中 G——蒸汽耗量，单位为 kg/h；

Q_g——设计小时耗热量，单位为 W；

h_m——蒸汽比焓，单位为 kJ/kg，按表 7-12 选用；

h_r——蒸汽与冷水混合后的热水比焓，单位为 kJ/kg，$h_r = 4.187 t_r$；

t_r——蒸汽与冷水混合后的热水温度，单位为℃。

表 7-12 饱和蒸汽性质

绝对压力/MPa	饱和蒸汽温度/℃	比焓/（kJ/kg）		蒸汽的汽化热/（kJ/kg）
		液体	蒸汽	
0.1	100	419	2679	2260
0.2	119.6	502	2707	2205
0.3	132.9	559	2726	2167
0.4	142.9	601	2738	2137
0.5	151.1	637	2749	2112
0.6	158.1	667	2757	2090
0.7	164.2	694	2767	2073
0.8	169.6	718	2773	2055
0.9	174.5	739	2777	2038

2）采用蒸汽间接加热时，蒸汽耗量按式（7-6）计算

$$G = (1.05 \sim 1.10)\frac{Q_g}{h_m - h'} \tag{7-6}$$

式中 G——蒸汽耗量，单位为 kg/h；

　　　Q_g——设计小时供热量，单位为 kJ/h；

　　　h'——凝结水的焓，单位为 kJ/kg，$h'=4.187t_{mz}$。

　　3）采用高温水间接加热时，高温热水耗量按式（7-7）计算

$$G=(1.05\sim1.10)\frac{Q_g}{c(t_{mc}-t_{mz})} \tag{7-7}$$

式中 G——高温热水耗量，单位为 kg/h；

　　　Q_g——设计小时供热量，单位为 kJ/h；

　　　c——水的比热容，4187J/（kg·℃）；

　　　t_{mc}——高温热水进口水温，单位为℃；

　　　t_{mz}——高温热水出口水温，单位为℃。

7.3.2 加热设备

1. 太阳能热水器

太阳能热水器是将太阳能转换成热能并将水加热的装置。该装置具有结构简单、维护方便、安全、节省燃料、运行费用低、不存在污染环境问题等优点。但受天气、季节、地理位置的影响，不能稳定连续运行。在燃料价格较高的地区；具备一定条件时可以应用。

太阳能热水器主要由集热器、储热水箱等组成，如图 7-16 所示。

太阳能热水器按组合形式分为装配式和组合式两种。装配式太阳能热水器一般为小型热水器，即将集热器、储热水箱和管路由工厂装配出售，适用于家庭和分散场所使用，目前市场上有多种产品，如图 7-17 所示。组合式太阳能热水器是将集热器、储热水箱、循环水泵、辅助加热设备按系统要求分别设置而成，适用于大面积供应热水系统和集中供应热水系统。

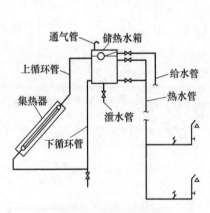

图 7-16 太阳能热水器

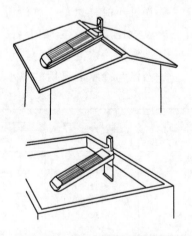

图 7-17 装配式太阳能热水器

太阳能热水器宜布置在平屋顶上，若坡屋顶的方位和倾角满足要求，也可设置在坡屋顶上。太阳能热水器的设置应避开其他建筑物的阴影。避免设置在烟囱和其他产生烟尘的设施的下风向，以防烟尘污染透明罩，影响透光。避开风口，以减少集热器的热损失。除考虑设备荷载外，还应考虑风压影响，并应留有 0.5m 的通道供检修和操作。

2. 容积式水加热器

容积式水加热器是一种间接加热设备，内部设有热媒导管并具有一定储热容积，既可加热冷水又能储备热水。热媒为蒸汽或高温水，有立式和卧式之分。容积式水加热器具有较大的储存和调节能力，被加热水流速低，压力损失小。出水压力平稳，出水水温较为稳定，供水较安全。但该加热器传热系数小，热交换效率较低，体积庞大，在热媒导管中心线以下约有 20%~25% 的常温储存水，易滋生军团菌，使水质污染。

3. 半容积式水加热器

半容积式水加热器是带有适量储存和调节容积的内藏式容积式水加热器，由储热水罐、内藏式快速换热器和内循环泵组成。半容积式水加热器体型小、加热快、换热充分、供水温度稳定、节水节能，但由于内循环泵不间断运行，需有极高的质量保证。

4. 快速式水加热器

快速式水加热器是通过提高热媒和被加热水的流动速度，来提高热媒对管壁、管壁对被加热水的传热系数，以改善传热效果。快速式水加热器就是热媒与被加热水通过较大速度的流动进行快速换热的一种间接加热设备。快速式水加热器热效率高、体积小、安装搬运方便，但不能储存热水，水头损失较大，在热媒或被加热水压力不稳定时，出水温度波动较大。

5. 半即热式水加热器

半即热式水加热器是带有超前控制，具有少量储存容积的快速式水加热器，该种产品传热系数大，快速加热被加热水，自动除垢，体积小，占地面积小，热水出水温度一般能控制在 ±2.2℃，适用于各种不同负荷要求的机械循环热水供应系统。

6. 热水锅炉

集中热水供应系统采用的热水锅炉主要有燃煤、燃油和燃气三种，燃煤锅炉燃料价格较低，运行成本低，但燃煤产生的烟尘和 SO_2 会污染环境，现已逐步被燃油和燃气锅炉取代，燃油和燃气锅炉因燃烧迅速完全、构造简单、体积小、热效率高、排污总量小而被广泛使用。

7.4　饮水供应系统

集中饮水供应根据供水水温、水处理方法不同，分为管道直饮水系统和开水供应系统。

管道直饮水系统的原水是未经深度净化处理的生活饮用水或是与生活饮用水水质相近的水。原水经深度净化、消毒等集中处理等达到饮用净水水质标准后，经管道供给用户直接饮用。

开水供应系统的原水也是未经深度净化处理的生活饮用水或是与生活饮用水水质相近的水，经开水器煮沸后供饮用，开水计算温度按 100℃ 计算。

7.4.1　管道直饮水系统

1. 系统选择与供水方式

管道直饮水系统中建筑物内部和外部供回水管网的形式，应根据居住小区总体规划和建筑物的性质、规模、高度以及系统维护管理和安全运行等条件，经技术经济综合比较后确定采取集中供水系统或分区供水系统或在一幢建筑物中设一个或多个供水系统，以保证供水和循环回水的合理和安全性。

管道直饮水系统宜采用调速泵组直接供水或处理设备置于屋顶的水箱重力式供水系统，其目的是避免采用高位水箱贮水带来的难以保证循环效果和直饮水水质的问题，同时还有设备集中、便于管理控制的优点。

高层建筑的管道直饮水系统应竖向分区，有条件时分区的范围宜比生活给水分区小一点，以利于节水。各分区最低处配水点的静水压，住宅不宜大于 0.35MPa，办公楼不宜大于 0.40MPa，且最不利配水点处的水压，应满足用水水压的要求。可采用减压阀分区方法，因饮水水质好，减压阀前可不加截污器。

为了卫生安全和防止污染，管道直饮水系统必须独立设置，不得与市政或建筑供水系统直接相连。

2．水质

管道直饮水水质应符合 CJ 94—2005《饮用净水水质标准》的规定。

3．饮水定额

管道直饮水主要用于居民饮用、煮饭烹饪。用水定额随经济水平、生活习惯、水费、水嘴水流特性、当地气温等因素的变化而不同。我国根据建筑物的性质和地区的条件，饮水定额及小时变化系数，应按表 7-13 确定，北方地区可按低限取值，南方经济发达地区可按高限取值。设有管道直饮水的建筑，其最高日管道直饮水定额可按表 7-14 采用。

表 7-13　不同建筑的饮水定额及小时变化系数

建筑物名称	单位	饮水定额/L	K_h
热车间	每个每班	3~5	1.5
一般车间	每人每班	2~4	1.5
工厂生活间	每人每班	1~2	1.5
办公楼	每人每班	1~2	1.5
宿舍	每人每日	1~2	1.5
教学楼	每学生每日	1~2	2.0
医院	每病床每日	2~3	1.5
影剧院	每观众每场	0.2	1.0
招待所、旅馆	每客人每日	2~3	1.5
体育馆（场）	每观众每场	0.2	1.0

注：小时变化系数是指饮水供应时间内的变化系数。

表 7-14　最高日管道直饮水定额

饮水场所	单位	最高饮水定额
住宅楼	L/（人·日）	2.0~2.5
办公楼	L/（人·日）	1.0~2.0
教学楼	L/（人·日）	1.0~2.0
旅馆	L/（人·日）	2.0~3.0

注：1．此定额仅为饮用水量。
　　2．经济发达地区的居民住宅楼可提高至 4~5L/（人·日）。
　　3．最高日管道直饮水定额也可根据用户要求确定。

4．水处理

管道直饮水系统应对原水进行深度处理。深度净化处理的方法和工艺应能去除有机污染物（包括"三致"物质和消毒副产物）、重金属、细菌、病毒、其他病原微生物和病原虫。

目前，宜采用膜技术作为管道直饮水系统的深度净处理方法。膜处理技术又分为微滤（MF）、超滤（UF）、纳滤（NF）和反渗透膜（RO）等四种，各种膜技术都有明确的适用范围。深度净化工艺应根据处理后的水质标准、原水水质条件进行选择，还应考虑工作压力、产品水的回收率等。

根据膜处理的工艺要求，在工艺设计中还需要设置必要的预处理、后处理单元和膜的清洗设施。深度净化处理系统排出的浓度高的水应回收利用。

7.4.2 开水供应系统

1. 供水方式

根据热源的具体情况，开水供应的开水系统有集中制备和分散制备两种。集中制备通过管道输送，即由热水锅炉或开水器集中制备开水，然后通过管道输送到各个用水点，如图7-18所示。学校、工厂车间多采用集中制备方式。另一种是分散制备、分散供应，如图7-19所示。该种方式每层设置开水间，开水间内设开水炉，热源多采用电力或蒸汽。在办公楼、旅馆等建筑常采用分散制备方式。

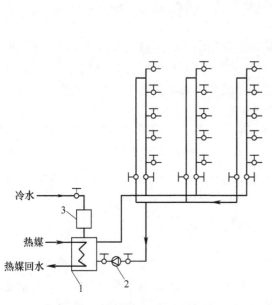

图 7-18 集中制备、管道输送
1—加热器 2—循环泵 3—过滤器

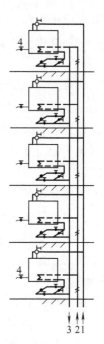

图 7-19 分散制备、分散供应
1—给水 2—蒸汽 3—凝水 4—开水器

2. 开水器及管道设计要求

开水器应安装温度计和水位计，开水锅炉应装设温度计，必要时还应设置沸水箱或安全阀。开水器的通气管应引至室外。

开水管道一般采用明装，并应有保温措施。管道应选用工作温度大于100℃的金属管材，常用镀锌钢管，零件及配件应采用镀锌或铜质材料，以防铁锈污染水质。开水系统的配水水嘴宜为旋塞式。

开水间应设给水管和地漏。

7.5 燃气供应系统

气体燃料比液体燃料和固体燃料具有更高的热能利用率，燃烧温度高，火力调节容易，使用方便，易于实现燃烧过程自动化，燃烧没有灰尘，清洁卫生，而且还可以利用管道和瓶装供应。

在人们日常生活中，应用燃气作为燃料，对改善人民生活条件，减少空气污染和保护环境具有十分重要的意义。

当燃气和空气混合到一定比例时，即易引起燃烧或爆炸，火灾危险性较大，且燃气具有强烈的毒性，容易引起中毒事故。因此，对于燃气设备及管道的设计、加工，都有严格的要求，同时，必须加强维护和管理工作，防止漏气。

7.5.1 燃气的种类

燃气按照其来源及生产方式大致分为天然气、人工燃气、液化石油气和生物气（沼气）四大类。其中：生物气由于热值低、CO_2 含量高而不宜作为城镇燃气用。

1. 天然气

天然气是指在自然界地质条件下，通过生物化学作用生成、运移，在一定压力下储集的可燃气体。它的主要成分是 CH_4。当天然气在大气压下，冷却至约$-162℃$ 时，天然气由气态转变成液态，称为液化天然气。液化天然气无色、无味、无毒且无腐蚀性，其体积约为同质量气态天然气体积的 1/600，液化天然气的质量仅为同体积水的 45%左右。

2. 人工燃气

人工燃气主要成分是 CH_4、H_2、CO 等，是以固体或液体可燃物为原料，经人为加工制得的可燃气体。人工燃气为无色的有特殊臭味的易燃易爆、剧毒气体。主要成分有烷烃、烯烃、芳烃、氢、一氧化碳等。城市用燃气中 CO 的体积分数约占 10%~30%。若吸入含 5‰以上 CO 的空气时，就会引起重度的中毒症状，在短时间内休克甚至死亡。

3. 液化石油气

液化石油气属于易燃易爆物质，是丙烷、丁烷、异丁烷、丁二烯、异丁烯等低分子烃类组成的混合物，它是由原油蒸馏或其他石油加工过程中所得到的各类烃类混合物。常温常压下，为无色易燃有毒气体，通常民用液化石油气添加恶臭剂后，有特殊臭味。液化石油气具有燃烧、爆炸性、受热膨胀性、气体泄漏的流散性与液化气的潜伏性、吸热冻伤性、毒害性、腐蚀性，且极易产生静电。

7.5.2 燃气的基本特性

1. 密度

燃气的密度指单位容积的燃气所具有的密度，同相同状态下空气密度的比值，也叫相对密度。

2. 热值

单位容积燃气完全燃烧所放出的热量，即为该燃气的热值。

热值分为高热值和低热值。因低热值能反映出实际工况，所以工程中常用燃气的低热值。

低热值是指单位燃气完全燃烧后，其烟气被冷却到初始温度，其中的水蒸气以蒸汽的状态排出时所放出的全部热量。

3. 膨胀与压缩

液态液化石油气的体积因温度升高而膨胀。在装满液化石油气的密闭容器中，随温度的升高，其体积迅速膨胀使压力很快升高到将容器爆破。

4. 汽化潜热

汽化潜热就是单位质量的液体变成与其处于平衡状态的蒸气所吸收的热量。

液化石油气以液态储存，需经过吸热汽化以供给各种燃具使用。当外界温度低不能供给汽化所需热量时，液化石油气吸收自身的热量，使温度降低直至停止汽化。

5. 着火温度

燃料能连续燃烧的最低温度，称着火温度。在常压（大气压）下，液化石油气的着火温度为 $365 \sim 460℃$，天然气的着火温度为 $270 \sim 540℃$，人工燃气着火温度为 $270 \sim 605℃$。

6. 爆炸极限

可燃气体和空气的混合物遇明火而引起爆炸时的可燃气体含量称为爆炸极限。当可燃气体的含量减少到不能形成爆炸混合物时的含量称为可燃气体的爆炸下限；而当可燃气体的含量一直增加到因缺氧而不能形成爆炸混合物时的含量称为爆炸上限。

7.5.3 燃气供应方式

1. 天然气、人工燃气的管道输送

天然气、人工燃气可输入城镇燃气管网供气，城镇燃气输配系统一般由门站、燃气管网、储气设施、调压设施、管理设施、监控系统等组成。城镇燃气输配系统的设计应符合城镇燃气总体规划，在可行性研究的基础上，做到近、远期结合，以近期为主，经技术经济比较后确定合理的方案。

城镇燃气管道供应应按燃气设计压力 p 分为七级，并符合表 7-15 要求。

表 7-15 城镇燃气设计压力等级

名　　称		压力/MPa
高压燃气管道	A	$2.5 < p \leq 4.0$
	B	$1.6 < p \leq 2.5$
次高压燃气管道	A	$0.8 < p \leq 1.6$
	B	$0.4 < p \leq 0.8$
中压燃气管道	A	$0.2 < p \leq 0.4$
	B	$0.1 < p \leq 0.2$
低压燃气管道		$p < 0.01$

城镇燃气管网一般采用单级系统、两级系统或三级系统，大城市一般采用高、中、低三级系统，中小型城市采用中、低两级系统或者中压单级系统，各系统之间用调压站连接。城镇燃气干管的布置应根据用户用气量及其分布，全面规划，宜按逐步形成环状管网供气进行

设计。

中压和低压燃气管道宜采用聚乙烯管、铸铁管、钢管或钢骨架聚乙烯塑料复合管,高压燃气管道宜采用钢制燃气管道。

地下燃气管道不得穿越建筑物和大型结构物,埋设的最小覆土厚度应符合下列要求:

1)埋设在车行道下时,不得小于0.9m。

2)埋设在非车行道下或人行道时,不得小于0.6m。

3)埋设在庭院内时,不得小于0.3m。

4)埋设在水田下时,不得小于0.8m。

2. 液化石油气瓶装供应

液态液化石油气在石油炼厂产生后,可用管道、汽车或火车槽车、槽船运输到储配站或灌瓶站后,再用管道或钢瓶灌装经供应站供应给用户。

供应站到用户根据供应范围、户数、燃烧设备的需用量大小等因素,可采用单瓶、瓶组和管道系统。其中单瓶供应常采用一个15kg钢瓶。瓶组供应常采用钢瓶并联供应公共建筑或小型工业建筑的用户。管道供应方式适用于居民小区、大型工厂职工住宅区或锅炉房。

钢瓶内液化石油气的饱和蒸气压按绝对压力计一般为70~800kPa,靠室内温度可自然气化。但供燃气燃具及燃烧设备使用时,还要经过钢瓶上的调压器减压到(2.8±0.5)kPa。单瓶系统一般钢瓶置于厨房,而瓶组供应系统的并联钢瓶、集气管及调压阀等应设置在单独房间。

管道供应系统是指液态的液化石油气经气化站或混气站生产的气态的液化石油气或混合气经调压设备减压后,经输配管道、用户引入管、室内管网、燃气表送到燃具使用。

钢瓶无论人工或机械装卸,都应严格遵守操作规定,禁止乱扔乱甩。

7.5.4 燃气用气量指标

1. 居民生活用气量指标

居民生活用气量指标与生活水平、生活条件、生活习惯、公共生活服务网的发展程度、有无供暖及燃气用具配置等许多因素有关,是一个比较复杂的问题,很难精确估计。当缺乏用气量的实际统计资料时,可根据当地的实际燃料消耗量、生活习惯、燃气价格、气候条件等具体情况,参照表7-16确定。

表7-16 城镇居民用气量指标　　　　[单位:MJ/(人·年)]

城镇地区	有集中采暖的用户	无集中采暖的用户
东北地区	2303~2721	1884~2303
华东、中南地区	—	2093~2303
北京	2721~3140	2512~2931
成都	—	2512~2931
上海	—	2303~2512

2. 公共建筑用气量指标

公共建筑类用气量指标与用气设备性能、热效率、加工食品的方式和地区的气象条件等因素有关。表 7-17 为我国几种公共建筑用气量指标。

表 7-17　几种公共建筑用气量指标　　　　〔单位：MJ/（人·年）〕

类　别	用气量指标
职工食堂	1884~2303
饮食业	7955~9211
托儿所全托	1884~2512
幼儿园半托	1256~1675
医院	2931~4187
旅馆有餐厅	3350~5024
招待所无餐厅	670~1047
高级宾馆	8374~10467
理发	3.35~4.19

注：1. 职工食堂的用气量指标包括做副食和热水在内。
　　2. 气热值按低热值计算。

3. 建筑供暖用气指标

建筑供暖用气指标，由于各地冬季供暖计算温度不同，所以各地的用气指标也不相同，其值可由供暖通风设计手册查得。

7.5.5　城市燃气年用气量

1. 居民生活年用气量

在计算居民用户生活用气量时，需确定用气人数。居民用气人数取决于城镇居民人口数及气化率。气化率是指城镇居民使用燃气的人口数占城镇总人口数的百分数。

根据居民生活用气量指标、居民数，气化率可按下式计算居民生活用气量。

$$Q_y = \frac{Nkq}{H_1} \tag{7-8}$$

式中　Q_y——居民生活年用气量，单位为 m^3/a；

　　　N——居民人数，单位为人；

　　　k——气化率（%）；

　　　q——居民生活用气定额，单位为 $kJ/（人·a）$；

　　　H_1——燃气低热值，单位为 kJ/m^3。

2. 公共建筑年用气量

计算公共建筑年用气量时，首先需要确定各类用户的用气量指标、居民数及各类用户用气人数占总人数的比例。

公共建筑年用气量可按式（7-9）计算

$$Q_y = \frac{MNq}{H_1} \tag{7-9}$$

式中　Q_y——公共建筑年用气量，单位为 m^3/a；

　　　N——居民人数，单位为人；

　　　M——各类用气人数占总人数的比例；

　　　q——各类公共建筑用气定额，单位为 $kJ/（人·a）$；

H_1——燃气低热值，单位为 kJ/m³。

3. 工业企业年用气量

工业企业年用气量与生产规模、班制和工艺特点有关，一般只进行估算。

在缺乏产品用气定额资料的情况下，通常将工业企业其他燃料的年用量折算成用气量，折算公式如下

$$Q_y = \frac{1000 G_y H_i' \eta'}{H_1 \eta} \tag{7-10}$$

式中　Q_y——工业企业年用气量，单位为 m³/a；

　　　G_y——其他燃料年用量，单位为 t/a；

　　　H_i'——其他燃料的低发热值，单位为 kJ/kg；

　　　H_1——燃气低热值，单位为 kJ/m³；

　　　η'——其他燃料燃烧设备热效率（%）；

　　　η——燃气燃烧设备热效率（%）。

4. 建筑供暖年用气量

建筑供暖年用气量与建筑面积、耗热指标和供暖期长短有关，其计算公式如下

$$Q_y = \frac{A q_f n}{H_1 \eta} \times 100 \tag{7-11}$$

式中　Q_y——建筑供暖年用气量，单位为 m³/a；

　　　A——使用燃气供暖的建筑面积，单位为 m²；

　　　q_f——民用建筑的热指标，单位为 kW/m²；

　　　H_1——燃气低热值，单位为 kJ/m³；

　　　η——供暖系统的效率（%）；

　　　n——供暖最大负荷利用小时数，单位为 h。

5. 未预见量

城市年用气量中还应计入未预见量，它包括管网的漏损量和发展过程中未预见的供气量，一般按总用气量的5%计算，以上用气量之和即为城市燃气年用气量。

7.5.6　燃气管道材料

燃气输配系统中常用管材有钢管、铸铁管、塑料管和复合管等。一般应根据燃气的性质、系统压力、施工要求以及材料供应情况等来选用，并满足机械强度、抗腐蚀、抗震及气密性等各项基本要求。

1. 钢管

按制造方法可分为卷焊钢管、无缝钢管及镀锌焊接钢管。卷焊钢管管径较大，多用于燃气压力较高的出厂、出站输气干管或穿（跨）越障碍物的燃气管道。无缝钢管多用于输送较高压力的燃气管道。镀锌焊接钢管多用于配气支管、用气管。输送燃气的管道严禁使用未经镀锌的焊接钢管（俗称"黑铁管"）。

钢管的连接方式有焊接连接、法兰连接和螺纹连接。

2. 铸铁管

用于燃气输配管道的铸铁管一般是采用铸模浇铸或离心浇铸方式制造出来的。铸铁管塑

性好，钻孔、切割方便，耐腐蚀，使用寿命可达60年。

铸铁管主要用于中、低压燃气的输送。广泛采用机械接口的形式。

3. 塑料管

按其原材料的不同可分为聚乙烯、聚氯乙烯、聚丙烯、聚丁烯、ABS管等，经过不断的实践与淘汰，目前适用于输送燃气的塑料管主要是聚乙烯（简称PE）管。

聚乙烯管道的连接方式主要采用电热熔连接和热熔对接连接。

4. 复合管

一般由内、外两层聚乙烯中间夹铝、铜或合金层组成，金属层与聚乙烯依靠胶合层粘结。复合管主要用在室内和燃具连接管上。

7.5.7 燃气管道布线原则

1）用户引入管与城市或庭院低压分配管道连接，在分支管上设阀门。

2）引入管穿越承重墙、基础或管沟时，均应设在套管内，并应考虑建筑物沉降的影响，采取必要的措施。

3）水平干管可沿楼梯间或辅助房间的墙壁敷设，并应有不小于0.002的坡度坡向引入管。

4）燃气立管一般应敷设在厨房或走廊内，当由地下引入室内时，立管在第一层处应设阀门。

5）由立管引出的用户支管在厨房内其高度不低于1.7m。敷设坡度不小于0.002，并由燃气计量表分别坡向立管和燃具。

6）用具连接管是在支管上连接燃气用具的垂直管段，其上的旋塞应距地面1.5m左右。

思 考 题

1. 室内热水供应系统分为几种类型？它们各自的适用范围是什么？

2. 直接加热方式有何特点？集中式热水供应系统水加热设备有哪些？

3. 简述热水管道布置与敷设的基本原则和方法。

4. 室内饮水供应的方式有几种？

5. 简述燃气种类及其主要成分。

第8章
高层建筑给水排水概述

目前，关于高层建筑的划分国际上尚无统一的标准，各国根据本国的经济条件和消防装备情况，规定了本国高层建筑的划分标准。GB 50016—2014《建筑设计防火规范》规定：建筑高度大于 27m 的住宅和建筑高度超过 24m 的其他民用建筑称为高层建筑。对于高层工业建筑，我国规定高度超过 24m 的两层及两层以上的厂房为高层建筑，而建筑高度超过 24m 的单层厂房不属于高层建筑。表 8-1 为世界部分国家高层民用建筑的划分标准。

表 8-1　世界部分国家高层民用建筑的划分标准

国别	起始高度或层数	备注
中国	建筑高度≥27m 的住宅建筑（包括首层设置商业服务网点的住宅） 建筑高度>24m 的公共建筑	
德国	>22m（从底层室内地面算起）	
日本	层数≥11 层或建筑高度>31m	建筑高度≥45m 称为超高层建筑
法国	建筑高度≥50m 的居住建筑；建筑高度≥28m 的公共建筑	
英国	建筑高度≥24.3m	
比利时	入口路面以上建筑高度≥25m	
苏联	层数≥10 层的居住建筑及层数≥7 层的公共建筑	
美国	建筑高度 22~25m 或层数≥7 层	

建筑高度是指建筑物室外地面到其檐口或女儿墙的高度。屋顶的瞭望塔、水箱间、电梯机房和楼梯出口间等不计入建筑高度和层数内。住宅的地下室、半地下室的顶板高出室外地面不超过 1.5m 者，不计入层数内。

我国高低层建筑的界线是根据市政消防能力划分的，由于目前我国登高消防车的工作高度约为 24m，大多数通用的普通消防车直接从室外消防管道或消防水池抽水，扑救火灾的最大高度也约为 24m，故以 24m 作为高层建筑的起始高度。住宅建筑由于每个单元的防火分区面积不大，有较好的防火分隔，火灾发生时火势蔓延扩大受到一定限制，危害性较小，同时它在高层建筑中所占比例较大，若防火标准提高，将增加工程总投资，因此高层住宅的起始线与公共建筑略有区别，以建筑高度大于 27m 的住宅（包括首层设置商业服务网点的住宅）为高层建筑。

由于高层建筑具有层数多、高度大、振动源多、用水要求高、排水量大等特点，因此，对建筑给水排水工程的设计、施工、材料及管理都提出了较高的要求，必须采取相应的技术措施，才能确保给水排水系统的良好工况，满足各类高层建筑的功能要求。高层建筑给水排水工程主要特点：

1）高层建筑给水、热水、消防系统静水压力大，如果只采用一个区供水，不仅影响使用，而且管道及配件容易损坏。因此，供水必须进行合理的竖向分区，使静水压力降低，保证供水系统的安全运行。

2）高层建筑引发火灾的因素多，火势蔓延速度快，火灾危险性大，扑救困难，因此，高层建筑消防系统的安全可靠度要比低层建筑的高。由于目前我国消防设备能力有限，扑救高层建筑火灾的难度较大，所以高层建筑的消防系统应立足于自救。

3）高层建筑的排水量大、管道长，管道中压力波动较大。为了提高排水系统的排水能力，稳定管道中的压力，保护水封不被破坏，高层建筑的排水系统应设置通气管系统或采用新型的单立管排水系统。另外，高层建筑的排水管道应采用机械强度较高的管道材料，并采用柔性接口。

4）高层建筑的建筑标准高，给水排水设备使用人数多，瞬时的给水量和排水量大，一旦发生停水或排水管道堵塞事故，影响范围大。因此，高层建筑必须采取有效的技术措施，保证供水安全可靠，排水通畅。

5）高层建筑动力设备多、管线长，易产生振动的噪声。因此，高层建筑的给水排水系统必须考虑设备和管道的防振动和噪声的技术措施。

经过上百年的发展，高层建筑的给水排水技术已日趋成熟，但也存在着许多尚需解决的问题，具体有以下方面：

1）节水、节能的给水排水设备及附件的开发与应用。

2）新型减压、稳压设备的研制与应用。

3）安全可靠、经济实用、运行管理方便的供水技术与方式的研究与推广技术。

4）高层建筑消防技术与自动控制技术。

5）提高排水系统过水能力，稳定排水系统压力的技术措施。

6）低成本、高效能的新型管道材料开发与应用。

7）热效率高、体积小的热水加热设备的研制与应用。

8.1 高层建筑给水

8.1.1 高层建筑给水竖向分区

高层建筑如果采用同一给水系统，底层管道中静水压力过大，因此带来以下弊端：

需采用耐高压管材、配件及卫生器具使得工程造价增加；开启阀门或水龙头时，管网中易产生水锤；底层水龙头开启后，由于压力过高，使出水流量增加，造成水流喷溅，影响正常使用，使顶层龙头可能产生负压抽吸现象，形成回流污染。

为了克服上述弊端，保证建筑供水的安全可靠性，高层建筑给水系统应采取竖向分区供水，是指沿建筑物的垂直方向，依序合理地将其划分为若干个供水区，而每个供水区都有自己的完整的给水系统。确定竖向给水分区是高层建筑整个给水系统设计的首要和基础环节。竖向分区的合理与否，将直接关系着给水系统的运行、使用、维修、管理、投资节能的情况和效果。竖向分区的各分区最低卫生器具配水点处静水压力不宜大于 0.45MPa，特殊情况下不宜大于 0.55MPa。所以分区范围一般住宅、旅馆、医院宜为 0.30~0.35MPa，办公楼宜为 0.35~0.45MPa。

8.1.2 给水方式

1. 高位水箱供水方式

高位水箱供水方式分串联供水方式、并联供水方式、减压水箱供水方式、减压阀供水方式等。

（1）高位水箱串联供水方式　如图8-1所示，水泵分散设置在各区，楼层中区的水箱兼做上一区的水池。优点是：无高压水泵和高压管线，运行经济。缺点是：水泵分散设置在各区，分区水箱占建筑面积，水泵设在楼层，防振隔声要求高；水泵分散，维护管理不便；若下区发生事故，上区供水受到影响，供水可靠性差。

（2）高位水箱并联供水方式　如图8-2所示，在各区独立设置水泵和水箱，各区水泵集中布置在建筑物底层或地下室，分别向各区供水。优点是：各区给水系统独立，互不影响，某区发生事故，不影响全局，供水安全可靠；水泵集中布置，管理维护方便，运行费用经济。缺点是：水泵台数多，高压管线长，设备费用增加；分区水箱占建筑面积分散且较大，减少建筑使用面积，影响经济效益。

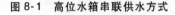

图8-1　高位水箱串联供水方式

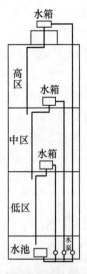

图8-2　高位水箱并联供水方式

（3）减压水箱供水方式　如图8-3所示，整栋建筑物内用水量全部由设在底层的水泵一次提升至屋顶总水箱，然后再分送至各分区水箱，分区水箱起减压作用。优点是：水泵数量少、设备费较低，管理维护简便；水泵房面积小，各分区减压水箱调节容积小。缺点是：水泵运行费用高，屋顶总水箱容积大，对建筑的结构和抗震不利；水泵或水泵出水（压力）管如发生故障，将影响整个高层建筑用水，安全可靠性较差；建筑高度较高、分区较多时，各区减压水箱浮球阀承受压力大，造成关闭不严或经常维修；供水可靠性差。

（4）减压阀供水方式　如图8-4所示，整栋建筑物内用水量全部由设在底层的水泵一次提升至屋顶总水箱，再通过各区减压阀依次向下供水。优点是：水泵数量少，占地少，且集中布置便于维修管理；管线设置简单、投资省。缺点是：各区用水均需提升至屋顶总水箱，水箱容积大，对建筑结构和抗震不利，同时也增加电耗；供水不够安全，水泵或屋顶水箱输水管、出水管的局部故障都将影响各区供水。

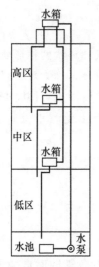

图 8-3　减压水箱供水方式

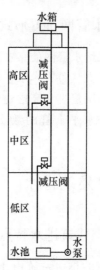

图 8-4　减压阀供水方式

2. 气压水罐供水方式

该供水方式主要有气压罐并联给水方式和气压罐减压阀给水方式，如图 8-5 和图 8-6 所示。优点是：不需设置高位水箱，不占建筑楼层面积，设置位置灵活；缺点是：水泵启闭频繁，运行费用较高，气压水罐储水量小，水压变化幅度大，罐内起始压力高于管网所需的设计压力，会产生给水压力过高带来的弊端。

气压给水设备可以配合其他给水方式局部使用在高层建筑最高层的消防给水系统，解决压力不足的问题。

3. 变频调速泵供水方式

如图 8-7 所示，该供水方式屋顶无须设置高位水箱，地下室设置变频调速泵，根据给水系统中用水量变化情况自动改变电动机的频率，从而改变水泵的转速，继而改变水泵的出水量。其优点是：使水泵经常处于较高效率下运行；省去高位水箱，提高建筑面积的利用率。缺点是：变频水泵及控制设备价格较高，且维修复杂。

图 8-5　气压罐并联给
　　　　水方式

图 8-6　气压罐减压阀
　　　　给水方式

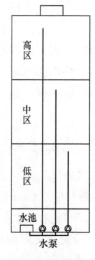

图 8-7　变频调速泵
　　　　供水方式

8.1.3 给水管网布置形式

高层建筑给水管网的布置按供水可靠程度要求可分为支状和环状两种形式，一般建筑内给水管宜采用支状布置。水平供水干管或配水立管互相连接成环，称为环状式。适用于供水要求严格的高层建筑和高层建筑消防管网。同一栋建筑的给水管网也可同时兼有支状和环状两种形式。按水平干管的敷设位置又可分为上行下给、下行上给、中供式和环状式四种形式。

8.2 高层建筑排水

8.2.1 高层建筑排水特点

高层建筑的排水系统由于楼层较多，排水落差大，多根横管同时向立管排水的概率大，容易造成管道内压力的波动，卫生器具的水封容易遭到破坏。因此高层建筑的排水系统一定要保证排水的通畅和通气良好，一般设置专用通气管系统或采用新型单立管排水系统。建筑物底层排水管道内压力波动最大，为了防止水封破坏或因管道堵塞而引起的污水倒灌等情况，建筑物一层和地下室的排水管道宜与整栋建筑的排水系统分开，采用单独的排水系统。

8.2.2 高层建筑排水系统分类

高层建筑多为公共建筑和住宅建筑，其排水系统主要排除盥洗、淋浴、洗涤等生活废水，粪便污水，雨雪水，餐厅、厨房、车库、洗衣房、游泳池、空调设备等附属设施的排水。高层建筑排水系统可分为：生活废水系统、生活污水系统、屋面雨水系统和特殊排水系统。

（1）生活污水排水系统　排除大、小便器以及与之类似的各类卫生器具的排水。

（2）生活废水排水系统　排除洗涤盆、洗脸盆、淋浴设备等排出的洗涤废水以及与之水质相近的洗衣房、游泳池排水。

（3）屋面雨水排水系统　排出屋面雨雪水的排水系统。

（4）特殊排水系统　排除空调、冷冻机等设备排出的冷却废水，锅炉、换热器、冷却塔等设备的排污废水，车库、洗车场排出的洗车废水，餐厅、公共食堂排出的含油废水等。

8.2.3 高层建筑排水体制

高层建筑污废水是合流还是分流排放是高层建筑设计的重要问题，应根据污废水的性质、污染程度，结合室外排水体制、综合利用的可能性以及处理要求等综合考虑。

1）下列情况宜采用生活污、废水分流排放。

① 建筑物使用性质对卫生标准要求较高时。

② 生活废水量较大，且环卫部门要求生活污水需经化粪池处理后才能排入城镇排水管网时。

③ 生活废水需回收利用时。

2）下列建筑排水应单独排水至水处理或回收构筑物。

① 职工食堂、营业餐厅的厨房含有大量油脂的洗涤废水。

② 机械自动洗车台冲洗水。

③ 含有大量致病菌、放射性元素超标的医院污水。

④ 水温超过 40℃的锅炉、水加热器等加热设备排水。

⑤ 用作回用水水源的生活排水。

⑥ 实验室有毒有害废水。

8.2.4 高层建筑排水系统类型

1. 设专用通气管的排水系统

当层数在十层及十层以上且承担的设计排水流量超过排水立管允许负荷时，应设置专用通气立管。设专用通气管的排水系统由通气管道系统和排水管道系统组成。根据立管数量，可分为双管制和三管制。

（1）双管制系统 一根污废水立管、一根专用通气立管组成的系统，如图 8-8 所示。

（2）三管制系统 一根污水立管、一根废水立管、一根专用通气立管组成的系统如图 8-9 所示。

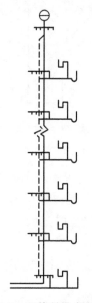

图 8-8 双管制排水系统

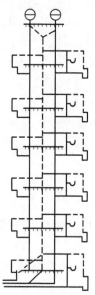

图 8-9 三管制排水系统

污废水立管与专用通气立管每隔两层用共轭管相连接。专用通气立管管径一般比排水立管管径小一至两号。当污水立管和废水立管两根立管共用一根专用通气立管时，专用通气立管管径应与污水立管管径相同。

对于使用要求较高的建筑和高层公共建筑可设环形通气管、主通气立管或副通气立管。对卫生、安静要求较高的建筑物内，生活污水管道宜设器具通气管。

2. 苏维脱排水系统

苏维脱排水系统有气水混合器和气水分离器两个特殊配件。

1）气水混合器：如图 8-10 所示，气水混合器为一长 80mm 的乙字弯管，装置在立管与每根横支管相接处，由立管水流入口、乙字弯管、隔板、孔隙、混合室、横支管流入口和排水口等组成，立管下落的高速水流在经过隔板时，水流撞击分散并与周围的空气混合变成气水混合体，下降速度减慢。可避免出现过大的抽吸力，隔板使立管和横支管水流在各自的空间内流动，避免互相干扰冲击，隔板上的空隙可以流通空气，平衡立管和横管的压力，防止虹吸现象。

2）气水分离器：如图 8-11 所示，气水分离器装设在立管底部转弯处。由流入口、顶端通气口、空气分离室、通气管和排出口等组成。沿立管流下的气水混合物遇到分离器内部的凸块后被溅散，从而分离出气体（约 70% 以上），减小了污水的体积，降低了流速，使空气不致在转弯处受阻，另外，还将分离出来的气体用一根通气管引到干管的下游（或返向上部立管中去），这就达到了防止立管底部产生过大正压的目的。

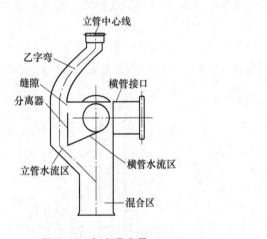

图 8-10　气水混合器

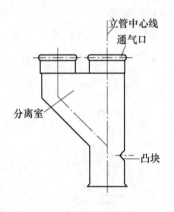

图 8-11　气水分离器

国外对十层建筑采用苏维脱排水系统和普通单立管排水系统进行对比实验，结果表明一根管径为 100mm 的苏维脱排水系统，当流量约为 6.7L/s 时，管中最大负压不超过 40mmH$_2$O，而管径为 100mm 的普通单立管排水系统在相同流量时最大负压达 160mmH$_2$O（1mmH$_2$O = 10Pa）。

苏维脱排水系统具有减少立管气压波动，保证排水系统正常使用、施工方便、工程造价低等优点。

3. 空气芯水膜旋流排水立管系统

空气芯水膜旋流排水立管系统有旋流连接配件和导流弯头两个特殊配件。

1）旋流连接配件：其构件如图 8-12 所示，设在立管和横支管连接处，由底座、盖板等组成。盖板上带有固定旋流叶片，从横支管流来的污水进入旋流连接配件，在叶片的导流作用下，使立管中水流呈螺旋状向下流动，形成中空的空气芯，管中气压变化较小，从而防止卫生器具水封被破坏。提高了立管的排水能力。

旋流连接配件中的旋流叶片可使立管上部下落水流所减弱的旋流能力及时得到增强，同时也可破坏已形成的水塞。

2）导流弯头：其构件如图 8-13 所示，设置在立管底部转弯处，是一个内部装有导向叶片的 45°弯头，叶片装在立管的"凸岸"一边，迫使下落水流溅向对壁并沿着弯头后方流下，这就避免了在横干管内发生水跃而封闭住立管内的气流，造成过大的正压。

此系统广泛用于十层以上的建筑物。

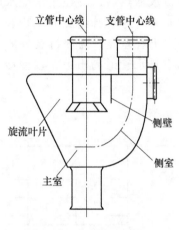

图 8-12　旋流连接配件

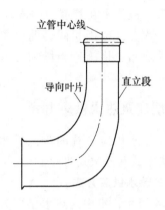

图 8-13　导流弯头

8.2.5　高层建筑排水管材

高层建筑的排水立管高度大，管中流速大，冲刷能力强，应采用比普通排水管管材强度高的管材。对高度较大的排水立管应考虑采取消能措施，通常在立管每隔一定的距离装设一个乙字弯管。由于高层建筑层间位变较大，立管接口应采用弹性较好的柔性材料连接，以适应变形要求。

8.3　高层建筑热水

高层建筑热水供应是整个高层建筑给水排水管材的重要组成部分。而且，随着人民生活水平的提高，高层建筑的日益发展，人们对热水供应的要求也越来越高，因而也越加显示出它在人民生活中的重要作用。

高层建筑热水供应系统的任务和要求应包括以下各项：

1）时刻保证提供符合水质要求和规定温度的热水量。

2）技术措施先进，系统完善合理，供水安全可靠。

3）设备、装置性能良好，并且经济、坚固、耐久。

4）有效地利用经济热源。

5）维护管理方便、运行经济可靠。

8.3.1　高层建筑热水供应特点

高层建筑具有层数多、建筑高度高、热水用水点多等特点。如果采用一般建筑的热水供应方式，则会使热水管网系统中压力过大，产生配水管网始末端压差大、配水均衡性难以控制等一系列问题。因此与高层建筑给水系统相同，解决热水管网系统压力过大的问题，可采用竖向分区的供水方式，高层建筑热水系统分区的范围应与给水系统的分区一致，各区的水加热器、储水器的进水均应由同区的给水系统设专管供应，以保证系统内冷、热水的压力平衡，便于调节冷、热水混合龙头的出水温度，也便于管理。但因热水系统水加热器、储水器的进水由同区给水系统供应，水加热后，再经热水配水管送至各配水龙头，故热水在管道中的流程远比同区冷水龙头流出冷水所经历的流程长，所以尽管冷、热水分区范围相同，混合龙头处冷、热水压力仍有差异，为保持良好的供水工况，还应采取相应措施适当增加冷水管道的阻力，减小热水管道的阻力，以使冷、热水压力平衡。

8.3.2 高层建筑热水供应方式

高层建筑热水供应系统的分区供水方式主要有集中式和分散式两种。

1. 集中式热水供应方式

如图 8-14 所示，集中式热水供应方式各区热水管网自成系统，水加热设备、循环水泵集中布置在建筑物的底层或地下室，水加热器的冷水由各区给水水箱供给，此种方式的管网图式多采用上行下给式。其优点是：各区供水自成系统，互不影响，供水安全、可靠；设备集中设置，便于维修、管理。其缺点是：高区水加热器和配、回水主立管管材需承受高压，设备和管材费用较高，因此该种给水方式不宜用于多于三个分区的高层建筑。

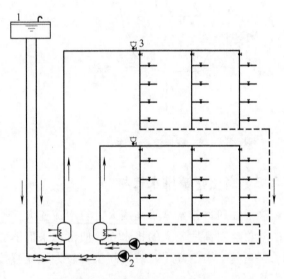

图 8-14 集中式热水供应方式
1—冷水箱 2—循环水泵 3—排气阀

2. 分散式热水供应方式

如图 8-15 所示，分散式热水供应方式各区热水管网也自成系统，但各区的水加热设备、循环水泵分散设置在各区的设备层中，根据建筑物情况，水加热设备可放在本区管网的上部或下部。其优点是：各区水加热器承压小，制造要求低，造价低，回水立管短。其缺点是：设备分散设置不但要占用一定的建筑面积，维护管理不便，热媒管线较长。

高层建筑热水供应方式选择时，应考虑以下几点：

1) 对于居住类建筑如住宅、医院、疗养院、旅馆、宾馆等，当给水压力大于 0.35MPa 时，或对于非居住类建筑如办公楼、公共建筑等，当给水压力大于 0.45 MPa 或压力波动较大时，为使用方便、减少设备的损坏和漏水、降低系统的振动和噪声，宜设冷水箱、调节阀等减压、稳压装置等。

2) 冷水管路图式与热水系统管路图式尽量保持一致。

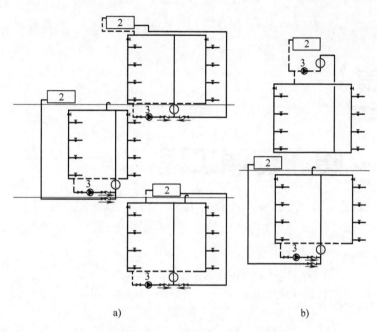

a)   b)

图 8-15 分散式热水供应方式

a) 各区均为上行下回式　　b) 各区系统混合设置

1—水加热器　2—给水水箱　3—循环水泵

思 考 题

1. 高层建筑给水排水工程具有什么特点?
2. 高层建筑给水竖向分区的理论依据是什么?
3. 高层建筑新型排水系统各有什么特点?
4. 高层建筑热水系统与冷水系统分区一致的原因是什么?

第 **3** 篇

暖通空调工程

第9章

建筑供暖

在冬季，室外气温远远低于人体舒适所需求的温度，室内热量不断地通过各种途径和方式传至室外，使房间温度变低，影响人们的正常生活和工作。为了使室内温度保持在一定范围，必须向室内供给相应热量，以创造适宜的生活环境和工作环境。用人工的方法向室内提供热量的设备系统称为建筑供暖系统。

学习目标：通过本章的学习，学生应了解供暖系统的基本组成；了解热水供暖系统的工作原理及热水供暖系统的形式；了解蒸汽供暖系统的工作原理及蒸汽供暖系统的形式；认识供暖系统中的各个设备，能够认识建筑供暖的施工图。

9.1 供暖方式、热媒及系统分类

向房间内供给热量的形式是多种多样的。例如，过去常用的火炉、火墙，现在居室中采用的电加热器、燃气加热器等。在此不考虑这些分散的供热方式和单体的加热设备，而是着重介绍具有一定作用面积的、系统化的供暖方式——集中供暖系统。

9.1.1 供暖方式及其选择

1. 供暖系统组成
所有供暖系统都是由以下三个主要部分组成的。

（1）热媒制备（热源） 使燃料燃烧产生热，将热媒加热成热水或蒸汽的部分，如锅炉房、热交换站等。

（2）热媒传输（供暖管网） 供暖管网是指热源和散热设备之间的连接管道，将热媒输送到各个散热设备。

（3）热媒利用（散热设备） 将热量传至所需空间的设备，如散热器、暖风机等。

图 9-1 是集中供暖系统示意图。锅炉加热水，热水通过输送管道输送到各个散热设备，经散热后，热水再流回锅炉继续加热，从而形成供暖循环。

2. 供暖方式及选择
（1）供暖方式

1）集中供暖系统与分散供暖系统：集中供暖系统是热源和散热设备

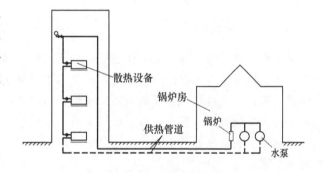

图 9-1 集中供暖系统示意图

分别设置，用热媒管道相连接，由热源向各个房间或各个建筑物供给热量的供暖方式；分散供暖系统是热源、热媒和散热设备在构造合为一体的就地供暖方式。

2）全面供暖系统与局部供暖系统：全面供暖系统是指为使整个供暖房间保持一定温度要求而设置的供暖方式；局部供暖系统是指为使室内局部区域保持一定温度要求而设置的供暖方式。

3）连续供暖系统与间歇供暖系统：根据建筑物使用功能要求，室内平均温度全天均需达到设计要求的供暖系统为连续供暖系统；对于仅在使用时间内使室内平均温度达到设计要求，而在非使用时间内可自然降温的供暖系统为间歇供暖系统。

4）值班供暖：在非工作时间或者中断使用的时间内，为使建筑物保持最低室温要求而设置的供暖方式，值班供暖温度一般为5℃。

（2）供暖方式的选择　供暖方式应根据建筑物规模、功能、工艺要求以及所在地区气象条件、能源状况、政策和环保要求等，通过技术经济比较进行选择。

1）累年日平均温度≤5℃的天数≥90天的地区，宜采用集中供暖。

2）累年日平均温度≤5℃的天数为60~89天或者累年日平均温度≤5℃的天数不足60天，但累年日平均温度≤8℃的天数≥75天的地区，其幼儿园、养老院、中小学校、医疗机构等建筑宜采用集中供暖。

3）设置供暖的公共建筑和工业建筑，当其位于严寒地区或寒冷地区，且在非工作时间或中断使用的时间内，室内温度必须保持在0℃以上，而利用房间蓄热量不能满足要求时，应按5℃设置值班供暖。当工艺或者使用条件有特殊要求时，可根据需要另行确定值班供暖所需的室内温度。

4）设置供暖的工业建筑，若工艺对室内温度无特殊要求时，且每名工人占据的建筑面积超过100m² 时，不宜设置全面供暖，应在固定工作地点设置局部供暖，当工作地点不固定时，应设置取暖室。

9.1.2　集中供暖系统的热媒

在集中供暖系统中，把热量从热源输送到散热器的物质叫热媒，集中供暖系统常用的热媒有热水、蒸汽和热空气等。民用建筑应采用热水做热媒。对于有集中空调系统时，可用热空气做热媒。对于工业建筑，当厂区只有供暖用热或以供暖用热为主时，宜采用高温热水做热媒；当厂区供暖用热以工艺用蒸汽为主时，在不违反卫生、技术和节能要求的条件下，可采用蒸汽做热媒。利用余热或天然热源供暖时，供暖热媒及其参数可根据具体情况确定。

9.1.3　供暖系统的分类

根据热媒性质的不同，集中供暖系统分为三种：热水供暖系统、蒸汽供暖系统和热风供暖系统。以热水作为热媒的供暖系统称为热水供暖系统；以蒸汽作为热媒的供暖系统称为蒸汽供暖系统；以热风作为热媒的供暖系统称为热风供暖系统。由于热媒特性的差异，导致这三种系统在系统布置、管路敷设、运行调节、使用场合上有着很大区别。

根据使用的散热设备不同，集中供暖系统分为三种：散热器供暖系统、暖风机供暖系统和盘管供暖系统。

根据室内散热设备传热方式不同，集中供暖系统分为两种：对流供暖系统和辐射供暖系统。全部或主要依靠散热设备与周围空气以对流传热方式把热量传递给周围空气的室内供暖系统为对流供暖系统；全部或主要依靠散热设备与周围空气以辐射传热方式把热量传递给周围空气的室内供暖系统为辐射供暖系统。在相同的舒适条件下，辐射供暖的室内计算温度可比对流供暖的室内计算温度低 2~3℃，即辐射供暖热负荷要小于对流供暖热负荷，辐射供暖更符合建筑节能设计要求。

9.2　供暖热负荷

在冬季，供暖房间要维持一定的温度，这就需要供暖系统的散热设备放出一定的热量维持房间得热量和失热量的平衡。对于一般民用建筑和产生热量很少的车间，可以认为房间得热量为零，失热量包括由于室内外温差引起的围护结构的耗热量，加热由门、窗缝隙渗入的冷空气的耗热量和加热由门、孔洞和相邻房间侵入的冷空气的耗热量。

供暖系统的设计热负荷是指在设计室外温度下，为了达到要求的室内温度，保持房间热平衡时，供暖系统在单位时间内向建筑物供给的热量。

9.2.1　供暖室内外空气计算参数

1. 室内空气计算参数

（1）室内空气计算温度　民用建筑的主要房间空气计算温度：宜采用 16~24℃。

工业建筑的室内空气计算温度：宜采用轻作业 18~21℃，中作业 16~18℃，重作业 14~16℃，过重作业 12~14℃。

当工艺或使用条件有特殊要求时，各类建筑物的室内温度可按照国家现行有关专业标准、规范执行。

（2）室内空气流速　民用建筑及工业企业辅助建筑，不宜大于 0.3m/s。工业建筑，当室内散热量小于 23W/m² 时，不宜大于 0.3m/s；当室内散热量大于或等于 23W/m² 时，不宜大于 0.5m/s。

2. 室外空气计算参数

供暖室外空气计算温度应采用历年平均不保证 5 天的日平均温度。所谓"不保证"是针对室外空气温度状况而言；"历年平均不保证"是针对累年不保证总天数或小时数的历年平均值而言。供暖系统设计所采用的室外空气计算参数可从有关供暖通风与空调气象资料集中查找。

9.2.2　供暖系统设计热负荷的计算

民用建筑的主要房间供暖热负荷是供暖系统的基本数据，它的数值直接影响着供暖方案的选择、供暖管径的大小和散热设备容量的多少，关系着供暖系统的使用效果和经济效果。

在冬季，供暖房间具有各种得热来源和各种热量损失，为保持室内具有一定的温度，就必须保持房间在该温度下的热平衡。供暖热负荷是根据冬季供暖房间的热平衡决定的。

1. 设计热负荷的理论计算

供暖系统的设计热负荷应根据建筑物的得、失热量确定

$$Q = Q_s - Q_d \tag{9-1}$$

式中　Q——供暖系统设计热负荷，单位为 W；

　　　Q_s——建筑物失热量，单位为 W；

　　　Q_d——建筑物得热量，单位为 W。

建筑物的失热量 Q_s 包括：围护结构传热耗热量 Q_1，加热由门、窗缝隙渗入室内的冷空气的耗热量 Q_2（称为冷风渗透耗热量），加热由于门、窗开启而进入的冷空气的耗热量 Q_3（称为冷风侵入耗热量），通过其他途径散失的热量 Q_4。

建筑物的得热量 Q_d 包括：电热设备的散热量 Q_5，人体散热量 Q_6，太阳辐射进入室内的热量 Q_7，通过其他途径获取的热量 Q_8。

在进行民用建筑的供暖热负荷计算时，通常只考虑 Q_1、Q_2、Q_3、Q_7，其他则往往忽略不计，因此供暖系统的设计热负荷可用式（9-2）表示

$$Q = Q_s - Q_d = Q_1 + Q_2 + Q_3 - Q_7 \tag{9-2}$$

其中，Q_1 围护结构的传热耗热量按照式（9-3）计算

$$Q_1 = \alpha K A(t_n - t_w) \tag{9-3}$$

式中　K——围护结构的传热系数，单位为 W/($m^2 \cdot$℃)；

　　　A——围护结构的面积，单位为 m^2；

　　　α——围护结构温差修正系数；

　　　t_n——冬季室内计算温度，单位为℃；

　　　t_w——冬季供暖室外计算温度，单位为℃。

Q_2 由门、窗缝隙渗入室内的冷空气的耗热量按照式（9-4）计算

$$Q_2 = 0.278 L l c_p \rho_w (t_n - t_w) m \tag{9-4}$$

式中　L——门、窗每米缝隙渗入的空气量，单位为 m^3/($m^2 \cdot$h)；

　　　l——门、窗缝隙计算长度，单位为 m；

　　　c_p——冷空气的比定压热容，$c_p = 1$kJ/(kg·℃)；

　　　ρ_w——供暖室外计算温度下的空气密度，单位为 kg/m^3；

　0.278——单位换算系数，1kJ/h = 0.278W；

　　　m——冷风渗透朝向修正系数。

2. 设计热负荷的估算

集中供暖系统进行规划或扩大初步设计时，个别的供暖系统尚未进行设计计算，此时按照建筑的使用功能采用概算指标法来确定供暖系统的热负荷是有效、快捷的方法。

（1）体积热指标法　建筑物的供暖热负荷按照体积热指标计算如下

$$Q = q_V V(t_n - t_w) \tag{9-5}$$

式中　q_V——建筑物的体积热指标，单位为 kW/($m^3 \cdot$℃)；

　　　V——围护结构的体积，单位为 m^3。

供暖体积热指标 q_V 的大小主要与建筑物的围护结构及外形有关。当建筑物围护结构的传热系数越大、采光率越大、外部体积相对于建筑面积之比越小，或当建筑物在长宽比越大时，单位体积的热损失越大，q_V 值越大。

（2）面积热指标法　建筑物的供暖热负荷可按下式进行

$$Q = q_f A \tag{9-6}$$

式中 q_f——建筑物的面积热指标，单位为 kW/m^2；

A——围护结构的面积，单位为 m^2。

面积热指标法简单方便，在国内外城市住宅建筑集中供暖系统规划设计中被大量采用。有关数值见表 9-1。选择时，总建筑面积大，外围护结构热工性能好，窗户面积小，可采用较小的指标；反之采用较大的指标。

表 9-1 民用建筑设计面积热指标

建筑类型	$q_t/(kW/m^2)$	建筑类型	$q_t/(kW/m^2)$
住宅	45~70	商店	65~75
节能住宅	30~45	单层住宅	80~105
办公室	60~80	一、二层别墅	100~125
医院、幼儿园	65~80	食堂、餐厅	115~140
旅馆	60~70	影剧院	90~115
图书馆	45~75	大礼堂、体育馆	115~160

9.2.3 围护结构的最小传热阻

围护结构需要选用多大的传热阻，才能使其在供暖期间满足使用要求、卫生要求和经济要求，这就需要利用"围护结构最小传热阻"或"经济传热阻"的概念。

1. 围护结构最小传热阻与经济传热阻的概念

确定围护结构传热阻时，围护结构内表面温度 τ_n 是一个最主要的约束条件。除浴室等相对湿度很高的房间外，τ_n 值应满足内表面不结露的要求。内表面结露可导致耗热量增大和使围护结构易于损坏。

室内空气温度 t_n 与围护结构内表面温度 τ_n 的温度差还要满足卫生要求。当内表面温度过低时，人体向外辐射热过多，会产生不舒适感。根据上述要求而确定的围护结构传热阻称为最小传热阻。

在一个规定年限内，使建筑物的建造费用和经营费用之和最小的围护结构传热阻称为围护结构的经济传热阻。建造费用包括围护结构和供暖系统的建造费用。经营费用包括围护结构和供暖系统的折旧费、维修费及系统的运行费（水电费、工资、燃料费等）。

2. 最小传热阻的确定

工程设计中，围护结构的最小传热阻应按式（9-7）确定

$$R_{0,\text{min}} = \frac{\alpha(t_n - t_w)}{\Delta t_y} R_n \tag{9-7}$$

式中 $R_{0,\text{min}}$——围护结构的最小传热阻，单位为 $m^2 \cdot ℃/W$；

α——维护结构温差修正系数，取决于非供暖房间或空间的保温性能和透气状况，可由《实用供热空调设计手册》（2008 年）查得；

Δt_y——室内供暖计算温度 t_n 与围护结构内表面温度 τ_n 的允许温差，单位为℃，按表 9-2 查得；

R_n——内表面换热阻，单位为 $m^2 \cdot ℃/W$。

式（9-7）是稳定传热公式。实际上随着室外温度波动，围护结构内表面温度也随着波

动。热惰性不同的围护结构,在相同的室外温度波动下,围护结构的热惰性越大,则其内表面温度波动就越小。

表 9-2 允许温差 Δt_y 值 (单位:℃)

建筑物房间类别	外墙	屋顶
居住建筑、医院等	6.0	4.0
办公建筑、学校等	6.0	4.5
公共建筑(上述指明者除外)	7.0	5.5
工业企业辅助建筑物(潮湿的房间除外)	7.0	5.5
室内空气干燥的工业建筑	10.0	8.0
室内空气湿度正常的工业建筑	8.0	7.0
室内空气潮湿的工业建筑 当不允许墙和顶棚内表面结露时	$t_n - t_1$	$0.8(t_n - t_1)$
当仅允许顶棚内表面结露时	7.0	$0.9(t_n - t_1)$
室内空气潮湿且有腐蚀性介质的生产厂房	$t_n - t_1$	$t_n - t_1$
室内散热量大于 $23W/m^2$,且计算相对湿度不大于50%的生产厂房	12.0	12.0

3. 经济传热阻的确定

建筑物围护结构采用的传热阻值应大于最小传热阻。但选多大的传热阻才算经济合理?在目前能源紧张、价格上涨和围护结构逐步推广轻质保温材料的情况下,必须考虑经济传热阻。

按经济传热阻原则确定的围护结构传热阻值要比目前采用的传热阻值大得多。利用传统的砖墙结构,增加其厚度将使土建基础负荷增大、使用面积减少,因此,建筑围护结构采用复合材料的保温墙体将是今后建筑节能的一个重要措施。

9.3 对流供暖系统

9.3.1 热水供暖系统

以热水作为热媒的供暖系统称为热水供暖系统。从卫生条件和节能等方面考虑,民用建筑宜采用热水作为热媒。

1. 热水供暖系统的分类

(1)按系统中水的循环动力不同 热水供暖系统分为自然循环系统和机械循环系统。靠水的密度差进行循环的系统称为重力循环系统;靠机械力循环的系统称为机械循环系统。

(2)按连接散热设备的管道数量不同 热水供暖系统分为单管系统和双管系统。热水经立管或水平供水管顺序流过多组散热设备,并顺序地在各散热设备中冷却的系统称为单管系统。热水经供水立管或水平供水管平行地分配给多组散热设备,冷却后的回水自每个散热设备直接沿回水立管或水平回水管流回热源的系统称为双管系统。

（3）**按系统管道敷设方式的不同**　热水供暖系统分为垂直式和水平式系统。垂直式系统指不同楼层的各散热设备用垂直立管连接的系统；水平式系统是指同一楼层的各散热设备用水平管线连接的系统。

（4）**按热媒温度的不同**　热水供暖系统分为低温水供暖系统和高温水供暖系统（热媒参数高于 100℃）。低温水供暖系统是指水温低于或等于 100℃ 的热水供暖系统；高温水供暖系统是指水温高于 100℃ 的热水供暖系统。

（5）**按干管设置的位置**　热水供暖系统分为上供下回式、上供上回式、下供下回式、中供式、下供上回式和混合式系统。

（6）**按热媒在系统中流通路程不同**　热水供暖系统分为异程式和同程式系统。热媒沿管网各环管路总长度不同的系统称为异程式系统；热媒沿管网各环管路总长度基本相同的系统称为同程式系统。

2. 自然循环热水供暖系统

（1）**自然循环热水供暖系统的工作原理**　自然循环热水供暖系统工作原理，如图 9-2 所示。图中 1 为冷却中心（散热器），用供水管和回水管与加热中心（锅炉）相连。在系统最高点设一膨胀水箱，用以容纳水在受热后因膨胀所增加的体积，并排除系统中的空气。

在锅炉未加热之前，系统内各处都充满温度相同的冷水。随着水在锅炉内被加热，水温上升，密度减小而变轻，热水沿供水干管上升流入散热器，在散热器内热水放热而冷却，密度变大，沿干管流回锅炉，这样形成一个循环流动。

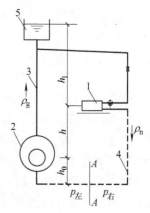

图 9-2　自然循环热水供暖工作原理

1—散热器　2—热水锅炉　3—供水管路
4—回水管路　5—膨胀水箱

（2）**自然循环热水供暖系统的主要形式**　自然循环热水供暖系统主要分双管和单管两种形式。图 9-3a 为双管上供下回式；图 9-3b 为单管上供下回式。热水干管敷设高度在所有散热器之上，故称之为"上供下回式"。散热器的供水管和回水管分别设置时，叫作"双管系统"。双管系统的特点是每组散热器都能组成一个循环环路，每组散热器的供水温度基本是一致的，各组散热器可自行调节热媒流量，互相不受影响。散热器的供回水立管共用一根管时，叫作"单管系统"。立管上的散热器串联起来构成一个循环环路，从上到下各楼层散热器的进水温度不同，温度依次降低，每组散热器的热媒流量不能单独调节。

自然循环系统由于循环压力很小，其作用半径（总立管至最远立管的水平距离）不宜超过 50m，否则系统的管径就会过大。

但是，由于该系统不消耗电能，运行管理

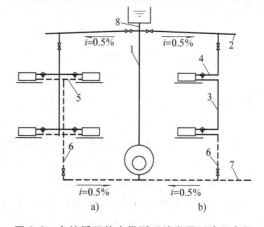

图 9-3　自然循环热水供暖系统常用形式示意图

a）双管上供下回式　b）单管上供下回式

1—总立管　2—供水干管　3—供水立管
4—散热器供水支管　5—散热器回水支管
6—回水立管　7—回水干管
8—膨胀水箱连接管

简单，当有可能在低于室内地面标高的地下室、地坑中安装锅炉时，一些较小的独立建筑中可以采用自然循环热水采暖系统。

3. 机械循环热水供暖系统

在机械循环热水供暖系统中，采用水泵为系统提供循环动力。由于水泵的作用压力大，使得机械循环系统的供暖范围扩大很多，可以负担单幢、多幢建筑的供暖，甚至还可以负担区域范围内的供暖，这是自然循环不能及的。机械循环热水供暖系统是一种主要的供暖方式，使用非常广泛。

在机械循环系统中，要注意解决以下三个主要问题：

排气问题：机械循环系统中的水流速度常超过从水中分离出来的空气气泡的浮升速度。为了使气泡不被带入立管，不允许水和气泡逆向流动。因此，供水干管上应按水流方向设上升坡度，使气泡随水流方向汇集到系统最高点，通过设在最高点的排气装置，将空气排出系统外。回水干管坡向与自然循环相同。供、回水干管的坡度为 0.3%，不得小于 0.2%。

水泵连接点：水泵应装在回水总管上，使水泵的工作温度相对降低，改善水泵的工作条件，延长水泵的使用寿命。这种连接方式还能使系统内的高温部分处于正压状态，不致使热水因压力过低而汽化，有利于系统正常工作。

膨胀水箱的连接点与安装高度：对热水供暖系统，当系统内水的压力低于热水水温对汽的饱和压力或者出现负压时，会出现热水汽化、吸入空气等问题，从而破坏系统运行。系统内压力最不利点往往出现在最远立管的最上层用户上。为避免出现上述情况，系统内需要保持足够的压力。由于系统内热水都是连通在一起的，只要把系统内某一点的压力恒定，则其余点的压力也自然得以恒定。因此，可以选定一个定压点，根据最不利点的压力要求，推算出定压点要求的压力，这样就可解决系统的定压问题。定压点通常选择在循环水泵的进口侧，定压装置由膨胀水箱兼任。根据要求的定压压力确定膨胀水箱的安装高度。系统工作时，维持膨胀水箱内的水位高度不变，则整个系统的压力得到恒定。在机械循环系统中，膨胀水箱既有排气的作用，又有定压的作用。

在机械循环系统中，系统的主要作用压力由水泵提供，但自然压力仍然存在。单、双管系统在自然循环系统中的特性，在机械循环系统中同样会反映出来，即双管系统存在垂直失调和单管系统不能局部调节、下层水温较低等。在实际工程中，仍以采用单管顺流式居多。

由于有水泵压力的保证，机械循环系统中管路布置的灵活性可以大一些，系统布置形式多种多样，以适应不同的建筑构造。机械循环系统有以下几种方式：

（1）无计量的机械循环热水供暖系统形式　无计量的机械循环热水供暖系统适用于住宅建筑以外的一般建筑供暖。主要形式如下：

1）垂直式系统：是竖向布置的散热器沿一根立管串接或沿供回水立管并接的供暖系统。按照供回水干管位置不同可分为：上供下回式单管和双管供暖系统、下供下回式双管供暖系统、中供式供暖系统、下供上回式供暖系统和混合式供暖系统。

上供下回式热水供暖系统的供水干管在建筑物上部，回水干管在建筑物下部。其中上供下回式单管供暖系统（见图9-4右），适用于多层和高层建筑；上供下回式双管供暖系统（见图9-4左），适用于四层及四层以下的多层建筑。上供下回系统管道布置合理，排气方便，是最常用的一种布置形式。

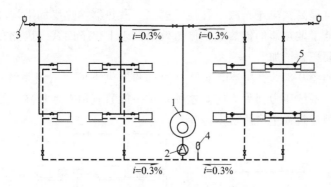

图 9-4 机械循环上供下回式系统

1—热水锅炉 2—循环水泵 3—集气装置 4—定压罐 5—三通型调节阀

下供下回式双管系统的供回水干管都敷设在底层散热器下面,如图 9-5 所示。该系统一般适用于平屋顶建筑物的顶层难以布置干管的场合,以及有地下室的建筑。当无地下室时,供、回水干管一般敷设在底层地沟内。下供下回式双管系统缓解了上供下回式双管系统垂直失调的现象,但系统内空气的排除较为困难,排气方法主要有两种;一种是通过顶层散热器的冷风阀,手动分散排气;另一种是通过专设的空气管,手动或集中自动排气。

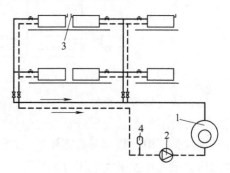

图 9-5 机械循环下供下回式系统

1—热水锅炉 2—循环水泵
3—冷风阀 4—定压罐

中供式热水供暖系统,如图 9-6 所示。水平供水干管敷设在系统的中部。上部系统可用上供下回式,也可用下供下回式,下部系统则用上供下回式。中供式系统减轻了上供下回式楼层过多而易出现垂直失调的现象;同时可避免顶层梁底高度过低致使供水干管挡住顶层窗户而妨碍其开启;此种系统对楼层的改建、扩建非常有利。但是该系统排气不利。

下供上回式热水供暖系统,如图 9-7 所示。系统的供水干管设在下部,回水干管设在上部,包括下供上回单管供暖系统(见图 9-7 左)和下供上回双管供暖系统(见图 9-7 右)。这种系统具有以下特点:第一,水的流向与空气流向一致,都是由下而上,排气方便,可取

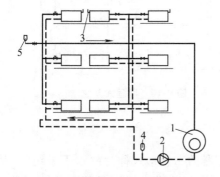

图 9-6 机械循环中供式系统

1—热水锅炉 2—循环水泵 3—冷风阀
4—定压罐 5—集气装置

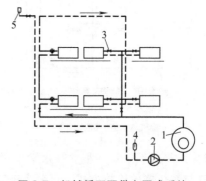

图 9-7 机械循环下供上回式系统

1—热水锅炉 2—循环水泵 3—调节阀
4—定压罐 5—集气装置

消集气罐，同时还可提高水流速，减小管径。第二，散热器内热媒的平均温度几乎等于散热器的出水温度，降低了散热器的传热量，传热效果低于上供下回式，因此在相同的立管供水温度下，散热器的面积要增加。

混合式系统，如图9-8所示，是由下供上回式和上供下回式两组系统串联组成的系统。由于两组系统串联，系统压力损失大些。这种系统一般只宜用在连接高温热水网路上的卫生条件要求不高的民用建筑或生产厂房中。

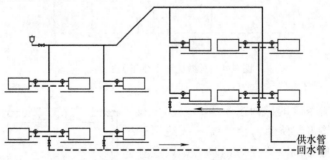

图9-8　机械循环混合式系统

同程式与异程式系统。在以上介绍的各系统图中，总立管与各个分立管构成的循环环路的总长度是不相等的，靠近总立管的分立管，其循环长度较短；远离总立管的分立管，其循环长度较长，因而是"异程系统"，如图9-4、图9-5、图9-9所示。最远环路同最近环路之间的压力损失相差很大，压力不易平衡，造成靠近总立管附近的分立管供水量过剩，而系统末端立管供水不足，供热量达不到要求；图9-7、图9-10所示的同程式系统增加了回水管长度，使得各分立管循环环路的管长相等，环路间的压力损失易于平衡，热量分配易于达到设计要求。但是管材用量稍多一些，地沟深度加大一点。当系统环路较多、管道较长时，常采用同程式系统布置。

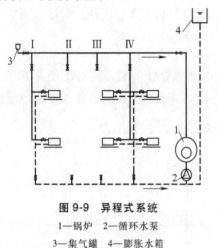

图9-9　异程式系统

1—锅炉　2—循环水泵

3—集气罐　4—膨胀水箱

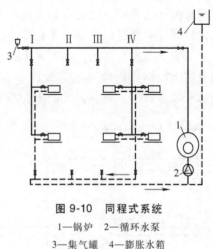

图9-10　同程式系统

1—锅炉　2—循环水泵

3—集气罐　4—膨胀水箱

2）水平式系统：一根立管水平串联起多组散热器的布置形式称为"水平系统"。按供水干管与散热器的连接方式，可分为串联式（见图9-11）和跨越式（见图9-12）两类，这种系统的优点是：

①管路系统简捷，安装简单，少穿楼板，施工方便。

② 一般说来，水平系统的总造价比垂直系统低。

③ 对各层有不同使用功能和不同温度要求的建筑物，便于分层调节和管理。

④ 水平式系统的排气方式比垂直式系统要复杂，它需要在散热器上设置排气阀或在同一层散热器上部串联一根空气管进行排气。

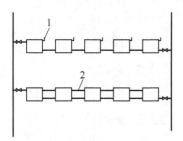

图 9-11 单管水平串联式系统
1—冷风阀 2—空气管

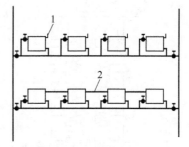

图 9-12 单管水平跨越式系统
1—冷风阀 2—空气管

单管水平式系统串联散热器很多时，运行中易出现前端过热，末端过冷的现象。一般每个环路散热器组以 8~12 组为宜。这种系统适用于单层建筑或不能敷设立管的多层建筑，还适用于住宅建筑室内供暖分户计量的系统。

3）高层建筑热水供暖系统：随着城市建设的发展，许多高层建筑正拔地而起。相对于建筑物高度的增加，供暖系统出现了一些新的问题：随着建筑高度的增加，供暖系统内水静压力随之上升，而散热设备、管材的承受能力是有限的。为了适应设备、管材的承压能力，建筑物高度超过 50m 时，宜竖向分区供热，上层系统采用隔绝式连接；建筑高度的上升，会导致系统垂直失调的问题加剧。为减轻垂直失调，一个垂直单管供暖系统所供层数不宜大于 12 层，同时立管与散热器的连接可采用其他方式。

目前，国内高层建筑热水供暖主要有以下几种形式：

分层式供暖系统：是在垂直方向将供暖系统分成两个或两个以上相互独立的系统，如图9-13 所示。该系统高度的划分取决于散热器、管材的承压能力及室外热管网的压力；下层系统通常直接与室外网路相连，上层系统与外网采用隔绝式连接。在水加热器中，上层系统的热水与外网的热水隔绝，换热器表面流动，互不相通，使上层系统的水压与外网的水压隔离开来。而换热器的传热面却能使外网热水加热上层系统循环水，把外网的热量传递给上层系统。这种系统是目前常用的一种形式。

双线式系统：垂直双线单管热水供暖系统是由竖向的 T 形单管式立管组成，如图9-14所示。双线系统的散热器通常采用蛇形管或辐射板式（单块或砌入墙内的整体式）结构。散热器立管是由上升立管和下降立管组成的。因此，各层散热器的平均温度近似

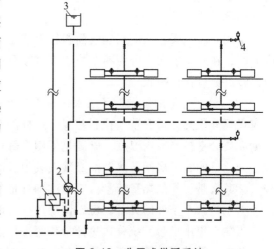

图 9-13 分层式供暖系统
1—冷风阀 2—空气管 3—水箱 4—集气罐

地可以认为相同，这样非常有利于避免系统垂直失调。对于高层建筑，这种优点更为突出。

垂直双线系统的每一组 T 形单管式立管最高点处应设置排气装置。由于立管的阻力较小，容易产生水平失调，可在每根立管的回水管上设置孔板来增大阻力，或用同程式系统达到阻力平衡。

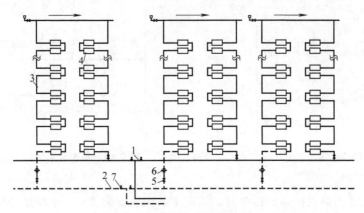

图 9-14　垂直双线式单管系统

1—供水干管　2—回水干管　3—双线立管　4—散热器
5—截止阀　6—节流孔板　7—调节阀

单、双管混合式系统：如图 9-15 所示。散热器自垂直方向分为若干组，每组包含若干层，在每组内采用双管形式，而组与组之间则用单管连接。这样，就构成了单、双管混合系统。这种系统的特点是：避免了双管系统在楼层过多时出现的严重竖向失调现象，同时也避免了散热器支管管径过粗的缺点。有的散热器还能局部调节，单、双管系统的特点兼而有之。因此，单、双管混合式系统是应用较多的一种系统形式。

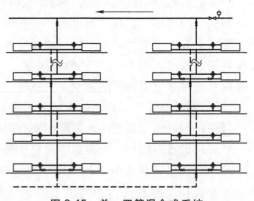

图 9-15　单、双管混合式系统

专用分区供暖：当高层建筑面积较大或是成片的高层小区，可考虑将高层建筑竖向按高度分区，在垂直方向上分为两个或多个供暖分区，分别由不同的供暖系统与设备供给，各区域供暖参数可保持一致。

（2）分户计量的机械循环热水供暖系统形式　新建住宅热水集中供暖系统在条件成熟时应设置分户热计量和室温控制装置。这样的系统具备以下的基本条件：①首先，用户可以根据需要分室控制室内温度，既满足了用户舒适性的要求，又根据需要区别对待以达节能目的。为此目的，各房间散热器前必须安装恒温阀，以有效的控制手段，保证室温调节能够实现。②其次是可靠的热量计量。应能准确计量每个用户的用热量，以便计量收费。

由于这两个条件的具备，可以调动用户节能的积极性。

当热水集中供暖系统分户热计量装置采用热量表时，应采用共用立管的分户独立系统形式。共用立管分户独立供暖系统由两部分组成：建筑物内共用供暖系统和户内供暖系统。

1）建筑物内共用供暖系统：建筑物内共用供暖系统由建筑物热入口、建筑物内共用的供回水干管和共用的供回水立管组成。

建筑物热入口：户内供暖系统为单管跨越式定流量系统时，热入口应设自力式流量控制阀，以维持流量恒定；户内供暖系统为双管变流量系统时，热入口应设自力式压差控制阀，以维持热入口处供回水干管压差恒定，保证户内系统的有效调节。

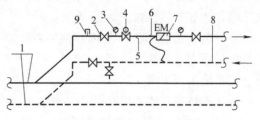

图 9-16 建筑物热力入口图示
1—室外管网 2—阀门 3—压力表 4—压差/流量调节装置 5—过滤器 6—热量表 7—温度传感器 8—楼内系统供回水干管 9—温度计

供回水干管上应设有压力表、温度计、过滤器、关断阀，如图 9-16 所示。必要时考虑户内检修时不致冻坏热网支线的旁通管（带阀门）。

对于新建无地下室的住宅，宜于室外管沟入口或一层楼梯间楼梯息板下设置小室以作热入口。

对于新建有地下室的住宅，热入口宜设在可锁闭的专用空间内。

共用水平干管和共用立管：共用立管为供、回水双管系统，共用水平干管和共用立管可以采用如下四种形式：如图 9-17 所示，其中，图 9-17a 上供下回同程式，图 9-17b 上供下回异程式，图 9-17c 下供上回异程式，图 9-17d 下供上回同程式。

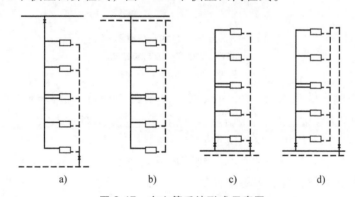

图 9-17 主立管系统形式示意图
a）上供下回同程式 b）上供下回异程式 c）下供上回异程式 d）下供上回同程式

由于散热器前部安装有自动调节室内温度的恒温阀，上述四种形式中，不论哪一种形式，都能自动消除垂直失调。四种形式如何选择，应根据实际工程，通过技术、经济比较确定。

建筑物内共用水平干管不应穿越住宅的户内空间，水平干管可敷设在管沟、设备层、吊顶和地下室顶板下，并应具备检修条件。

共用水平干管的布置应有利于共用立管的连接，并应具备不小于 0.002 的坡度。

共用立管及户内系统的入口装置可设于楼梯间的管道井内，每层应设置供抄表及维修用的检查门。

2）户内供暖系统：共用立管分户独立供暖系统的户内供暖系统是具有热量表的一户一环系统，由户内供暖系统入户装置、户内的供回水管道、散热器及室温控制装置等组成。

户内供暖系统入户装置：户内供暖系统入户装置可设于楼梯间的管道井内，并留有检查门。户内供暖系统入户装置包括调节阀、锁闭阀、热量表等部件，如图9-18所示。

户内供暖系统形式：户内供暖系统可采用地板辐射供暖系统和散热器供暖系统。地板辐射供暖系统参见本章9.4节。

散热器供暖系统主要有以下三种形式。

① 分户独立水平单管供暖系统。分户独立水平单管供暖系统中，每个水平支环路是一个户内供暖系统，支环路上各散热器是串联的，如图9-19所示。

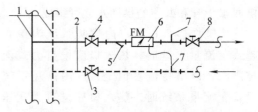

图9-18 分户计量供暖系统入户装置
1—共用立管 2—户用供回水干管 3—锁闭阀
4—锁闭调节阀 5—过滤器 6—热量表
7—温度传感器 8—阀门

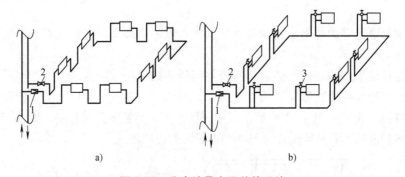

图9-19 分户计量水平单管系统
a）单管顺流式 b）单管跨越式
1—热量表 2—锁闭阀 3—温控阀

分户独立水平单管供暖系统可采用顺流式（见图9-19a）、散热器同侧接管的跨越式（见图9-19b）。图9-19a所示系统管路简单，每个支环路的回水管上装一个温控阀，对一户室温进行整体调节。该系统用于供暖质量要求不高的住宅内。

多组散热器串联的高阻力特性有利于建筑内共用供暖系统（双管系统）克服自然循环压力引起的垂直失调问题，且水力稳定性好。

图9-19b所示系统具有对单个散热器调节的功能，这是加设旁通管和温控阀的结果。该系统由于能对各采暖房间进行灵活的室温调节，多用于供暖标准较高的住宅。

分户独立水平单管供暖系统比水平双管供暖系统节省管材，管道易于布置，水平支环路阻力较大，建筑物内共用供暖系统垂直失调较轻，水力稳定性较好。

② 分户独立水平双管供暖系统。分户独立水平双管供暖系统中，每个水平支环路是一个户内供暖系统，支环路上各散热器是并联的，如图9-20所示。

根据水平供水管、回水管的布置方式可分为上供下回式（见图9-20a）、上供上回式（见图9-20b）、下供上回式（见图9-20c）。

每组散热器都装设温控阀，控制和调节每组散热器的散热量，实行分室控温。在分户水平双管系统中，工况处在热量对流量变化敏感范围内，温控阀调节效果好，同时该系统的流动阻力小于分户水平单管系统的流动阻力，对建筑物内共用供暖系统来说，自然压头的影响较大一些，水力稳定性较差一些。温控阀的调节，户内供暖系统成为变流量系统，应该在建筑物热入口加设自力式压差控制阀。

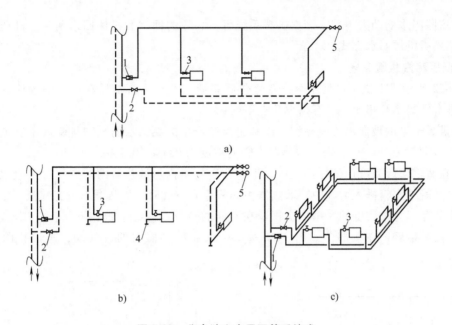

图 9-20 分户独立水平双管系统式

a）上供下回式 b）上供上回式 c）下供上回式

1—热量表 2—锁闭阀 3—温控阀 4—丝堵 5—自动排气阀

③ 分户独立水平放射式系统。分户独立水平放射式系统在入户装置中设置小型分水器和集水器，户内各散热器并联在分水器和集水器之间。由于散热器支管呈辐射状布置，所以这种形式也称作"章鱼式"。在每组散热器支管上装有温控阀，可以进行分室调节、控温，如图9-21 所示。

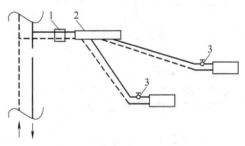

图 9-21 户内放射式供暖系统

1—热量表 2—分集水器 3—温控阀

散热器支管暗敷于地板上层，常用塑料管材，管内热水工作压力不宜超过 0.6MPa。这种敷设方式施工复杂，影响楼层高度，但避免了明管裸露。

9.3.2 蒸汽供暖系统

1. 蒸汽供暖系统的分类

以蒸汽作为热媒的供暖系统称为蒸汽供暖系统。蒸汽作为供暖系统的热媒，其适用范围广泛，因而在工艺领域中得到极广泛的应用。

1）按照供汽压力的大小，将蒸汽供暖分为三类：供汽的表压力高于 0.07MPa 时，称为高压蒸汽供暖系统；供汽的表压力低于 0.07MPa 时，称为低压蒸汽供暖系统；当系统中的压力低于大气压力时，称为真空蒸汽供暖。

2）按照供汽干管布置的不同，蒸汽供暖可分为上供式、中供式和下供式三种。

3）按照立管的布置特点，蒸汽供暖系统可分为单管式和双管式。目前国内绝大多数供暖系统采用双管式。

4）按照回水的动力不同，蒸汽供暖系统可分为重力回水和机械回水两类。高压蒸汽供暖系统都采用机械回水方式。

2. 低压蒸汽供暖系统

图 9-22 所示是上供下回低压蒸汽双管供暖系统。蒸汽干管敷设在房间的顶棚内或顶棚下，与热水供暖系统相比，它有以下几点不同：

1）供暖干管的坡向沿流向顺坡，以利于沿途产生的凝结水的顺利排除。干管坡度宜采用 0.3%，不得小于 0.2%。进入散热器支管的坡度为 0.1%～0.2%。

2）在蒸汽供暖系统中依靠蒸汽压力把积存于管道内、散热器内的空气排进凝水管，再由凝水管经凝结水箱排入大气中。散热器中如积存有空气时，散热器内就有蒸汽、空气、水三种物质共存，并按密度的大小依次积聚在不同的位置：凝结水积在下部；空气比蒸汽重，在中间；蒸汽最轻，在上部，如图 9-23 所示。依靠散热器上的放气阀，难以排除其中的空气。

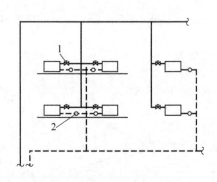

图 9-22 蒸汽双管上供下回系统
1—调节阀 2—疏水器

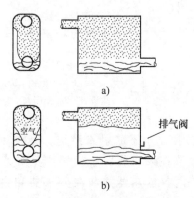

图 9-23 蒸汽在散热器中的放热
a）正常运行 b）中间存有空气

3）蒸汽在管道中流动时，由于管壁受冷而有凝结水产生，散热器中也产生大量凝结水，这些凝结水可能被高速的蒸汽裹带，形成高速流动的二相流。在遇到阀门、拐弯或向上的管段等使流向改变时，大量的液体在高速下与管体或管子撞击，就产生"水击"，出现很高的噪声、强烈的振动或局部高压，严重时能破坏管件接口的严密性和管路支架。因此，系统中出现的凝结水必须及时排除。除了上述所指管道坡度、坡向要求外，还要在必要的地方装疏水器，疏水器的作用即为阻汽排水，阻隔管路中的蒸汽，而让凝结水很容易通过。蒸汽供暖系统中在干管的最低点及管路、设备的末端应设疏水器。在凝水管的各入口处装设疏水器，还能防止蒸汽大量逸入凝结水管，使凝结水能顺利地返回锅炉房，减少能量损失。

3. 高压蒸汽供暖系统

一般高压蒸汽供暖系统均采用双管上供下回系统。由于蒸汽的压力及温度都较高，凝结水在经疏水器减压后，很容易产生二次汽化，使得凝结水回收困难。在相同热负荷下，高压蒸汽供暖系统的管径和散热器片数都小于低压蒸汽供暖系统。因此，高压蒸汽供暖系统有较好的经济性。但也由于温度高，使得房间的卫生条件差，并容易烫伤人，因此这种系统一般只在工业厂房中使用。

9.3.3　热风供暖系统与空气幕

1. 热风供暖系统

利用热空气做媒介的对流供暖方式称作热风供暖，而对流供暖方式则是利用对流换热或以对流换热为主的供暖方式。

热风供暖系统所用热媒可以是室外的新鲜空气、室内再循环空气，也可以是室内外空气的混合物。若热媒是室外新鲜空气，或是室内外空气的混合物时，热风供暖兼具建筑通风的特点。

空气作为热媒被加热装置加热后，通过风机直接送入室内，与室内空气混合换热，维持或提高室内空气温度。

热风供暖系统可以用蒸汽、热水、燃气、燃油或电能来加热空气。宜用 0.1~0.3MPa 的高压蒸汽或不低于 90℃ 的热水。当采用燃气、燃油加热或电加热时，应符合国家现行标准 GB 50028—2006《城镇燃气设计规范》和 GB 50016—2014《建筑设计防火规范》的要求。相应的加热装置称作空气加热器、燃气热风器、燃油热风器和电加热器。

热风供暖具有热惰性小、升温快、设备简单、投资省等优点，适用于耗热量大的建筑物，间歇使用的房间和有防火防爆要求、卫生要求，必须采用全新风的热风供暖的车间。

根据送风的方式不同，热风供暖的形式有集中送风、管道送风、悬挂式和落地式暖风机。

1) 集中送风供暖系统是在一定高度上，将热风从一处或几处以较大的速度送出，使室内造成射流区和回流区的热风供暖。

集中送风的气流组织有平行送风和扇形送风两种形式。平行送风的射流中流速向量是平行的，它的主要特点是沿射流轴线方向的速度衰减较慢，可以达到较远的射程。扇形送风属于分散射流，空气出流后，便向各个方向分散，速度衰减很快。对于换气量很大，但速度不允许太大的场合采用这种射流形式是比较适宜的。选用的原则主要取决于房间的大小和几何形状，而房间的大小和几何形状影响送风的地点、射流的数目、射程和布置、喷口的构造和尺寸的决定。

集中送风供暖比其他形式的供暖可以大大减小温度梯度，减小屋顶传热量，并可节省管道与设备。它适用于允许采用空气再循环的车间，或作为有大量局部排风车间的补风和供暖系统。对于内部隔断较多、散发灰尘或大量散发有害气体的车间，一般不宜采用集中送风供暖形式。

在热风供暖系统中，用蒸汽和热水加热空气，常用的空气加热器型号有 SRZ 和 SRL 型两种，分别为钢管绕钢片和钢管绕铝片的换热器。

2) 管道式送风供暖系统有机械循环空气的，也有依靠热压通过管道输送空气的，这是一种有组织的自然通风。集中供暖地区的民用和公用建筑常用这种方式作为供暖季的热风供暖系统。由于热压值较小，这种系统的作用范围（主风道的水平距离）不能过大，一般不超过 20~25m。

3) 暖风机是由通风机、电动机及空气加热器组合而成的一种供暖通风联合机组。

暖风机分为轴流式与离心式两种。目前国内常用的轴流式暖风机主要有蒸汽、热水两用的 NC 和 NA 型暖风机（见图 9-24）和冷热水两用的 S 型暖风机。轴流式暖风机体积小、结构简单，一般悬挂或支架在墙上或柱子上，出风气流射程短，出口风速小，取暖范围小。离心式大型暖风机有蒸汽、热水两用的 NBL 型暖风机（见图 9-25），它配用的离心式通风机有较大的作用压头和较高的出口风速，因此气流射程长，通风量和产热量大，取暖范围大。

可以单独采用暖风机供暖，也可以由暖风机与散热器联合供暖，散热器供暖可作为值班供暖。

采用小型的（轴流式）暖风机，为使车间温度场均匀，保持一定的断面速度，应使室内空气的换气次数大于或等于 1.5 次/h。

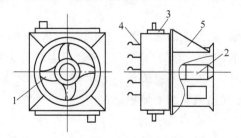

图 9-24　NC 型暖风机

1—风机　2—电动机　3—加热器
4—百叶片　5—支架

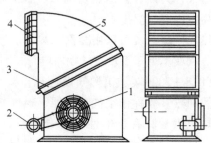

图 9-25　NBL 型暖风机

1—风机　2—电动机　3—加热器
4—导流片　5—外壳

布置暖风机时，宜是暖风机的射流互相衔接，使供暖空间形成一个总的空气环流。

选用大型的（离心式）暖风机供暖时，由于出口风速和风量都很大，所以应沿车间长度方向布置，出风口离侧墙的距离不宜小于 4m，气流射程不应小于车间供暖区的长度，在射程区域内不应有构筑物或高大设备。

2. 空气幕

空气幕是利用特制的空气分布器喷出一定速度和温度的幕状气流，借此封闭大门、门厅、门洞、柜台等，减少和隔绝外界气流的侵入，以维持室内或某一工作区域一定的环境条件，同时还可阻挡灰尘、有害气体和昆虫的进入。

下列建筑的大门或适当部位宜设置空气幕或热空气幕：

（1）设空气幕

1）设有空气调节系统的民用建筑及工业建筑大门的门厅和门斗里。

2）某些要求较高的商业建筑的营业柜台。

（2）设热空气幕

1）位于严寒地区、寒冷地区的公共建筑和工业建筑，对经常开启的外门，且不设门斗和前室时。

2）公共建筑和工业建筑，当生产或使用要求不允许降低室内温度时或经技术经济比较设置热空气幕合理时。

3）在大量散湿的房间里或邻近外门有固定工作岗位的民用和工业建筑大门的门厅和门斗里。

（3）空气幕的安装位置　空气幕按照空气分布器的安装位置可以分为上送式、侧送式和下送式三种。

1）上送式空气幕：如图 9-26 所示，安装在门洞上部，喷出气流的卫生条件较好，安装简便，占空间面积小，不影响建筑美观，适用于一般的公共建筑，如影剧院、会堂等，也越来越多地用在工业厂房，尤其是大门宽度超过 18m 时。尽管上送式空气幕挡风效率不如下送式空气幕，尤其是抵挡冬季下部冷风的侵入，但它仍然是最有发展前途的一种形式。

2）侧送式空气幕：安装在门洞侧边，分为单侧和双侧两种，如图 9-27、图 9-28 所示。对于工业建筑，当外门宽度小于 3m 时，宜采用单侧送风；当大门宽度为 3~18m 时，应经过技术经济比较，采用单侧、双侧送风或由上向下送风。侧送式空气幕挡风效率不如下送式，但卫生条件较下送式好。过去工业建筑常采用该型空气幕，但由于它占据空间较大，近来渐被上送式空气幕代替。为了不阻挡气流，装有该型空气幕的大门严禁向内开启。

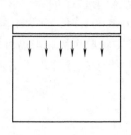

图 9-26 上送式空气幕

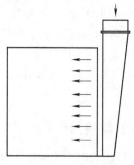

图 9-27 单侧空气幕

3）下送式空气幕：下送式空气幕如图 9-29 所示。空气分布器安装在门洞下部的地沟内，由于其射流最强区在门洞下部，正好抵挡冬季冷风从门洞下部侵入，所以冬季挡风效果最好，而且不受大门开启方向的影响。但是它的致命缺点是送风口在地面下，容易被脏物阻塞和污染空气，维修困难，另外在车辆通过时，因空气幕气流被阻碍而影响送风效果，因此目前一般很少使用。

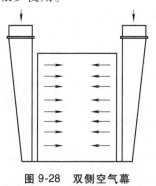

图 9-28 双侧空气幕

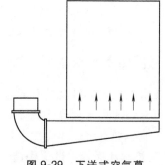

图 9-29 下送式空气幕

（4）空气幕按送出气流分类 空气幕按送出气流温度可分为热空气幕、等温空气幕和冷空气幕。

1）热空气幕：在空气幕内设有加热器，以热水、蒸汽或电为热媒，将送出空气加热到一定温度。它适用于严寒地区。

2）等温空气幕：空气幕内不设加热（冷却）装置，送出的空气不经处理，因而构造简单、体积小，适用范围更广，是目前非严寒地区主要采用的形式。

3）冷空气幕：空气幕内设有冷却装置，送出一定温度的冷风，主要用于炎热地区而且有空调要求的建筑物大门。

空气幕设备由空气处理设备、风机、空气分布器及风管系统组成。可将空气处理设备、风机、空气分布器三者组合起来而形成工厂生产的产品。热空气幕中设有空气加热器，冷空气幕设有表面冷却器。

9.4 辐射供暖系统

9.4.1 辐射供暖系统分类

当辐射表面温度小于80℃时，称为低温辐射供暖。低温辐射供暖的结构形式是把加热管直接埋在建筑构件内而形成散热面。当辐射供暖温度为80~200℃时，称为中温辐射供暖。中温辐射供暖通常是用钢板和小管径的钢管制成矩形块状或带状散热板。当辐射表面温度高于500℃时，称为高温辐射供暖。燃气红外辐射带、电红外线辐射器等均为高温辐射散热设备。

9.4.2 辐射供暖的热媒

辐射供暖的热媒可用热水、蒸汽、空气、电和可燃气体或液体。根据所用热媒的不同，辐射供暖可分为：

1）低温热水式：热媒水温低于100℃。

2）高温热水式：热媒水温等于或大于100℃。

3）蒸汽式：热媒为高压或低压蒸汽。

4）热风式：以加热后的空气为热媒。

5）电热式：以电热元件加热特定表面或直接发热。

6）燃气式：通过燃烧可燃气体或液体经特制的辐射器发射红外线。

目前，应用最广的是低温热水辐射供暖。

9.4.3 低温热水地板辐射供暖

低温热水地板辐射供暖具有舒适性强、节能、方便实施按户计量，便于住户二次装修等特点，还可有效地利用低温热源如太阳能、地下热水、供暖和空调系统的回水、热泵型冷热水机组、工业与城市余热和废热等。

1. 低温热水地板辐射供暖构造

目前常用的低温热水地板辐射供暖是以低温热水为热媒，采用塑料管预埋在地面不宜小于30mm的混凝土垫层内，如图9-30、图9-31所示。

地面结构一般由结构层、绝热层、填充层、防水层、防潮层和地面层组成。绝热层主要用来控制热量传递方向，材料宜采用聚苯乙烯泡沫塑料板；填充层用来埋置保护加热管并使地面温度均匀，材料宜采用C15豆石混凝土；地面层指完成的建筑地面。塑料管均具有耐老化、耐腐蚀、不结垢、承压高、无污染、沿程阻力小、容易弯曲、埋管部分无接头、易于施工等优点。

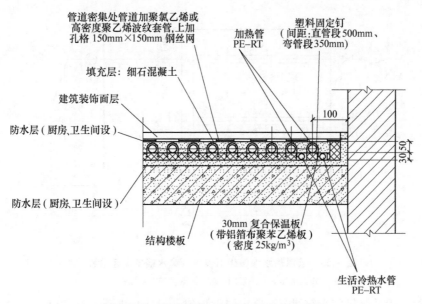

图 9-30 标准层户内管道埋地做法示意图

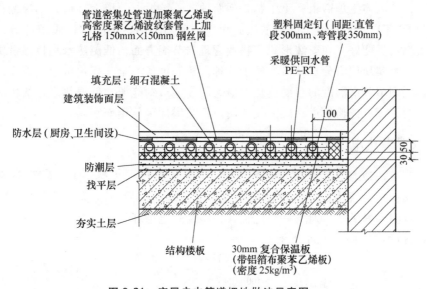

图 9-31 底层户内管道埋地做法示意图

2. 系统设置

如图 9-32 所示，其构造形式与前述的分户计量系统基本相同，只是户内加设了分集水器。

低温地板辐射供暖的楼内系统通过设置在户内的分集水器与户内管路系统相连。分集水器常装在一个分集水器箱体内，如图 9-33 所示，每套分集水器宜连接 3~5 个回路，最多不超过 8 个。分集水器宜布置在厨房、盥洗间等不占主要使用面积，又便于操作的部位，并留有一定的检修空间，且每层安装位置应相同。

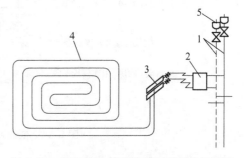

图 9-32 低温热水地板辐射供暖系统示意图

1—共用立管 2—入户装置 3—分集水器

4—加热盘管 5—自动排气阀

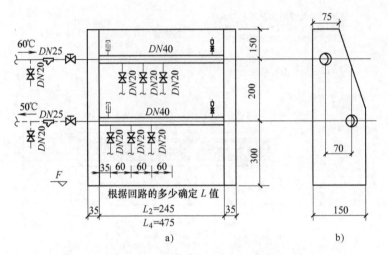

图 9-33　低温热水地板辐射供暖分集水器安装示意图

a）分集水器安装正视图　b）分集水器安装侧视图

地板辐射供暖系统热气来自脚下，室内温度均匀，温度从下到上逐渐降低，给人脚暖头凉的感觉，符合人体生理需求；不生锈，不腐蚀，不结垢，管道无接口，不渗漏，寿命与建筑物同步为50年以上；热容量大，散热面积大，散热均匀，在间歇供暖条件下，温度变化缓慢，热量稳定性能好。在安装形式、物业管理与节能方面，低温热水地板辐射供暖安装采用并联方式，可实现住宅分户计量，便于管理。控制设备齐全，用户可根据需要，调节各分路流量，达到调节各室温度的目的，从而最大限度地节约能源。低温热水地板辐射供暖属于地下暗埋，明处不见任何管道，既方便了用户，又增加了使用面积。

9.4.4　低温发热电缆供暖

发热电缆是一种通电后发热的电缆，它由实芯电阻线（发热体）、绝缘层、接地电缆、金属屏蔽层及保护套管构成。低温发热电缆供暖系统是由发热电缆和感应器、恒温器等组成，也属于低温辐射供暖，通常采用地板式，将发热电缆埋设于混凝土中，有直接供暖及存储供暖等系统形式，如图9-34所示。

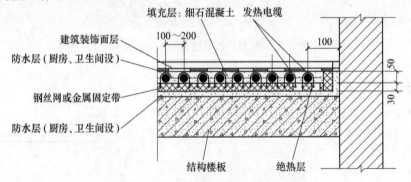

图 9-34　低温发热电缆供暖安装示意图

9.4.5　低温辐射电热膜供暖

低温辐射电热膜供暖是以电热膜为发热体，大部分热量以辐射方式散入供暖区域，它是一种通电后能发热的半透明聚酯薄膜，由可导电的特制油墨、金属载流条经印刷、热压在两层绝缘聚酯薄膜之间制成的。电热膜工作时表面温度为 40~60℃，通常布置在顶棚上（见图 9-35）或地板下火墙裙、墙壁内，同时配以独立的温控装置。

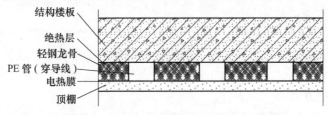

结构楼板
绝热层
轻钢龙骨
PE 管（穿导线）
电热膜
顶棚

图 9-35 低温辐射电热膜供暖安装示意图

9.5 供暖系统的末端设备

供暖系统的热媒通过散热设备的壁面，主要以对流传热方式向房间传热。这种设备统称为散热器。

9.5.1 散热器的计算

散热器计算是确定供暖房间所需散热器的面积和片数。

1. 散热器面积的计算

散热器面积 A 按式（9-8）计算

$$A = \frac{Q}{K(t_{pj} - t_n)}\beta_1\beta_2\beta_3 \tag{9-8}$$

式中　Q——散热器的散热量，单位为 W；

t_{pj}——散热器内热媒的平均温度，单位为℃；

t_n——供暖室内计算温度，单位为℃；

K——散热器的传热系数，单位为 W/（$m^2 \cdot$℃）；

β_1——散热器组装片数修正系数；

β_2——散热器连接形式修正系数；

β_3——散热器安装形式修正系数。

2. 散热器片数或长度的确定

按式（9-8）确定所需散热器面积后，可按式（9-9）计算所需散热器的总片数或总长度

$$n = A/A_1 \tag{9-9}$$

式中　A_1——每片或每 1m 长的散热器散热面积，单位为 m^2/片或 m^2/m。

然后，根据每组片数或者长度乘以修正系数 β_1，最后确定散热器面积。

9.5.2 散热设备

散热设备是向房间供给热量以补充房间热损失，使房间维持需要的温度，从而达到供暖目的的设备。随着供暖技术的发展，散热设备的类型逐渐增多。根据散热设备向房间传热主要方式的不同，散热设备有以下三种类型。

1）供暖系统的热媒（蒸汽、热水）通过散热设备的壁面，主要以对流方式（对流传热量大于辐射传热量）向房间传热。这种散热设备统称为散热器。散热器的种类很多，按照材质来分有铸铁、钢制、铝制、钢塑复合、铝塑复合等；按其结构特点，有柱型、翼型、管型、平板型、串片式等。

2）辐射散热设备：供暖系统的热媒（蒸汽、热水、热空气、燃气或电热）通过散热设备的壁面，主要以辐射方式向房间传热。散热设备可采用在建筑物的顶棚、墙面、地板内敷设管道或风道的方式，此时，建筑物部分围护结构与散热设备合二为一；也可采用在建筑物内悬挂金属辐射板的方式。

3）通过散热设备向房间输送比室内温度高的空气，直接向房间供热。利用热空气向房间供热的系统称为热风供暖系统。热风供暖系统既可以采用几种送风的方式，也可以利用暖风机加热室内再循环空气的方式向房间供热。这种系统常用的设备是暖风机。

9.5.3 散热器

1. 铸铁散热器

具有结构简单、防腐蚀性好、使用寿命长以及热稳定性好的优点；但金属耗量大，金属热强度低，运输、组装工作量大，承压能力低，不宜用于高层，而在多层建筑热水及低压蒸汽采暖工程中广泛应用。常用的铸铁散热器有柱型、长翼型、圆翼型等，如图9-36 所示。

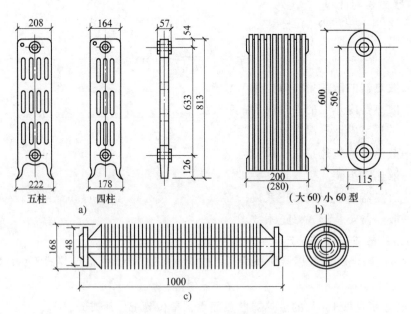

图 9-36　常用铸铁散热器示意图

a）五柱和四柱型散热器　b）长翼型散热器　c）圆翼型散热器

2. 钢制散热器

钢制散热器防腐蚀性差，易被腐蚀，使用寿命短，应用范围受到一定限制。但它制造工艺简单，外形美观，金属耗量小，金属热强度高，运输、组装工作量少，承压能力高，可适用于高层。常用的钢制散热器有：柱型、板型、扁管式、串片式等，如图9-37 所示。

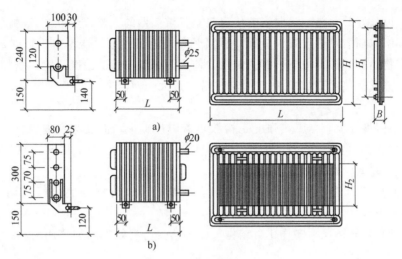

图 9-37　常用钢制散热器示意图

a）240×100 型　b）300×80 型

左—闭式钢串片　右—钢制板型散热器

3. 铝制及铜铝复合散热器

铝制散热器的材质为耐腐蚀的铝合金，经过特殊的内防腐处理，采用焊接连接形式加工而成。铝制散热器质量轻、热工性能好、使用寿命长，可根据用户要求任意改变宽度和长度，其外形美观大方，造型多变，可做到供暖装饰合二为一。图 9-38 所示是一种多联式柱翼型的铝制散热器，散热器外形高度有 A345、B440 和 C345 等各种形式。长度为：A 型每片以 305mm 递增；B 型每片从 188mm 起以 66mm 递增；C 型以每片 305mm 递增。散热器宽度为 48mm，其工作压力可达 1.0MPa。

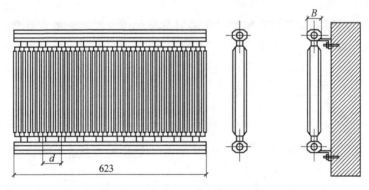

图 9-38　铝制多联式柱翼型散热器

4. 卫生间专用散热器

目前市场上卫生间专用散热器种类繁多，除散热外，兼顾装饰及烘干毛巾等功能。材质有钢管、不锈钢管、铝合金管等多种。

5. 对散热器的要求

1）热工性能好（导热好），要求散热器的传热系数 K 值要大，K 值越大，说明散热器的散热能力越大。还可以通过提高室内空气流速和提高散热器内热媒温度的办法加大散热器的传热系数。

散热器应以最好的散热方式向室内传递热量，散热器的主要传热方式有对流散热和辐射散热两种，其中以辐射散热方式为最好。靠辐射方式传热的散热器，由于辐射的直接作用，可以提高室内物体和围护结构内表面的温度，使生活区和工作区温度适宜，增加了人体的舒适感。以对流方式散热会造成室温不均匀，温差过大，而且灰尘随空气对流，卫生条件也不好。

2）金属热强度 q 大。金属热强度是指散热器内热媒平均温度与室内空气温度差为 1℃时，1kg 质量的散热器金属单位时间所放出的热量，q 越大，说明散出同样热量时消耗的金属量越小，成本越低，经济性越好。

3）要求散热器具有一定的机械强度，承压能力高，价格便宜，经久耐用，使用寿命长。

4）要求散热器规格尺寸多样化，结构尺寸小，少占有效空间和使用面积，且生产工艺能满足大批量生产的要求。

5）外表面光滑，不易积灰，积灰易清扫，外形美观，易于与室内装饰相协调。

9.6　供暖系统的管路布置与主要设备

9.6.1　供暖系统的管路布置

供暖系统管路布置合理与否，直接影响系统造价和使用效果。应根据建筑物的具体条件（如建筑平面的外形、结构尺寸等）与外网的连接形式以及运行情况等因素来选择合理的布置方案。力求系统管道走向布置合理，节省管材，便于调节和排除空气，而且要求各并联环路的阻力损失易于平衡。

供暖系统的引入口宜设置在建筑物热负荷对称分配的位置，一般宜在建筑物中部。这样可以缩短系统的作用半径。在布置供回水干管时首先应确定供回水干管的走向。系统应合理地分成若干支路，而且尽量使各支路的阻力损失易于平衡。图 9-39 所示为几种常见的供回

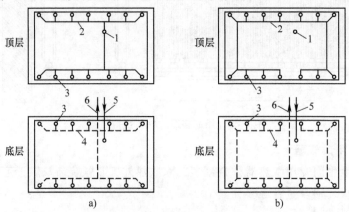

图 9-39　室内供暖系统干管布置示意图

a）四个分支环路的异程式系统　b）两个分支环路的异程式系统

1—供水主立管　2—供水水平干管　3—供水立管　4—回水水平干管

5—入户供水引入管　6—回水引入管

水干管的走向布置方式。图9-39a所示为有四个分支环路的异程式系统布置方式。它的特点是系统南北分环，易于调节；各环的供回水干管管径较小，但系统较大时各环的作用半径过大，容易出现水平失调。图9-39b所示为有两个分支环路的异程式系统布置方式。一般宜将供水管的始端放置在朝北一侧，而末端设在朝南向一侧。当然，还可以采用其他的管路布置方式，应视建筑物的具体情况灵活确定。在各分支环路上，应设置关闭和调节装置。

9.6.2 其他辅助设备及附件

1. 膨胀水箱

膨胀水箱的作用是容纳系统中水受热膨胀而增加的体积。在自然循环上供下回式热水供暖系统中，膨胀水箱连接在供水总立管的最高处，起排除系统内空气的作用；在机械循环热水供暖系统中，膨胀水箱一般连接在回水干管循环水泵入口前，可以恒定循环水泵入口压力，保证供暖系统压力稳定。膨胀水箱是热水供暖系统中的主要辅助设备。

膨胀水箱从外形上可分为圆形和方形两种。圆形水箱从受力角度看受力更为合理，承压能力较方形水箱高，也节省材料，但制作难度相对较大；方形水箱易于制作，在低温热水供暖系统中，膨胀水箱大都做成与大气相通的开式水箱。

膨胀水箱一般是由4~5mm厚的钢板焊制而成，水箱上设有膨胀管、溢流管、循环管、信号管、排水管等，如图9-40所示。各管的作用以及连接方式：

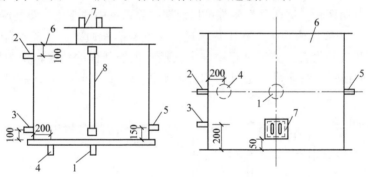

图9-40 方形膨胀水箱

1—膨胀管 2—溢流管 3—循环管 4—排水管

5—信号管 6—箱体 7—人孔 8—水位计

1）膨胀管：膨胀水箱设在系统的最高处，系统的膨胀水量通过膨胀管进入膨胀水箱。自然循环系统膨胀管接在供水总立管的上部；机械循环系统膨胀管接在回水干管循环水泵入口前，膨胀管上不允许设置阀门，以免偶然关断使系统内压力增高，以致发生事故。

2）循环管：当膨胀水箱设在不供暖的房间内时，为了防止水箱内的水冻结，膨胀水箱需设置循环管。机械循环系统循环管接至定压点前的水平回水干管上，连接点与定压点之间应保持1.5~3m的距离，使热水能缓慢地在循环管、膨胀管和水箱之间流动。对于自然循环系统，循环管接到供水干管上，与膨胀管也应有一段距离，以维持水的缓慢流动。循环管上也不允许设置阀门，以免水箱内的水冻结。

3）溢流管：控制系统的最高水位。当水的膨胀体积超过溢流管口时，水溢出就近排入排水设施中。溢流管上也不允许设置阀门，以免偶然关闭，水从人孔处溢出。溢流管也可以用来排空气。

4）信号管（检查管）：检查膨胀水箱水位，决定系统是否需要补水。信号管控制系统的最低水位，应接至锅炉房内或人们容易观察的地方，信号管末端应设置阀门。

5）排水管：清洗、检修时放空水箱用。可与溢流管一起就近接入排水设施，其上应安装阀门。

2. 除污器和过滤器

除污器的作用是用来清除和过滤管路中的杂质和污垢，以保证系统内水质的清净，减少阻力和防止堵塞设备和管路，下列设备应设除污器：

1）供暖系统入口，装在调压装置之前。

2）锅炉房循环水泵吸入口。

3）各种换热设备之前。

4）各种小口径调压装置。

除污器分立式直通、卧式直通、角通除污器，按国标图制作，根据现场工程实际情况选用，除污器的型号应按接管管径确定。

当安装地点有困难时，宜采用体积小、不占使用面积的管道式过滤器。

除污器或过滤器横断面中水的流速宜取 0.05m/s。

3. 集气罐和自动排气阀

供暖系统中排气如何对整个系统能否正常运行关系极大。供暖系统中常用的排气装置有集气罐和自动排气阀两种。这两种设备都可以定期排除系统中的空气。集气罐是一直径大于或等于干管直径 1.5~2 倍的管子，利用热水进入集气罐后断面扩大，流速降低，空气可自动从水中逸出来排气的设备。施工过程中，集气罐是现场制作的，通常由 $DN100$、$DN150$、$DN200$、$DN250$ 的钢管焊制而成，也可用钢板卷焊而成，集气罐分立式和卧式两种，如图 9-41 所示。

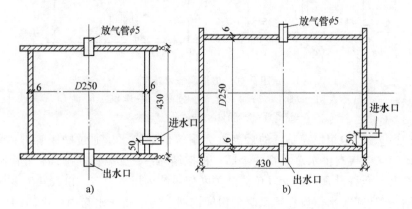

图 9-41　集气罐

a）立式集气罐　b）卧式集气罐

集气罐顶部连接 $\phi15mm$ 的排气管，排气管应引至附近的排水设施处，排气管另一端装有阀门，排气阀应设在便于操作的地方。集气罐一般设于系统供水干管末端的最高点处，供水干管应向集气罐方向设上升坡度与管中水流方向与空气气泡的浮升方向一致，有利于空气汇集到集气罐的上部，定期排除。当系统充水时，应打开排气阀，直至有水从管中流出，方可关闭排气阀；系统运行期间，应定期打开排气阀排除空气。集气罐高度要低于膨胀水箱

0.3m，保证集气罐内足够压力以顺利排除空气。可根据如下要求选择集气罐的规格尺寸：

1）集气罐的有效容积应为膨胀水箱有效容积的 1%。

2）集气罐的直径应大于或等于干管直径的 1.5~2 倍。

3）应使水在集气罐中的流速不超过 0.05m/s。

自动排气阀大都是依靠水对浮体的浮力，通过自动阻气和排水机构，使气孔自动打开或关闭，达到排气的目的。自动排气阀的种类很多，当阀内无空气时，阀体中的水将浮子浮起，通过杠杆机构将排气孔关闭，阻止水流通过。当系统内的空气经管道汇集到阀体上部空间时，空气将水面压下去，浮子随之下落，排气孔打开，自动排除系统内的空气。空气排除后，水又将浮子浮起，排气阀重新关闭。自动排气阀与系统连接处应设阀门，以便检修自动排气阀时使用。

4. 疏水器

疏水器是蒸汽供暖系统中重要的附属设备，在系统中起到疏水阻汽的作用，能阻止系统中的未凝结蒸汽进入凝水管道，同时能保证凝结水及不凝气体的顺利排除。

疏水器根据作用原理不同，可分为以下三种类型：

1）利用疏水器内凝结水液位变化动作的机械型疏水器。浮筒式、吊桶式、浮球式疏水器均属于此类疏水器。

2）靠蒸汽和凝结水流动时热动力特性不同来工作的热动力型疏水器。热动力式、脉冲式属于此类疏水器。

3）靠疏水器内凝结水的温度变化来排水阻汽的热静力式（恒温型）疏水器。波纹管式、双金属片式疏水器均属于此类疏水器。

5. 补偿器

在供暖系统中，金属管道会因受热而伸长。每米钢管当它本身的温度升高 1℃ 时，便会伸长 0.012mm。为防止供暖管道升温时由于热伸长或温度应力的作用而引起系统管道的变形或破坏，需要在管道上设置补偿器，以补偿管道的热伸长，从而减小管壁的应力或作用在阀件、支架上的作用力。供热管道采用的补偿器种类很多，主要有管道的自然补偿器、方形补偿器、波纹补偿器、套管补偿器和球形补偿器等。前三种是利用补偿材料的变形来吸收热伸长；后两种是利用管道的位移来吸收热伸长。在考虑热补偿时，应充分利用管道的自然弯曲来吸收热力管道的温度变形，根据弯曲管段弯曲形状的不同，又分为 L 形和 Z 形（见图 9-42a、b）补偿器，自然补偿每段臂长一般不宜大于 20~30m。方形补偿器（见图 9-42c）是由四个 90° 弯头构成的U 形补偿器，靠其弯管的变形来补偿管段的热伸长。方形补偿器具有制造方便、不需专门维修、工作可靠等优点，在供热管道上应用普遍。当地方太小，方形补偿器无法安装时，可采用套管补偿器和波纹管补偿器。但套管补偿器易漏水漏气，宜安装在地沟内，不宜安装在建筑物上部。波纹管补偿器材质为不锈钢，补偿能力大且耐腐蚀，但造价较高，可视具体情况选用。

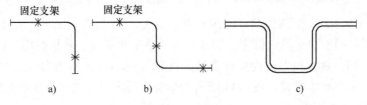

图 9-42　集气罐

a）L 形管道补偿器　b）Z 形管道补偿器　c）方形补偿器

9.7 热源

9.7.1 集中供暖热源

1. 热力网供暖形式

（1）热水供暖形式　热水供暖主要采用闭式和开式两种形式。在闭式形式中热网的循环水仅作为热媒，供给热用户热量而不从热网中取出使用。在开式形式中热网的循环水部分地从热网中取出，直接用于生产或热水供应热用户中。

图9-43所示为双管制的闭式热水供暖示意图。热水沿热网供水管输送到各个热用户，在热用户系统的用热设备内放出热量后，沿热网回水管返回热源。双管闭式热水供暖是我国目前最广泛应用的热水供暖系统。

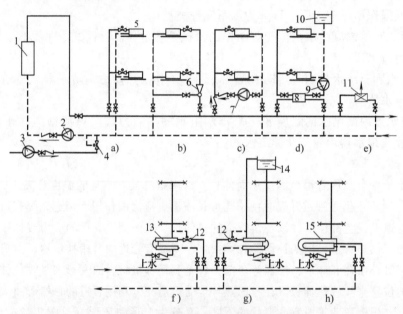

图9-43　双管制闭式热水供暖示意图

a）无混合装置的直接连接　b）装水喷射器的直接连接　c）装混合水泵的直接连接
d）供暖热用户与热网的间接连接　e）通风热用户与热网的连接　f）无储水箱的连接方式
g）装设上部储水箱的连接方式　h）装置容积式换热器的连接方式

1—热源的加热装置　2—网路循环水泵　3—补水泵　4—补给水压力调节器　5—散热器　6—水喷射器
7—混合水泵　8—表面式水-水换热器　9—供暖热用户系统的循环水泵　10—膨胀水箱
11—空气加热器　12—温度调节器　13—水-水式换热器　14—储水箱　15—容积式换热器

（2）蒸汽供热形式　蒸汽供热广泛地应用于工业厂房和工业区域，它主要承担向生产工艺热用户供暖；同时也向热水供应、供暖和通风热用户供暖。根据热用户的要求，蒸汽供热可用单管式（同一蒸汽压力参数）或多根蒸汽管（不同蒸汽压力参数）供暖，同时凝结水也可采用回收或不回收方式。图9-44所示为单管式凝水回收式蒸汽供暖示意图。

2. 集中供暖的热力站

集中供暖中的热力站是供暖网络与热用户的连接场所。它的作用是根据热网工况和不同的条件，向热用户分配热量。

　　根据热源至热力站的热网（习惯称一次网）输送的热媒不同，可分为热水热力站和蒸汽热力站。热水热力站是指热源供给热力站的热媒为高温水的热力站，即一次网为热水热力网；蒸汽热力站是指热源供给热力站的热媒为蒸汽的热力站，即一次网为蒸汽热力网。热水热力站内的换热设备为水-水换热器，蒸汽热力站内的换热设备为汽-水换热器，两者外供热媒均为热水，即二次网均为热水热力网。

　　热力站主要设备有：换热器、软水器、除氧器、循环水泵、补水定压泵、电气设备和自控仪表等。换热器是站内核心设备。

　　热力站宜靠近负荷中心。小型热力站一般为单体单层砖混或内框结构。建筑内布置有热交换间、水处理间、控制室、配电室、更衣室、化验室、值班室、卫生间和维修间等。大型热力站一般为二层全框架或底框结构，底层布置同小型热力站，二层设管理人员办公室、会议室、维修人员工作间等。如上层布置热力站设备时，应留置设备搬运和检修安装孔。现在城市中地价一般都比较高，为节省用地，热力站也可设在大楼的设备层或设在锅炉房的附属房间内，而不再建独立的建筑，但应尽量靠近制冷机房。热力站建筑设计时应注意防止噪声对周围环境的干扰。

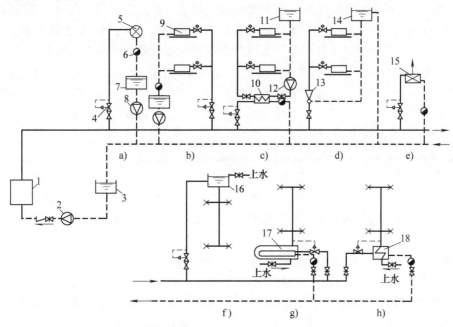

图 9-44　单管式凝水回收式蒸汽供暖系统示意图

a）生产工艺热用户与蒸汽网连接图　b）蒸汽供暖用户与蒸汽网直接连接图
c）采用蒸汽-水换热器的连接图　d）采用蒸汽喷射器的连接图　e）通风系统与蒸汽网路的连接图　f）蒸汽直接加热的热水供应图示　g）采用容积式加热器的热水供应图式　h）无贮水箱的热水供应图式
1—蒸汽锅炉　2—锅炉给水泵　3—凝结水箱　4—减压阀　5—生产工艺用热设备
6—疏水器　7—用户凝结水箱　8—用户凝结水泵　9—散热器　10—供暖用的蒸汽-水换热器　11—膨胀水箱　12—循环水泵　13—蒸汽喷射器　14—滋流管
15—空气加热装置　16—上部贮水箱　17—容积式换热器　18—热水供应系统的蒸汽-水换热器

设备间的门应向外开。当热水热力站的站房长度大于 12m 时应设两个出口。蒸汽热力站应设置两个出口。安装孔或门的大小应保证站内需检修更换的最大设备出入。

热力站内地面宜有坡度或采取措施保证管道和设备排出的水引向排水系统。当站内排水不能直接排入室外管道时，应设集水坑和排水泵。并应有必要的起重设施和良好的照明与通风。热力站内宜设集中检修场地，其面积应根据需检修设备的要求确定，并在周围留有宽度不小于 0.7m 的通道。

3. 区域锅炉房

供暖锅炉按其工作介质不同分为蒸汽锅炉和热水锅炉，按其压力大小又可分为低压锅炉和高压锅炉。在蒸汽锅炉中，蒸汽压力低于 0.7MPa 称为低压锅炉；蒸汽压力高于 0.7MPa 称为高压锅炉。在热水锅炉中，热水温度低于 100℃ 称为低压锅炉，热水温度高于 100℃ 称为高压锅炉。

按所用燃料种类可分燃煤锅炉、燃油锅炉和燃气锅炉。

锅炉房中除锅炉本体外还必须装置水泵、风机、水处理等辅助设备。锅炉本体和它的辅助设备总称为锅炉房设备。

锅炉房设计应根据城市（地区）或工厂（单位）的总体规划进行，做到远近期结合，以近期为主，并宜留有扩建的余地。对扩建和改建的锅炉房，应合理利用原有建筑物、构筑物、设备和管线，并应与原有生产系统、设备布置、建筑物和构筑物相协调。建于风景区、繁华街段、新型经济开发区、住宅小区及高级公共建筑附近的锅炉房应与周围环境协调。

工厂（单位）和区域所需热负荷不能由区域热电站、区域锅炉房或其他单位锅炉房供应，且不具备热电联产的条件时，应设置锅炉房。

锅炉房的位置，在设计时应配合建筑总图在总体规划中合理安排，力求满足下列要求：

1）靠近热负荷比较集中的地区。

2）便于燃料储运和灰渣排除，并宜使人流和燃料、灰渣流分开。

3）有利于室外管道的布置和凝结水的回收。

4）有利于减少烟（粉）尘、有害气体及噪声对居民区和主要环境保护区的影响。全年运行的锅炉房宜位于居住区和主要环境保护区全年最小频率风向的上风侧。季节性运行的锅炉房宜位于该季节盛行风向的下风侧。

5）有利于锅炉房的自然通风和采光，并位于地质条件较好的地区。

6）工厂燃煤的锅炉房和煤气发生站宜布置在同一区域。

7）对生产易燃易爆物工厂，锅炉房的位置应满足安全技术上的要求，并按有关专业规范的规定执行。

锅炉房宜设置在地上独立建筑内。受条件限制，锅炉房需要和其他建筑物相连或设置在其内部时，应经当地消防、安全、环保等管理部门同意。

锅炉房区域内各建筑物、构筑物以及燃料、灰渣场地的布置应按工艺流程和规范的要求合理安排。

锅炉房主要产生噪声的设备应尽量布置在远离住宅和环境安静要求高的建筑，锅炉间和辅助间的主要立面尽可能面向主要道路。

锅炉房建筑结构的火灾危险性分类和防火等级应符合有关消防规范的要求。

锅炉房的建筑结构设计应符合下列要求：

锅炉房为多层布置时，锅炉基础与楼板地面接缝处应采用能适应沉降的处理措施。

锅炉房楼板地面和屋面的荷载应根据工艺设备安装和检修的荷载要求确定，提不出详细资料时，可按表9-3选用。

每个新建锅炉房只能设一根烟囱，烟囱高度应根据锅炉房装机容量，按表9-4规定执行。当锅炉房装机容量大于28MW（40t/h）时，其烟囱高度应按批准的环境影响报告书（表）的要求确定，但不得低于45m。新建锅炉房烟囱周围半径200m距离内有建筑物时，其烟囱应高出最高建筑物3m以上。燃气及燃轻柴油、煤油锅炉烟囱高度应按批准的环境影响报告书（表）的要求确定，但不得低于8m。

表9-3 楼板、地面、屋面荷载

名　称	活荷载/（kN/m²）	备　注
锅炉间楼面	6~12	1. 表中未列出的其他荷载，按现行国家标准 GB 50009—2012《建筑结构荷载规范》的规定选用 2. 表中不包括设备的集中荷载 3. 运煤层楼面在有传送带机头装置的部分，应由工艺提供荷载或按10kN/m²计算 4. 锅炉间地面考虑运输通道时，通道部分的地坪和地沟盖板可按20kN/m²计算
辅助间楼面	4~8	
运煤层楼面	4	
除氧层楼面	4	
锅炉间及辅助间屋面	0.5~1	
锅炉间地面	10	

表9-4 燃煤、燃油（燃轻柴油、煤油除外）锅炉烟囱最低允许高度

锅炉房装机容量	MW	<0.7	0.7~1.4	1.4~2.8	2.8~7	7~14	14~28
	t/h	<1	1~2	2~4	4~10	10~20	20~40
烟囱最低允许高度	m	20	25	30	35	40	45

独立建筑的锅炉房与其他建筑的防火间距不应小于表9-5的规定值。

设置在主体建筑内的锅炉房，土建设计应符合相关规范中的设计要求。

表9-5 锅炉房与其他建筑的防火间距　　　　　　　　（单位：m）

其他建筑类别 防火间距 锅炉房类型及耐火等级			高层建筑（十层及十层以上居住建筑、建筑高度超过24m的公共建筑）				一般民用建筑 耐火等级			工厂建筑 耐火等级		
			一类		二类							
			高层建筑	裙房	高层建筑	裙房	1~2级	3级	4级	1~2级	3级	4级
燃煤锅炉	锅炉房总蒸发量小于4t/h	1~2级	15	10	13	10	6	7	9	10	12	14
		3级	18	12	15	10	7	8	10	12	14	16
	单台蒸发量≤4t/h且总蒸发量≤12t/h	1~2级	15	10	13	10	6	7	9	10	12	14
	单台蒸发量>4t/h且总蒸发量>12t/h	1~2级	15	10	13	10	10	12	14	10	12	14
燃油、燃气锅炉房		1~2级	15	10	13	10	10	12	14	10	12	14

锅炉房面积粗略估算可参照表9-6所示指标。

表 9-6　锅炉房常用估算指标

序号	锅炉单台容量/(t/h) 项目	2	4	6(6.5)	10	20	35
1	锅炉房标准煤耗量/[t/(h·台)]	0.30	0.58	0.81	1.23	2.30	3.80
2	锅炉房建筑面积/(m²/台)	150	280	450	600	800	1400
3	锅炉房区占地面积/(m²/台)	400	800	2500	3500	5000	7000
4	锅炉房耗电量/(kW·h/台)	20~30	40~50	65~85	100~130	200~250	350~450
5	锅炉房高度/m	5~5.5	5.5~6.5	7~12	8~15	12~18	15~20
6	锅炉中心距/m	5	6	6	7.5	9	12
7	锅炉房耗水量/[t/(h·台)]	3	6	10	15	25	40
8	锅炉房运行人员/(人/台)	5	9	15	25	30	32

旅馆、办公楼等公建（以 10000~30000m² 为例）的燃煤锅炉房面积约占建筑面积的 0.5%~1.0%，燃油燃气锅炉房约占建筑面积的 0.2%~0.6%。

居住建筑（以 100000~300000m² 为例）的燃煤锅炉房面积约占建筑面积的 0.2%~0.6%，燃气锅炉房约占建筑面积的 0.1%~0.3%。

锅炉房设计常用估算指标见表 9-6。

锅炉房煤、灰渣量及堆场面积估算值见表 9-7。

锅炉房生活间面积指标见表 9-8。

表 9-7　锅炉房煤、灰渣量及堆场面积估算值

名称	单位	锅炉容量/(t/h)						
		1	2	4	6	10	20	35
燃煤消耗量	t/(h·台)	0.175	0.35	0.7	1.07	1.65	3.3	4.9
	t/(班·10天·台)	14	28	56	86	132	265	5397.5
灰渣量	t/(h·台)	0.0525	0.105	0.21	0.321	0.495	0.99	1.485
	t/(班·10天·台)	2.1	4.2	8.4	13	19.8	39.7	59.55
储煤场面积（按一班制10天计算）/m²		16.7	33.4	43.4	67	104	207	310.5
灰渣场面积（按一班制5天计算）/m²		2.47	4.93	7.95	12.1	18.6	37.2	55.8

表 9-8　锅炉房生活面积指标

锅炉房容量/(t/h) 生活间及面积	2~6	8~16	20~25	≥80
办公室/m²	—	—	20	25
值班、休息室/m²	12	15	20	25
化验室/m²	—	15	25	2×25
更衣室/m²	—	—	15	15
浴室淋浴器/个	—	1	2	3
浴池/个	—	—	1	1
厕所/个	1	1	2	2

9.7.2　分户供暖热源

从热量计量与温控的角度，分户热源供暖是一种较为理想的供暖方式。分户热源供暖可根据户内系统要求单独设定供水温度，且系统工作压力低，水质易保证，可选散热器和管道及其附件的种类多。根据其采用的热源或能源种类，有燃油或燃气热水炉供暖、电热供暖、

热泵供暖及利用集中供暖的家用换热机组供暖等不同方式。

1. 分户式燃气供暖

分户燃气供暖除燃气热风炉、燃气红外线辐射供暖外，还有独立燃气供暖炉，即安装在一家一户内的燃气锅炉。这种分散式燃气供暖设备在国外已经有几十年的应用历史。燃气热水供暖炉自控程度高，既可以作为单独的供暖热源，也可作为供暖和生活热水两用的热源，洁净、节能、调节灵活；变热计量为燃气计量，计量准确方便，配用 IC 卡燃气表，有利于解决供热收费问题，促进用户提高节能意识，供热效率高，且无热浪费现象，经济性较好。

存在的问题是烟气无组织、多点、低空排放，产生局部污染，部分燃气炉运行噪声大；有防火和安全保障问题；附建公共用房的供暖热源和设置于住宅外公共空间管道有防冻等问题。

家用燃气炉按加热方式分为快速式和容积式两种。快速式燃气炉也称为壁挂式燃气炉，是冷水流过带有翅片的蛇形管换热器被烟气加热，得到所需温度的热水。容积式燃气炉内有一个 60~120L 的储水筒，筒内垂直装有烟管，燃气燃烧产生的热烟气经管壁传热加热筒内的冷水。

家用燃气炉排烟方式有强制排烟和强制给气排烟两种。前者属于半密闭式燃具，燃烧需要的空气取自室内，燃烧产生的烟气排至室外；后者属密闭式燃具，其烟道一般为套管结构，内管将产生的烟气排出室外，外管从室外吸入燃烧所需的新鲜空气。

禁止使用直排式燃气炉。使用半密闭自然排气式燃具，即使室内有良好的通风条件，由于易出现倒烟现象，也不宜在室内安装；安装在敞开的阳台、走廊上应采取防冻措施。密闭式家用燃气炉可以安装在厨房、厕所、封闭阳台或专用锅炉间内。

燃气热水供暖炉与可燃材料、难燃材料装修的建筑物部位间的距离不得小于表9-9中的数值。

排烟筒、排气管、给排气管与可燃、难燃材料装修的建筑物的安装距离应符合表9-10的规定。

表 9-9　燃气热水供暖炉与可燃材料、难燃材料装修的建筑物部位间的距离

种类	间隔距离/mm			
	上方	侧方	后方	前方
密闭自然对流式	600	45	45	45
密闭强制对流式	45	45	45	600

采暖炉的排烟道及多户共用的主烟道应合理处理，既保证排气畅通，又要防止倒烟。有条件时应保证主烟道处于负压状态（如装屋顶排烟风机），无此条件时按变压式自然排烟的烟道进行设计。

表 9-10　排气筒、排气管、给排气管与可燃、难燃材料装修的建筑物的安装距离

烟气温度		260℃ 及其以上	260℃ 以下	
部位		排气筒、排气管		给、排气管
开放部位	无隔热	150mm 以上	$D/2$ 以上	0mm 以上
	有隔热	有 100mm 以上隔热层,可取 0mm 以上安装	有 20mm 以上隔热层,可取 0mm 以上安装	—
隐蔽部位		有 100mm 以上隔热层,可取 0mm 以上安装	有 20mm 以上隔热层,可取 0mm 以上安装	20mm 以上
穿越部位措施		应有下述措施之一: 1)150mm 以上的空间 2)150mm 以上的金属保护板 3)100mm 以上的非金属不燃材料保护板(混凝土制)	应有下述措施之一: 1)$D/2$ 以上的空间 2)$D/2$ 以上的金属保护板 3)20mm 以上的非金属不燃材料卷制或缠绕	0mm 以上

设置供暖器具的房间应有良好的通风措施。

2. 电热供暖

单纯的电热供暖方式是高品质能源的低位利用，不应推广。在环保有特殊要求的区域、远离集中热源的独立建筑、采用热泵的场所、能利用低谷电蓄热的场所、有丰富水电资源可供利用等特殊场合时，采用电热供暖可以充分发挥其方便、灵活等特点。

电热直接供暖设备包括：

自然对流式电暖器，如踢脚板式电暖器；强制对流式电暖器，如各类电暖风机；辐射式电暖器，如石英管电暖器；对流辐射式电暖器，如电热油汀。

模块式电热锅炉：一个建筑单元、一栋建筑或者数栋性质相同的建筑共用一个供暖系统。

家用电热锅炉：以户为供热单位，利用散热器或低温热水地板辐射供暖，同时可以兼供生活热水。

除上节所述的低温辐射电热膜和发热电缆外，还有半导体电热带、电热板和相变蓄热电供暖设备等。

电热供暖系统可根据需要调节室温达到节能的目的，可隐形安装，相应增加了使用面积；节水、节省锅炉房，减少了住宅区环境污染；使用寿命长，计量方便、准确，管理简便。

3. 家用换热机组

在分户计量系统中，每户设置一套独立的换热机组，户内系统与热网隔绝，可大大降低热网补水量；户内系统自备热媒水，水质容易保证；散热器承受的压力极低，提高供暖系统安全性。换热器既可以是单独的供暖换热器，也可以与卫生热水换热器合成一体。供暖换热系统宜为开式无压系统，设管道循环泵供水。卫生热水换热器可为承压即热式，靠自来水供水，可不再设泵；也可做成无压容积式，根据换热器设置高度，可以设泵或不设泵。换热器还可与热计量设备组合到一起，成为一个换热计量机组，便于用户选用。

思 考 题

1. 试比较自然循环系统与机械循环系统的区别。
2. 选择供暖方式时应考虑哪些方面？
3. 分户计量热水供暖系统是如何实施的？
4. 按照散热方式的不同，供暖系统可以分为哪几类？
5. 简述高层建筑供暖负荷的特点。
6. 什么是疏水器？在蒸汽供暖系统中，疏水器的作用是什么？
7. 锅炉房位置的选择与哪些因素有关？

第10章
通风及防排烟

通风是改善室内空气环境的一种重要手段。把建筑物室内污浊的空气直接或净化后排至室外，再把新鲜的空气补充进来。保持室内的空气环境符合卫生标准的需要。这一过程就叫"通风"。由此可见，通风包括从室内排除污浊的空气和向室内补充新鲜的空气两个方面。其中，前者称为"排风"，后者称为"送风"或"进风"。为实现排风或送风而采用的一系列设备、装置的总体，称为"通风系统"。

10.1　建筑通风概述

10.1.1　建筑空间空气的卫生条件

1. 建筑通风的意义

一般的民用建筑和一些发热量小而且污染轻微的小型工业厂房，通常只要求保持室内空气新鲜清洁，并在一定程度上改善室内空气温湿度和流速。这种情况下往往通过门窗换气、穿堂风降温等手段就能满足要求，不需要对进排风进行处理。

许多工业生产厂房中，工艺过程可能散发大量热、湿、各种工业粉尘以及有害气体和蒸汽。这些污染物若不能排除，必然危害工作人员的身体健康，影响正常生产过程与产品质量，损坏设备和建筑结构。此外，大量工业粉尘和有害气体排入大气，势必导致环境污染，但又有许多工业粉尘和气体是值得回收的原材料。因此，通风的任务就是用新鲜空气代替生产过程中的危害物质，并尽可能对污染物进行回收，化害为宝，防止环境污染。这种通风过程称为"工业通风"，一般必须使用机械手段才能进行。

2. 建筑空间空气的卫生条件

（1）室内空气的温度　温度是反映空气冷热程度的状态参数。人体与周围环境之间存在着热量传递，在建筑通风设计计算时应根据当地气候条件、建筑物类型、服务对象等条件选取适宜的室内计算温度。

（2）相对湿度　反映了湿空气中水蒸气接近饱和含量的程度。人体在气温较高时会蒸发更多的水分，这时相对湿度便十分重要。相对湿度的设计极限应该从人体生理需求和承受能力来确定。在某些生产车间设计中，相对湿度还应兼顾生产工艺的特殊要求。

（3）气流流速　气流流速是影响人体对流散热和水分蒸发的主要因素之一，气流流速过大会引起吹风感，产生不舒适感觉；而气流流速过小会产生闷气、呼吸不畅的感觉。气流流速的大小还直接影响人体皮肤与外界环境对流换热效果，流速增大，对流换热速度加快；流速减慢，对流换热速度减小。

此外，空气洁净度等对人体生理也有一定的影响。应该说明，建筑空间中众多空气的各种物理参数之间是相互关联的，我国颁发的 GBZ 1—2010《工业企业设计卫生标准》对室内空气温度、流速和相对湿度作了规定。

3. 污染物的主要来源

在以人为主的室内环境中，污染物主要包括以下三个方面：

1）人体新陈代谢中产生的 CO_2、皮肤表面的代谢产物。

2）建筑材料中挥发出的有害物，如苯类、醛类等有机物质。

3）周围土壤中存在的氡等放射性物质以及室外大气中存在的灰尘、SO_2 等。

10.1.2 通风系统的分类

为排风和送风设置的管道及设备等装置分别称为排风系统和送风系统，统称为通风系统。根据空气流动的动力不同，通风系统可分为自然通风和机械通风两种；根据系统作用范围分为全面通风和局部通风两种。

1. 自然通风

自然通风是依靠室内外空气的温度差（实际是密度差）造成的热压，或者是室外风造成的风压，使房间内外的空气进行交换，从而改善室内的空气环境。

风压作用下的自然通风是利用室外空气流动（风力）的一种作用压力造成的室内外空气交换。在它的作用下，室外气流遇到建筑物时，动压转变为静压，在不同朝向的围护结构外表面上形成风压差。在迎风面上产生正压而背风面上产生负压。室外空气通过建筑物迎风面上的门、窗、孔口进入室内，室内空气则通过背风面上的门、窗、孔口排出，如图 10-1 所示。

热压作用下的自然通风是利用室内外空气温度的不同而形成的重力压差造成的室内外空气交换。当室内空气的温度高于室外时，室外空气的密度较大，便从房屋下部的门、窗、孔口进入室内，室内空气则从上部的窗口排出，如图 10-2 所示。

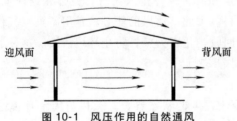

图 10-1　风压作用的自然通风

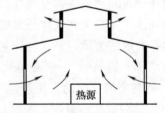

图 10-2　热压作用的自然通风

管道式自然通风是依靠热压通过管道输送空气的另一种有组织的自然通风方式。集中采暖地区的民用和公共建筑常用这种方式作为寒冷季节里的自然排风措施，或做成热风采暖系统，如图 10-3 所示。同时，利用风压和热压，以及无风时只利用热压进行全面换气，是对高温车间防暑降温的一种最经济有效的通风措施，如图 10-4 所示。

自然通风不需要另外设置动力设备，不消耗电能，对于有大量余热的车间，是一种经济、有效、节能的通风方法，使用管理也比较简单。而且往往可以获得巨大的换气量，因此应优先采用这一种通风方式。其缺点是，无法处理进入室内的室外空气，也难于对从室内向室外排出的污浊空气进行净化处理；其次，自然通风受室外气象条件影响，通风效果不稳定。

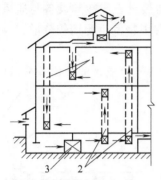

图 10-3 管道式自然通风系统

1—排风管道 2—送风管道

3—进风加热设备 4—排风加热设备

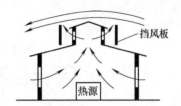

图 10-4 利用风压和热压的自然通风

2. 机械通风

通过风机作用使空气流动，造成房间通风换气的方法称为机械通风。由于风机的风量和风压可根据需要确定，这种通风方法能保证所需要的通风量，控制房间内的气流方向和速度，并可对进风和排风进行必要的处理，使房间空气达到所要求的参数，且通风效果不会受到影响。因此，机械通风方法得到了广泛应用。机械通风可划分为局部通风和全面通风两种。

局部通风系统的作用范围仅限于个别地点或局部区域，包括局部排风系统和局部送风系统两种。

局部排风系统是指在局部工作地点将污浊空气就地排除，以防止其扩散的排风系统。它由局部排风罩、排风管道、空气净化装置、排风机、排风柜等部分组成，如图 10-5 所示。

局部送风系统是指向局部地点送入新鲜空气或经过处理的空气，以改善该局部区域的空气环境的系统。它又分为系统式和分散式两种。系统式局部送风系统可以对进出的空气进行加热或冷却处理，如图 10-6 所示；分散式局部送风一般采用循环的轴流风扇。

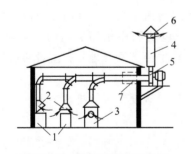

图 10-5 局部机械排风系统

1—工艺设备 2—局部排风罩 3—排风柜

4—风道 5—排风机 6—排风帽 7—排风处理装置

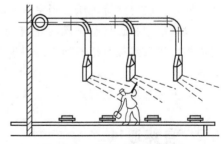

图 10-6 局部机械送风系统

全面通风系统是对整个房间进行通风换气，用新鲜空气把整个房间的有害物浓度冲淡到最高允许浓度以下，或改变房间内的温度、湿度。全面通风所需的风量大大超过局部通风，相应的设备也较庞大。全面通风分为全面送风、全面排风和进风与排风都有的联合通风三大类。

全面机械进风系统由进风百叶窗、过滤器、空气加热器（冷却器）、通风机、送风管道和送风口等组成，如图10-7所示。通常把进风过滤器、加热设备或冷却设备与通风机集中设于一个专用的房间内称为"通风室"。这种系统适用于有害物发生源比较分散，并且需要保护的面积比较大的建筑物。

全面机械排风系统由排风口、排风管道、空气净化设备等组成，适合比较分散的场合，如图10-8所示。

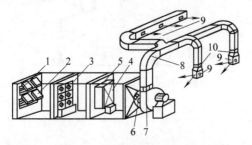

图 10-7　全面机械送风系统

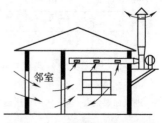

图 10-8　全面机械排风系统

1—百叶窗　2—保温阀　3—过滤器　4—空气加热器　5—旁通阀

6—起动阀　7—通风机　8—风道　9—送风口　10—调节阀

联合通风是指机械通风和自然通风相结合的通风方式。

10.1.3　通风方式的选择

散发热、蒸汽或有害物质的建筑物宜采用局部排风。当局部排风达不到卫生要求时，应辅以全面排风或采用全面排风。设计局部排风或全面排风时，宜采用自然通风。当自然通风达不到卫生或生产要求时，应采用机械通风或自然与机械的联合通风。

民用建筑的厨房、厕所、盥洗室和浴室等宜设置自然通风或机械通风进行局部排风或全面换气。普通民用建筑的居住、办公用房等宜采用自然通风；当其位于严寒地区或寒冷地区时，尚应设置可开启的外窗进行定期换气。

设置机械通风的民用建筑和生产厂房以及辅助建筑中要求清洁的房间，当其周围空气环境较差时，室内应保持正压；当室内的有害气体和粉尘有可能污染相邻房间时，室内应保持负压。设置集中采暖且有排风的建筑物应考虑自然补风（包括利用相邻房间的清洁空气）的可能性。当自然补风达不到室内卫生条件、生产要求或技术经济不合理时，宜设置机械送风系统。

可能突然散发大量有害气体或有爆炸危险气体的生产厂房应设置事故排风装置。

10.2　自然通风

自然通风不需要另外设置动力设备，是一种经济节能的通风方式，应优先采用，只有在自然通风不能达到卫生和条件要求时才采用机械通风。例如，在某些平炉车间和轧钢车间，自然通风量可高达 $4.61 \times 10^3 \mathrm{m}^3/\mathrm{s}$。余热量较大的热车间常用自然通风进行全面换气，降低室内空气温度。由于自然通风的效果取决于建筑结构和室外环境，因此有效的自然通风系统需要经过精心的研究和设计，才能使自然通风基本上按照预想的模式运行。

10.2.1 自然通风的作用原理

对于一幢建筑或者一间房间，如果它有两个开口（门或窗等），而且空气在每个开口的两侧压力不相同，那么在压差 Δp 的作用下，压力较高一侧的空气势必通过窗孔流到压力较低的一侧，而且可以认为压力差 Δp 全部消耗在克服空气流过窗孔的阻力上。即

$$\Delta p = \xi \frac{v^2}{2}\rho \tag{10-1}$$

因此，通过窗孔的空气流量为

$$L = vA = A\sqrt{\frac{2\Delta p}{\xi\rho}} \tag{10-2}$$

式中　Δp——窗孔两侧的压力差，单位为 Pa；

　　　v——空气通过窗孔时的流速，单位为 m/s；

　　　ρ——空气的密度，单位为 kg/m^3；

　　　ξ——窗孔的局部阻力系数，与窗的类型、构造有关；

　　　A——窗孔的面积，单位为 m^2。

可见，窗孔两侧的压差 Δp、窗孔的面积 A 和窗孔的构造是通过窗孔空气量大小的决定因素，如果窗孔的类型和大小一定，通过的风量就随 Δp 的增加而增加。下面就对 Δp 产生的原因和提高途径进行分析。

1. 室内外温差作用下的自然通风

如图 10-9 所示，在建筑外围护结构的不同高度处有两个开口 a 与 b，它们的高差为 h。假设室内温度为 t_n，密度为 ρ_n，室外温度为 t_w，密度为 ρ_w，且有 $t_n > t_w$ 即 $\rho_n < \rho_w$。同时，将开口外侧静压记为 p_{aw} 与 p_{bw}，开口内侧静压记为 p_{an} 与 p_{bn}。则开口 a 内外压力差为

$$\Delta p_a = p_{an} - p_{aw} \tag{10-3}$$

开口 b 内外压力差为

$$\Delta p_b = p_{bn} - p_{bw} \tag{10-4}$$

且有 $\Delta p_a(\Delta p_b) > 0$ 时，空气由开口 a（b）流出，反之则流入。

现假设 $\Delta p_a = 0$

$$\begin{aligned}
\Delta p_b &= (p_{an} - \rho_n gh) - (p_{aw} - \rho_w gh) \\
&= \Delta p_a + gh(\rho_w - \rho_n) \\
&= gh(\rho_w - \rho_n) > 0
\end{aligned} \tag{10-5}$$

式中　g——重力加速度。

由式（10-5）可知，当 $\Delta p_a = 0$ 时，$\Delta p_b = gh(\rho_w - \rho_n) > 0$，说明当室内外空气存在温差时，只要开启窗孔 b，空气便会从内向外排出。随着空气向外流动，室内静压逐渐降低，使得 $p_{an} < p_{aw}$，即 $\Delta p_a < 0$。这时室外空气便由下窗孔 a 进入室内，直至窗孔 a 的进风量与窗孔 b 的排风量相等为止，形成正常的自然通风。且有 $\Delta p_b - \Delta p_a = gh(\rho_w - \rho_n)$。$gh(\rho_w - \rho_n)$ 称为热压。热压的大小与室内外空气的温度差（密度差）和进排风窗孔之间的高差有关。在室内温度一定的情况下，提高热压作用动力的唯一途径是增大进排风窗孔之间的垂直高度。

联合通风是指机械通风和自然通风相结合的通风方式。

如果是一多层建筑物，假设室内温度仍大于室外温度，则室外空气从下层房间的外门窗

缝隙或开启的洞口进入室内，经内门窗缝隙或开启的洞口进入楼内的垂直通道（如楼梯、电梯井、上下连通的中庭等）向上流动，最后经上层的内门缝或开启的洞口和外墙的窗、阳台门缝排至室外。这就形成了多层建筑物在热压下的自然通风，也就是所谓的"烟囱效应"。"烟囱效应"的强度与建筑物高度和室内外温差有关，通常建筑物越高，"烟囱效应"就越强烈。

2. 风压作用下的自然通风

室外气流吹过建筑物时，气流将发生绕流。经过一段距离后才能恢复原有的流动状态。如图 10-10 所示，由于建筑物的阻挡，建筑物四周室外气流的压力分布将发生变化，迎风面气流受阻，动压降低，静压增加，侧面和背风面由于产生局部涡流，静压降低。和远处未受干扰的气流相比，这种静压的升高或降低统称为风压。静压升高，风压为正，称为正压；静压下降，风压为负，称为负压。风压为负值的区域称为空气动力阴影。如图 10-11 所示，对于风压造成的气流运动来说，正压面的开口起进风作用，负压面的开口起排风的作用。

图 10-9　热压作用下的自然通风　　　　图 10-10　建筑物四周的空气分布

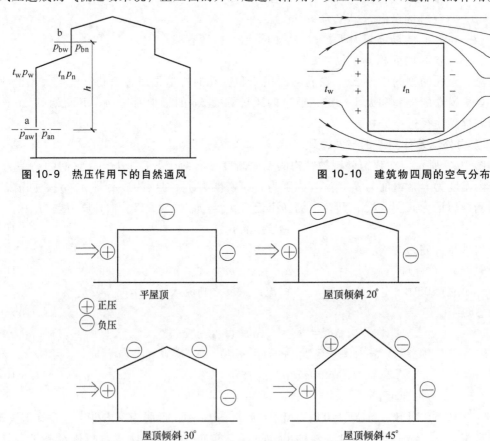

图 10-11　建筑物在风力作用下的压力分布图

某一建筑物周围的风压分布与该建筑的几何形状和室外的风向有关。风向一定时，建筑物外围结构上某一点的风压值可用式（10-6）表示

$$p_f = K\rho_w v_w^2/2 \qquad\qquad (10\text{-}6)$$

式中　　p_f——风压，单位为 Pa；

K——空气动力系数；

v_w——室外空气流速，单位为 m/s；

ρ_w——室外空气密度，单位为 kg/m^3。

K 值为正，说明该点的风压为正值，K 值为负，说明该点的风压为负值。不同形状的建筑物在不同方向的风力作用下，空气动力系数分布是不同的。空气动力系数要在风洞内通过模型试验求得。

同一建筑物的外围结构上，如果有两个风压值不同的窗孔，空气动力系数大的窗孔将会进风，空气动力系数小的窗孔将会排风。如图 10-12 所示的建筑处在风速为 v_w 的风力作用下，由于 $t_w = t_n$，没有热压的作用。在风的作用下，迎风面窗孔的风压为 p_a，背风面窗孔的风压为 p_b（$p_a > p_b$），窗孔中心平面上的余压为 p_x。因为没

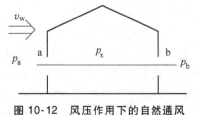

图 10-12　风压作用下的自然通风

有热压的作用，室内各点的余压均保持相等。如果只开启窗孔 a，关闭窗孔 b，不管窗孔 a 内外的压差如何，由于空气的流动，室内的余压 p_x 逐渐升高，当室内的余压等于窗孔 a 的风压时（$p_a = p_x$），空气停止流动。如果同时打开窗孔 a 和 b，由于 $p_a > p_b$，$p_a = p_x$，所以 $p_x > p_b$，空气将从窗孔 b 流出。随着空气的向外流动，室内的余压 p_x 下降，这时 $p_a > p_x$，室外空气由窗孔 a 流入室内。一直到窗孔 a 的进风量等于窗孔 b 的排风量时，p_x 才保持稳定。

3. 热压与风压共同作用下的自然通风

当某一建筑物的自然通风是依靠风压和热压共同作用来完成时，外围结构上各窗孔的内外空气压力值应该是各窗孔的余压与室外风压之差。

设有一建筑，室内温度高于室外温度。当只有热压作用时，室内外的压力分布如图 10-13a 所示；当只有风压作用时，迎风面与背风面的室外压力分布如图 10-13b 所示，其中虚线为未考虑温度影响的室内压力线；当热压与风压联合作用时，室内外的压力分布如图 10-13c 所示，由此可以看到，当 $t_n > t_w$ 时，在下层迎风面进风量增加了，下层的背风面进风量减少了，其至可能出现排风；上层的迎风面排风量减少了，其至可能出现进风，上层的背风面排风量加大了。

由于室外的风速及风向均是不稳定因素，且无法人为地加以控制，因此，在进行自然通风的设计计算时，按照 GB 50736—2012《民用建筑供暖通风与空气调节设计规范》规定，对于热压的作用必须定量计算；对于风压的作用仅定性地考虑其对通风的影响，不予计算。虽然如此，仍应了解风压的作用原理，考虑它对通风空调系统运行和热压作用下的自然通风的影响。

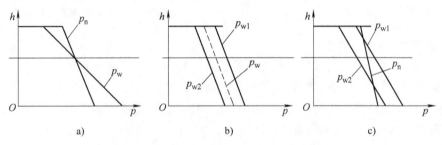

图 10-13　热压与风压作用下的自然通风

a）只有热压作用　b）只有风压作用　c）热压与风压联合作用

10.2.2 建筑设计与自然通风

如前所述，虽然自然通风在大部分情况下是一种经济有效的通风方式，但是它同时又是一种难以进行有效控制的通风方式。由于它受到气象条件、建筑平面规划、建筑结构形式、室内工艺设备布置、窗户形式与开窗面积、其他机械通风设备等许多因素的影响，因此在确定通风房间的设计方案时，规划、建筑、工艺及通风各专业应密切配合、相互协调、综合考虑、统筹布置。

1. 建筑总平面规划

为了保证建筑的自然通风效果，建筑主要进风面一般应与夏季主导风向成 60°～90°，不宜小于 45°，同时，应避免大面积外墙和玻璃窗受到西晒。应将建筑纵轴尽量布置成东西向，尤其在炎热地区。为了保证厂房有足够的进风窗孔，不宜将过多的附属建筑布置在厂房四周，特别是厂房的迎风面。

当采用自然通风的低矮建筑物与较高建筑物相邻接时，为了避免风压作用及高大建筑物周围形成的正、负压对低矮建筑正常通风的影响，各建筑物之间应保持适当的比例关系。

2. 建筑形式的选择

建筑物高度对自然通风有很大的影响，随着建筑物高度增加，室外风速随之增加。而门窗两侧的风压差与风速平方成正比。另一方面，热压与建筑物高度也成正比。因此，自然通风的风压作用和热压作用都随着建筑物高度的增加而增强。这对高层建筑的室内通风是有利的。但是，高层建筑能把城市上空的高速风引向地面，产生"楼房风"的危害，这对周边地区自然通风的稳定性和控制是不利的。

如果迎风面和背风面的外墙开孔面积占外墙总面积 1/4 以上，且建筑内部阻挡较少时，室外气流就能横贯整个车间，形成所谓的"穿堂风"，如图 10-14 所示。穿堂风的风速较大，有利于人体散热。一般民用建筑广泛采用穿堂风。

对于多跨车间，应将冷、热源间隔布置，避免热跨相邻，如图 10-15 所示，使冷跨位于热跨中间，冷跨天窗进风而热跨天窗排风。

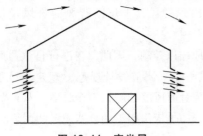

图 10-14 穿堂风

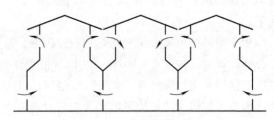

图 10-15 多跨车间的自然通风

3. 工艺布置

1) 以热压为主进行自然通风的厂房应将散热设备布置在天窗的下部。

2) 在多层建筑中，应将散热设备尽量放在最高层。

3) 散热量大的热源应尽量布置在厂房外面，且布置在夏季主导风向的下风向。布置在室内的热源应采取有效的隔热降温措施。

4. 进风窗、避风天窗与风帽

(1) 进风窗的布置与选择

1) 对于单跨厂房进风窗应设在外墙上，在集中供暖地区最好设上、下两排。

2) 自然通风进风窗的标高应根据其使用的季节来确定：夏季通常使用房间下部的进风窗，其下缘距室内地坪的高度一般为 0.3~1.2m，这样可使室外新鲜空气直接进入工作区；冬季通常使用车间上部的进风窗，其下缘距地面不宜小于 4m，以防止冷风直接吹向工作区。

3) 夏季车间余热量大，因此下部进风窗面积应开得大一些，宜用门、洞、平开窗等；冬季使用的上部进风窗面积应小一些，宜采用下悬窗扇，向室内开启。

（2）避风天窗 天窗分普通天窗和避风天窗，其主要差别是前者无挡风板。在风的作用下，普通天窗产生倒灌，故不适用于散发大量余热、粉尘和有害气体的车间使用，仅适用于以采光为主的较清洁的厂房。避风天窗的空气动力性能良好，天窗排风口不受风向的影响，一般均处于负压状态，故能稳定排风、防止倒灌。

用于冶金、化工、加工等工业厂房的天窗通常冬夏没有调节要求，故应选用无窗扇的避风天窗；对于需要防风沙或有调节风量要求的厂房，宜选用带有调节窗扇的避风天窗；对位于我国多雨地区的厂房，其天窗结构应有防雨措施。除上述外，还应考虑工艺特点、结构复杂程度、空气动力性能和造价等。

由于风的作用，普通排风天窗迎风面窗孔会发生倒灌，可以在天窗上增设挡风板，保证排风天窗在任何风向下都处于负压区以利于排风，这种天窗称为避风天窗。常用的避风天窗有以下几种：

1) 矩形避风天窗，如图 10-16 所示，挡风板常用钢板、木板或木棉板等材料制成，两端应封闭。

挡风板上缘一般应与天窗屋檐高度相同，与天窗窗扇之间的距离为天窗高度的 1.2~1.3 倍。这种天窗采光面积大，当热源集中布置在车间中部时，便于热气流迅速排出。其缺点是建筑结构复杂，造价高。挡风板下缘与屋顶之间的距离为 50~100mm，用于排除屋面水。

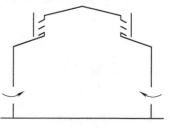

图 10-16　矩形避风天窗

这种天窗采光面积大，当热源集中布置在车间中部时，便于热气迅速排出。其缺点是建筑结构复杂，造价高。

2) 下沉式避风天窗，如图 10-17 所示，这种天窗是利用屋架上下弦之间的空间，让屋面部分下沉而形成的。根据处理方法不同，又分为纵向下沉式（见图 10-17a）、横向下沉式（见图 10-17b）和天井式（见图 10-17c）。下沉式天窗比矩形天窗可降低厂房高度 2~5m，节省挡风板和天窗架，但天窗高度受屋架的限制，排水也较困难。

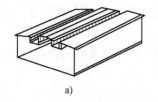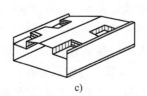

图 10-17　下沉式避风天窗

a) 纵向下沉式天窗　b) 横向下沉式天窗　c) 天井式天窗

3) 风帽是排风系统的末端设备，它利用风力造成的负压来加强自然通风的排风能力。避风风帽是在普通风帽的外围增设一圈挡风板而制成的。目前常用的风帽主要有伞形风帽、圆形风帽和锥形风帽。

风帽是依靠风压和热压的作用,把室内污染空气排到室外的一种自然通风装置。多使用在局部自然通风和无天窗的全面自然换气场合。风帽通常装在局部自然排气罩的风道末端和要求加强全面通风的建筑物屋顶上。风帽一般都采用避风结构,即在普通风帽的外围增设一圈挡风圈(见图10-18)。挡风圈的作用与避风天窗的挡风板相似,室外气流吹过风帽时,可以保证排出口基本上处于负压区内。在自然排风系统的出口装设避风风帽能够增大系统的抽力,一些阻力较小的自然排风系统则完全依靠风帽的负压克服系统的阻力。图10-19所示为两种常用的风帽形式。

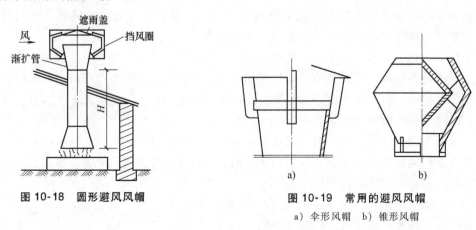

图10-18 圆形避风风帽

图10-19 常用的避风风帽

a) 伞形风帽 b) 锥形风帽

10.3 机械通风

10.3.1 局部通风

局部通风系统的作用范围仅限于个别地点或局部区域,包括局部排风系统和局部送风系统两种。局部排风系统的组成如下。

1. 局部排风罩

局部排风罩是局部排风系统的重要组成部分,它通过控制污染气流的运动来控制工业有害物在空气中的扩散和传播。设计完善的排风罩能在不影响生产工艺和设备操作的前提下,以较小的风量获得良好的通风效果,保证工作区的空气环境达到卫生标准。

局部排风罩有不同的分类方法。例如:按照操作温度分为热过程排风罩和冷过程排风罩;按照排风罩的工作原理,则可分为密闭罩、外部吸气罩、接受式排风罩、槽边排风罩、吹吸式排风罩和通风柜等。不论哪种形式的排风罩,都是通过控制局部气流来控制工业有害物的。

(1) 密闭罩 密闭罩把有害物源全部密闭在罩内,隔断生产过程中造成的有害气流和室内气流的联系,防止粉尘等有害物随室内气流传播到车间其他部位。

密闭罩工作时,必须保证罩内各点均为负压,以防止污染气流经工作孔或不严密的缝隙渗出并扩散到车间。它只需较小的排风量就能在罩内造成一定的负压,能有效控制有害物的扩散,并且排风罩气流不受周围气流的影响。缺点是工人不能直接进入罩内检修设备,有的看不到罩内的工作情况。

（2）外部吸气罩 由于工艺条件限制而不可能设置密闭罩时，采用外部吸气罩。

外部吸气罩是通过罩口的抽吸作用，在距吸气口最远的有害物散发点（即控制点）上造成一定的气流速，以有效地把有害物吸入罩内。其特点是结构简单，制造方便；但所需排风量较大，且易受室内横向气流的干扰，捕集效率较低。常见形式有顶吸罩、侧吸罩、底吸罩和槽边吸气罩（见图10-20）。

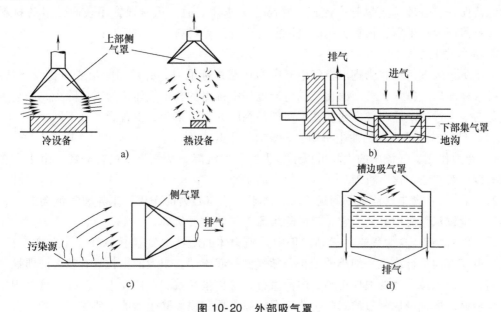

图 10-20 外部吸气罩

a）顶吸罩 b）侧吸罩 c）底吸罩 d）槽边吸气罩

（3）接受式排风罩 接受式排风罩用来接受由生产过程（如热过程、机械运动过程）中产生或诱导出来的污染气流。其特点是罩口外的气流运动不是由于罩子的抽吸作用，而是由于生产本身过程产生的，如图10-21所示。

（4）吹吸式排风罩 当外部吸气罩与污染源的距离较大时，可以在外部吸气罩的对面设置一吸气口，从而形成一层空气幕阻止污染物的散逸，同时也诱导污染气体一起向排风罩流动（见图10-22）。

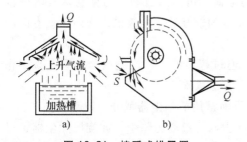

图 10-21 接受式排风罩

a）热源上部伞形接受罩 b）砂轮机接受罩

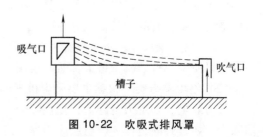

图 10-22 吹吸式排风罩

其特点是采用气幕抑制污染物扩散，气量小，抗干扰能力强，不影响工艺操作，效果好。适用于槽、台宽度大于2m的工作台。

（5）通风柜 通风柜是一种特殊的密闭罩，散发有害物的工艺装置（如化学反应装置、热处理设备、小零件喷漆设备等）置于柜内，操作过程完全在柜内进行，上面一般设有可以启闭的操作孔和观察孔。由于内部机械设备扰动，化学反应，发热设备的热气流以及室内横向气流的干扰，有害物可能逸出通风柜，通风柜必须抽风，使柜内形成负压。

2. 排风管道

输送含尘或有害气体，并把通风系统中的各种设备或部件连成了一个整体。为了提高系统的经济性，应合理选定风管中流速，管路应力求短、直。风管通常用表面光滑的材料制作，如：薄钢板、聚氯乙烯板，有时也用混凝土、砖等材料。

3. 空气净化装置

为了防止大气污染，当排出空气中有害物量超过标准时，必须用除尘或净化设备处理，达到排放标准后，排入大气。净化工业生产过程中排出的含尘气体称为工业除尘，净化进风空气称为空气过滤。这两类净化的基本原理是相同的，但采用的设备则各有不同。

（1）目前常用除尘器的滤尘机理　主要有以下几方面：

1）重力作用：气流中的尘粒可以依靠重力自然沉降，从气流中进行分离。由于尘粒的沉降速度一般较小，这个机理只适用于粗大的尘粒。

2）离心力：含尘气流做圆周运动时，由于惯性离心力的作用，尘粒和气流会产生相对运动，使尘粒从气流中分离。它是旋风除尘器工作的主要机理。

3）惯性碰撞：含尘气流在运动过程中遇到物体的阻挡（如挡板、纤维、水滴等）时，气流要改变方向进行绕流，细小的尘粒会随气流一起流动。粗大的尘粒具有较大的惯性，它会脱离流线，保持自身的惯性运动，向前直行，这样尘粒就和物体发生了碰撞。这种现象称为惯性碰撞，惯性碰撞是过滤式除尘器、湿式除尘器和惯性除尘器的主要除尘机理。

4）接触阻留：细小的尘粒随气流一起绕流时，如果流线紧靠物体（纤维或液滴）表面，有些尘粒因与物体发生接触而被阻留，这种现象称为接触阻留。另外当尘粒尺寸大于纤维网眼而被阻留时，这种现象称为筛滤作用。粗孔或中孔的泡沫塑料过滤器主要依靠筛滤作用进行除尘。

5）扩散：小于 $1\mu m$ 的微小粒子在气体分子撞击下，像气体分子一样做布朗运动。如果尘粒在运动过程中和物体表面接触，就会从气流中分离，这个机理称为扩散。对于 $d_c \leqslant 0.3\mu m$ 的尘粒，这是一个很重要的机理。

6）静电力：悬浮在气流中的尘粒如带有一定的电荷，可以通过静电力使它从气流中分离。由于自然状态下，尘粒的荷电量很小，因此，要得到较好的除尘效果，必须设置专门的高压电场，使所有的尘粒都充分荷电。

7）凝聚：凝聚作用不是一种直接的除尘机理。通过超声波、蒸汽凝结、加湿等凝聚作用，可以使微小粒子凝聚增大，然后再用一般的除尘方法去除。

（2）除尘器分类　根据主要除尘机理的不同，目前常用的除尘器可分为以下几类：

重力除尘，如重力沉降室；惯性除尘，如惯性除尘器；离心力除尘，如旋风除尘器；过滤除尘，如袋式除尘器、颗粒层除尘器、纤维过滤器；洗涤除尘，如自激式除尘器、卧式旋风水膜除尘器；静电除尘，如电除尘器。

4. 风机

向机械排风系统提供空气流动的动力。为了防止风机的磨损和腐蚀，一般把它放在净化设备后面。

5. 排气筒或烟囱

使有害物排入高空稀释扩散，避免在不利地形、气象条件下有害物对厂区或车间造成二次污染，并保护居住区环境卫生。

10.3.2 全面通风

1. 全面通风量的确定

全面通风系统除了承担降低室内有害物浓度外，还具有消除房间内多余热量和湿量的作用。

1）消除余热、余湿的全面通风量。消除室内余热所需的全面通风量 G_r 的计算式为

$$G_r = Q/c(t_p - t_s) \tag{10-7}$$

式中 G_r——全面通风量，单位为 kg/s；

Q——室内余热，单位为 kW；

c——空气的质量比热容，取为 1.01kJ/（kg·℃）；

t_p——排风温度，单位为℃；

t_s——送风温度，单位为℃。

消除室内余湿所需的全面通风量 G_s 的计算式为

$$G_s = W/(d_p - d_s) \tag{10-8}$$

式中 G_s——全面通风量，单位为 kg/s；

W——室内余湿量，单位为 g/s；

d_p——排风含湿量，单位为 g/kg（干空气）；

d_s——送风含湿量，单位为 g/kg（干空气）。

2）减少室内有害物浓度并使其达到要求值所需的全面通风量 L 的计算式为

$$L = Kx/(y_0 - y_s) \tag{10-9}$$

式中 L——全面通风量，单位为 m³/s；

x——室内有害物散发量，单位为 g/s；

y_0——室内卫生标准中规定的最高允许浓度，单位为 g/m³；

y_s——送风中有害物浓度，单位为 g/m³；

K——安全系数，一般为 3~10。

当散布在室内的有害物无法具体计量时，可根据类似房间的实测资料和经验数据，按房间的换气次数确定。计算式为

$$L = nV \tag{10-10}$$

式中 n——房间换气次数，单位为次/h；

V——房间体积，单位为 m³。

全面通风量的确定如果仅仅是消除余热、余湿或有害气体时，则其各个通风量值就是建筑全面通风量数值。但当室内有多种有机溶剂的蒸发或是刺激性有味气体同时存在时，全面通风量应按各类气体分别稀释至允许值时所需要的换气量之和计算。除了上述有害物外，对于其他有害气体同时存在时，其全面通风量只需按换气量最大者计算即可。对于室内要求同时消除余热、余湿及有害气体的车间，全面通风量应按其中最大的换气量计算，即 $L_f = \max\{L_r, L_s, L\}$，其中，$L_f$ 表示车间的全面通风量。

2. 全面通风气流组织

全面通风效果不仅取决于通风量，还与通风气流的组织有关。在不少情况下，尽管通风量相当大，但因气流组织不合理，仍然不能全面而有效地把有害物稀释，在局部地点的有害物因此聚集，浓度增加。因此，合理设计气流组织是通风设计的重要环节，应当重视。

10.4　通风系统的主要设备和构件

机械排风系统一般由有害污染物收集设施、净化设备、排风管、风机、排风口及风帽等组成，而机械送风系统一般由进风室、风管、空气处理设备、风机和送风口等组成。此外，在机械通风系统中还应设置必要的调节通风量和启闭系统运行的各种控制部件，即阀门。通风系统主要设备及构件如下。

10.4.1　通风机

在通风工程中，常用的通风机按结构和工作原理可分为离心式、轴流式、贯流式和混流式四种类型，大量使用的是离心式和轴流式通风机。根据用途的不同，又可分为一般通风机、高温通风机、防爆通风机、防腐通风机、防火排烟风机等。

1. 按通风机作用原理分类

（1）离心式通风机　根据压力的不同，分为高、中、低压三类：高压，出口压力 $p>3000\mathrm{Pa}$；中压，$3000\mathrm{Pa}\geqslant$出口压力 $p>1000\mathrm{Pa}$；低压，出口压力 $p\leqslant1000\mathrm{Pa}$。本专业多用低压风机。

离心式通风机构造及组成如图 10-23 所示，它主要由四个机件组成。

1）集流器，也称喇叭吸风口，是风机的气流入口。它的作用是减少气体入口的压头损失，将气体均匀地引进叶轮，集流器有圆筒形、圆锥形、圆弧形和喷嘴形四种结构形式。吸风口有单吸和双吸两种。

2）叶轮，是由许多叶片组成的轮子，根据不同的要求决定叶片的形状和数量，叶片可以焊接或用铆钉铆固在底盘上，底盘和轴套相连，轴套再用键和通风机主轴相连。

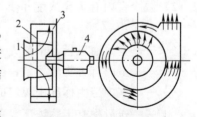

图 10-23　离心式通风机图
1—集流器　2—叶轮
3—机壳　4—传动部件

3）机壳，是包围在叶轮外面的外壳，一般为螺线形。它的作用是收集从叶轮甩出的气流，并将高速气流的速度降低，使静压力增加并克服外界的阻力，将气流送出去。

4）传动部件，包括机轴、轴承、联轴器、带轮等，它们的作用是将通风机和电动机相连接起来。

离心式风机的一个显著特点是风量、风压的范围都较广，因此对各类通风系统所要求的参数都有较大的适用性。

（2）轴流式通风机　轴流式通风机的叶片有板型、机翼型多种，叶片根部到梢常是扭曲的，有些叶片的安装角是可以调整的，调整安装角度能改变通风机的性能。

轴流式通风机的叶片安装于旋转轴的轮翼上，叶片旋转时，将气流吸入并向前方送出，如图 10-24 所示。根据其压力的不同区分为高、低压两类：高压，出口压力 $p \geqslant 500Pa$；低压，出口压力 $p < 500Pa$。轴流式通风机安装简单，直接与风管相连，占用空间较小，因此其用途极为广泛。在侧墙上安装的排风扇也属于轴流式通风机的一种类型。

轴流式通风机与离心式通风机在性能上最主要的差别是前者产生的全压较小，后者产生的全压较大。因此，轴流式通风机只能用于无须设置管道的场合以及管道阻力损失较小的系统，而离心式通风机则往往用在阻力和损失较大的系统中。

（3）贯流式及混流式通风机 这两种通风机在外形上与轴流式通风机类似，都属于管道式通风机的范围，但它们工作原理却与轴流式通风机不同。它们通过对于叶片形状的改变，使其气流在进入通风机后，既有部分轴流作用，又产生部分离心作用。在安装方

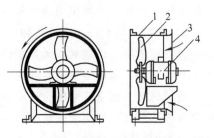

图 10-24 轴流式通风机的构造
1—圆筒形机壳 2—叶轮
3—进口 4—电动机

面，其特点是与轴流式通风机相似，具有接管方便、占用空间面积较小等优点。

2. 按通风机的用途分类

（1）一般用途通风机 这种通风机只适宜输送温度低于 80℃，含尘浓度小于 $150mg/m^3$ 的清洁空气。

（2）排尘通风机 它适用于输送含尘气体。为了防止磨损，可在叶片表面喷镀 Al_2O_3、硬质合金钢等，或焊上一层耐磨焊层，如碳化钨等。

（3）高温通风机 通风机输送的介质为空气，最高温度不超过 80℃，引风机输送的介质为烟气，最高温度不得超过 250℃。一般锅炉引风机的材料与一般用途通风机相同，但若输送气体温度在 300℃ 以上时，则应用耐热材料制作，滚动轴承采用空心轴水冷结构。

（4）防爆通风机 该类型通风机选用与砂粒、铁屑等物料碰撞时不发生火花的材料制作。对于防爆等级低的通风机，叶轮用铝板制作，机壳用钢板制作；对于防爆等级高的通风机，叶轮、机壳则均用铝板制作，并在机壳和轴之间增设密封装置。

（5）防腐通风机 防腐通风机输送的气体介质较为复杂，所用材质因气体介质而异。有些工厂在通风机叶轮、机壳或其他与腐蚀性气体接触的零部件表面喷镀一层塑料，或涂一层橡胶，或刷多遍防腐漆，以达到防腐目的，效果很好，应用广泛。

另外，用酚醛树脂、聚氯乙烯和聚乙烯等有机材料制作的通风机（即塑料通风机、玻璃钢通风机），质量轻，强度大，防腐性能好，已有广泛应用。

（6）消防排烟通风机 这是一类供建筑物消防排烟的专用通风机，具有耐高温的显著特点。如 HTF 消防排烟通风机能在 400℃ 高温条件下连续运行 100min 以上，广泛用于高级民用建筑、烘箱、地下车库、隧道等场合。

（7）屋顶通风机 这类通风机均因直接安装于建筑物的屋顶上而得名。其材料可用钢制或玻璃钢制，有离心式和轴流式两种。这类通风机常用于各类建筑物的室内换气，具有施工安装方便、外形美观、质量轻等特点。

3. 通风机的选择

通风机的选择按下列步骤进行：

1）根据输送气体的成分和性质以及阻力损失大小，首先选择不同用途和类型的通风机。例如：如用于输送含有强酸或强碱类气体的空气时，可选用塑料通风机；对于通风量大而所需压力小的通风系统以及用于车间内防暑散热的通风系统，多选用轴流式通风机；对于一般工厂、仓库和公共民用建筑的通风换气，可选用离心式通风机。

2）根据通风系统的通风量和风道系统的阻力损失，按照通风机产品样本来确定通风机型号。一般情况下，应对通风系统计算所得的风量和风压附加安全系数，风量的安全系数取为 1.05~1.10，风压的安全系数为 1.10~1.15。

通风机选型还应注意使所选用通风机正常运行工况处于高效率范围。另外，样本中所提供的性能选择表或性能曲线是指标准状态下的空气，所以，当实际通风系统中空气条件与标准状态不同时应进行修正计算。

10.4.2　风道

风道有时也称为风管，其作用是输送空气。风道的布置方式、断面形状和制造材料都与建筑结构、工艺及其设备的位置有关。

1. 常用的风道材料

常用的风道材料有金属和非金属两类。金属材料包括镀锌钢板、普通薄钢板、铝及铝合金板、不锈钢板；非金属材料有砖、混凝土、钢筋混凝土、矿渣水硬聚氯乙烯塑料板、玻璃钢板、陶瓷等。采用金属和硬聚氯乙烯塑料板等制作时常称为风管，采用非金属砖和混凝土制作时常称为风道。它们的优点是易于工业化加工制作、安装，能承受较高温度。通风工程常用的钢板厚度是 0.5~4mm。其中普通薄钢板和玻璃钢板应用较广，两种风管多采用法兰连接。

2. 风道的形状

风道的形状一般有圆形和矩形两种断面。在同样断面面积下，圆形风道周长最短，最为经济。由于矩形风道四角存在局部涡流，在同样风量下，矩形风道的压力损失要比圆形风道大。因此，在一般情况下（特别是除尘风道）都采用圆形风道，只是有时为了便于和建筑配合才采用矩形断面。

目前建筑行业还有一些异形风管，如螺旋形圆风管，它是一种以金属材料绕制的新型管道。其材料主要以镀锌钢带为主，同时也可用不锈钢、铜、铝和微孔板材制造，使用在不同的场合。该风管锁缝严密、无泄漏，结构强度大、刚性好，可避免产生噪声。具有较大的连续长度，一般为 4m，有特殊要求时可制成 6m。由于接头少，减少了摩擦损失和渗漏，并且能降低安装费用。

3. 风道的布置

通风管道的布置常常是从一个通风系统的作用范围来考虑的，在确定了系统的作用范围以后，结合建筑结构和工艺设备定位的要求，在不影响采光、不妨碍工艺操作的前提下，进行经济合理的布置。

在居住和公共建筑中，垂直的砖风道最好砌筑在墙内，为避免结露和影响自然通风的作用压力，一般不允许设在外墙中，而应设在间壁墙里，相邻两个排风或进风竖风道的间距不能小于 1/2 砖，排风与进风竖风道的间距应不小于 1 砖。

如果墙壁较薄，可在墙外设置贴附风道，如图 10-25 所示。当贴附风道沿外墙设置时，需在风道壁与墙壁之间留 40mm 宽的空气保温层。

设在阁楼里和不供暖房间里的水平排风道可用下列材料制作：如果排风的湿度正常，用 40mm 厚的双层矿渣石膏板，如图 10-26 所示；排风的湿度较大时，用 40mm 厚的双层矿渣混凝土板；排风的湿度很大时，用镀锌薄钢板或涂漆良好的普通薄钢板，外面加设保温层。

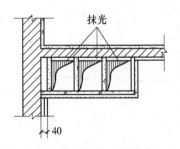

图 10-25 贴附风道（单位为 mm）

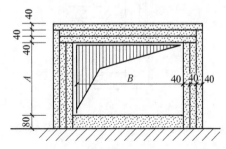

图 10-26 水平风道（单位为 mm）

各楼层内性质相同的一些房间的竖排风道可以在顶部（阁楼里或最上层的走廊及房间顶棚上）汇合在一起，对于高层建筑尚需符合防火规范的规定。工业通风的风道通常采用明装，风道用支架支承，沿墙壁及柱子敷设，或者用吊架吊在楼板或桁架的下面（风道距墙较远），在不影响生产过程及各种工艺设备使用前提下，尽可能布置得美观。风管布置力求顺直，除尘风管应尽可能垂直或倾斜敷设，倾斜时与水平面夹角最好大于 45°。如必须水平敷设或倾角小于 30°时，应采取措施，如加大流速、设清洁口等。当输送含有蒸汽、雾滴的气体时，应有不小于 0.005 的坡度，并在风管的最低点和风机底部设水封泄液管，注意水封高度应满足各种运行情况的要求。

4. 风道的保温

为了减少空气在风管输送过程中冷、热量损失，以及防止低温的风管表面在温度较高的非房间内或空间结露，需要对风管进行保温。

目前，保温材料使用的种类很多。如软木、聚苯乙烯泡沫塑料、超细玻璃棉、聚氨酯泡沫塑料和石板等。

对于敷设在非空调房间或空间的风道，保温层厚度经技术经济比较后确定，有特殊需要的则需另行设计计算。

10.4.3 进、排风装置

进风口、排风口按其使用场合和作用的不同有室外进、排风装置和室内进、排风装置之分。

1. 室外进、排风装置

机械送风系统和管道式自然送风系统的室外进风装置应设在室外空气比较洁净的地点，在水平和竖直方向上都要尽量远离和避开污染源。进风口的底部距室外地坪不宜小于 2m，进风口处应设置用木板、钢板或铝合金制作的百叶窗。

图 10-27 所示是进风装置的两种构造形式。其中，图 10-27a 是贴附于建筑物的外墙上；图 10-27b 是做成离开建筑物而独立的构筑物。如果在屋顶上部吸入室外空气，进风口应高

出屋面 0.5m 以上，以免吸入屋面上的灰尘或冬季被积雪堵塞。

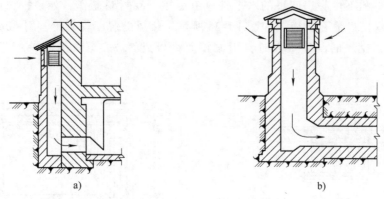

图 10-27　室外进风装置

室外排风装置的任务是将室内被污染的空气直接排到大气中去。管道式自然排风和机械排风系统向室外排风通常是由屋面排出；也有由侧墙排出的，但排风口应高出屋面 1.0m。

2. 室内进、排风口

室内送风口是送风系统中的风道末端装置，由送风道输送来的空气以一定速度分配到各个指定的送风地点。图 10-28 是构造最简单的两种送风口，孔口直接开设在风管上，用于侧向或下部送风。其中，图 10-28a 为风管侧送风口，除风口本身外，没有任何调节装置；图 10-28b 为插板式送、吸风口，设有插板，这种风口虽可调节送风量，但不能控制气流的方向。

室内排风口是全面排风系统的一个组成部分，室内被污染的空气经由排风口进入排风管道。排风口的种类较少，通常做成百叶式。此外，图 10-28 所示的送风口也可以用于排风系统，当作排风口使用。

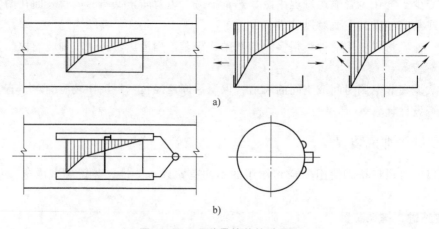

图 10-28　两种最简单的送风口

a）风管侧送风口　　b）插板式送、吸风口

室内送、排风口的布置情况是决定通风气流方向的一个重要因素。而气流的方向是否合理，将直接影响全面通风的效果。在组织通风气流时，应将新鲜空气直接送到工作地点或洁净区域，按有害物的分布规律设在室内浓度最大的地方。具体做法如下：

1）排除余热和余湿时，采取下送上排的气流组织方式。即将新鲜空气送到车间下部的工作地带，吸收余热和余湿后流向车间上部，由设在上部的排风口排出。

　　2）利用全面通风排除有害气体时，排风口的位置应根据下列不同的情况来确定：发散的气体比空气轻时，应从上部排出；发散的气体比空气重时，宜从上部和下部同时排出，但气体的温度较高或受车间散热影响而产生上升气流时，宜从上部排出；当挥发性物质蒸发后使周围空气冷却下降，或经常有挥发性物质洒落地面时，应从上部和下部同时排出。至于送风，则不论上述哪一种情况，都应一律送至作业地带。

　　3）对于用局部排风排除粉尘和有害气体而又没有大量余热的车间机械送风系统，宜将新鲜空气送至上部地带。

10.5　建筑防排烟系统

　　现代化的高层民用建筑，无论在装修上，还是家具陈设方面都存在着较多的可燃物，这些可燃物在燃烧过程中，会产生大量的有毒烟气和热，同时要消耗大量的氧气。

　　据测定分析，烟气中含有一氧化碳、二氧化碳、氟化氢、氯化氢等多种有毒成分。同时，高温缺氧又会对人体造成危害。另外，烟气有遮光作用，使人的能见度下降，这对疏散和救援活动造成很大的障碍。为了及时排除有害烟气，保障高层建筑内人员的安全疏散和有利于消防补救，在高层建筑设计中，设置防烟、排烟设施是十分必要的。

10.5.1　建筑防排烟系统概述

　　防烟、排烟的设计理论就是对烟气控制的理论。从烟气控制的理论分析：对于一栋建筑物来讲，当内部某个房间或部位发生火灾时，应迅速采取必要的排烟措施，对火灾区域实行排烟控制，使火灾产生的烟气和热量能迅速排除，以利人员的疏散和扑救；对非火灾区域及疏散通道等应迅速采用机械加压送风的防烟措施，使该区域的空气压力高于火灾区域的空气压力，阻止烟气的侵入，控制火灾的蔓延。一般采用防烟和排烟两种途径对烟气进行控制。

　　排烟就是将火灾产生的烟或流入的烟排出、稀释，防止烟气浓度上升。

　　1. 防烟系统

　　（1）原理　防烟系统就是凭借机械力，将室外新鲜空气送入应该保护的疏散区域，如楼梯间、前室等疏散通道和封闭避难场所，以提高该区域的室内压力，阻挡烟气的侵入。

　　（2）组成　防烟系统一般由加压送风机、风道和送风口组成，如图10-29所示。

　　2. 排烟系统

　　根据排烟方式不同，可分为自然排烟和机械排烟。

　　（1）自然排烟

　　1）原理。自然排烟是利用火灾时产生的热烟气流的浮力和外部风力作用，通过建筑物的对外开口把烟气排至室外的排烟方式。

　　2）组成。自然排烟系统由排烟口和进气口组成。在自然排烟设计中，必须有烟气的排烟口和冷空气的进风口，排烟口可以是可开启的外窗，也可以是专门设置在侧墙上部或屋顶上的排烟口。

（2）机械排烟

1）原理。机械排烟是采用机械设备（风机）强制排烟的手段来排除烟气的方式，该方式可以消除建筑环境因素对排烟的影响，但受排烟口位置和可开启数目的影响。

2）组成。机械排烟系统由排烟口、管道和风机组成，如图10-30所示。

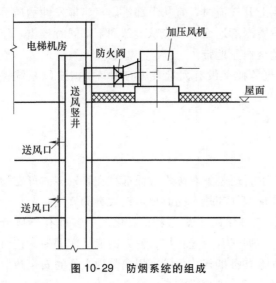

图10-29　防烟系统的组成

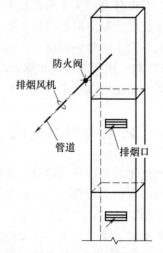

图10-30　机械排烟系统的组成

10.5.2　自然排烟

1. 自然排烟的条件

采用自然排烟方式的建筑应根据 GB 50016—2014《建筑设计防火规范》的规定，下列建筑中靠外墙的防烟楼梯间及其前室、消防电梯间前室和合用前室宜采用自然排烟设施进行防烟；二类高层公共建筑；建筑高度不超过100m 的居住建筑；建筑高度不超过 50m 的其他建筑。

设置自然排烟设施的场所，其自然排烟口的净面积应符合下列规定：防烟楼梯间前室、消防电梯间前室，不应小于 $2.0m^2$；合用前室，不应小于 $3.0m^2$；靠外墙的防烟楼梯间，每 5 层内可开启排烟窗的总面积不应小于 $2.0m^2$；中庭、剧场舞台，不应小于该中庭、剧场舞台楼地画画积的 5%；其他场所，宜取该场所建筑面积的 2%~5%。

2. 自然排烟的优缺点

（1）自然排烟效果不稳定　自然排烟的效果是受诸多因素影响的，而多数因素本身又是不稳定的，导致了自然排烟效果的不稳定。影响自然排烟不稳定的因素有：

1）排烟量及烟气温度随火灾的发生而变化。

2）高层建筑的热压作用随季节发生变化。

3）室外风速、风向随气象情况变化。

消除上述各种不稳定因素的影响是很困难的，对于1）、2）项的影响，根本无法消除，对于 3）的影响，可采用专用排烟竖井（排烟塔）的自然排烟方式消除，但排烟竖井要占有相当大的建筑面积，国内已很少采用。

（2）对建筑设计有一定的制约　由于自然排烟的烟气是通过外墙上可开启的外窗或专

用排烟口排至室外，因此采用自然排烟时对建筑设计制约如下：

1）房间必须至少有一面墙壁是外墙。

2）房间进深不宜过大，否则不利于自然排烟。

3）排烟口的有效面积与地面面积之比不小于 1/50。

基于上述要求，采用自然排烟必须对外开口，即使使用上明确密封的房间也必须设外窗，对隔声、防尘、防水等方面均带来困难。

（3）存在火灾通过外窗向上层蔓延的可能性　由外窗等向外自然排烟时，排出烟气的温度很高，且烟气中含有一定量的未燃尽的可燃气体，排至室外遇到新鲜空气后会继续燃烧。靠近外墙面的火焰内侧，由于空气得不到补充，形成负压区，致使火焰有贴壁向上燃烧的可能，很有可能将上层窗的玻璃烤坏，引燃窗帘等，扩大火灾。

3. 自然排烟设计

对于高层住宅及二类高层建筑，当前室内有 2 个及以上不同方向可开启的外窗，且可开启窗口面积符合要求时，可采用自然排烟，如图 10-31 所示。

作为自然排烟的窗口宜设置在房间的外墙上方或屋顶上，并应有方便开启的装置。自然排烟口距该防烟分区最远点的水平距离不应超过 30m。

为了减少风向对自然排烟的影响，当采用阳台、凹廊为防烟前室时，应尽量设置与建筑物色彩、体型相适应的挡风设施，如图 10-32 所示。

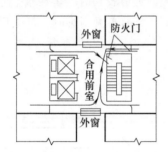

图 10-31　有两个不同方向的可开启外窗的前室

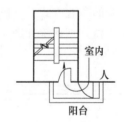

图 10-32　阳台为前室的自然排烟

10.5.3　机械排烟

1. 机械排烟的条件

下列部位应设置机械排烟设施：

1）无直接自然通风且长度超过 20m 的内走道。

2）虽有直接自然通风，但长度超过 60m 的内走道。

3）建筑面积超过 $100m^2$，且经常有人停留或可燃物较多的地上无窗房间或设固定窗的房间。

4）除利用窗井等开窗进行自然排烟的房间外，各房间总建筑面积超过 $200m^2$ 或一个房间建筑面积超过 $50m^2$，且经常有人停留或可燃物较多的地下室。

5）应设置排烟设施，但不具备自然排烟条件的其他场所。

需设置机械排烟设施且室内净高不大于 6.0m 的场所应划分防烟分区；每个防烟分区的建筑面积不宜超过 $500m^2$，防烟分区不应跨越防火分区。

防烟分区宜采用隔墙、顶棚下凸出不小于 500mm 的结构梁以及顶棚或吊顶下凸出不小于 500mm 的不燃烧体等进行分隔。

2. 机械排烟的设计

（1）排烟量的计算　机械排烟系统的最小排烟量见表 10-1 的规定。

表 10-1　机械排烟系统的最小排烟量

条件和部位		单位排烟量/ [m³/(h·m²)]	换气次数/ （次/h）	备　注
担负 1 个防烟分区		60	—	风机排烟量不应小于 7200m³/h
室内净高大于 6.0m 且不划分 防烟分区的空间				
担负 2 个及 2 个以上防烟分区		120	—	应按最大的防烟分区面积确定
中庭	体积不大于 17000m³	—	6	体积大于 17000m³ 时，排烟量不应小于
	体积大于 17000m³	—	4	102000m³/h

（2）机械排烟系统的设置　机械排烟系统的设置应符合下列规定：横向应按防火分区设置；竖向穿越防火分区时，垂直排烟管道宜设置在管井内；穿越防火分区的排烟管道应在穿越处设置排烟防火阀。

内走道和房间的机械排烟系统宜竖向布置，面积较大，走道较长时，可在水平方向划分成多个排烟系统，如图 10-30 所示。需要排烟的房间较多且竖向布置困难时，可采用水平与竖向相结合的布置方式，如图 10-33 所示。

中庭机械排烟系统如图 10-34 所示。

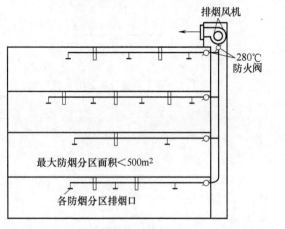

图 10-33　水平与竖向相结合布置的机械排烟系统

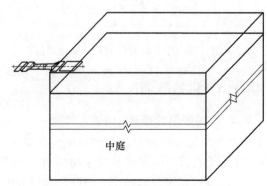

图 10-34　中庭机械排烟系统

（3）机械排烟口的设置　机械排烟系统中的排烟口的设置应符合下列规定：

1）排烟口或排烟阀应按防烟分区设置。排烟口或排烟阀应与排烟风机连锁，当任一排烟口或排烟阀开启时，排烟风机应能自行起动。

2）排烟口或排烟阀平时为关闭时，应设置手动和自动开启装置。

3）排烟口应设置在顶棚或靠近顶棚的墙面上，且与附近安全出口沿走道方向相邻边缘之间的最小水平距离不应小于 1.5m。设在顶棚上的排烟口，距可燃构件或可燃物的距离不应小于 1.0m。

4）设置机械排烟系统的地下、半地下场所，除歌舞、娱乐、放映游艺场所和建筑面积大于 50m² 的房间外，排烟口可设置在疏散走道。

5）排烟口距防烟分区内最远点的水平距离不应超过 30m；排烟支管上应设置当烟气温度超过 280℃ 时能自行关闭的排烟防火阀。

6）排烟口的风速不宜大于 100m/s。

（4）排烟风机的设置　排烟风机的设置应符合下列要求：

1）排烟风机的全压应满足排烟系统最不利环路的要求。其排烟量应考虑 10%~20% 的漏风量。

2）排烟风机可采用离心风机或排烟专用的轴流风机。

3）排烟风机应能在 280℃ 的环境条件下连续工作不少于 30min。

4）在排烟风机入口或出口处的总管上应设置当烟气温度超过 280℃ 时能自行关闭的排烟防火阀，该阀门应与排烟风机连锁，当该阀门关闭时，排烟风机应能停止运转。

10.5.4　机械防烟

1. 机械防烟的条件

下列场所或部位应设置机械加压送风的防烟设施：

1）不具备自然排烟条件的防烟楼梯间。

2）不具备自然排烟条件的消防电梯间前室或合用前室。

3）设置自然排烟设施的防烟楼梯间，其不具备自然排烟条件的前室。

4）封闭避难层（间）。

2. 机械防烟的设计

（1）加压送风量的计算　高层建筑防烟楼梯间及其前室，消防电梯间前室和合用前室的机械加压送风量应由计算确定，或按表 10-2 至表 10-5 的规定确定。当计算值和本表不一致时，应按两者中较大值确定。

表 10-2　防烟楼梯间（前室不送风）的加压送风量

系统负担层数	加压送风量/(m³/h)
<20 层	25000~30000
20~32 层	35000~40000

表 10-3　防烟楼梯间及其合用前室的分别加压送风量

系统负担层数	送风部位	加压送风量/(m³/h)
<20 层	防烟楼梯间	16000~20000
	合用前室	12000~16000
20~32 层	防烟楼梯间	20000~25000
	合用前室	18000~22000

封闭避难层（间）的机械加压送风量应按避难层净面积每平方米不小于 30m³/h 计算。层数超过 32 层的高层建筑，其送风系统及送风最应分段设计。剪刀楼梯间可合用一个风道，

其送风量应按两个楼梯间的风量计算，送风口应分别设置。

表 10-4　消防电梯间前室的加压送风量

系统负担层数	加压送风量/（m³/h）
<20 层	15000~20000
20~32 层	22000~27000

表 10-5　防烟楼梯间采用自然排烟，前室或合用前室不具备自然排烟条件时的送风量

系统负担层数	加压送风量/（m³/h）
<20 层	22000~27000
20~32 层	28000~32000

防烟楼梯间内机械加压送风防烟系统的余压值应为 40~50Pa；前室、合用前室、封闭避难层（间）、避难走道内机械加压送风防烟系统的余压值应为 25~30Pa。

（2）加压送风口的设置　防烟楼梯间的前室或合用前室的加压送风口应每层设置 1 个。防烟楼梯间的加压送风口宜每隔 2~3 层设置 1 个。

（3）加压送风机的设置　机械加压送风机可采用轴流风机或中、低压离心风机，风机位置应根据供电条件、风量分配均衡、新风入口不受火、烟的威胁等因素确定。

思 考 题

1. 建筑室内通风的分类有哪些？什么是自然通风？对于像锻造车间、食堂等热污染较重的场所，通常采用哪种通风方式？原因是什么？

2. 若某一实验室产生有毒化学物质，应如何控制该房间与临室的压力以防止有毒气体进入临室？

3. 为什么通风屋顶能有效降低顶层房间内的空气温度？

4. 简述自然通风与机械通风的区别。

5. 简述自然排烟与机械排烟的区别。

第11章
空气调节

11.1 概述

11.1.1 空气调节的任务和作用

空气调节是采用技术手段把某一特定空间内部的空气环境控制在一定状态下，以满足人体舒适和工艺生产过程的要求，简称空调。所控制的内容包括空气的温度、湿度、空气流动速度及洁净度等。现代技术发展有时还要求对空气的压力、成分、气味及噪声等进行调节与控制。所以，采用技术手段创造并保持满足一定要求的空气环境，乃是空气调节的任务。

众所周知，对这些参数产生干扰的来源主要有两个：一是室外气温变化、太阳辐射及外部空气中的有害物的干扰；二是内部空间的人员、设备与生产过程所产生的热、湿及其他有害物的干扰。因此需要采用人工的方法消除室内的余热、余湿，或补充不足的热量与湿量，清除室内的有害物，保证室内新鲜空气的含量。

根据空气调节服务对象的不同，把为保证人体舒适的空调称为"舒适性空调"，而把为生产或科学实验过程服务的空调称为"工艺性空调"。工艺性空调往往同时需要满足人员的舒适性要求，因此两者又是相互关联的。

舒适性空调的作用是为人们的工作和生活提供一个舒适的环境，目前已普遍应用于公共与民用建筑中，如会议室、图书馆、办公楼、商业中心、酒店和部分民用住宅。此外，舒适性空调也广泛应用于交通工具中，如汽车、火车、飞机、轮船等。

工艺性空调一般对新鲜空气量没有特殊要求，但对温湿度、洁净度的要求比舒适性空调高。在这些工业生产过程中，为避免元器件由于温度变化产生胀缩及湿度过大引起表面锈蚀，一般严格规定了温湿度的偏差范围，如温度不超过±0.1℃，湿度不超过±5%。在电子工业中，不仅要保证一定的温湿度，还要保证空气的洁净度。制药行业、食品行业及医院的病房、手术室则不仅要求一定的空气温湿度，还需要控制空气洁净度和含菌数。

现代农业的发展也与空调密切相关，如大型温室、禽畜养殖、粮食储存等都需要对内部空气环境进行调节。

此外，在宇航、核能、地下设施及军事领域，空气调节也都发挥着重要作用。

因此可以说：现代化发展需要空气调节，空气调节技术的提高与发展则依赖于现代化。空气调节具有广阔的发展前景。

11.1.2 空调基数和空调精度

不同使用目的的空调系统的空气状态参数控制指标是不同的，一般情况下，主要是控制空气的温度和相对湿度。空调房间室内温度、湿度通常用空调基数和空调精度两组指标来规定。

空调基数是指在空调房间所要求的基准温度与相对湿度。空调精度是指空调房间的有效区域内空气的温度、相对湿度在要求的连续时间内允许的波动幅度。例如温度 $t_n = (20\pm 1)℃$ 和相对湿度 $\varphi_n = 50\%\pm 5\%$，其中20℃和50%是空调基数，±1℃和±5%是空调精度。就室内温度而言，按允许波动范围的大小，一般分为 $\Delta t_n \geqslant \pm 1℃$、$\Delta t_n = \pm 0.5℃$ 和 $\Delta t_n = \pm(0.1\sim 0.2)℃$ 三类精度级别。

根据我国的情况，GB 50736—2012《民用建筑供暖通风与空气调节设计规范》中规定，舒适性空调室内计算参数如下：

夏季：温度应采用 24~28℃；相对湿度应采用 40%~70%；风速不应大于 0.25m/s。

冬季：温度应采用 18~24℃；相对湿度应采用 30%~60%；风速不应大于 0.2m/s。

对于工业建筑，室内空气参数是由生产工艺过程的特殊要求决定的，所以，工艺性空调的室内计算参数应根据工艺需要并考虑必要的卫生条件确定。

11.2 空调系统的组成与分类

11.2.1 空调系统的基本组成

如图 11-1 所示，完整的空调系统通常由以下四个部分组成：

（1）空调房间 被空调的空间可以是封闭式的，也可以是敞开式的；可以是一个房间或由多个房间组成，也可以是一个房间的一部分。

（2）空气处理设备 空气处理设备是由过滤器、表冷器、空气加热器、空气加湿器等空气热湿处理和净化设备组合在一起的，是空调系统的核心，室内空气与室外新鲜空气被送到这里进行热湿处理与净化，达到要求的温度、湿度等空气状态参数，再被送回室内。

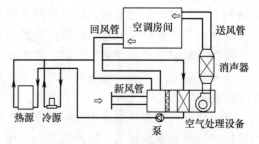

图 11-1 空调系统原理图

（3）空气输配系统 空气输配系统是由送风机、送风管道、送风口、回风口、回风管道等组成。把经过处理的空气送至空调房间，将室内的空气送至空气处理设备进行处理或排出室外。

（4）冷（热）源 空气处理设备的冷源和热源。夏季降温用冷源一般用制冷机组，在有条件的地方，也可用深井水作为自然冷源。空调加热或冬季加热用热源可以是蒸汽锅炉、热水锅炉、热泵等。

11.2.2 空调系统的分类

空调系统有很多类型，可以采用不同的方法对空调系统进行分类。

1. 按空气处理设备的位置来分类

（1）集中式空调系统 是指空气处理设备（加热器、冷却器、过滤器、加湿器等）以及通风机全部集中放置在空调机房内，空气经过处理后，经风道输送和分配到各个空调房间。

集中式空调系统可以严格地控制室内温度和相对湿度；可以进行理想的气流分布；可以

对室外空气进行过滤处理，满足室内空气洁净度的不同要求；空调风道系统复杂，布置困难，而且空调各房间被风管连通，当发生火灾时会通过风管迅速蔓延。

集中式空调系统的冷、热源一般也是集中的，集中在冷冻站和锅炉房或热交换站。

对于大空间公共建筑物的空调设计，如商场，可以采用这种空调系统。

（2）半集中式空调系统　是指空调机房集中处理部分或全部风量，然后送往各房间，由分散在各被空调房间内的二次设备（又称末端装置）再进行处理的系统。

半集中式空调系统可根据各空调房间负荷情况自行调节，只需要新风机房，机房面积较小；当末端装置和新风机组联合使用时，新风风量较小，风管较小，利于空间布置；对室内温湿度要求严格时，难以满足；水系统复杂，易漏水。

对于层高较低，又主要由小面积房间构成的建筑物的空调设计，如办公楼、旅馆饭店，可以采用这种空调系统。

（3）分散式空调系统（局部空调系统）　分散式空调系统又称局部空调系统，是指把空气处理所需的冷热源、空气处理设备和风机整体组装起来，直接放置在被空调房间内或被空调房间附近，控制一个或几个房间的空调系统。因此，这种系统不需要空调机房，一般也没有输送空气的风道。

分散式空调系统布置灵活，各空调房间可根据需要起停；各空调房间之间不会相互影响；室内空气品质较差；气流组织困难。

2. 按负担室内负荷所用介质来分类

（1）全空气系统　是指室内的空调负荷全部由经过处理的空气来负担的空调系统。集中式空调系统就属于全空气系统。

由于空气的比热容较小，需要用较多的空气才能消除室内的余热余湿，因此这种空调系统需要有较大断面的风道，占用建筑空间较多。

（2）全水系统　是指室内的空调负荷全部由经过处理的水来负担的空调系统。

由于水的比热容比空气大得多，因此在相同的空调负荷情况下，所需的水量较小，可以解决全空气系统占用建筑空间较多的问题，但不能解决房间通风换气的问题，因此不单独采用这种系统。

（3）空气—水系统　是指室内的空调负荷由空气和水共同负担的空调系统。风机盘管加新风的半集中式空调系统就属于空气—水系统。这种系统实际上是前两种空调系统的组合，既可以减少风道占用的建筑空间，又能保证室内的新风换气要求。

（4）制冷剂系统　是指由制冷剂直接作为负担室内空调负荷介质的空调系统。如窗式空调器、分体式空调器、多联机等就属于制冷剂系统。

这种系统是把制冷系统的蒸发器直接放在室内来吸收室内的余热余湿，通常用于分散式安装的局部空调。由于制冷剂不宜长距离输送，因此不宜作为集中式空调系统来使用。

3. 按空调系统使用的空气来源分类

（1）直流式系统　这种系统使用的空气全部来自室外，吸收余热、余湿后又全部排掉，因而室内空气得到百分之百的交换。所以，这种系统适用于产生剧毒物质、病菌及散发放射性有害物的空调房间。它是一种耗费能量最多的系统。

（2）封闭式系统　与直流式系统刚好相反，封闭式系统全部使用室内再循环空气。因此，这种系统最节能，但是卫生条件也最差，它只适用于无人操作、只需保持空气温、湿度的场所及很少进人的库房。

（3）回风式系统　该系统使用的空气一部分为室外新风，另一部分为室内回风。所以，它具有既经济又符合卫生要求的特点，使用比较广泛。在工程上根据使用回风次数的多少又分为一次回风系统和二次回风系统。

11.2.3　常用空调系统简介

1. 一次回风系统

（1）工作原理　一次回风系统属于典型的集中式空调系统，也属于典型的全空气系统。该系统是由室外新风与室内回风进行混合，混合后的空气经过处理，经风道输送到空调房间。

这种空调系统的空气处理设备集中放置在空调机房内，房间内的空调负荷全部由输送到室内的空气负担。空气处理设备处理的空气一部分来自于室外（这部分空气称为新风），另一部分来自于室内（这部分空气称为回风），所谓一次回风是指回风和新风在空气处理设备中只混合一次。

（2）系统的应用　一次回风系统具有集中式空调系统和全空气系统的特点。从它具体的特点分析，这种空调系统适用于空调面积大，各房间室内空调参数相近，各房间的使用时间也较一致的场合。会馆、影剧院、商场、体育馆，还有旅馆的大堂、餐厅、音乐厅等公共建筑场所都广泛地采用这种系统。

根据空调系统所服务的建筑物情况，有时需要划分成几个系统。建筑物的朝向、层次等位置相近的房间可合并在一个系统，以便于管路的布置、安装和管理；工作班次和运行时间相同的房间可划分成一个系统，以便于运行管理和节能；对于体育馆、纺织车间等空调风量特别大的地方，为了减少和建筑配合的矛盾，可根据具体情况划分成几个系统。

商场的空调经常采用集中式全空气系统，这是商场空调的典型方式。采用这种方式是因为空调处理设备放置在机房内，运转、维修方便；能对空气进行过滤，能减小振动和噪声的传播。但机房占用面积大。图11-2所示为商场空调最常用的标准空调方式的系统图。

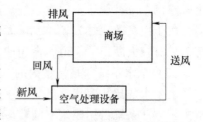

图 11-2　商场基本方式空调系统图

2. 风机盘管加新风空调系统

（1）工作原理　风机盘管加新风空调系统属于半集中式空调系统，也属于空气—水系统。它由风机盘管机组和新风系统两部分组成。风机盘管设置在空调系统内作为系统的末端装置，将流过机组盘管的室内循环空气冷却、加热后送入室内；新风系统是为了保证人体健康的卫生要求，给房间补充一定的新鲜空气。通常室外新风经过处理后，送入空调房间。

这种空调系统主要有三种新风供给方式：

1）靠渗入室内新鲜空气补给新风，这种方法比较经济，但是室内的卫生条件较差。

2）墙洞引入新风直接进入机组，这种做法常用于要求不高或旧建筑中增设空调的场合。

3）独立新风系统，由设置在空调机房的空气处理设备把新风集中处理到一定参数，然后送入室内。新风一般单独接入室内，如图11-3所示。

（2）系统的应用　风机盘管+独立新风空调系统具有半集中式空调系统和空气—水系统的特点。目前这种系统已广泛应用于宾馆、办公楼、公寓等商用或民用建筑。

对于大型办公楼（建筑面积超过 1 万 m^2）的周边区往往采用轻质幕墙结构，由于热容量较小，室内温度随室外空气温度的变化而波动明显。所以空调外区一般冬季需要供热，夏季需要供冷。内区由于不受室外空气和日射的直接影响，室内负荷主要是人体、照明和设备发热，全年基本上是冷负荷，且全年负荷变化较小，为了满足人体需要，新风量较大。所以针对负荷特点，内区可以采用全空气系统或全新风系统，外区采用风机盘管系统。

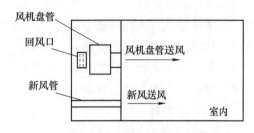

图 11-3　新风与风机盘管送风各自送入室内

对于中小型办公楼，由于建筑面积较小或平面形状呈长条形，通常不分内外区，可以采用风机盘管加新风系统空调方式。

对于客房空调一般多采用风机盘管加新风系统的典型方式。客房风机管道常用的有四种方式：

1）卧室暗装型。一般安装在客房过厅的吊顶内，通过送风管道及风口把处理后的空气送入室内，对室内特别是吊顶的装修较为有利；但是检修困难，尤其是吊顶不可拆卸时，必须预留专门的检修人孔。

2）立式明装型。一般安装于窗下地面上，安装方便，检修时可直接拆下面板。其水管通常从该层楼板下穿上来，在机组内留有专门的接管空间。这种方式占用部分室内面积。

3）卧式明装型。它不占用地板面积和吊顶空间，但是它的水管连接较为困难，因此通常靠近管道竖井隔墙安装。

4）立式暗装型。由于装修的要求，机组被装修材料遮掩，对机组外表面的美观要求较低，但是检修工作量相对大一些，需要与装修工程配合。

11.3　空调负荷与送风量

11.3.1　影响空调负荷的因素

消除室内得热量而需要提供的冷量称为冷负荷，消除室内热损耗而需要提供的热量称为热负荷，室内多余而需要消除的湿量称为湿负荷。

影响室内冷热负荷的内、外干扰因素包括：

1）通过围护结构传入的热量。

2）通过外窗进入的太阳辐射得热量。

3）人体散热量。

4）照明散热量。

5）设备、器具、管道及其他内部热源的散热量。

6）食品或物料的散热量。

7）渗透空气带入的热量。

8）伴随各种散湿过程产生的潜热量。

影响室内湿负荷的内、外干扰因素包括：

1）人体散湿。

2）渗透空气带入的湿量。

3）化学反应过程的散湿量。

4）各种潮湿表面、液面或液流的散湿量。

5）食品或其他物料的散湿量。

6）设备散湿量。

在确定空调设备容量时除了要考虑以上各种因素形成的负荷，还需要考虑新风的冷负荷与湿负荷，以及风机与水泵温升造成的附加负荷。

一般来说空调房间的室内散热、散湿量在一天中不是恒定不变的，随室内人员数量、设备使用情况的变化而变化。围护结构传热与日射得热、新风等形成的负荷随室外气候参数的逐时变化而变化。而空调负荷一般是由总负荷变化的最大值来确定。由于建筑围护结构与室内各种物体具有一定的蓄热能力，有些物体与家具还具有蓄湿能力，所以由室内外各种扰量形成的瞬时空调负荷与空调实际负荷存在一定的时间延迟和峰值衰减，因此空调的实际负荷并不简单等于室内产热量、室外传入热量等各项之和。在空调系统设计中准确计算各种负荷以确定空调设备容量与冷热源容量是必要的，其计算方法和过程比较复杂，下面仅介绍利用设计概算指标进行设备容量概算的方法。

11.3.2 空调设备容量概算方法

空调负荷设计概算指标是根据不同类型和用途的建筑物、不同使用空间，单位建筑面积或单位空调面积负荷量的统计值，在可行性研究或初步设计阶段用来进行设备容量概算的指标数。表 11-1 所示是国内部分建筑的单位空调面积冷负荷设计指标的概算值。表 11-2 所示是按整个建筑考虑的单位建筑面积空调冷负荷概算指标。

表 11-1　国内部分建筑的单位空调面积冷负荷设计指标的概算值（单位：W/m²）

序号	建筑类型及房屋名称	冷负荷指标	序号	建筑类型及房屋名称	冷负荷指标
1	旅馆、宾馆：标准客房	80~110		医院：	
2	酒吧、咖啡厅	100~180	18	高级病房	80~110
3	西餐厅	160~200	19	一般手术室	100~150
4	中餐厅、宴会厅	180~350	20	洁净手术室	300~450
5	商店、小卖部	100~160	21	X 光、B 超、CT 室	120~150
6	中厅、接待厅	90~120		影剧院：	
7	小会议室（允许少量吸烟）	200~300	22	观众席	180~350
8	大会议室（不允许吸烟）	180~280	23	休息厅（允许吸烟）	300~350
9	理发室、美容室	120~180	24	化妆室	90~120
10	健身房、保龄球	100~200		体育馆：	
11	弹子室	90~120	25	比赛馆	120~300
12	室内游泳池	200~350	26	观众席休息厅（允许吸烟）	300~350
13	交谊舞厅	200~250	27	展览厅、陈列厅	130~200
14	迪斯科舞厅	250~350	28	会堂、报告厅	150~200
15	办公室	90~120	29	图书阅览室	70~150
16	商场、百货大楼	200~300	30	公寓、住宅	80~90
17	超级市场	150~200	31	餐馆	200~350

表 11-2　单位建筑面积空调冷负荷概算指标　　　（单位：W/m²）

建筑类型	冷负荷指标	备 注	建筑类型	冷负荷指标	备 注
旅馆	70~81		商店	56~65	只在营业厅设空调
中外合资宾馆	105~115		商店	105~122	全楼设空调
办公楼	84~98		体育馆	209~244	按比赛馆面积计算
图书馆	35~41		体育馆	105~119	按总建筑面积计算
大剧院	105~130		影剧院	84~98	放映厅空调
医院	55~80				

空调系统的冷热源设备容量也可通过类似方法进行概算。根据我国 50 多个高层旅游旅馆的统计，单位建筑面积空调制冷设备容量的设计指标 R 的最大变化范围为 $R = 65~132W/m^2$，平均值为 $89W/m^2$，其中 $R = 75~110W/m^2$ 的旅馆约占总统计数的 75%。现在国内常用的一种方法是以旅馆为基层，其他建筑的制冷机容量可用旅馆的基数乘以修正系数 β 求出。表 11-3 给出几种建筑的 β 值，旅馆的制冷机容量按 80~93W/m² 计。不同类型的建筑的空调面积的百分比见表 11-4。

表 11-3　制冷机容量概算指标修正系数 β

建筑类型	β 值	备 注	建筑类型	β 值	备 注
办公楼	1.2		体育馆	1.5	按总建筑面积计算
图书馆	0.5		大会堂	2~2.5	
商店	0.8	只在营业厅设空调	影剧院	1.2	放映厅空调
商店	1.5	全楼设空调	影剧院	1.5~1.6	
体育馆	3.0	按比赛馆面积计算	医院	0.8~1.0	

表 11-4　不同类型的建筑的空调面积的百分比

建筑类型	空调面积占建筑面积的百分比（%）
旅馆、饭店	70~80
办公楼、展览中心	65~80
影剧院、俱乐部	75~85
医院	15~35
百货商店	50~65

11.3.3　空调系统风量的确定

1. 送风量的确定

空调系统的送风量大小决定了送回排风管道的断面积大小，从而决定了风道所需占据建筑空间的大小。由于空调风道与水管、电缆等相比断面尺寸要大得多，所以对于有吊顶的建筑，空调送风管道的尺寸是决定吊顶空间最小高度的主要因素。对于集中空调系统，空调系统的总处理风量取决于空调负荷以及送风温度与室内空气温度，见下式

$$L = \frac{Q}{\rho c_p (t_n - t_o)}$$

式中　L——送风量，单位为 m³/s；

Q——空调显热负荷，单位为 W；

ρ——空气的密度，单位为 kg/m^3；

c_p——空气的比定压热容，单位为 $J/(kg \cdot ℃)$；

t_n——室内设计温度，单位为℃；

t_o——送风温度，单位为℃。

如果减小送风量、增大送风温差，使夏季送风温度过低，则可能使人感受冷气流作用而感到不适，同时室内温湿度分布的均匀性与稳定性也会受影响，因此夏季送风温差值需受限制。由于冬季送热风时的送风温差值可以比送冷风时的送风温差值大，所以冬季送风量可以比夏季小。所以空调送风量一般是先用冷负荷确定夏季送风量，在冬季采用与夏季相同的送风量，也可小于夏季。冬季的送风温度一般以不超过45℃为宜。

GB 50736—2012《民用建筑供暖通风与空气调节设计规范》规定了夏季送风温差的推荐值，见表11-5和表11-6。由于送风温差对送风量及空调系统的初投资与运行费用有显著的影响，因此宜在满足规范要求的前提下尽量采取较大的送风温差。

表 11-5 舒适性空调送风温差

送风口高度/m	送风温差 $t_n - t_o$/℃
≤5.0	5~10
>5.0	10~15

表 11-6 工艺性空调送风温差

室温允许波动范围/℃	送风温差 $t_n - t_o$/℃
>±1.0	≤15
±1.0	6~9
±0.5	3~6
±0.1~0.2	2~3

2. 新风量的确定

保证空调房间内有足够的新风量（即新鲜空气量），是保证室内人员身体健康与室内卫生标准的必要措施。新风量不够，会造成房间内空气质量下降，会使室内人员产生憋闷、头痛、精神不振、昏睡等症状。但增加新风量将会带来较大的新风负荷，从而增加了空调系统的运行费用，因而也不能无限制地增加新风在送风量中所占百分数。《民用建筑供暖通风与空气调节设计规范》对公共建筑主要房间最小新风量做出了相应的规定，见表11-7。

表 11-7 公共建筑主要房间每人所需最小新风量

[单位：$m^3/(h \cdot 人)$]

建筑房间类型	新风量
办公室	30
客房	30
大堂、四季厅	10

11.4 空调房间的气流组织

经过空调系统处理的空气经送风口进入空调房间，与室内空气进行热质交换后由回风口排出，必然引起室内空气的流动，形成某种形式的气流流型和速度场。速度场往往是其他场（如温度场、湿度场和浓度场）存在的基础和前提，所以不同恒温精度、洁净度和不同使用要求的空调房间，往往也要求不同形式的气流流型和速度场。例如，要求恒温精度很高的计量室，总是要求有回流的气流流型，以便计量部分能处在回流区；洁净度要求很高的集成电路车间，则要求做成平行流流型；至于体育馆内的乒乓球比赛大厅，限制室内速度场就更严格了。

影响气流组织的因素很多，如送风口位置及形式，回风口位置，房间几何形状及室内的各种扰动等。其中以送风口的空气射流及其参数对气流组织的影响最为重要。

11.4.1 送、回风的运动规律

1. 送风口空气流动规律

空气经喷嘴向周围气体的外射流动称为射流。射流按流态不同，可分为层流射流和湍流射流；按其进入空间的大小，可分为自由射流和受限射流；按送风温度与室温的差异，可分为等温射流和非等温射流；按喷嘴形式不同，还可分为圆射流和扁射流。空调中遇到的射流均属于湍流非等温受限（或自由）射流。

（1）等温自由湍流射流　设射流温度与房间温度相同，房间体积比射流体积大得多，送风口长宽比小于10，射流呈湍流状态。

当射流进入房间后，射流边界与周围气体不断进行动量、质量交换，周围空气不断被卷入，射流流量不断增加，断面不断扩大。而射流速度则因与周围空气的动量交换而不断下降，当射流边界层扩散到轴心时，射流发展到了主体段，随着射程的继续增大，速度继续减小，直至消失。等温自由射流的发展过程如图11-4所示。

（2）非等温自由射流　当射流出口温度与房间空气温度不相同时，称为非等温射流。在空气调节中，采用的正是这种非等温射流。送风温度低于室内空气温度时为冷射流，高于室内空气温度时为热射流。

非等温射流由于密度与周围空气密度不同，所受的重力与浮力不相平衡，使整个射流将发生向下或向上弯曲，气流产生偏移。弯曲射流的轴线轨迹如图11-5所示。

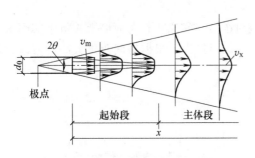

图11-4　等温自由射流的发展过程

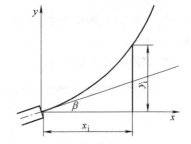

图11-5　弯曲射流的轴线轨迹图

（3）受限射流　当射流边界的扩展受到房间边壁影响时，就称为受限射流。

不管是受限射流还是自由射流，都是对周围空气的扰动，它所具有的能量是有限的，它能引起的扰动范围也是有限的，不可能扩展到无限远去。而受限射流还要受到房间边壁的影响，因此形成了受限射流的特征。

当射流不断卷吸周围空气时，周围较远处空气流必然要来补充，由于边壁的存在与影响，势必导致形成回流（见图11-6）。而回流范围有限，则促使射流外逸，于是射流与回流

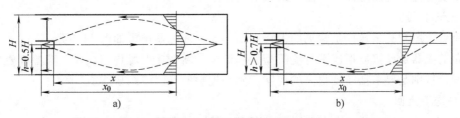

图11-6　有限空间射流流场

闭合，形成大涡流。在所谓的第Ⅰ临界断面处，将出现极值：射流断面最大，射流流量最大，回流流速最大。

（4）旋转射流　气流通过具有旋流作用的喷嘴向外射出，气流本身一面旋转，一面又向静止介质中扩散前进，这种射流称为旋转射流。

由于射流的旋转，使得射流介质获得向四周扩散的离心力。和一般射流相比，旋转射流的扩散角要大得多，射程短得多，并且在射流内部形成了一个回流区。正因为旋转射流有如此特点，所以，对于要求快速混合的通风场合，用它作为送风口是很合适的。

2. 回风口空气流动规律

回风口与送风口的空气运动规律是完全不同的。送风射流以一定的角度向外扩散，而回风气流则从四面八方流向回风口，流线向回风点集中形成点汇，等速面以此点汇为中心近似于球面，如图11-7所示。实验结果表明，吸风气流作用区，气流速度迅速下降，吸风影响范围很小。

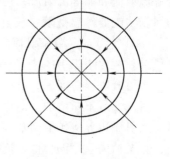

图 11-7　回风点汇图

11.4.2　气流组织的形式

按照送、回风口布置位置和形式的不同，可以有各种各样的气流组织形式。大致可以归纳为以下五种：侧送侧回，上送下回，中送下上回，下送上回及上送上回。

1. 侧送侧回

侧送风口布置在房间的侧墙上部，空气横向送出，气流吹到对面墙上转折下落到工作区并以较低速度流过工作区，再由布置在同侧的回风口排出。根据房间跨度大小，可以布置成单侧送单侧回和双侧送双侧回，如图11-8所示。

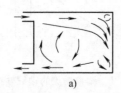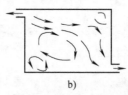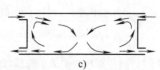

图 11-8　侧送风气流流型

侧送侧回形式使工作区处于回流区，具有以下优点：由于送风射流在到达工作区之前，已与房间空气进行了比较充分的混合，速度场和温度场都趋于均匀和稳定，因此能保证工作区气流速度和温度的均匀性。所以对于侧送侧回来说，容易满足设计对于速度不均匀系数的要求。

此外，由于侧送侧回的射流射程比较长，射流来得及充分衰减，故可加大送风温差。

基于上述优点，侧送侧回是用得最多的气流组织形式。

2. 上送下回

散流器送风和孔板送风是常见的上送下回形式。散流器送风如图11-9所示。

密布散流器送风可以形成平行流流型，涡流少，断面速度场均匀。对于温湿度要求精度高的房间，特别是要求洁净度很高的房间，则是理想的气流组织形式。

3. 中送下上回

图11-10所示是中部送风下部回风或下部上部同时回风的气流流型图。

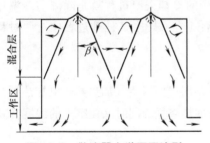

图 11-9　散流器上送下回流型

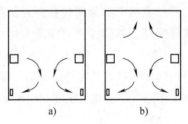

图 11-10　中送风气流流型

对于高大房间来说，送风量往往很大，房间上部和下部的温差也比较大，因此将房间分为上下两部分对待是合适的。下部视为工作区，上部视为非工作区。采用中部送风，下部和上部同时排风，形成两个气流区，保证下部工作区达到空调设计要求，而上部气流区负担排走非空调区的余热量。

4. 下送上回

这种形式的送风口布置在下部，回风口布置在上部，如图 11-11a 所示，也有送回风口都布置在下部的，如图 11-11b 所示。

对于室内余热量大，特别是热源又靠近顶棚的场合，如计算机房、广播电台的演播大厅等，采用这种气流组织形式是非常合适的。

5. 上送上回

这种气流组织形式是将送风口和回风口叠在一起，布置在房间上部，如图 11-12 所示。对于因各种原因不能在房间下部布置回风口的场合是相当合适的。但应注意气流短路的现象发生，如果气流短路，则经济性差。

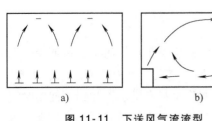

图 11-11　下送风气流流型

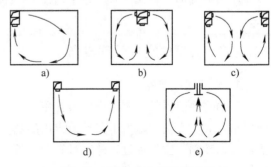

图 11-12　上送上回气流流型

11.5　空气处理设备

11.5.1　空气的基本处理方法

在空调系统中，通过使用各种设备及技术手段使空气的温度、湿度等参数发生变化，最终达到要求的状态。对空气的主要处理过程包括热湿处理与净化处理两大类，其中热湿处理是最基本的处理方式。

最简单的空气热湿处理过程可分为四种：加热、冷却、加湿、除湿。所有实际的空气处理过程都是上述各种单一过程的组合，如夏季最常用的冷却去湿过程就是除湿与降温过程的组合，喷水室的等焓加湿过程就是加湿与降温的组合。在实际空气处理过程中有些过程往往不能单独实现，如降温有时伴随着除湿或加湿。

1. 加热

单纯的加热过程是容易实现的。主要的实现途径是用表面式空气加热器、电加热器加热空气。如果用温度高于空气温度的水喷淋空气，则会在加热空气的同时又使空气的湿度升高。

2. 冷却

采用表面式空气冷却器或温度低于空气温度的水喷淋空气都可使空气温度下降。如果表面式空气冷却器的表面温度高于空气的露点温度，或喷淋水的水温等于空气的露点温度，则可实现单纯的降温过程；如果表面式空气冷却器的表面温度或喷淋水的水温低于空气的露点温度，则空气会实现冷却去湿过程；如果喷淋水的水温高于空气的露点温度，则空气会实现冷却加湿的过程。

3. 加湿

单纯的加湿过程可通过向空气加入干蒸汽来实现。直接向空气喷入水雾可实现等焓加湿过程。

4. 除湿

除了可用表冷器与喷冷水对空气进行减湿处理外，还可以使用液体或固体吸湿剂来进行除湿。液体吸湿是利用某些盐类水溶液对空气的水蒸气的强吸收作用来对空气进行除湿，方法是根据要求的空气处理过程的不同（降温、加热或等温），用一定浓度和温度的盐水喷淋空气。固体吸湿剂是利用有大量孔隙的固体吸附剂（如硅胶）对空气中的水蒸气的表面吸附作用来除湿的。但在吸附过程中固体吸附剂会放出一定的热量，所以空气在除湿过程中温度会升高。

11.5.2　典型的空气处理设备

1. 表面式换热器

表面式换热器是空调工程中最常用的空气处理设备，它的优点是结构简单、占地少、水质要求不高，水侧的阻力小。目前应用的这类设备都由肋片管组成，管内流通冷水、热水、蒸汽或制冷剂，空气掠过管外通过管壁与管内介质换热。制作材料有铜、钢和铝。使用时一般多排串联，便于提高空气的换热量；如果通过的空气量较大，为避免迎风风速过大，也可以多个并联。表面式换热器可分为表面式空气加热器与表面式空气冷却器两类。

1) 表面式空气加热器用热水或蒸汽做热媒，可实现对空气的等湿加热。

2) 表面式空气冷却器用冷水或制冷剂做冷媒，因此又可分为冷水式与直接蒸发式两种。其中直接蒸发式冷却器就是制冷系统中的蒸发器。使用表面式冷却器可实现空气的干式冷却或湿式冷却过程，过程的实现取决于表面式冷却器的表面温度是高于还是低于空气的露点温度。

表面式换热器的冷热水管上一般装有阀门，用来根据负荷的变化调节水的流量，以保证出口空气参数符合控制要求。

风机盘管机组中的盘管就是一种表面式换热器，空调机组中的空气冷却器是直接蒸发式冷却器。

2. 喷水室

喷水室的空气处理方法是向流过的空气直接喷淋大量的水滴，被处理的空气与水滴接触，进行热湿处理，达到要求的状态。喷水室由喷嘴、水池、喷水管路、挡水板、外壳等组成，如图 11-13 所示。它的优点是能够实现多种空气处理过程，具有一定的空气净化能力，耗费金属少，容易加工，缺点是占地面积大，对水质要求高，水系统复杂，水泵耗电量大等，而且要定期更换水池中的水，耗水量比较大。目前在一般建筑中已很少使用，但在纺织厂、卷烟厂等以调节湿度为主要任务的场合仍大量使用。

3. 加热与除湿设备

（1）喷蒸汽加湿 蒸汽喷管是最简单的加湿装置，它由直径略大于供汽管的管段组成，管段上开有多个小孔。蒸汽在管网压力作用下由小孔喷出，混入空气中。为保证喷出的蒸汽中不夹带冷凝水滴，蒸汽喷管外有保温套管，如图 11-14 所示。使用蒸汽喷管需要由集中热源提供蒸汽，它的优点是节省动力用电，加湿稳定迅速，运行费用低，因此在空调工程中应用广泛。

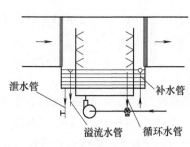

图 11-13 喷水室构造原理

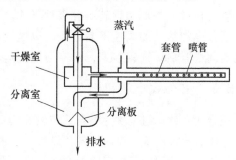

图 11-14 干蒸汽加湿器

（2）电加湿器 电加湿器是一种喷蒸汽的加湿器，它是利用电能使水汽化，然后用短管直接将蒸汽喷入空气中，电加湿器包括电热式和电极式两种。

电热式加湿器是由管状电热元件置于水槽中做成的。电热元件通电后加热水至沸腾产生蒸汽。为了防止断水空烧，补水通常采用浮球阀自动控制；为了避免蒸汽中夹带水滴，在电热式加湿器的后面应装蒸汽过热器；为了减少加湿器的热耗和电耗，电热式加湿器的外壳应做好保温。

电极式加湿器是利用三根不锈钢棒或镀铬铜棒做电极，插入水容器中组成。以水做电阻，通电之后水被加热产生蒸汽；蒸汽由排气管送到空气里，水位越高、导热面积越大，通过电流越强，产生的蒸汽也越多；通过改变溢流管的高低来调节水位的高低，从而调节加湿量。使用电极式加湿器时，应注意外壳要有良好的接地，使用中要经常排污和定期清洗。

这两种电加湿器的缺点是耗电量大，电热元件与电极上易结垢，优点是结构紧凑，加湿量易于控制，经常应用于小型空调系统中。

（3）冷冻除湿机 冷冻除湿机是由制冷系统与送风装置组成的。其中制冷系统的蒸发器能够吸收空气中的热量，并通过压缩机的作用，把所吸收的热量从冷凝器排到外部环境中去。冷冻除湿机的工作原理是由制冷系统的蒸发器将要处理的空气冷却除湿，再由制冷系统的冷凝器把冷却除湿后的空气加热。这样处理后的空气虽然温度较高，但湿度很低，适用于只需要除湿，而不需要降温的场合。

（4）氯化锂转轮除湿机 这是一种固体吸湿剂除湿设备，如图 11-15 所示。它利用含有氯化锂和氯化锰晶体的石棉纸来吸收空气中的水分。吸湿纸做的转轮缓慢转动，要处理的空气流过 3/4 面积的蜂窝状通道被除湿，再生空气经过滤器与加热器进入另 1/4 面积通道，带走吸湿纸中的水分排出室外。这种设备吸湿能力强，维护管理简单，是比较理想的除湿设备。

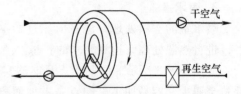

图 11-15　转轮除湿机工作原理

（5）电加热器　电加热器是让电流通过电阻丝发热来加热空气的设备。其优点是加热均匀、热量稳定、易于控制、结构紧凑，可以直接安装在风管内，缺点是电耗高。因此，一般用于温度精度要求较高的空调系统和小型空调系统，加热量要求大的系统不宜采用。

电加热器有裸线式和管式两种类型。裸线式电加热器的电阻丝直接暴露在空气中，空气与电阻丝直接接触，加热迅速，结构简单，但容易断丝漏电，安全性差。管式电加热器是将电阻丝装在特制的金属套管内，中间填充导热性能好的电绝缘材料，如结晶氧化镁等。这种电热管有棒形、蛇形和螺旋形等多种形式。

通过电加热器的风速不能过低，以避免造成电加热器表面温度过高。通常电加热器和通风机之间要有启闭连锁装置，只有通风机运转时，电加热器才能接通。

11.5.3　组合式空调机组

组合式空调机组也称为组合式空调器，是将各种空气热湿处理设备和风机、阀门等组合成一个整体的箱式设备。箱内的各种设备可以根据空调系统的组合顺序排列在一起，能够实现各种空气的处理功能。可选用定型产品，也可自行设计。图 11-16 所示是一种组合式空调机组。

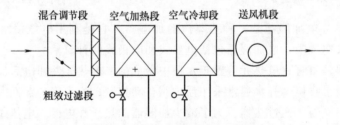

图 11-16　组合式空调机组的形式

11.5.4　局部空调机组

局部空调机组属于直接蒸发表冷式空调机组。它是由制冷系统、通风机、空气过滤器等组成的空气处理机组。

根据空调机组的结构形式分为整体式、分体式和组合式三种。整体式空调机组是指将制冷系统、通风机、空气过滤器等组合在一个整体机组内，如窗式空调器。分体式空调机组是指将压缩机和冷凝器及冷却冷凝器的风机组成室外机组，蒸发器和送风机组成室内机组，两部分独立安装，如家用壁挂式空调器。组合式空调机是指压缩机和冷凝器组成压缩冷凝机组，蒸发器、送风机、加热器、加湿器、空气过滤器等组成空调机组，两部分可以装在同一房间内，也可以分别装在不同房间内。相对于集中式空调系统而言，局部空调机组投资低、设备结构紧凑、体积小、占机房面积小、安装方便。但设备噪声较大，对建筑物外观有一定影响。

局部空调机组不带风管，如需接风管，用户可自行选配。局部空调机组一般无防振要求，可直接放在一般地面上或混凝土基础上；有防振要求时，要做防振基础或垫橡胶垫、弹簧减振器等减振。若机组安装在楼板上，则楼板荷重不应低于机组荷重。

11.5.5 空调机房

空调机房是放置集中式空调系统或半集中式空调系统的空气处理设备及送回风机的地方。

1. 空调机房的位置

空调机房尽量设置在负荷中心，目的是缩短送、回风管道，节省空气输送的能耗，减少风道占据的空间。但不应靠近要求低噪声的房间，如广播电视房间、录音棚等的建筑物，空调机房最好设置在地下室，而一般的办公室、宾馆的空调机房可以分散在各楼层上。

高层建筑的集中式空调机房宜设置在设备技术层，以便集中管理。20层以内的高层建筑宜在上部或下部设置一个技术层。如上部为办公室或客房，下部为商场或餐厅等，则技术层最好设在地下室。20~30层的高层建筑宜在上部和下部各设一技术层，如在顶层和地下室各设一个技术层。30层以上的高层建筑，其中部还应增加一二个技术层。这样做的目的是避免送、回风干管过长过粗而占据过多空间，而且增加风机电耗，图11-17所示是各类建筑物技术层或设备间的大致位置（用阴影部分表示）。

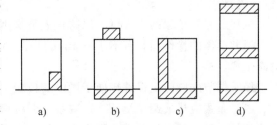

图 11-17 各类建筑物技术层或设备间的大致位置
a) 小型楼房 b) 一般办公楼
c) 出租办公楼 d) 中高层建筑

空调机房的划分应不穿越防火分区。所以大中型建筑应在每个防火分区内设置空调机房，最好能设置在防火区的中心位置。如果在高层建筑中使用带新风的风机盘管等空气—水系统，应在每层或每几层（一般不超过五层）设一个新风机组。当新风量较小，房屋空间较大时，也可把新风机组悬挂在吊顶内。

各层空调机房最好能在垂直方向上的同一位置布置，这样可缩短冷、热水管的长度，减少管道交叉，节省投资和能耗。各层空调机房的位置应考虑风管的作用半径不要过大，一般为30~40m。一个空调系统的服务面积不宜大于500m²。

2. 空调机房的大小

空调机房的面积与采用的空调方式、系统的风量大小、空气处理的要求等有关，与空调机房内放置设备的数量和每台设备的占地面积有关。一般全空气集中式空调系统，当空气参数要求严格或有净化要求时，空调机房面积约为空调面积的10%~20%；舒适性空调和一般降温空调系统，大约为5%~10%；仅处理新风的空气—水系统，新风机组约为空调面积的1%~2%。如果空调机房、通风机房和冷冻机房统一估算，总面积约为总建筑面积的3%~7%。

空调机房的高度一般净高为4~6m。对于总建筑面积小于3000m²的建筑物，空调机房净高为4m；总建筑面积大于3000m²的建筑物，空调机房净高为4.5m；对于总建筑面积超20000m²的建筑物，其集中空调的大机房净高应为6~7m，而分层机房则为标准层的高度，即2.7~3m。

3. 空调机房的结构

空调设备安装在楼板上或屋顶上时，结构的承重应按设备质量和基础尺寸计算，而且应包括设备中充注的水或制冷剂的质量及保温材料的质量等。对于一般常用的系统，空调机房的荷载估算约为 $500\sim600\mathrm{kg/m^3}$，而屋顶机组的荷载应根据机组的大小而定。

空调机房与其他房间的隔墙以 240 墙为宜，机房的门应采用隔声门，机房内墙表面应粘贴吸声材料。

空调机房的门和拆装设备的通道应考虑能顺利地运入最大设备构件的可能，如构件不能从门运入，则应预留安装孔洞和通道，并考虑拆换的可能。

空调机房应有非正立面的外墙，以便设置新风口让新风进入空调系统。如果空调机房位于地下室或大型建筑的内区，则应有足够断面的新风竖井或新风通道。

4. 机房内的布置

大型机房应设单独的管理人员值班室，值班室应设于便于观察机房的位置，自动控制屏宜放在值班室。

机房最好有单独的出入口，以防止人员噪声传入空调房间。

经常操作的操作面宜有不小于 1m 的净距离，需要检修的设备旁边要有不小于 0.7m 的检修距离。

经常调节的阀门应设置在便于操纵的位置。需要检修的地点应设置检修照明。

风管布置应尽量避免交叉，以减小空调机房与吊顶的高度。放在吊顶内的阀门等需要操作的部件，如吊顶不能上人，则需要在阀门附近预留检查孔便于在吊顶下操作。如果吊顶较高能够上人，则应预留上人的孔洞，并在吊顶上设人行通道。

11.6 空调水系统

就空调工程的整体而言，空调水系统包括冷（热）水系统、冷却水系统和冷凝水系统。空调水系统的作用就是以水作为介质在空调建筑物之间和建筑物内部传递冷量或热量。正确合理地设计空调水系统是整个空调系统正常运行的重要保证，同时也能有效地节省电能消耗。

冷（热）水系统是指由冷水机组（或换热器）制备出的冷水（或热水）的供水，由冷水（或热水）循环泵，通过供水管路输送至空调末端设备，释放出冷量（或热量）后的冷水（或热水）的回水，经回水管路返回冷水机组（或换热器）。对于高层建筑，该系统通常为闭式循环环路，除循环泵外，还设有膨胀水箱、分水器和集水器、自动排气阀、除污器和水过滤器、水量调节阀及控制仪表等。对于冷水水质要求较高的冷水机组，还应设软化水制备装置、补水水箱和补水泵等。

冷却水系统是指冷却冷水机组冷凝器的水系统，冷却水系统一般由冷却循环水泵、冷却塔、除污器、冷却水管路等组成。

冷凝水系统是指空调末端装置在夏季工况时用来排出冷凝水的管路系统。

11.6.1 冷水系统

制冷的目的在于供给用户使用，向用户供冷的方式有两种：直接供冷和间接供冷。直接供冷是将制冷装置的蒸发器直接置于需冷却的对象处，使低压液态制冷剂直接吸收该对象的热量。采用这种方式供冷可以减少一些中间设备，故投资和机房占地面积少，而且制冷系数较高；它的缺点是蓄冷能力差，制冷剂渗漏可能性增多，所以适用于中小型系统或低温系统。间接供冷是首先利用蒸发器冷却某种载冷剂，然后再将此载冷剂输送到各个用户，使需冷却对象降低温度。这种供冷方式使用灵活，控制方便，特别适合于区域性供冷。下面就常用的冷水系统作简要介绍。

冷水管道系统为循环水系统，根据用户需要情况不同，可分为开式系统和闭式系统两种，如图11-18所示。

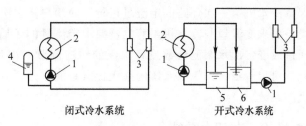

图 11-18 冷水系统

1—水泵 2—蒸发器 3—用户 4—膨胀水箱

5—回水箱 6—冷水箱

开式系统需要设置冷水箱和回水箱，系统水容量大，运行稳定，控制简便。闭式系统与外界空气接触少，可以减缓腐蚀现象。闭式系统必须采用壳管式蒸发器，用户侧则应采用表面式换热设备，而开式系统则不受这些限制，当采用水箱式蒸发器时，可以用它代替冷水箱或回水箱。

从调节特征上，冷水系统可以分为定水量系统和变水量系统两种形式。定水量系统中的水流量不变，通过改变冷水供回水温度来适应空调房间的冷负荷变化。变水量系统则通过改变水流量来适应冷负荷变化，而冷水供回水温差基本不变。由于冷水循环和输配能耗占整个空调制冷系统能耗的15%～20%，而空调负荷需要的冷水量也经常性地小于设计流量，所以变水量系统具有节能潜力。

变水量系统有一级泵系统和二级泵系统两种常用的冷水系统。

图11-19所示为一级泵系统示意图，常用的一级泵系统是在供回水集管之间设置一根旁通管，以保持冷水机组侧为定流量运行，而用户侧处于变流量运行。目前，由于冷水机组可在减少一定水量情况下正常运行，所以，供回水集管之间可不设置旁通管，而整个系统在一定负荷范围内采用变流量运行，这样可使水泵能耗大为降低。一级泵系统组成简单，控制容易，运行管理方便，一般多采用此种系统。

图11-20所示为二级泵系统示意图，它由两个环路组成：由一次泵、冷水机组和旁通管组成的这段管路称为一次环路，由二次泵、空调末端和旁通管组成的这一段管路称为二次环路。一次环路负责冷水的制备，二次环路负责冷水的输配。这种系统的特点是采用两组泵来

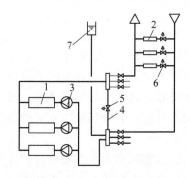

图 11-19 一级泵系统示意图

1—冷水机组 2—空调末端 3—冷水

水泵 4—旁通管 5—旁通调节阀

6—二通调节阀 7—膨胀水箱

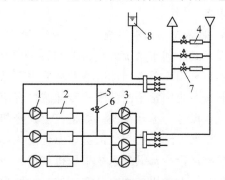

图 11-20 二级泵系统示意图

1—一次泵 2—冷水机组 3—二次泵

4—空调末端 5—旁通管 6—旁通调节阀 7—二通

调节阀 8—膨胀水箱

保持冷水机组一次环路的定流量运行，而用户侧二次环路为变流量运行，从而解决空调末端设备要求变流量与冷水机组蒸发器要求定流量的矛盾。该系统完全可以根据空调负荷需要，通过改变二次水泵的台数或者水泵的转速调节二次环路的循环水量，以降低冷水的输送能耗。可以看出，二级泵系统的最大优点是能够分区分路供应用户侧所需的冷水，因此适用于大型系统。

11.6.2　冷却水系统

合理地选用冷却水源和冷却水系统对制冷系统的运行费和初投资具有重要意义。为了保证制冷系统的冷凝温度不超过制冷压缩机的允许工作条件，冷却水进水温度一般应不高于32℃。冷却水系统可分为直流式、混合式和循环式三种。

1. 直流式冷却水系统

最简单的冷却水系统是直流式供水系统，即升温后的冷却回水直接排走，不重复使用。根据当地水质情况，冷却水可为地面水（河水或湖水）、地下水（井水）或城市自来水。由于城市自来水价格较高，只有小型制冷系统采用。对于直流式供水系统，冷凝器用过的冷却水直接排入下水道或用于农田灌溉，因此，它只适用于水源充足的地区。

2. 混合式冷却水系统

采用深井水的直流式供水系统，由于水温较低，一次使用后升温不大。例如，为了保证立式壳管冷凝器有足够高的传热效果，冷却水通过冷凝器以后的温升一般为3℃左右，如果深井水的温度为18℃，采用直流式供水系统时，则将大量21℃的水排掉，这是对自然资源的极大浪费。当然，加大冷却水在冷凝器中的温升，可以大大减少深井水的用量，但这样将使冷凝器的传热效果变差。因此，为了节约深井水的用量，减少打井的初投资，而又不降低冷凝器的传热效果，常采用混合式冷却水系统，如图11-21所示。

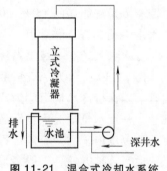

图11-21　混合式冷却水系统

混合式冷却水系统是将一部分已用过的冷却水与深井水混合，然后再用水泵压送至各台冷凝器使用。这样，既不减少通入冷凝器的水量，又提高了冷却水的温升，从而可大量节省深井水量。

3. 循环式冷却水系统

循环式冷却水系统就是将来自冷凝器的冷却回水先通入蒸发式冷却装置，使之冷却降温，然后再用水泵送回冷凝器循环使用。循环式冷却水系统大大降低了冷却水的消耗量。

制冷系统中常用的蒸发式冷却装置有两种类型，一种是自然通风冷却循环系统，另一种是机械通风冷却循环系统。如果蒸发式冷却装置中，冷却水与空气充分接触，水通过该装置后，其温度可降到比空气的湿球温度高3~5℃。

机械通风冷却循环系统采用机械通风冷却塔，冷凝器的冷却回水由上部被喷淋在冷却塔内的填充层上，以增大水与空气的接触面积，被冷却后的水从填充层流至下部水池内，通过水泵再送回制冷机组的冷凝器中循环使用。冷却塔顶部装有通风机，使室外空气以一定流速自下通过填充层，以加强冷却效果。这种冷却塔的冷却效率较高，结构紧凑，适用范围广，并有定型产品可供选用。图11-22所示为机械通风冷却循环系统示意图。

机械通风冷却循环系统中，冷却塔根据不同应用情况，可以放置在地面或屋面上，可以配置或不配置冷却水池，可以是一机对一塔的单元式或者是共用式。

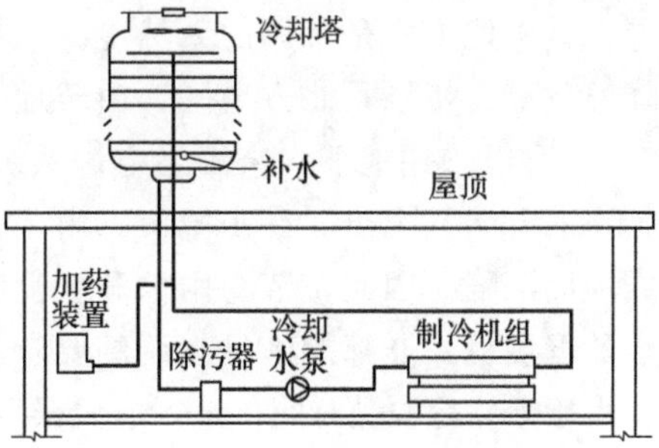

11.6.3　冷凝水系统

空调冷水系统夏季供应冷水的水温较低，当换热器外表面温度低于与之接触的空气露点温度时，其表面会因结露而产生凝结水。这些凝结水汇集在设备的集水盘中，然后通过冷凝水管路排走。

图 11-22　机械通风冷却循环系统

1. 系统形式

一般采用开式重力非满管流。

2. 凝水管材料

为避免管道腐蚀，冷凝水管道可采用聚氯乙烯塑料管或镀锌钢管，不宜采用焊接钢管。当采用镀锌钢管时，为防止冷凝水管道表面结露，通常需设置保温层。

3. 冷凝水管道设计要点

1）保证足够的管道坡度。冷凝水管必须沿水流方向设置斜坡，其支管坡度不宜小于 0.01，干管坡度不宜小于 0.005，且不允许有积水的部位。

2）当冷凝水集水盘位于机组内的负压区时，为避免冷凝水倒吸，集水盘的出水口处必须设置水封，水封的高度应比集水盘处的负压（水柱高）大 50% 左右。水封的出口与大气相通。

3）冷凝水立管顶部应设计通大气的透气管。

4）冷凝水管管径应按冷凝水流量和冷凝水管最小坡度确定。一般情况下，每 1kW 冷负荷最大冷凝水量可按 0.4~0.8kg 估算。冷凝水管径可按表 11-8 选取。

表 11-8　冷凝水管径选择

管道最小坡度	冷负荷/kW								
0.001	<7	7.1~17.6	17.7~100	101~176	177~598	599~1055	1056~1512	1513~12462	>12462
0.003	<17	17~42	42~230	230~400	400~1100	1100~2000	2000~3500	3500~15000	>15000
管道公称直径/mm	DN20	DN25	DN32	DN40	DN50	DN80	DN100	DN125	DN150

11.7　空调冷源

11.7.1　空调冷源和制冷原理

空调工程中使用的冷源有天然的和人工的两种。

天然冷源包括一切可能提供低于正常环境温度的天然物质，如地下水（深井水）、天然冰等，其中地下水是常用的天然冷源。在我国的大部分地区，用地下水喷淋空气都具有一定的降温效果，特别是北方地区，由于地下水的温度较低（如东北地区的北部和中部约为 4～12℃），可以采用地下水来满足空调系统降温的需要。但必须强调指出，我国水资源不够丰富，在北方尤其突出。许多城市，由于对地下水的过分开采，导致地下水位明显降低，甚至造成地面沉陷。因此，节约用水和重复利用水是空调技术中的一项重要课题；此外，各地地下水的温度也并非都能满足空调的要求。

由于天然冷源受时间、地区、气候条件的限制，不可能总能满足空调工程的要求，因此，目前世界上用于空调工程的主要冷源依然是人工冷源。人工制冷的设备叫作制冷机。空调工程中使用的制冷机有压缩式、吸收式和蒸汽喷射式三种，其中以压缩式制冷机应用最为广泛。

1. 压缩式制冷

压缩式制冷机的工作原理是利用"液体气化时要吸收热量"这一物理特性，通过制冷剂的热力循环，以消耗一定量的机械能作为补偿条件来达到制冷的目的。

压缩式制冷机是由制冷压缩机、冷凝器、膨胀阀和蒸发器等四个主要部件组成，并用管道连接，构成一个封闭的循环系统。制冷剂在制冷系统中历经蒸发、压缩、冷凝和节流等四个热力过程，如图 11-23 所示。

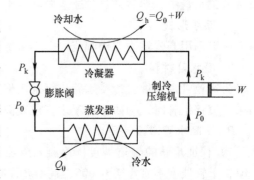

图 11-23　压缩式制冷循环原理图

在蒸发器中，低温低压的制冷剂液体吸收其中被冷却介质（如冷水）的热量，蒸发成低温低压的制冷剂蒸气，单位时间内吸收的热量 Q_0 即为制冷量。

低温低压的制冷剂蒸气被压缩机吸入，并被压缩成高温高压的蒸气后排入冷凝器，在压缩过程中，制冷压缩机消耗机械功 W。

在冷凝器中，高温高压的制冷剂蒸气被冷却水冷却，冷凝成高压的液体，放出热量 Q_h（$Q_h = Q_0 + W$）。

从冷凝器排出的高压液体经膨胀阀节流后变成低温低压的液体，进入蒸发器再行蒸发制冷。

由于冷凝器中所使用的冷却介质（水或空气）的温度比被冷却介质的温度高得多，因此上述人工制冷过程实际上就是从低温物质夺取热量而传递给高温物质的过程。由于热量不可能自发地从低温物体转移到高温物体，故必须消耗一定量的机械功 W 作为补偿条件，正如要使水从低处流向高处时，需要通过水泵消耗电能才能实现一样。

目前常用的制冷剂有氨和氟利昂。氨有良好的热力学性能，价格便宜，但有强烈的刺激作用，对人体有害，且易燃易爆。氟利昂是饱和碳氢化合物的卤族衍生物的总称，种类很多，可以满足各种制冷要求，目前国内常用的是 R12 和 R22。这种制冷剂的优点是无毒无臭，无燃烧爆炸危险，但价格高，极易渗漏并不易发现。中小型空调制冷系统多采用氟利昂作制冷剂。

但从 1979 年科学家们发现，由于氟利昂的大量使用与排放，已造成地球大气臭氧层的明显衰减，局部甚至形成臭氧空洞，也是导致全球气候变暖的主要原因之一。因此，联合国环境规划署于 1992 年制定了全面禁止使用氟利昂的蒙特利尔协定书。我国政府也于 1993 年制定了到 2010 年完全淘汰消耗臭氧层物质的实施方案。

2. 吸收式制冷

吸收式制冷的工作原理与压缩式制冷基本相似，不同之处是用发生器、吸收器和溶液泵代替了制冷压缩机，如图 11-24 所示。吸收式制冷不是靠消耗机械功来实现热量从低温物质向高温物质的转移传递，而是靠消耗热能来实现这种非自发的过程。

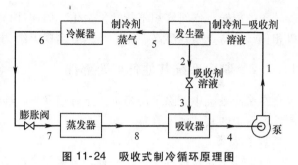

图 11-24 吸收式制冷循环原理图

在吸收式制冷机中，吸收器相当于压缩机的吸入侧，发生器相当于压缩机的压出侧。低温低压的液态制冷剂在蒸发器中吸热蒸发成为低温低压的制冷剂蒸气后，被吸收器中的液态吸收剂吸收，形成制冷剂-吸收剂溶液，经溶液泵升压后进入发生器。在发生器中，该溶液被加热、沸腾，其中沸点低的制冷剂变成高压制冷剂蒸气，与吸收剂分离，然后进入冷凝器液化，经膨胀阀节流的过程与压缩式制冷一致。

吸收式制冷目前常用的有两种工质，一种是溴化锂-水溶液，其中水是制冷剂，溴化锂为吸收剂，制冷温度为 0℃ 以上；另一种是氨-水溶液，其中氨是制冷剂，水是吸收剂，制冷温度可以低于 0℃。

吸收式制冷可利用低位热能（如 0.05MPa 蒸汽或 80℃ 以上热水）用于空调制冷，因此有利用余热或废热的优势。由于吸收式制冷机的系统耗电量仅为离心式制冷机的 20% 左右，在供电紧张的地区可选择使用。

11.7.2 制冷压缩机

制冷压缩机是压缩式制冷装置的一个重要设备。制冷压缩机的形式很多，根据工作原理的不同，可分为容积型和速度型压缩机两类。容积型压缩机是靠改变工作腔的容积，周期性地吸入气体并压缩。常用的容积型压缩机有活塞式压缩机、螺杆式压缩机、滚动转子压缩机和涡旋式压缩机，应用较广的是活塞式压缩机和螺杆式压缩机。速度型压缩机是靠机械的方法使流动的蒸汽获得很高的流速，然后再急剧减速，使蒸汽压力提高。这类压缩机包括离心式和轴流式两种，应用较广的是离心式制冷压缩机。

1. 活塞式压缩机

活塞式压缩机是应用最为广泛的一种制冷压缩机，它的压缩装置是由活塞和气缸组成。活塞式压缩机有全封闭式、半封闭式和开启式三种构造形式。全封闭式压缩机一般是小型的，多用于空调机组中；半封闭式除用于空调机组外，也常用于小型的制冷机房中；开启式压缩机一般都用于制冷机房中。氨制冷压缩机和制冷量较大的氟利昂压缩机多为开启式。

2. 离心式压缩机

离心式压缩机是靠离心力的作用，连续地将所吸入的气体压缩。离心式压缩机的特点是制冷能力大、结构紧凑、质量轻、占地面积小、维修费用低，通常可在 30%～100% 负荷范围内无级调节。

3. 螺杆式压缩机

螺杆式压缩机是回转式压缩机中的一种，这种压缩机的气缸内有一对相互啮合的螺旋形阴阳转子（即螺杆），两者相互反向旋转。转子的齿槽与气缸体之间形成 V 形密封空间，随着转子的旋转，空间容积不断发生变化，周期性地吸入并压缩一定量的气体。与活塞式压缩机相比，其特点是效率高、能耗小，可实现无级调节。

11.7.3　制冷系统其他各主要部件

在制冷系统中，除了压缩机，还有蒸发器、冷凝器和膨胀阀等部件。下面简要介绍一下制冷系统中的其他主要设备。

1. 蒸发器

蒸发器主要有两种类型，一种是直接用来冷却空气的，称为直接蒸发式表面冷却器，这种类型的蒸发器只能用于无毒害氟利昂系统，直接装在空调机房的空气处理室中。另一种是冷却盐水或普通水用的蒸发器，在这种类型的蒸发器中，氨制冷系统常采用一种水箱式蒸发器，其外壳是一个矩形截面的水箱，内部装有直立管组或螺旋管组。另外还有一种卧式壳管型蒸发器，可用于氨和氟利昂制冷系统。

2. 冷凝器

空调制冷系统中常用的冷凝器有立式壳管式和卧式壳管式两种。这两种冷凝器都是以水作为冷却介质，冷却水通过圆形外壳内的许多钢管或铜管，制冷剂蒸气在管外空隙处冷凝。

立式冷凝器用于氨制冷系统，它的特点是占地小，可以装在室外，可以在系统运行中清洗水管，对冷却水水质的要求可以放宽一些。缺点是冷却水与氨只能进行比较有效的热交换，因而耗水量比较大，适用于水质较差、水温较高而水量充足的地区。

卧式冷凝器在氨和氟利昂制冷系统中均可使用。这种冷凝器可以装于室内或室外，也可装置在储液器的上方。必须停止运行才能清洗水管。适用于水质较好、水温较低、水量充足的地区。

3. 膨胀阀

膨胀阀在制冷系统中的作用是：

1）保证冷凝器和蒸发器之间的压力差。这样可以使蒸发器中的液态制冷剂在要求的低压下蒸发吸热；同时，使冷凝器中的气态制冷剂在给定的高压下放热、冷凝。

2）供给蒸发器一定数量的液态制冷剂。供液量过少，将使制冷系统的制冷量降低；供液量过多，部分液态制冷剂来不及在蒸发器内汽化，就随同气态制冷剂一起进入压缩机，引起湿压缩，甚至发生冲缸事故。

常用的膨胀阀有手动膨胀阀、浮球式膨胀阀、热力膨胀阀等。

通过计算合理地选择各种设备和部件，并设计各有关管道使之正确地将各设备和部件连接起来，这样就组成了一个空调制冷系统。

目前，以水做冷媒的空调系统常采用冷水机组做冷源。所谓冷水机组，就是将制冷系统中的制冷压缩机、冷凝器、蒸发器、附属设备、控制仪器、制冷剂管路等全套零部件组成一个整体，安装在同一底座上，可以整机出厂运输和安装，图 11-25 所示为 YEWS 系列冷水机组的外形图，机组使用时，只要在现场连接电源及冷水的进出水管即可。

冷水机组具有外形美观、结构紧凑、安装调试和操作管理方便等优点，得到了广泛的应用。

11.7.4　热泵

目前，许多建筑都采用热泵机组。所谓热泵，即制冷机组消耗一定的能量从低温热源取

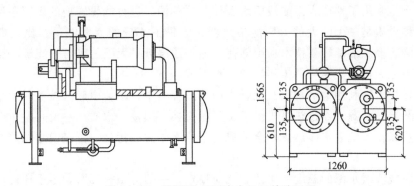

图 11-25 YEWS 系列冷水机组的外形图

热,向需热对象供应更多的热量的装置。使用一套热泵机组既可以在夏季制冷,又可以在冬季供热,如图 11-26 所示。

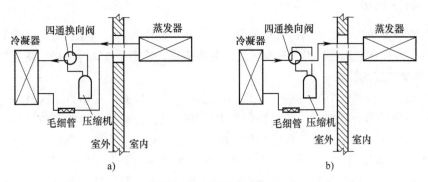

图 11-26 热泵工作原理

热泵取热的低温热源可以是室外空气、地表或地下水、太阳能、工业废热以及其他建筑物的废热等。因此,热泵技术是有效利用低温热能的一种节能技术手段。

目前,经常使用的热泵通常有空气源热泵和水源热泵两大类。

空气源热泵通过对外界空气的放热进行制冷,通过吸收外界空气的热量来供热。这种热泵机组随着室外温度的下降,其性能系数明显下降,当室外温度下降到一定温度时(大约在 $-10 \sim -5℃$),该机组将无法正常运行,故该机组一般在长江以南地区应用较多。

空气源热泵的主要特点有:

1)用空气作为低位热源,取之不尽,用之不竭,到处都有,可以无偿地获取。

2)空调水系统中省去冷却水系统,无须另设锅炉房或热力站。

3)要求尽可能将空气源热泵冷水机组布置在室外,如布置在裙房楼顶上等,这样可以不占用建筑物的有效面积。

4)安装简单、运行管理方便;不污染使用场所的空气,有利于环保。

水源热泵是一种利用地球表面或浅层水源(如地下水、河流和湖泊),或者是人工再生水源(工业废水、地热尾水等)的既可供热又可制冷的高效节能空调系统。水源热泵技术利用热泵机组实现低温热能向高温热能转移,将水体和地层蓄能分别在冬、夏季作为供暖的热源和空调的冷源,即在冬季,把水体和地层中的热量"取"出来,提高温度后,供给室内采暖;夏季,把室内的热量取出来,释放到水体和地层中去。

水源热泵是利用了地球表面或浅层水源作为冷热源，进行能量转换的供暖空调系统。地球表面水源和土壤是一个巨大的太阳能集热器，收集了47%的太阳能量，比人类每年利用能量的500倍还多。水源热泵技术利用储存于地表浅层近乎无限的可再生能源，为人们提供供暖空调，当之无愧地成为可再生能源的一种形式。

水源热泵技术在利用地下水以及地表水源的过程当中，不会引起区域性的地下以及地表水污染。实际上，水源水经过热泵机组后，只是交换了热量，水质几乎没有发生变化，经回灌至地层或重新排入地表水体后，不会造成对于原有水源的污染。可以说水源热泵是一种清洁能源方式。

地球表面或浅层水源的温度一年四季相对稳定，一般为10~25℃，冬季比环境空气温度高，夏季比环境空气温度低，是很好的热泵热源和空调冷源。这种温度特性使得水源热泵的制冷、制热系数可达3.5~5.5。

11.7.5 制冷机房

设置制冷设备的房屋称为制冷机房或制冷站。小型制冷机房一般附设在主体建筑内，氟利昂制冷设备也可设在空调机房内。规模较大的制冷机房，特别是氨制冷机房，则应单独修建。

1. 对制冷机房的要求

单独修建的制冷机房宜布置在厂区夏季主导风向的下风侧。在动力站区域内，一般应布置在乙炔站、锅炉房、煤气站、堆煤场等的上风侧，以保持制冷机房的清洁。

氨制冷机房不应靠近人员密集的房间或场所，以及有精密贵重设备的房间等，以免发生事故时造成重大损失。

制冷机房应尽可能设在冷负荷的中心处，力求缩短冷水和冷却水管路。当制冷机房是全厂的主要用电负荷时，还应尽量靠近变电站。

规模较小的制冷机房可不分隔间，规模较大的，按不同情况可分为机器间（布置制冷压缩机和调节站）、设备间（布置冷凝器、蒸发器、储液器等设备）、水泵间（布置水泵和水箱）、变电室（耗电量大时应有专用变压器）以及值班室、维修间和生活间等。

制冷机房的高度应根据设备情况确定，并应符合下列要求：对于氟利昂压缩式制冷，不应低于3.6m；对于氨压缩式制冷，不应低于4.8m。溴化锂吸收式制冷机顶部至屋顶的距离应不低于1.2m。设备间的高度也不应低于2.5m。

对于制冷机房的防火要求应按 GB 50016—2014《建筑设计防火规范》执行。

制冷机房应有每小时不少于三次换气的自然通风措施，氨制冷机房还应有每小时不少于七次换气的事故通风设备。

制冷机房的机器间和设备间应有良好的自然采光，窗孔投光面积与地板面积的比例不少于1:6。

在仪表集中处应设局部照明，在机器间及设备间的主要通道和站房的主要出入口设事故照明。

制冷机房的面积约占总建筑面积的0.6%~0.9%，一般按每1163kW冷负荷需要100m² 估算。

制冷机房应有排水措施。在水泵、冷水机组等四周做排水沟，集中后排出；在地下室常设集水坑，再用潜水泵抽出。

2. 设备布置原则

制冷系统一般应由两台以上制冷机组组成，但不宜超过六台。制冷机的型号应尽量统一，以便维护管理。除特殊要求外，可不设备用制冷机。大中型制冷系统宜同时设置 1~2 台制冷量较小的制冷机组，以适应低负荷运行时的需要。

机房内的设备布置应保证操作、检修的方便，同时要尽可能使设备布置紧凑，以节省占地面积。设备上的压力表、温度计等应设在便于观察的地方。

机房内各主要操作通道的宽度必须满足设备运输和安装的要求。

制冷机房应设有为主要设备安装维修的大门及通道，必要时可设置设备安装孔。

制冷机房的高度应根据设备情况确定。对于 R22、R134a 等压缩式制冷，不应低于 3.6m；对于氨压缩式制冷，不应低于 4.8m。制冷机房的高度是指自地面至屋顶或楼板的净高。

制冷机房的地面载荷约为 $4~6t/m^2$，且有振动。

冷却塔一般设置在屋顶上，占地面积约为总建筑面积的 0.5%~1%。

冷却塔的基础载荷是：横式冷却塔为 $1t/m^2$，立式冷却塔为 $2~3t/m^2$。

11.8　空调系统的消声减振

11.8.1　空调系统的消声

空调系统噪声的控制应首先积极地综合考虑降低系统噪声，然后在计算了管路的噪声自然衰减后，如仍不能满足室内噪声要求，这时就需要考虑在管路上设置消声器。

1. 降低空调系统噪声的主要措施

1）尽可能选用低转速叶片后向的离心通风机，并使风机的正常工作点位于或接近于其最高效率点。

2）风道内空气流速不宜过大。对于主风道内的流速，有一般消声要求的空调系统不宜超过 8m/s，有严格消声要求的空调系统不宜超过 5m/s。

3）通风机、水泵等应安装在弹性减振基础上。它们的进出口应设软性接头，进出管应避免急剧转折。风道上的调节阀门应尽量少设。

4）空调机房应尽可能远离有消声要求的房间。

2. 消声器的种类

消声器是由吸声材料和按不同消声原理设计的外壳所组成。空调系统所用的消声器有多种形式，根据消声的原理不同大致可分为阻性、抗性和复合型三大类。

（1）阻性消声器　阻性消声器的消声原理是借助装置在通风管道内部或在管道中按一定方式排列的吸声材料或吸声结构的吸声作用，使沿管道传播的声能部分转化为热能而消耗掉，达到消声的目的，它对中、高频有较好的消声性能。

阻性消声器的种类很多，按气流通道的几何形状可分为直管式、片式、折板式、蜂窝式、声流式和弯头式等，如图 11-27 所示。

1）直管式消声器：它仅在管壁内周贴上一层吸声材料，是一种最简单的直管式消声器，故又称"管衬"。管式消声器制作方便，阻力小，但是当管道断面积较大时，将会影响对高频噪声的消声效果。

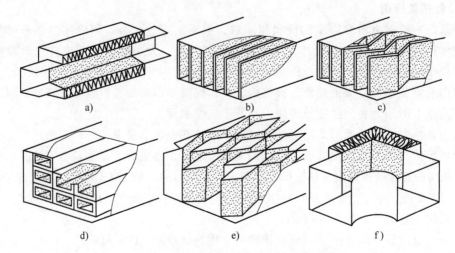

图 11-27　不同类型的阻性消声器形式示意图

a）直管式消声器　b）片式消声器　c）折板式消声器　d）蜂窝式消声器
e）声流式消声器　f）弯头式消声器

2）片式消声器：为了增加直管式消声器的消声量，一般常将整个通道分成若干小通道，做成蜂窝式或片式消声器。

片式消声器的消声量与每个通道的宽度有关，宽度越小，消声量越大，而与通道的个数、高度无关，但通道个数与高度却影响消声器的空气动力性能。为了保证足够的有效流通面积以控制流速，需要有足够的通道高度与个数。

3）消声弯头：当因机房面积窄小而难以设置消声器，或需对既有建筑物改善消声效果时，可采用消声弯头，一般在弯头的内表面粘贴吸声材料即可，如图 11-28a 所示。图 11-28b 所示的是改良的消声弯头，弯头外缘由穿孔板、吸声材料和空腔组成。

4）消声静压箱：在风机出口处设置内壁粘贴吸声材料的静压箱（图 11-29），它既可以起稳定气流的作用，又可起消声器的作用。

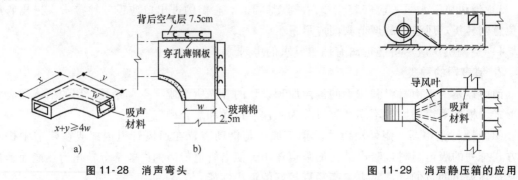

图 11-28　消声弯头　　　　**图 11-29　消声静压箱的应用**

（2）抗性消声器　抗性消声器不能直接吸收声能，其消声原理是借助管道截面的突然扩张或收缩或旁接共振腔，使沿管道传播的某些特定频率或频段的噪声在突变处向声源反射回去而不再向前传播，从而达到消声的目的。抗性消声器适用于低频和低中频噪声的控制，消声频程较窄，空气阻力较大且占用空间多，一般宜在小尺寸的管道上使用。

抗性消声器有扩张室消声器和共振型消声器两大类。

1）扩张室消声器：借助于管道截面的突然扩张和收缩，声波在传递过程中产生反射、叠加、干涉，从而达到消声目的。

2）共振型消声器：共振型消声器的构造如图 11-30 所示，在管道上开孔，并与共振腔相连。在声波作用下，小孔孔颈中的空气像活塞似地往复运动，于是使共振腔内的空气也发生振动，从而实现了消声。这种消声器具有较强的频率选择性，但消声的频率范围很窄，仅适用于低频或中频窄带噪声或峰值噪声，一般用以消除低频噪声。

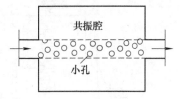

图 11-30　共振型消声器结构

（3）复合型消声器　在消声性能上，阻性消声器和抗性消声器有着明显的差异。前者适宜消除中、高频噪声，而后者适宜消除中、低频噪声。但在实际应用中，宽频带噪声是很常见的，即低、中、高频的噪声都很高。为了在较宽的频率范围内获得较好的消声效果，结合具体的噪声源特点，通过不同的结构复合方式恰当地进行组合，可把阻性消声器对消中、高频声效果显著的特点与抗性消声器对消低频声效果显著的特点进行组合，设计成一种宽频带的阻抗复合型消声器。

11.8.2　空调系统的减振

空调系统中的风机、水泵、制冷压缩机等设备运转时，会由于转动部件的质量中心偏离转轴中心而产生振动，该振动传给支承结构（基础或楼板），并以弹性波的形式沿房屋结构传到其他房间，又以噪声的形式出现，该噪声称为固体声。振动和噪声对生产和生活都不利，还会危及建筑物的安全。为了消除或减少振动及保护环境，对转动设备应采取防振措施。

减振分消极减振和积极减振，消极减振是指防止或减少外界振动对本体系的振动影响；积极减振是指防止或减少本体系的振动对外界的振动影响。为减弱振源（设备）传给支承结构的振动，可以在振源与支承结构之间安装弹性构件，如弹簧、橡胶、软木等，这种方法称为积极减振法；如果在对振动敏感的精密设备、仪表等上采取减振措施，以防止外界振动对它们的影响，这种方法称为消极减振法。

减振器的选用要根据减振动力计算确定，其支撑点应不少于四个。常用的几种减振器如下。

1. 橡胶减振器

橡胶减振器是采用经硫化处理的耐油丁腈橡胶，作为它的减振弹性体，并粘结在内外金属环上受剪力的作用，因此，全称为橡胶剪切减振器。它有较低的固有频率和足够的阻尼，减振效果良好，安装和更换方便，且价格低廉。但有使用多年后易老化的缺陷。

2. 弹簧减振器

弹簧减振器是由单个或数个相同尺寸的弹簧和铸铁（或塑料）护罩所组成。图 11-31 所示为国产 TJ1 型弹簧减振器的构造图。由于弹簧减振器的固有频率低，静态压缩量大，承载能力大，减振效果好，且性能稳定，因此应用广泛，但价格较贵。

ZT 型阻尼弹簧减振器，如图 11-32 所示，具有频率低、阻尼较大的优点，对消除外来冲击振动的效果较为显著，结构简单，安装方便，一般情况下减振器与支承结构不予固定，当扰力较大或有需要固定时，可在支承板上预埋螺栓，再用压板把减振器固定。

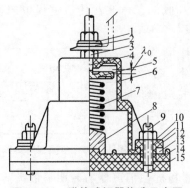

图 11-31 弹簧减振器构造示意图

1—弹簧垫圈 2—斜垫圈 3—螺母 4—螺栓

5—定位板 6—上外罩 7—弹簧 8—垫块

9—地脚螺栓 10—垫圈 11—橡胶垫圈 12—胶木螺栓

13—下外罩 14—底盘 15—橡胶垫板

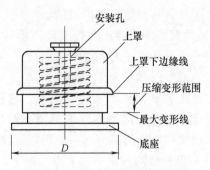

图 11-32 ZT 型阻尼弹簧减振器

其他还有 Z 型圆锥形橡胶减振器、TJ 型和 JD 型弹簧减振器等类型，也可根据情况选用。

减振器安装前，应检查减振器规格型号与数量是否符合设计要求。如有预埋螺栓，应核对位置尺寸。安装时要使各组减振器承受荷载均匀，不得偏倚或所受荷载悬殊，使减振器受压不均。安装减振器的地面应平整，不能使减振器发生位移，在使用前采取保护措施，如在减振器旁边加垫木块，使其暂时不受外力的影响。

思 考 题

1. 空气调节的任务是什么？

2. 表示空气状态的参数有哪些？干球温度和湿球温度有什么区别？相对湿度和含湿量有什么区别？

3. 空气调节系统是由哪几部分组成？常见的空气调节系统有哪几种形式？它们各有什么特点？

4. 新风量如何确定？

5. 分别说明等温射流、非等温射流的影响因素。

6. 回风口的设置对室内气流分布有什么影响？总结各种送风方式的优缺点及适用范围。

7. 空调系统能够完成哪些热湿处理过程？相应采用的处理设备是什么？

8. 表面式空气冷却器和喷水室各有什么优缺点？

9. 组合式空调机组和局部空调机组有什么区别？各应用于什么场合？确定空调机房的位置和大小有什么要求？

10. 空调系统常用的制冷机有几种形式？制冷原理有什么区别？

11. 在制冷系统中一般包括哪几个部件？各起什么作用？

12. 如何确定制冷机房的位置和大小？机房内的设备布置原则是什么？

13. 什么是阻性消声器？什么是抗性消声器？

14. 常用设备减振材料和减振器有哪几种？

第4篇

建筑电气及建筑设备自动化

第12章
建筑供配电系统

本章主要从建筑电气的含义出发，由建筑的负荷等级，就如何选择建筑物合理的配电导线和配电形式、高低压一次配电设备等，介绍整个建筑供配电的电力系统网络组成，以及如何给建筑物提供经济、安全、优质、可靠的电力保障。

12.1　建筑电气的含义及分类

随着科技的发展，新技术与新产品层出不穷，建筑物也向着更科技、更现代化的方向发展。伴随建筑技术的迅速发展和现代化建筑的出现，建筑电气也发展成为以近代物理学、电磁学、电子学、光学、声学等理论为基础的应用于建筑工程领域内的一门新兴的综合性工程学科。"建筑电气工程"就是以电能、电气设备和电气技术为手段来创造、维持与改善限定空间的功能和环境的工程，是介于土建和电气两大类学科之间的一门综合性学科。其主要功能是输送和分配电能、运用电能和传递信息等，为人们提供舒适、安全、优质、便利的生活环境。经过发展，建筑电气工程已经建立了一套完整的理论和技术体系，并发展成为一门独立的技术学科。建筑电气工程主要包括建筑供配电技术，建筑设备控制技术，电气照明技术，防雷、接地等电气安全，现代建筑电气自动化技术，现代建筑信息及传输技术等。

电能可转换为机械能、热能、光能、声能等能量。电作为传输载体，它的传输速度快、容量大、控制方便，因而被广泛地应用于生活的各领域。利用电路、电工学、电磁学、计算机等学科的理论和技术，在建筑物内部为人们创造理想的居住和生活环境，以充分发挥建筑物功能的系统就是所说的建筑电气系统。建筑电气系统是由各种不同的电气设备组成的。

根据电气设备对建筑所起作用不同，可将建筑电气设备分为下面几类：

（1）创造环境的设备　对人类影响最大的环境因素是光、温度、湿度、空气和声音等，而这些环境可通过建筑电气工程创造和改变。

（2）追求方便性的设备　像建筑里的给水排水设备、电梯、电话、火灾报警等设备都是为生活提供方便、安全的设备。

（3）提供方便性的设备　像建筑物里的电话、电视系统等都是提供方便的设备。

（4）增强安全性的设备　像自动排烟设备、自动化灭火设备、消防电梯、事故照明等都是提供安全性的设备。

（5）提供能源的设备　主要包括各种发电设备、供配电设备等。

因此，建筑电气不仅是建筑物内必要和重要的组成部分，而且随着建筑自动化和现代化程度的提高，建筑电气工程越来越成为建筑工程发展的主要环节。

12.2　建筑电气系统的分类

12.2.1　民用建筑电力负荷的分级

用电设备所取用的电功率称为电力负荷。根据民用建筑对供电可靠性的要求及中断供电在政治、经济上所造成损失或影响的程度进行分级，各民用建筑电力负荷分为以下三级。

1）符合下列情况之一时，应为一级负荷。

① 中断供电将造成人身伤亡的。例如：医院手术室的照明及电力负荷、婴儿恒温箱、心脏起搏器等单位或设备。

② 中断供电将在政治、经济上造成重大损失或影响者。例如：国宾馆、国家级会堂以及用于承担重大国事活动的场所，中断供电将造成重大设备损坏、重大产品报废、连续生产过程被打乱，需要长时间才能恢复的重点企业、一类高层建筑的消防设备等用电单位或设备。

③ 中断供电将影响有重大政治、经济意义的用电单位的正常工作者。例如：重要交通枢纽、重要通信枢纽、不低于四星级标准的宾馆、大型体育场馆、大型商场、大型对外营业的餐饮单位，以及经常用于国际活动的大量人员集中的公共场所等重要用电单位或设备。

④ 中断供电将造成公共秩序严重混乱的特别重要公共场所。例如：大型剧院、大型商场、大型体育场、重要交通枢纽等。

对于国家级重要交通枢纽、重要通信枢纽、国宾馆、国家级承担重大国事活动的大会堂、国家级大型体育中心、经常用于重要国际活动的大量人员密集的公共场所等的中断供电将造成重要的政治影响或重大经济损失等，不允许中断供电的一级负荷为特别重要负荷。

2）符合下列情况之一时，为二级负荷。

① 中断供电将造成较大政治影响的。例如：省部级办公楼、民用机场中属特别重要和普通一级负荷外的用电负荷等。

② 中断供电将造成较大经济损失的。例如：中断供电将造成主要设备损坏、大量产品报废的企业、中型百货商场、二类高层建筑的消防设备、四星级以上宾馆客房照明等用电单位或用电设备。

③ 中断供电将影响正常工作的重要用电单位或用电设备。例如：小型银行（储蓄所）、通信枢纽、电视台的电视电影室等。

④ 中断供电将造成公共秩序混乱的较多人员集中的公共场所。例如：丙级影院剧场、中型百货商场、交通枢纽等用电单位或用电设备。

3）不属于一级和二级负荷者应为三级负荷。

12.2.2　各级负荷对供电的要求

根据国标要求，各级负荷的供电必须符合以下要求。

1) 一级负荷的供电电源应符合下列要求:

一级负荷应由两个电源供电,当一个电源发生故障时,另一个电源应不致同时受到损坏。

一级负荷容量较大或有高压用电设备时,应采用两路高压电源。如一级负荷容量不大时,应优先采用从电力系统或临近单位取得第二低压电源,亦可采用应急发电机组,如一级负荷仅为照明或电话站负荷时,宜采用蓄电池组作为备用电源。

对一级负荷中特别重要负荷,除需要两个电源外,还必须增设应急电源。为保证对特别重要负荷的供电,严禁将其他负荷接入应急供电系统。

应急电源通常用下列几种:

① 独立于正常电源的发电机组。

② 供电网络中独立于正常电源的专门馈电线路。

③ 蓄电池组等。

2) 二级负荷的供电系统应做到当发生电力变压器故障或线路常见故障时不致中断供电或中断后能迅速恢复。在负荷较小或地区供电条件困难时,二级负荷可由高压 6kV 及以上专用架空线路供电。

3) 三级负荷对供电无特殊要求,通常采用单回路供电,但应做到使配电系统简洁可靠,尽量减少配电级数,低压配电级数一般不宜超过四级。且应在技术经济合理的条件下,尽量减少电压偏差和电压波动。

12.3 建筑对供电的要求

12.3.1 建筑供电的组成

建筑供电是整个电力系统用电户的一个组成部分,主要是研究建筑物内部的电力供应、分配和使用。现代建筑物中,为满足生活和工作用电而安装的与建筑物本体结合在一起的各类电气设备主要由下列五个系统组成:

(1) 变配电系统 建筑物内用电设备运行的允许电压(额定电压)低于 380V,但如果输电线路电压为 10kV、35kV 或以上时,必须设置建筑物供电所需的变压器室等,并装设低压配电装置。这种变电、配电的设备和装置组成变配电系统。

(2) 动力设备系统 一栋高层建筑物内有很多动力设备,像水泵、锅炉、空调、送风机、排风机、电梯等,这些设备及其供电线路、控制电器、保护继电器等组成动力设备系统。

(3) 照明系统 包括各种电光源、灯具和照明线路。根据建筑物的不同用途,对其各个电光源和灯具特性有不同的要求,这就组成了整个建筑照明系统。

(4) 防雷和接地装置 雷电是不可避免的自然灾害,而建筑防雷装置能将雷电引泄入地,使建筑物免遭雷击。另外,从安全考虑,建筑物内各用电设备的金属部分都必须可靠接地,因此整个建筑必须要有统一的防雷和接地安全装置(统一的接地体)。

(5) 弱电系统 主要用于传输各类信号,像电话系统、有线广播系统、消防监测系统、闭路监控系统、共用天线电视系统、计算机管理系统等。

12.3.2　建筑对供电的要求

建筑物对供电系统的要求有以下三方面：

（1）保证供电的可靠性　根据建筑用电负荷的等级和大小、外部电源情况、负荷与电源间的距离等确定供电方式和电源的回路数，保证对建筑提供可靠的电源。

（2）满足电源的质量要求　稳定的电源质量是用电设备正常工作的根本保证，电源电压的波动、波形的畸变、多次谐波的产生都会使建筑内用电设备的性能受到影响，对计算机及其网络系统产生干扰，导致设备使用寿命降低，使某些控制回路控制过程中断或造成延误。所以应该采取措施，减少电压损失，防止电压偏移，抑制高次谐波，为建筑提供稳定、可靠的高质量的电源。

（3）减少电能的损耗　对建筑供电减少不必要的电能浪费是节约的一个重要途径。合理地安排投入运行的变压器台数，根据线缆的经济电流密度选用合理配电线缆截面；合理配光，采用节能要求的控制方法，尽量利用天然光束、减少照明，根据时间、地点、天气变化、工作和生活需要灵活地调节各种照度水平；建筑内一般有数量较多的电动机，像锅炉供暖系统的热水循环泵、鼓风电机、输送带电动机外，还有电梯曳引电动机、高压水泵电动机等，按经济运行选择合适的电动机容量，减少轻载和空载运行时间等，这些都是节约电能的有效保证。

12.4　电力线路常用的几种供电方式

建筑供电应力求供电可靠、接线简单、运行安全、操作方便灵活、使用经济合理，因此根据建筑物内各用电系统的不同用电需求提供不同类型的供电方式，保证建筑满足正常运行的有效途径。

建筑物或变配电室内常用的高、低压供电方式有放射式供电、树干式供电、环式供电及混合式供电。

1．放射式供电

放射式供电是从建筑物内的电源点（配电室）引出一电源回路直接接向各用电点（用电系统或负荷点），沿线不支持其他的用电负荷。图12-1所示是几种放射式供电接线图。

放射式供电接线简单，操作维护方便，引出线发生故障时互不影响，供电可靠性高，但其有色金属消耗量较多，采用的开关设备也较多，因此投资较大。多用于高压、用电设备容量大、比较重要负荷的供电系统或设备供电。

2．树干式供电

树干式供电是指由变配电所高压母线上或低压配电柜（屏）引出的配电干线上，沿干线直接引出电源回路到各变电所或负荷点的接线方式。图12-2、图12-3所示分别是高、低压树干式供电接线图。

该方式与放射式供电相比，引出线和有色金属消耗量少，投资少，但供电可靠性差，适用于不重要负荷或供电容量较小且分布均匀的用电设备或单元的供电。现在一种新研制出的预分支电缆就属于这种树干式供电。

建筑设备 第2版

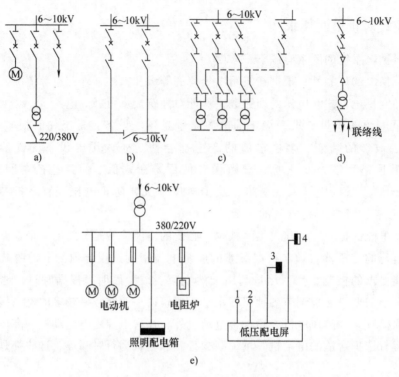

图 12-1 高、低压放射式供电

a）高压单回路放射式　b）高压双回路放射式　c）具有公共线路的放射式
d）具有低压联络线的放射式　e）低压放射式供电

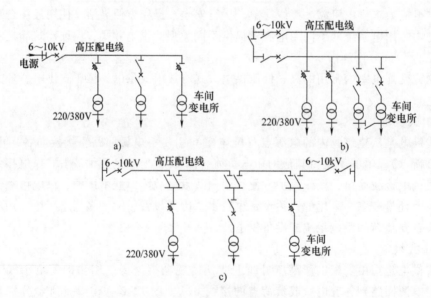

图 12-2 高压树干式供电

a）高压单树干式供电　b）高压双树干式供电　c）高压双电源树干式供电

3. 环形供电

环形供电是树干式供电的改进，两路树干式供电连接起来就构成了环形供电，如图 12-4a、

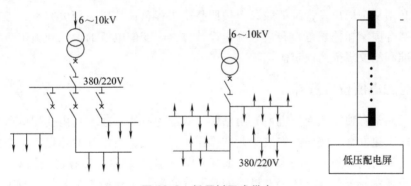

图 12-3 低压树干式供电

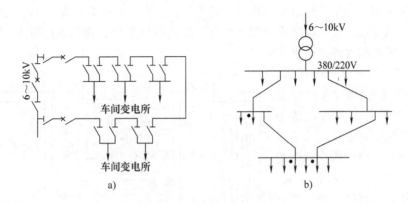

图 12-4 高、低压环形供电

a) 高压环形供电 b) 低压环形供电

图 12-4b 所示。

环形接线运行灵活，供电可靠性高。环形供电有闭环和开环两种运行方式，闭环因为要求两回路之间的连接设备开关性能非常高，其安全性常常不能可靠保障，因此多采用开环方式，即环形线路中有一处开关是断开的。在现代化城市配电网中这种接线应用较广。

4. 混合式供电

混合式供电是将某两种或两种以上接线方式结合起来的一种方式，具有各个接线方式供电的优点。因为其具有各个接线方式的特点，目前在各新兴建筑供配电中使用得越来越广。图 12-5 所示为混合式供电方式。

配电系统的供配电究竟采用什么方式，应根据具体情况，对供电可靠性、经济性等综合比较后才能确定。一般地说，配电系统宜优先考虑采用放射式供电。低压接线常常根据实际情况有多种供电方式。

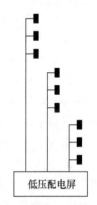

图 12-5 混合式
供电方式

12.5 变配电所的组成

变配电所作为建筑供电一个重要环节，是电力系统中一个重要的组成部分。它的建设必须考虑到该变电所供电范围内近期建设与远期发展的关系，适当考虑以后发展的需要。变电所的设计，必须从全局出发，统筹兼顾，按照整个工程负荷性质、用电容量、工程特点和地区供电条件结合国家相关规范，合理地确定设计方案。变配电所的设计和施工应符合国家现行的有关标准和相关规范的规定。

12.5.1 变配电所位置选择

变配电所通常有独立式变配电所、附贴楼房式变配电所、建筑物内变配电所等形式。对于变配电所的土建方案，应根据安装工艺和操作运行方式，由电气专业提出。变配电所土建方案要考虑房屋的抗震烈度、防火设施、通风设施等技术条件，要有建造层高、开间跨度、电缆敷设方式和路径等要求，还要有设备安装平面布置、土建施工工艺等建筑工程的全部技术条件。

现代建筑物朝着大型、超大型，高层、超高层，密集、高密集型发展，而且随着城市地价升值，使得独立式、附贴楼房式变配电所已不能适应新形势，建筑物内置 10kV 变配电在今后或将来一段时期内将处在主导地位。

现代建筑的用电量逐步增大，在确定变电所（见图 12-6）位置时，应尽可能使高压深入负荷中心，并且高压进线方便，低压出线方便，这对节约电能，减少输电配电的电缆、电线，节省有色金属，减少投资，并且提高供电质量都有重要意义。变电所一般都设在主楼内。变电所的数量及其位置的分布，应通过经济技术比较决定。

除此之外，变配电所位置选择必须采取相应技术设施和技术条件，如必须有防火、抗震、通风、消声设计，做好消防、搬运设备的通道和起重等条件。与电气无关的上、下水，暖卫等管道不应穿过变配电所等。具体选择应满足下列条件：

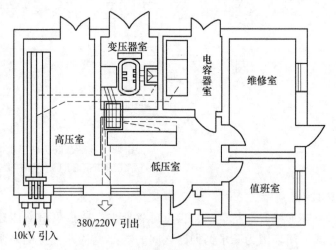

图 12-6 室内型变电所平面布置图

1）接近负荷中心，10kV 变电所低压配出线半径宜不超过 400m。

2）进出线方便，所址选择应以主变压器为中心，要求变压器运输时进出口及消防通道通行方便。

3）接近电源侧。

4）设备吊装、运输方便。

5）不应设在有剧烈振动或高温的场所。

6）不宜设在多尘、水雾（如大型冷却塔）或有腐蚀性气体的场所，如无法远离时，不应设在污染源盛行风向的下风侧。

7）不应设在厕所、浴室或其他经常积水场所的正下方，且不宜与上述场所相贴邻。

8）不应设在有爆炸危险环境的正上方或正下方，且不宜设在有火灾危险环境的正上方或正下方，当与有爆炸或火灾危险环境的建筑物毗连时，应符合 GB 50058—2014《爆炸危险环境电力装置设计规范》的规定。

9）不应设在地势低洼和可能积水的场所。

10）高层建筑地下层变配电所的位置宜选择在通风、散热条件较好的场所。

11）变配电所位于高层建筑（或其他地下建筑）的地下层时，不宜设在最底层，当地下仅有一层时，应采取适当抬高该所的地面 150~300mm 等防水措施。并应避免洪水或积水从其他渠道淹渍变配电所的可能性。

12）高层建筑的变配电所宜设在地下层或首层，当建筑物高度超过 100m 时，也可在高层区的避难层或上技术层内设置变电所。

13）一类高、低层主体建筑物内，严禁设置装有可燃性油电气设备的变配电所。二类高、低层主体建筑物内不宜设置装有可燃性油电气设备的变配电所，如受条件限制必须设置时，宜采用难燃性油的变压器并应设在首层靠外墙部位或地下层，且不应设在人员密集场所的上下方、贴邻或疏散出口两旁，并应采取相应的防火和排油措施；当变配电所的正上方、正下方为住宅、客房、办公室等场所时，变配电所应作屏蔽处理。

14）无特殊防火要求的多层建筑中，装有可燃性油电气设备的变电所可设在底层靠外墙部位，但不应设在人员密集场所的上方、下方、贴邻或疏散出口两旁。

15）注意对公用通信设施的抗干扰措施。

16）变配电室的门应避免朝西开。

12.5.2 变配电装置

变压器是由铁心（或磁心）和线圈组成，是一种变换交流电压、电流和阻抗的器件。当初级线圈中通有交流电流时，铁心（或磁心）中便产生交流磁通，使次级线圈中感应出相应的电压（或电流）。变压器线圈有两个或两个以上的绕组，其中接电源的绕组叫初级线圈，其余的绕组叫次级线圈。

1. 变压器的分类

变压器的种类很多，按不同的形式有不同的分类。

按冷却方式分类：干式（自冷）变压器、油浸（自冷）变压器、氟化物（蒸发冷却）变压器。

按防潮方式分类：开放式变压器、灌封式变压器、密封式变压器。

按铁心或线圈结构分类：芯式变压器（插片铁心、C 形铁心、铁氧体铁心）、壳式变压器（插片铁心、C 形铁心、铁氧体铁心）、环形变压器、金属箔变压器。

按电源相数分类：单相变压器、三相变压器、多相变压器。

按用途分类：电源变压器、调压变压器、音频变压器、中频变压器、高频变压器、脉冲变压器。

不论哪种形式的变压器，它们的工作原理和基本构造都是相同的。

2. 变压器的特性参数

变压器的一些主要技术数据都标注在变压器的铭牌上。铭牌上的主要参数有额定频率、额定电压及其分接、额定容量、绕组联结组以及额定性能数据，例如，阻抗电压、空载电流、空载损耗和负载损耗和总重。另外，还有一些技术指标也是衡量变压器好坏的主要依据。

（1）工作频率（Hz） 变压器铁心损耗与频率关系很大，应根据变压器的使用频率来设计和使用，这种频率称工作频率。我国的国家标准频率 f 为 50Hz。

（2）额定电压 变压器长时间运行时所能承受的工作电压。为适应电网电压变化的需要，变压器高压侧都有分接抽头，通过调整高压绕组匝数来调节低压侧输出电压。

（3）额定容量（kV·A） 变压器在额定电压、额定电流下连续运行时，能输出的容量。对于单相变压器是指额定电流与额定电压的乘积。对于三相变压器是指三相容量之和。

（4）空载电流 变压器次级线圈开路时，初级线圈通有一定的电流，这部分电流称为空载电流。空载电流由产生磁通和铁损（由铁心损耗引起）的电流组成。对于 50Hz 电源变压器而言，空载电流基本上等于产生磁通的电流。

（5）空载电流百分比 代表变压器的励磁无功损耗，随变压器电压和容量的提高而减少。

（6）空载损耗 指变压器次级线圈开路时，在初级线圈测得功率损耗。主要损耗是铁心损耗，其次是空载电流在初级线圈铜阻上产生的损耗（铜损），这部分损耗很小。

（7）效率 指变压器次级线圈功率 P_2 与初级线圈功率 P_1 比值的百分比。通常变压器的额定功率越大，效率就越高。

（8）电压比 指变压器初级线圈电压和次级线圈电压的比值，有空载电压比和负载电压比的区别。

（9）绝缘水平 指变压器的绝缘等级标准。绝缘水平的表示方法举例如下：高压额定电压为 35kV 级，低压额定电压为 10kV 级的变压器绝缘水平表示为 LI200AC85/LI75AC35，其中 LI200 表示该变压器高压雷电冲击耐受电压为 200kV，工频耐受电压为 85kV，低压雷电冲击耐受电压为 75kV，工频耐受电压为 35kV。

（10）绝缘电阻 表示变压器各线圈之间、各线圈与铁心之间的绝缘性能。绝缘电阻的高低与所使用的绝缘材料的性能、温度高低和潮湿程度有关。

（11）温升 指变压器通电工作后，其温度上升至稳定值时，这时变压器温度高出周围环境的温度数值，温升越小越好。有时参数中用最高工作温度代替温升。在设备中，变压器作为安全性要求极高的设备，如果在正常工作或局部产生的故障引起变压器温升过高，且已超出变压器材料件如骨架、线包、漆层等所能承受的温度，可能会使变压器绝缘失效，引起触电危险或着火危险。所以温升的大小也是衡量变压器好坏的一个主要标准。

（12）变压器的短路损耗 短路损耗是指给变压器一次侧加载额定电流，二次侧短路时的损耗，其损耗可视作额定电流下的铜损。变压器短路损耗 P_k 是设计部门通过计算制定的系列标准，变压器制造厂则通过短路实验验证的一个重要参数，它对确定变压器经济运行有着很重要的影响。P_k 在变压器出厂资料中已经给出，但在变压器交接、大修时还要做短路试验。通过短路试验可以发现变压器内部的某些缺陷，检查铜损是否符合标准。变压器铭牌所给出的短路功率是指绕组温度为 75℃ 条件下，额定负荷所产生的功率损耗。

（13）短路电压百分比 变压器的短路电压百分比，在数值上与变压器短路阻抗百分比相等。它是指将变压器二次绕阻短路，在一次绕阻施加电压，当二次绕阻通过额定电流时，一次绕阻施加的电压与额定电压之比的百分数。它表明变压器内阻抗的大小，即变压器在额定负荷运行时变压器本身的阻抗压降大小。它对于变压器在二次侧发生突然短路时，会产生多大的短路电流有决定性的意义，对变压器制造价格大小和变压器并列运行也有重要意义。

（14）联结组标号　根据变压器一、二次绕组的相位关系，把变压器绕组连接成各种不同的组合，称为绕组的联结组。为了区别不同的联结组别，通常采用时钟表示法，即把高压侧线电压的相量作为时钟的长针，固定在 12 上，低压侧线电压的相量作为时钟的短针，看短针指在哪一个数字上，就作为该联结组的标号，如 Dyn11 表示一次绕组是（三角形）联结，二次绕组是中性点的星形联结，组号为 11 点。

12.5.3　变压器选择

在电力系统中变压器数量、容量及形式选择相当重要。变压器选择的合理与否，直接影响着电力系统电网结构、供电的可靠性和经济性，电能的质量、电网的安全性、工程投资与运行费用等，但变压器的种类多，型号也多，如何选择一台合理的变压器，通常选择额定电压、合理的变压器容量、变压器台数和选择合理的变压器型号。

（1）变压器电压等级的选择　变压器原、副边电压的选择与用电量的多少、用电设备的额定电压以及高压电力网距离的远近等因素都有关系。一般说来，变压器高压绕组的电压等级应尽量与当地的高压电力网的电压一致，而低压侧的电压等级应根据用电设备的额定电压而定，对于普通的民用建筑低压侧多选用 0.4kV 的电压等级。

（2）变压器容量选择　配电变压器的容量一般由使用部门提供该变压器所带负荷大小、所带负荷特点来讨论。对于高层用户来说，既希望变压器的容量不要选得过大，以免增加初投资，又希望变压器的运行效率高，电能损耗小，以节约运行费用。变压器容量选择过大会导致欠载运行，这样造成很大的浪费，但选择过小会使变压器处于过载或过电流运行，这样长期运行会导致变压器过热，甚至烧毁。变压器容量的选择是要综合考虑变压器负载性质、现有负载的大小、变压器效率，以及近远期发展规模、一次性建设投资的大小等。

（3）变压器台数选择　主变压器台数的确定应根据地区供电条件、负荷性质、用电容量和运行方式、用电可靠性等条件综合考虑。当符合下列条件之一时，宜装设两台及两台以上变压器：

1）有大量一级或二级负荷。

2）季节性负荷变化较大。

3）集中负荷较大。

对于装有两台及以上变压器的变电所，当其中任一台变压器断开时，其余变压器的容量应满足一级负荷及二级负荷的用电。当装有多台变压器时，多台变压器的运行方式应满足并联条件，即联结组别与相位关系相同；电压和变压比相同，允许偏差相同，调压范围内的每级电压相同；防止二次绕组之间因存在电动势差，产生循环电流，影响容量输出和烧坏变压器。短路阻抗相同，控制在 10% 的允许偏差范围内，容量比为 0.5~2；保证负荷分配均匀，防止短路阻抗和容量小的变压器过载，而容量大和短路阻抗大的变压器欠载，短路阻抗的大小必须满足系统短路电流的要求，否则应采取限制措施。

（4）变压器类型的确定　在高层建筑中，变压器室多设于地下层，为满足消防等的要求，配电变压器一般选用干式或环氧树脂浇注变压器。在国家标准中对干式变压器作了明确的定义：铁心和线圈不浸在绝缘液体中的变压器称为干式变压器。它的绝缘介质、散热介质是空气。广义上讲，可以将干式变压器分为包封式和敞开式两大类。根据使用绝缘材料的不同，目前国内变压器市场上以铜材为导体材料的干式变压器可分为以下几种类型：SCB 型环氧树脂浇注干式变压器、SGB 型敞开式非包封干式变压器、SCR 型缠绕式干式变压器、非晶合金干式变压器和 SF$_6$ 气体绝缘干式变压器等。

目前，我国干式变压器的性能指标及其制造技术已达到世界先进水平，并且我国已成为世界上树脂绝缘干式变压器产销量最大的国家之一。干式变压器具有性能优越、能耐冲击、机械强度好、抗短路能力强、抗开裂性能好、防潮湿、散热效果好、低噪声及节能等特点。

12.5.4　干式变压器的安装

在安装干式变压器之前，应对变压器安装位置进行清理，并且该场地应当防风雨，变压器的安装应采取抗地震措施。为了防火，干式变压器多放于室内。干式变压器或树脂浇注变压器也可以安装在钢板制作的变压器室内。室内有与低压母线连在一起的配电柜，它直接与接入的断路器相连。在安装变压器时，应将变压器可靠安装在变压器室内。室内地面应光滑平整，以利于变压器能够被容易地运移。开关室内的地面应能承受整台变压器的重量。变压器室前面应有足够的空间，以便于铁心和绕组的搬运。开关室的门应足够大，以利于变压器进入，并且要容易拆卸。为了保证变压器满负载运行甚至瞬时过负载运行，户内变压器应始终处于良好的通风状态，与此同时，还应当有必要的防雨和防漏装置。

干式变压器所有部件安装完毕，除了变压器的容量、规格及型号、附件、备件等符合要求，变压器必须有出厂合格证及相关的技术文件等检查外，还应请相关电力部门做变压器交接试验，试验内容包括直流电阻和绝缘电阻测量、介质损耗因数测量、绕阻绝缘、噪声测试等，并进行送电前的严格检查，检查合格后方可进行送电运行验收。一般送电运行验收为空载运行。

12.6　高压配电系统

在变配电所中承担输送和分配电能任务的电路称为一次回路（也称一次电路或主接线），一次回路中所有的电气设备称为一次设备。凡用来控制、指示、监测、保护一次设备运行的电路称为二次回路（也称二次电路或二次接线）。二次电路常接在互感器的二次侧。二次回路中的所有电气设备称为二次设备。二次设备多用于高压等的测量、信号指示等。

一次回路的特点是电压高、电流大，为强电电路；二次回路的特点是电压低、电流小，为弱电电路。本书高、低压配电系统仅讨论一次设备。

12.6.1　常用高压设备

（1）高压隔离开关（QS）　高压隔离开关具有明显的分段间隙，它主要用来隔离高压电源，保证安全检修，并能够通断一定的小电流。它没有专门的灭弧装置，不允许带负荷操作，更不能用来切断短路电流。它可用来通断电流不超过 2A 的空载变压器、电压互感器、避雷器电路等。因隔离开关具有明显的分段间隙，所以它通常与断路器配合使用。

根据隔离开关的使用场所，可以把高压隔离开关分成户内和户外两大类。户内式有 GN6、GN8（见图 12-7）系列。户外式有 GW10 系列。在操作隔离开关时，应该注意操作顺序，停电时先拉线路侧隔离开关，送电时先合母线隔离开关，而且在操作隔离开关前，先注意检查断路器确实在断路位置后才能操作隔离开关。

（2）高压熔断器（FU）　　高压熔断器是一种当所在电路的电流超过一定值并经过一定的时间后，使熔体熔化而分断电流、断开电路的一种保护电器。熔断器的主要功能是对电路或电路设备进行短路或过负荷保护。它具有外形简单、价格便宜、使用方便的特点，所以它使用广泛。

高压熔断器按照使用环境分为：户内式和户外式。户内式有 RN1、RN2 型高压管式熔断器（见图 12-8）。户外式有 RW4 等高压跌落式熔断器。

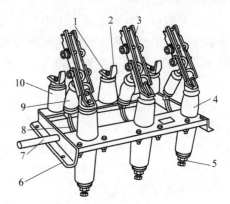

图 12-7　GN8-10 型高压隔离开关外形示意图

1—上接线端子　2—静触头　3—闸刀　4—套管绝缘子
5—下接线端子　6—框架　7—转轴　8—拐臂
9—升降绝缘子　10—支柱绝缘子

（3）高压负荷开关（QL）　　高压负荷开关（见图 12-9）是一种功能介于高压断路器和高压隔离开关之间的电器，常与高压熔断器串联配合使用，用于控制电力变压器。高压负荷开关具有简单的灭弧装置，因此能通断一定的负荷电流和过负荷电流。但是，它不能断开短路电流，所以它一般与高压熔断器串联使用，借助熔断器来进行短路保护。通常由负荷开关和熔断器组合而成的组合电器结合了负荷开关和熔断器各自的优点，由负荷开关通断其额定通断电流的任何负载电流，通过熔断器及其撞击器操作，通断直到组合电器额定短路通断电流的任何过负荷电流。

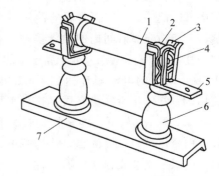

图 12-8　RN1、RN2 型高压
管式熔断器外形

1—瓷熔管　2—金属帽管　3—弹性触座
4—熔断指示器　5—接线端子
6—瓷绝缘子　7—底座

高压负荷开关的特点是：

1）可以隔离电源，有明显的断开点，多用于固定式高压设备。

2）没有灭弧装置，在合闸状态下可以通过正常工作电流和短路电流。

3）严禁带负荷接通和断开电路，常与高压断路器串联使用。

高压负荷开关的主要功能是隔离电源并能通断正常负荷电流，在规定的使用条件下，可以接通和断开一定容量的空载变压器（室内 315kV·A，室外 500kV·A）；可以接通和断开一定长度的空载架空线路（室内 5km，室外 10km）；可以接通和断开一定长度的空载电缆线路。

（4）高压断路器（QF）　　3kV 及以上电力系统中使用的断路器称为高压断路器。它是电力系统中最重要的控制和保护设备。无论电力线路处在什么状态，当要求断路器动作时，它都应该可靠动作或断开。高压断路器有专门的灭弧装置，具有很强的灭弧能力，不仅能通断正常负荷电流，并能在保护装置下自动跳闸，切除短路故障。高压断路器按其采用的灭弧介质可分为：真空断路器、六氟化硫断路器、油断路器、空气断路器等。高层建筑内多用真空断路器。

1）真空断路器。真空断路器具有体积小、结构简单、质量轻、断流容量大、动作快、寿命长、无噪声、维修容易、无爆炸危险等优点。但价格较贵，多用于经常频繁操作的场所和防火要求高的场所。常用有 VS1 系列真空断路器等。

2）SF₆ 断路器。SF₆ 断路器（见图 12-10）是利用 SF₆ 气体作为绝缘和灭弧介质的一种新开发的断路器。SF₆ 气体是一种无色、无味、无毒而且不易燃烧的惰性气体，在 150℃ 以下时化学性能很稳定，SF₆ 气体在电弧的高温作用下分解为低氟化合物，大量吸收电弧能量，使电弧迅速冷却而熄灭。

SF₆ 断路器是通过吹出 SF₆ 气体来完成吹弧，它的吹弧速度快、燃弧时间短、开断电流大，能有效保护中、高压电路的安全。SF₆ 断路器在断开电容或电感电流后，不存在重燃和复燃的危险。所以，SF₆ 断路器有很强的开断能力。SF₆ 断路器的使用寿命很长、检修周期长，并能适应短时间内的频繁操作，有良好的安全性和耐用性。SF₆ 断路器在 50kA 满容量的情况下能连续开断 19 次，断开的电流累计达到了 4200kA。SF₆ 断路器是使用 SF₆ 气体作为绝缘介质，这种气体的绝缘水平极高，在 0.3MPa 气压下，能轻松通过各种绝缘实验，并有较大的裕度。SF₆ 断路器的结构简单、密封性好，灭弧室、电阻和支柱成独立气隔，且 SF₆ 本身的含水量较低。SF₆ 断路器的安装和检修方便，不需打开断路器的内部结构，能保持 SF₆ 断路器内部良好的密闭性。SF₆ 断路器对气体的管理和应用要求很高，这也是这种断路器不能得到广泛使用的主要原因。

3）油断路器。油断路器是以密封的绝缘油作为开断故障的灭弧介质的一种开关设备，有多油断路器和少油断路器两种形式；它较早应用于电力系统中，技术已经十分成熟，价格比较便宜，广泛应用于各个电压等级的电网中。油断路器是用来切断和接通电源，并在短路时迅速可靠地切断电流的一种高压开关设备。

当油断路器开断电路时，只要电路中的电流超过 0.1A，电压超过几十伏，在断路器的动触头和静触头之间就会出现电弧，而且电流可以通过电弧继续流通，只有当触头之间分开足够的距离时，电弧熄灭后电路才断开。

多油和少油断路器（见图 12-11）都要充油，油的主要作用是灭弧、散热和绝缘。它的危险性不仅是在发生故障时可能引起爆炸，而且爆炸后由于油断路器内的高温油发生喷溅，形成大面积的燃烧，引起相间短路或对地短路，破坏电力系统的正常运行，使事故扩大，其

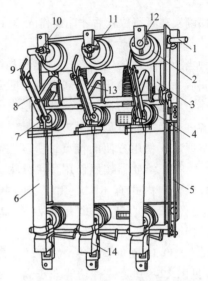

图 12-9 高压负荷开关外形示意图

1—主轴 2—上绝缘子兼气缸 3—连杆
4—下绝缘子 5—框架 6—高压熔断器
7—下触座 8—闸刀 9—弧动触头
10—绝缘喷嘴 11—主静触头 12—上
触座 13—绝缘拉杆 14—热脱扣器

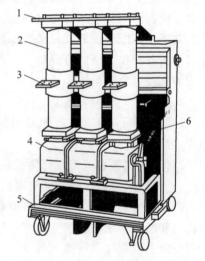

图 12-10 LN2-10 型高压 SF₆ 断路器

1—上接线端子 2—绝缘筒（内有气缸
和触头） 3—下接线端子 4—操动
机构箱 5—小车 6—断路弹簧

至造成严重的人身伤亡事故。因此，使用油断路器有很大的危险。在运行时应经常检查油面高度，油面必须严格控制在油位指示器范围之内。发现异常，如漏油、渗油、有不正常声音等时，应采取措施，必要时须立即降低负载或停电检修。当故障跳闸，重复合闸不良，而且电流变化很大，断路器喷油有瓦斯气味时，必须停止运行，严禁强行送电，以免发生爆炸。

（5）高压开关柜　高压开关柜是按照一定的接线方案将有关的一次设备、二次设备（各种开关设备、测量仪表等）组装成的一种高压成套配电装置，在配电所中起到控制和保护发电机、电力变压器和电力线路等作用，也可起到大型高压电动机的起动、控制和保护作用。高压开关柜安装方便、节约空间、供电可靠，也对环境有很好的美化作用。

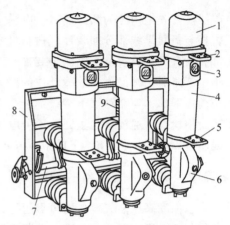

图 12-11　SN10-10 型少油断路器外形结构

1—铝帽　2—上接线端子　3—油标　4—绝缘筒　5—下接线端子　6—基座　7—主轴　8—框架　9—断路弹簧

高压开关柜按结构形式分为固定式和移开式两大类型。

高压开关柜按功能分主要有馈线柜、电压互感器柜、高压电容器柜（1GR-1 型）、电能计量柜（PJ 系列）、高压环网柜（HXGN 型）等。

高压开关柜必须具有五种防止误操作的功能（简称高压开关柜的"五防"功能）：

1）防止带负荷分合隔离开关。

2）防止误入带电间隔。

3）防止误分、合断路器。

4）防止带电挂接地线。

5）防止带接地线合闸。

目前市场上流行的开关柜型号很多，有 GG-10（F）固定式高压开关柜、KGN-10（F）等类型固定金属铠装开关柜、KYN-10（F）移开式金属铠装开关柜等。各开关柜的型号、接线等可根据生产厂家提供的样品手册得知。

下面仅说明 GG-10（F）型固定式高压开关柜，如图 12-12 所示。

GG-10（F）型固定式金属封闭开关设备适用于变电所三相交流 50Hz，额定工作电压 12kV，作为接受分配电能之用，并有对电路进行控制、保护和监控等功能。GG-10（F）型高压开关柜柜体由角钢和冷轧钢板部分焊接组装而成，完全能够承受短路电流引起的电动力与热应力，并具有良好的自然通风能力，所有设备均能在长期工作状态下运行不致发热或影响寿命和功能。电器元件按标准方案布置，保证便利于操作和维修及安

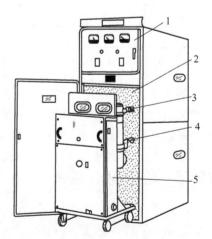

图 12-12　GG-10（F）型固定式高压开关柜（断路器未推入）

1—仪表板　2—手车室　3—上触头　4—下触头　5—SN10-10 型断路器

全等级。开关柜内分为断路器室、电缆室、继电器室，母线室为敞开式，室与室间用钢板隔开，柜与柜间母线部分加装环氧树脂母线穿墙套管隔开。开关柜继电器室位于开关柜正面左上部，所有测量仪表及继电保护装置均安装于该室内，并有可靠的防振措施，不致因高压开关柜中断路器正常操作及故障动作的振动而影响它的正常工作及性能。电流互感器安装于开关柜前面下部，与断路器下接线端子及下隔离开关的接线端子连接，电流互感器安装位置方便运行中检查、巡视且在主回路不带电时，可进行预防性试验、检修及更换，电流互感器二次线圈可靠接地。GG-10（F）型高压开关柜具有"五防"功能。

12.6.2 高压一次设备的选择

为了保障高压电气设备的可靠运行，高压电气设备选择与校验的一般条件有：按正常工作条件包括电压、电流、频率、开断电流等选择；按短路条件包括动稳定、热稳定校验；按环境工作条件如温度、湿度、海拔等选择。由于各种高压电气设备具有不同的性能特点，选择与校验条件不尽相同，高压电气设备的选择与校验项目见表12-1。

表 12-1 高压电气设备的选择与校验项目

设备名称	额定电压	额定电流	开断能力	短路电流校验		环境条件	其他
				动稳定	热稳定		
断路器	√	√	√	○	○	○	操作性能
负荷开关	√	√	√	○	○	○	操作性能
隔离开关	√	√		○	○	○	操作性能
熔断器	√	√	√			○	上、下级间配合
电流互感器	√	√		○	○	○	
电压互感器	√					○	二次负荷、准确等级
支柱绝缘子	√			○		○	二次负荷、准确等级
穿墙套管	√	√		○	○	○	
母线		√		○	○	○	
电缆	√	√			○	○	

注：表中"√"为选择项目，"○"为校验项目。

高压供电一般由电力主管部门负责施工和验收工作。高压断路器、负荷开关、隔离开关和熔断器的选择条件基本相同，除了按电压、电流、装置类型选择，校验热、动稳定性外，对高压断路器、负荷开关和熔断器还应校验其开断能力。

12.7 低压配电系统

12.7.1 低压一次设备

低压一次设备是指配电系统中 1000V 及其以下的设备。常见的低压设备有：

（1）低压断路器 低压断路器又称自动空气开关，它既能带负荷接通和切断电路，又能在短路、过负荷和低电压（失压）时自动跳闸，保护电力线路和电气设备免受破坏。它被广泛用于发电厂和变电所，以及配电线路的交直流低压电气装置中，适用于正常情况下不频繁操作的电路。低压断路器的原理结构和接线图如图 12-13 所示。

低压断路器分为万能式断路器和塑料外壳式断路器两大类。万能式断路器主要有 DW15、DW16、DW17（ME）、DW45 等系列，塑壳断路器主要有 DZ20、CM1、TM30 等系列。

DZ 型和 DW 型都是我国国产系列的低压断路器，其中 DZ 型（装置式）空气断路器的优点是导电部分全部装在胶木盒中，使用安全、操作方便、结构紧凑美观；缺点是因为装在盒中，电弧

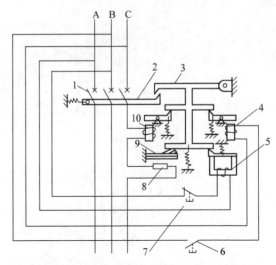

图 12-13　低压断路器的原理结构和接线图

1—主触头　2—跳钩　3—锁扣　4—分励脱扣器　5—失压脱扣器
6、7—脱扣按钮　8—加热电阻　9—热脱扣器　10—过流脱扣器

游离气体不易排除，连续操作次数有限。DW 型（断万型）断路器即框架式低压断路器，结构是开启式的，体积比 DZ 型大，但保护性好。DW 型可加装延时机构，电磁脱扣器的动作电流也可以用调节螺钉自由调节。而 DZ 型只能选择不同元件。DW 型除手动操作外还可以选择电动机或电磁铁操作。

我国生产的 TM、CM 等系列产品具有体积小，分断电流大（国内产品最高可达 100kA；国外产品最高可达 150kA），零飞弧（仅 CM1 型为短飞弧），并可垂直与水平安装，不会降低其使用性能。该类型断路器国内产品（除 TM30 外）大部分均为瞬动。但 TM30 产品却具有长延时、短延时（TM30 为 0.1s、0.2s、0.25s、0.3s）、瞬时三段保护功能以及接地保护和通信接口，也能接入计算机监控装置，实现远方遥控。

（2）低压熔断器　低压熔断器是低压配电系统中用于保护电气设备免受短路电流、过载电流损害的一种保护电器。当电流超过规定值一定时间后，以它本身产生的热量，使熔体熔化。在低压配电系统中用作电气设备的过负荷和短路保护。常用的低压熔断器有 RC、RL、RT、RM、RZ 等型号，另外有填料管式 GF、GM 系列，高分断能力的 NT 型等。RM10 型低压熔断器结构示意图如图 12-14 所示。

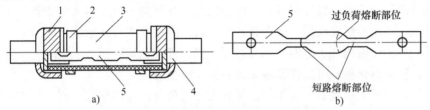

图 12-14　RM10 型低压熔断器结构示意图

a）熔管　b）熔片

1—铜管帽　2—管夹　3—纤维熔管　4—刀形触头（触刀）　5—变截面锌熔片

RT0 型（见图 12-15）低压有填料密闭管式熔断器，具有体积小、质量轻、功耗小、分断能力高等特点，广泛用于电气设备的过载保护和短路保护。

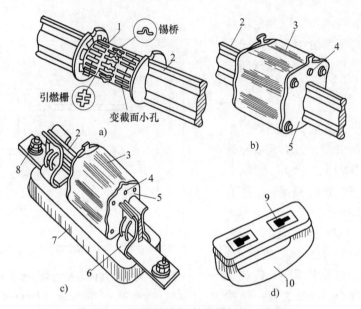

图 12-15 RT0 型低压熔断器结构示意图

a) 熔体 b) 熔管 c) 熔断器 d) 绝缘操作手柄

1—栅状铜熔体 2—刀形触头（触刀） 3—瓷熔管 4—熔断指示器 5—盖板

6—弹性触座 7—瓷质底座 8—接线端子 9—扣眼 10—绝缘拉手手柄

RZ1 型低压自复式熔断器结构示意图如图 12-16 所示。

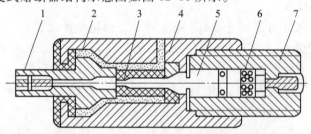

图 12-16 RZ1 型低压自复式熔断器结构示意图

1—接线端子 2—云母玻璃 3—氧化铍瓷管 4—不锈

钢外壳 5—钠熔体 6—氩气 7—接线端子

（3）低压隔离开关（低压刀开关） 低压隔离开关种类很多，按其操作方式，有单投和双投；按其级数分，有单极、双极和三极；按其灭弧结构分有不带灭弧罩和带灭弧罩。一般将隔离开关与熔断器结合使用。带灭弧装置的低压隔离开关与熔断器串联组合而成外带封闭式铁壳或开启式胶盖的开关电器，具有带灭弧罩刀开关和熔断器的双重功效，既可带负荷操作，又能进行短路保护，可用作设备和线路的开关电源。

带灭弧罩的刀开关既具有隔离作用，又具有通断负荷电流的作用；而不带灭弧罩的刀开关只能起隔离作用，不能带负荷操作。

低压熔断开关又称为低压刀熔开关，是一种由低压刀开关与低压熔断器组合而成的开关电器。低压隔离开关常用的有低压刀开关 HD、HK 型，低压刀熔开关 HR 型，低压负荷开关 HH 型等。

HR20 型是由刀开关和熔断器构成的组合电器，适合于户内低压电路中使用。在正常馈电的情况下作为接通和切断电源用；在有短路或过载的情况下电路的保护用。

（4）低压配电柜（屏）　低压配电柜（屏）是将各种低压一、二次设备组合在一起的一种低压成套配电装置。适用于低压配电系统中动力、照明配电使用。

低压配电柜的结构形式主要有固定式和抽出式两大类。

常用低压开关柜类型有 GCS 型低压配电柜（见图 12-17）、GGD 型

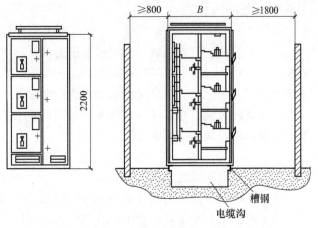

图 12-17　GCS 型低压配电柜外形图（单位：mm）

低压配电柜、RGGD 型交流低压配电柜（屏）、GCK 低压抽出式开关柜、MNS 型低压抽出式开关柜、MCS 智能型低压抽出式开关柜等。低压配电屏有 PGL 型交流低压配电屏等。

12.7.2　低压一次设备的选择

低压一次设备的选择与高压一次设备的选择一样。

这里主要讨论常用的低压断路器和熔断器的选择使用。

1. 低压断路器的选择

（1）低压断路器的选择条件

1）低压断路器的类型及操作机构形式应符合工作环境、保护性能等方面的要求。

2）低压断路器的额定电压应不低于装设地点线路的额定电压。

3）低压断路器的（等级）额定电流应不小于它所能安装的最大脱扣器的额定电流。

4）低压断路器的短路断流能力应不小于线路中最大短路电流。

由于断路器的分断时间不同，在校验断流能力时，线路中最大短路电流应是指 $I_k^{(3)}$ 或 $I_{sh}^{(3)}$（$i_{sh}^{(3)}$），即

① 对万能式（DW 型）断路器，其分段时间在 0.02s 以上时

$$I_{OC} \geq I_k^{(3)} \tag{12-1}$$

② 对塑壳式（DZ 型断路器或其他型号）断路器，其分段时间在 0.02s 以下时

$$I_{OC} \geq I_{sh}^{(3)} \tag{12-2}$$

或

$$i_{OC} \geq i_{sh}^{(3)} \tag{12-3}$$

（2）低压断路器脱扣器的选择和整定　断路器的脱扣器主要有过电流脱扣器、欠电压脱扣器、热脱扣器、分励脱扣器几种。一般是先选择脱扣器的额定电流（或额定电压），然后再对脱扣器的动作电流和动作时间进行整定。

1）电流脱扣器额定电流的选择。过电流脱扣器额定电流 $I_{N,OR}$ 应不小于线路的计算电流 I_C，即

$$I_{N,OR} \geq I_C \tag{12-4}$$

2）过电流脱扣器动作电流的整定：

① 瞬时过电流脱扣器动作电流的整定。瞬时过电流脱扣器动作电流 $I_{op(0)}$ 应躲过线路

的尖峰电流 I_{pk}，即

$$I_{op(0)} \geqslant K_{REL} I_{pk} \tag{12-5}$$

式中　　　K_{REL}——可靠系数，其取值范围为：

$K_{REL} = 1.35$——对动作时间在 0.02s 以上的断路器，如 DW 型、ME 型等；

$K_{REL} = 2 \sim 2.5$——对动作时间在 0.02s 以下的断路器，如 DZ 型等。

②　短延时过流脱扣器动作电流和动作时间的整定：短延时过流脱扣器动作电流 $I_{op(s)}$ 应躲过线路短时出现的尖峰电流 I_{pk}，即

$$I_{op(s)} \geqslant K_{REL} I_{pk} \tag{12-6}$$

式中　K_{REL}——可靠系数，可取 1.2。

短延时的时间一段不超过 1s，通常分为 0.2s、0.4s、0.6s 三级，但是现在一些新产品中短延时的时间也有所不同，如 DW40 型断路器其定时限特性为 0.1s、0.2s、0.3s、0.4s 四级。可根据保护要求确定动作时间。

③　长延时过流脱扣器动作电流和动作时间整定：长延时过流脱扣器动作电流 $I_{op(1)}$ 只需躲过线路中最大负荷计算电流 I_c，即

$$I_{op(1)} \geqslant K_{REL} I_c \tag{12-7}$$

式中　K_{REL}——可靠系数，可取 1.1。

由于长延时过流脱扣器是用于过负荷保护，动作时间是有反时限特征。过负荷电流越大，动作时间越短，反之则越长。一般动作时间在 $1 \sim 2h$。

过流脱扣器动作电流整定后，还应选择过流脱扣器的整定倍数。过流脱扣器的动作值或倍数一般是按照其额定电流的倍数来设定的。各种型号的断路器其脱扣器的动作电流整定倍数也不一样。不同类型过流脱扣器如瞬时、短延时、长延时，其动作电流倍数也不一样。有些型号断路器动作电流倍数分档设定，而有些型号断路器动作电流倍数可连续调节。应选择与 I_{op} 值最接近的脱扣器的动作电流整定值 KI_N，并满足 $KI_N > I_{op}$，其中 K 为整定倍数。

④　过流脱扣器与配电线路的配合要求：当被保护线路因过负荷或短路故障引起导线或电缆过热而断路器不跳闸时，就必须考虑低压断路器与配电线路的配合，其配合条件为

$$I_{op} \leqslant K_{OL} I_{al} \tag{12-8}$$

式中　I_{al}——绝缘导线或电缆的允许载流量，K_{OL} 为导线或电缆允许的短时过负荷系数。对瞬时和短延时过流脱扣器 $K_{OL} = 4.5$；对长延时过流脱扣器 $K_{OL} = 1$；对有爆炸性气体和粉尘区域的配电线路 $K_{OL} = 0.8$。

当上述配合要求得不到满足时，可改选脱扣器动作电流，或增大配电线路导线截面。

（3）低压断路器热脱扣器的选择和整定

1）热脱扣器的额定电流应不小于线路最大计算负荷电流 I_c，即

$$I_{N,TR} \geqslant I_c \tag{12-9}$$

2）热脱扣器动作电流整定。热脱扣器的动作电流应按线路最大计算负荷电流来整定，即

$$I_{op,TR} \geqslant K_{REL} I_c \tag{12-10}$$

式中，K_{REL} 取 1.1，并在实际运行时调试。

3）欠电压脱扣器和分励脱扣器选择。欠压脱扣器主要用欠压或失压（零压）保护，当电压下降至 $(0.35 \sim 0.7) U_N$ 时便能动作。分励脱扣器主要用于断路器的分闸操作，在

$(0.85 \sim 1.1)$ U_N 时便能可靠动作。

欠压和分励脱扣器的额定电压应等于线路的额定电压，并按直流或交流的类型及操作要求进行选择。

（4）低压断路器灵敏度的校验　低压断路器短路保护灵敏度应满足式（12-11）条件

$$K_S = \frac{I_{K,min}}{I_{op}} \geqslant 1.3 \tag{12-11}$$

式中　K_S——灵敏度，I_{op} 为瞬时或短延时过流脱扣器的动作整定电流。$I_{K,min}$ 为保护线路末端在运行方式下的短路电流，对 TN 和 TT 系统 $I_{K,min}$ 应为单相短路电流，对 IT 系统则视为两相短路电流。

[**例 12-1**]　电压为 380 V 的 TN-S 系统供电给一台电动机。已知电动机的额定电流为 80 A，起动电流为 330 A，线路首端的三相短路电流为 18kA，线路末端的最小单相短路电流为 8kA。拟采用 DW16 型断路器进行瞬间过电流保护，环境温度为 25℃，BX—500 型穿塑料管暗敷的导线的载流量为 122A。试选择整定 DW16—630 型低压断路器并校验保护的各项参数。

解：

1）选择 DW16 系列断路器。查表可知，DW16—630 型低压断路器的过流脱扣器额定电流 $I_{N,OR} = 100A > I_{30} = 80A$，初步选择 DW16—630/100 型低压断路器。由

$$I_{op(0)} \geqslant K_{REL} I_{pk} = 1.35 \times 330A = 445.5A$$

因此，过流脱扣器的动作电流可整定为 5 倍的脱扣器的额定电流，即 $I_{op(0)} = 5 \times 100A = 500A$，满足躲过尖峰电流的要求。

2）低压断路器保护的校验。断流能力的校验：查相关表得，DW16—630 型断路器的 $I_{OC} = 30kA > 18kA$，满足要求。

保护灵敏度的校验；$K_S = \dfrac{I_{K,min}}{I_{op}} = \dfrac{8000}{500} = 16 > 1.3$，满足灵敏度的要求。

与被保护线路配合：断路器仅作短路保护 $I_{op} < K_{OL} I_{al} = 4.5 \times 122A = 550A$，满足配合要求。

2. 熔断器的选用

（1）低压熔断器的选择条件

1）熔断器的类型应符合工作环境条件及被保护设备的技术要求。

2）熔断器的额定电流应不小于其熔体的额定电流。

3）熔断器额定电压应不低于保护线路的额定电压。

（2）熔体额定电流的选择

1）熔断器熔体额定电流 $I_{N,FE}$ 应不小于线路的计算电流 I_C，使熔体在线路正常工作时不至于熔断，即

$$I_{N,FE} \geqslant I_C \tag{12-12}$$

2）熔体额定电流还应躲过尖峰电流 I_{pk}，由于尖峰电流持续时间很短，而熔体发热熔断需要一定的时间，因此熔体额定电流应满足下式条件

$$I_{N,FE} \geqslant K I_{pk} \tag{12-13}$$

式中　K——小于 1 的计算系数。

3）熔断器保护还应考虑与被保护线路配合，在被保护线路过负荷或短路时能得到可靠的保护，还应满足下式条件

$$I_{N,FE} \geq K_{OL}I_{al} \qquad (12\text{-}14)$$

式中 I_{al}——绝缘导线和电缆最大允许载流量；

K_{OL}——绝缘导线和电缆允许短时过负荷系数。

当熔断器作短路保护时，绝缘导线和电缆的过负荷系数取 2.5，明敷导线取 1.5。

当熔断器作过负荷保护时，各类导线的过负荷系数取 0.8~1，对有爆炸危险场所的导线过负荷系数取下限值 0.8。

在确定熔体额定电流时，应同时满足式（12-12）~式（12-14）三个条件，当熔体额定电流不能同时满足三个条件时，应增大导线和电缆截面，或改选熔断器的型号规格。

（3）熔断器断流能力校验

1）对限流式熔断器，应满足

$$I_{OC} \geq I''^{(3)} \qquad (12\text{-}15)$$

式中 I_{OC}——熔断器的断流能力；

$I''^{(3)}$——熔断器安装地点的三相次暂态短路电流的有效值，无限大容量系统中 $I''^{(3)} = I_{\infty}$。因限流式熔断器开断的短路电流是 $I''^{(3)}$。

2）对非限流式熔断器，应满足

$$I_{OC} \geq I_{sh}^{(3)} \qquad (12\text{-}16)$$

式中 I_{OC}——熔断器的断流能力；

$I_{sh}^{(3)}$——三相短路冲击电流有效值。

3. 熔断器与断路器比较

1）熔断器与断路器相比，熔断器具有以下特点。

① 选择性好。上下级熔断器的熔断体额定电流只要符合国标规定的过电流选择比为 1.6：1的要求，即上级熔断体额定电流不小于下级的该值的 1.6 倍，就视为上下级能有选择性切断故障电流。

② 限流特性好，分断能力高。

③ 相对尺寸较小。

④ 价格较便宜。

⑤ 故障熔断后必须更换熔断体。

⑥ 保护功能单一，只有一段过电流反时限特性，过载、短路和接地故障都用此防护。

⑦ 发生某一相熔断时，对三相电动机将导致两相运转的不良后果，也可用带发报警信号的熔断器予以弥补。

⑧ 不能实现遥控，需要与电动刀开关、负荷开关组合才有可能。

2）熔断器的主要用途。

① 配电线路中间各级分干线的保护。

② 变电所低压配电柜（屏）引出的电流容量较小（如 300A 以下）的主干线的保护。

③ 有条件时也可用作电动机末端回路的保护，但此处不宜选用全范围分断、一般用途的熔断器，而应选用部分范围分断、电动机保护用熔断器。

3）断路器的主要特点。

① 故障断开后，可以手操复位，不必更换器件，除非切断大短路电流后需要维修。

② 有反时限特性的长延时脱扣器和瞬时过电流脱扣器两段保护功能，分别作过载和短路防护用，各司其职。

③ 带电操作时可实现遥控。

④ 具有多种保护功能，有长延时、瞬时、短延时和接地故障防护（包括零序电流和剩余电流保护），分别实现过载、短路延时、大短路电流瞬时动作及接地故障防护，保护灵敏度极高，调节各种参数方便，容易满足配电线路各种防护要求。另外，还可有级联保护功能，具有更良好的选择性动作性能。

⑤ 有一些断路器产品多具有智能特点，除保护功能外，还有电量测量、故障记录功能，以及通信接口，实现配电装置及系统集中监控管理。

⑥ 上下级断路器间难以实现选择性切断，故障电流较大时，很容易导致上下级断路器均瞬时断开。

⑦ 外形尺寸较大，价格略高。

⑧ 部分断路器分断能力较小，如，额定电流较小的断路器装设在靠近大容量变压器位置时，将出现分断能力不够现象。现在有高分断能力的产品可以满足要求，但价格较高。

⑨ 价格很高，因此只宜在配电线路首端和特别重要场所的分干线上使用。

4. 低压保护电器选择注意事项

低压保护电器首先必须是符合国家相关标准和规范的产品。保护电器的额定电压应与所在配电回路的回路电压相适应。保护电器的额定电流不应小于该配电回路的计算电流。保护电器的额定频率应与配电系统的频率相适应。

保护电器要切断短路故障电流，应满足短路条件下的动稳定和热稳定要求，还必须具备足够的通断能力。分断能力应按保护电器出线端位置发生的预期三相短路电流有效值进行校核。虽然我国的保护电器产品具有国际先进水平，其通断能力足以满足配电系统的要求，但保护电器的通断能力具有不同等级。在使用保护电器时，应严格考虑保护电器安装使用场所的环境条件，以选择相适应防护等级的产品，并对各种低压保护电器容量作必要的计算和校正实验。此外，在高海拔地区应选用高海拔用产品，或者采取必要的技术措施。在靠近海边的地方，应使用防盐雾的产品。

12.7.3　低压保护电器的级间配合

在低压配电回路中，一般装有低压断路器、熔断器、隔离开关等几种保护电器保护低压线路。为了使低压配电系统在发生短路时，能保证各级保护电器之间选择性动作，减少不必要的停电，低压保护电器在短路时各级间配合应满足以下要求：

1. 前后熔断器之间的选择性配合

前后熔断器之间的选择性配合就是在线路发生短路故障时，靠近故障点的熔断器最先熔断，切除短路故障，从而使系统的其他部分迅速恢复正常运行。前后熔断器的选择性配合宜按其保护特性曲线（又称"安秒特性曲线"）来进行校验。如图 12-18a 所示电路，1FU（前级）与 2FU（后级），当 k 点发生短路时，2FU 应先熔断，但由于熔断器的特性误差较大，一般为 $\pm 30\% \sim \pm 50\%$，当 1FU 发生负误差（提前动作），2FU 为正误差（滞后动作），如图 12-18b 所示，则 1FU 可能先动作，从而失去选择性。为保证选择性配合，要求

$$t_1' \geqslant 3t_2' \qquad (12-17)$$

式中　t_1'——1FU 的实际熔断时间；

　　　t_2'——2FU 的实际熔断时间。

一般前级熔断器的熔体电流应比后级大
2~3级。

2. 前后级低压断路器之间选择性配合

为了保证前后级断路器选择性要求，一般要
求前一级（靠近电源）低压断路器采用短延时
的过流脱扣器，而后一级（靠近负荷）低压断
路器采用瞬时脱扣器，动作电流为前一级大于后
一级动作电流的 1.2 倍，即

$$I_{op,(1)} \geqslant 1.2 I_{op,(2)} \qquad (12-18)$$

在动作时间选择性配合上，如果后一级采用
瞬时过流脱扣器，则前一级要求采用短延时过流
脱扣器，如果前后级都采用短延时脱扣器，则前
一级短延时时间应至少比后一级短延时时间大一
级。由于低压断路器保护特性时间误差为±20%~
±30%，为防止误动作，应把前一级动作时间计
入负误差（提前动作），后一级动作时间计入正
误差（滞后动作），在这种情况下，仍要保证前
一级动作时间大于后一级动作时间，才能保证前
后级断路器选择性配合。

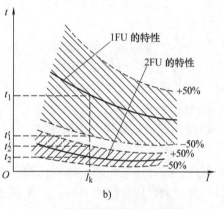

图 12-18　熔断器选择性配合

a）熔断器在线路中的配置

b）熔断器保护特性选择性配合

3. 低压断路器与熔断器之间的选择性配合

要检验低压断路器与熔断器之间是否符合选择性曲线，也只有通过各自的保护特性曲
线。前一级低压断路器可按产品样本给出的保护特性曲线并考虑-30%~-20%的负偏差，而
后一级熔断器可按产品样本给出的保护特性曲线考虑30%~50%的正偏差。在这种情况下，
如果两条曲线不重叠也不交叉，且前一级的曲线总在后一级的曲线之上，则前后两级保护可
实现选择性动作，而且两条曲线之间留有裕量越大，则动作的选择性越有保证。

12.8　线路的敷设、导线截面选择及线路的保护

12.8.1　电力线路的敷设方式

电力线路的敷设方式有很多种。导线的敷设方式见表12-2。

经常用到的有架空敷设、穿管敷设、直埋敷设、电缆沟敷设、电缆桥架敷设、沿墙面敷设等。

（1）架空敷设　凡将线缆（导线和电缆）用绝缘子支持、架设在电杆或构架上，档距
超过25m的高、低压电路均称为架空线路，如图12-19所示。架空线路具有架设简单、施
工成本较低、维修方便、易于发现和排除故障等优点，其缺点是占有一定范围的空间，相对
不够安全，不够美观等。目前，在我国的中小城市、郊县、农村运用很广泛。

表 12-2 导线的敷设方式及其文字符号

序号	名称	符号
1	暗敷	C
2	明敷	E
3	用铝皮线卡敷设	AL
4	用电缆桥架敷设	CT
5	穿金属软管敷设	F
6	穿水煤气管敷设	G
7	瓷绝缘子敷设	K
8	用钢索敷设	M
9	穿金属线槽敷设	MR
10	穿电线管敷设	T
11	穿塑料管敷设	P
12	用塑料线卡敷设	PL
13	用塑料线槽敷设	PR
14	穿钢管敷设	S

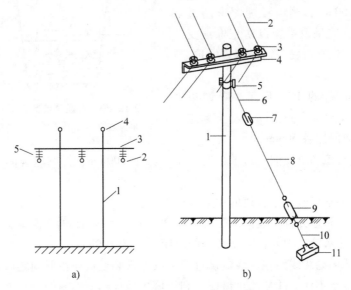

图 12-19 高、低压架空线路结构示意图

a) 高压架空线路结构示意图　　　b) 低压架空线路结构示意图

1—电杆　2—导线　3—横担　　　1—电杆　2—导线　3—绝缘子　4—横担

4—避雷线　5—绝缘子　　　　　5—拉线抱箍　6—上把　7—拉线绝缘子

8—腰把　9—螺钉　10—底把

11—拉线底盘

架空线路敷设必须根据周围环境合理选择架设路径，确定杆的类型大小。根据导线的截面类型合理考虑杆与杆之间距离。架空线路工程的设计、施工和维护要严格遵守国家的相关法律法规文件。

（2）穿管敷设　线缆穿管敷设从管子材质来分，有焊接钢管、电线管、塑料硬管、阻燃塑料硬管、金属管、瓷管等。根据不同的外部环境，可以选择相应的配管。从敷设方式看，穿管敷设有明敷和暗敷两种。选择管径的粗细主要根据导线的截面积、管内穿入导线的数目、管子敷设的长度及敷设的路径来决定，导线总截面积所占管内空间应为30%~40%。导线穿管敷设保护，通过墙壁内、墙壁外、地坪内、地坪外等敷设到设备，因为管外环境不同，其导线运行时散热不同，所以穿管敷线时，导线的载流量稍小于规范要求。管子敷设需要弯曲时，其弯曲角度一般应大于90°。管路敷设应尽量减少中间接线盒，只有在管路较长或有弯曲时（管入盒处弯曲除外），才允许加装拉线盒或放大管径。管路敷设时拉线之间的距离，管与管之间的连接应遵循相应的规范。

（3）直埋敷设 一般都是铠装电缆直埋。直埋敷设方式是先必须挖好壕沟，然后在沟底敷设100mm的沙土，再将电缆敷设于沙土上，再填上沙土，沙土上盖上保护板，再回填上土。直埋敷设施工简单，电缆运行中散热效果好，投资比较少。但电缆直埋须遵循以下规则：

1）室内埋设需穿钢管保护，埋深在300mm及以下即可。室外可直接埋设，埋设深度是由电缆外皮至地坪的埋深，不得小于800mm，如图12-20所示。穿越农田段的埋深，不应小于1000mm；当电缆埋深未超过土壤冻结深度时，应采取措施以防止电缆受到损坏。过道路和汽车行驶段需穿钢管保护，埋深1000mm。

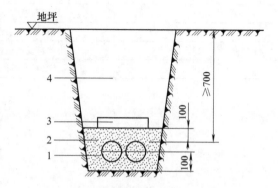

图12-20 电缆直埋敷设（单位：mm）
1—电力电缆 2—沙子 3—保护盖板 4—填土

2）沿直埋电缆的上、下侧，应铺以100mm厚的软土或砂层，并盖以混凝土标志板，板宽超出电缆两侧各50mm。

3）电缆间或与控制电缆间平行敷设的净距宜大于100mm；控制电缆间平行敷设时，可不留空隙。

4）严禁将电缆平行敷设于管道的正上方或下侧。

5）电缆与热力管道并行敷设的净距宜大于2000mm，交叉处的净距宜大于500mm。

6）电缆与工业水管、沟并行或交叉处的净距宜大于500mm。

直埋敷设中低压电缆线路在安装敷设过程中或者安装运行一段时间之后，总会有这样或那样的问题，其检修不便，并易受机械损伤和土壤中酸性物质的腐蚀。直埋敷设一般适用于电缆量较少，土壤质地干燥，敷设距离比较长，而投资比较小的场合。

（4）电缆沟敷设 电缆沟敷设是将电缆敷设在预先砌好的电缆沟中的一种电缆安装方式。当地面载重负荷较轻，电缆与地下管网交叉不多，地下水位较低，且无高温介质和熔化金属液体流入的地区，同一路径的电缆根数为18根及以下时，宜采用电缆沟敷设。电缆沟一般采用混凝土或砖砌结构，其顶部用盖板。盖板面一般和地面齐平，以便于开启，也有的稍低于地面而在盖板上粉刷一层水泥，以防止盖板与地面高低不平或雨水进入电缆沟。根据所敷设电缆的根数不同，可以将电缆单层搁置在电缆沟底，也可以将电缆分层敷设在电缆沟的支架上。若分层敷设，层与层之间应该留有一定的安全距离，如图12-21所示。

电缆沟敷设虽然先期投资较大，但其具有检修方便、占地面积少等很多优点，近几年，在配电系统中得到很广泛的应用。电缆沟敷设应注意以下问题：①经常有工业水溢流、可燃

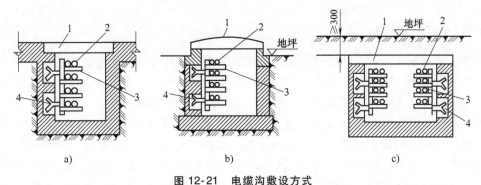

图 12-21 电缆沟敷设方式

a) 户内电缆沟 b) 户外电缆沟 c) 厂区电缆沟
1—盖板 2—电缆 3—电缆支架 4—预埋件

粉尘弥漫、化学腐蚀液体或高温熔化金属溢流的场所，或有载重车辆频繁经过的地段，不得用电缆沟。②当电缆沟与热力管沟交叉或平行时必须符合相关的法规。③电缆在电缆沟内敷设时，其支架层间垂直距离和通道宽度应符合相关规范。④电缆支架的长度，在电缆沟内不宜大于 0.35m；在盐雾地区或化学气体腐蚀地区，电缆支架应涂防腐漆或采用铸铁支架。⑤电缆沟应采取防水措施。⑥如果电缆沟一侧有几层支架，各层支架敷设电缆的规格、数量必须遵从相关的规范。

（5）电缆桥架敷设 电压在 10kV 以下的电力电缆、控制电缆、照明配线等，可以用电缆桥架敷设。电缆桥架敷设具有以下优点：①电缆敷设在高空中，散热条件比较好，且不必通风排水，运行费用低，建设周期短，一旦电缆发生故障，处理也很方便。②装置扩建时，增设的新电缆可充分利用电缆桥架的备用位置，扩建十分方便。③可利用缆式探测器对电缆进行监护，一旦某处温度过高，超过了探测器的设定值，可马上报警，使值班人员及时巡检，消除隐患，以防造成事故。不论厂区主干线路或某个装置内的配线，均可采用电缆桥架敷设方式。

电缆桥架与其他电缆敷设方式相比，具有敷设路径不受地域控制，选择敷设电缆不受限制等很多明显的优点。因此，电缆桥架现已得到广泛的应用。

电缆桥架可水平、垂直敷设；可转角、T 字形分支；可调宽、调高、变径。

安装环境可随工艺管道架空敷设；楼板梁下吊装；室内外墙壁、柱壁、隧道、电缆沟壁上侧装，还可在露天立柱或支墩上安装。

电缆桥架的安装可悬吊、直立、侧壁，也可安装成单边、双边和多层等。还可在露天立柱或支墩上安装。大型多层桥架吊装或立装时，要尽量采取双边敷设，避免偏载过大。

电缆桥架层次排列应将弱电控制电缆排在最上层，接着是一般控制电缆、低压动力电缆、高压动力电缆依次往下排。

电缆桥架应有可靠的接地。如利用桥架作为接地干线，应将每层桥架的端部用 $16mm^2$ 软铜线并联起来，与总接地干线相通。长距离的电缆桥架每隔 30~50m 接地一次。

电缆桥架装置除需屏蔽保护罩外，在室外安装时应在其顶层加装保护罩，防止日晒、雨淋。如需焊接安装时，焊件四周的焊缝厚度不得小于母材的厚度，坡口必须进行防腐处理。

总之，选择布线方式和布线路径时，不但应该符合相关的规范和法规要求，而且还要考虑布线的安全、可扩展、经济和美观，还应便于运行中的维修和保护。

12.8.2　线缆的选择

线缆是电力电线和电力电缆的简称。线缆的主要作用是传输分配电能和电信号。电力线路、控制线路和通信线路能否安全、可靠、经济、合理地运行，直接取决于线缆选择的合理与否。从线芯材料来看，常用的电力电缆有铜芯和铝芯。按电压等级分，常用的电力电缆可分为低压电缆、中低压电缆、高压电缆等。低压电缆一般适用于固定敷设在交流 50Hz，额定电压 3kV 及以下的输配线路上。中低压电缆一般指 35kV 及以下的电缆，常用的有聚氯乙烯绝缘电缆、交联聚乙烯绝缘电缆等。高压电缆一般为 110kV 及以上的电缆，常用的有聚乙烯电缆、交联聚乙烯绝缘电缆等。按敷设结构形式分，电力线路有架空线路和电缆线路以及室内线路等。

（1）电力电缆　电力电缆一般由电缆芯、绝缘层、屏蔽层和保护层共四部分组成。电缆芯是由单根或几根绞绕的导线构成，导线线芯多为铜、铝两种材料，线芯是电力电缆的导电部分，用来输送电能，是电力电缆的主要部分。

绝缘层是将线芯与大地以及不同相的线芯间在电气上彼此隔离，保证电能输送，是电力电缆结构中不可缺少的组成部分。分匀质和纤维质两类。前者有橡胶、沥青、聚乙烯等，其防潮性好，弯曲性能好，但受空气和光线直接作用时易"老化"，耐热性差。后者包括棉麻、丝绸、纸等，此种材料易吸水，且不可做大的弯曲。10kV 及以上的电力电缆一般都有导体屏蔽层和绝缘屏蔽层。

电缆线的保护层的作用是保护电力电缆免受外界杂质和水分的侵入，以及防止外力直接损坏电力电缆，分为内保护层和外保护层两部分。内保护层多用麻筋、铅包、涂沥青纸带、浸沥青麻被或聚氯乙烯等制作，外保护层多用钢铠、麻被或铝铠、聚氯乙烯外套等制作。电力电缆按保护层区分，主要有铅护套电缆、铝护套电缆、橡胶护套电缆、塑料护套电缆几种类型。根据电缆的型号表示便可确定该电缆属于哪种类型的电缆，如图 12-22 所示。

（2）电线　常用电线按绝缘外皮材料分为塑料绝缘和橡胶绝缘。电线的型号表示和电缆相同。常用塑料绝缘线型号有：BLV（BV），BLVV（BVV），BVR 型号。它们的优点是绝缘性能良好，价格低，经常在室内敷设用。

（3）电缆和电线的区别　电缆和电线都是用来传输分配电能和电信号。它们的区别仅仅是：电线是由一根或几根柔软的导线组成，外面包以轻软的护层；电缆是由一根或几根绝缘包导线组成，外面再包以金属或橡胶制的坚韧外层。电缆比电线使用范围广，价格相对高一些。比如电力电缆传输持续性电流，电压等级范围较宽，一般从 1kV 到 220kV，导体截面较大，电缆线芯数有 3 芯、4 芯（三相四线制）、5 芯（三相五线制）等。

12.8.3　线缆的截面选择

电力线缆的选择应根据其使用电压、敷设条件和使用环境条件并结合导线性能和用途选定导线类型，而后计算选择导线截面。

1. 线缆截面的选择应满足的条件

1）线缆的允许载流量不应小于通过相线的负荷计算电流。

2）线缆通过计算电流发热时的温度不应超过线缆正常运行时的最高允许温度。

3）线缆通过计算电流时产生的电压损耗不应超过正常运行时允许的电压损耗值。

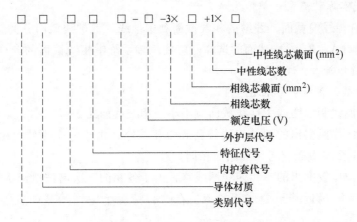

图 12-22　电力电缆表示型号和含义

电缆类别代号：Z—油浸纸绝缘电力电缆　V—聚氯乙烯绝缘电力电缆

　　　　　　　YJ—交联聚乙烯绝缘电力电缆　X—橡胶绝缘电力电缆

材质代号：L—铝导体　T—铜导体

内护套代号：Q—铅包　V—聚氯乙烯护套

特征代号：P—滴干式　D—不滴流式　F—分相铅包式

外护层代号：02—聚氯乙烯套　03—聚乙烯套　20—裸钢带铠装

　　　　　　30—裸细圆钢丝铠装　40—裸粗圆钢丝铠装

4）高压线路及特大电流的低压线路一般应按规定的经济电流密度选择导线和电缆的截面。

5）所选绝缘导线线芯截面应不小于最小允许截面。由于线缆的机械强度一般很好，因此电缆不校验机械强度。但需要校验短路热稳定度。

6）对电缆应进行热稳定校验。

2. 线缆截面选择条件说明

（1）按允许载流量选择　导线的允许载流量就是在规定的环境温度条件下，导线能够连续承载而不致使其发热温度超过允许值的最大电流。当实际环境温度与规定的环境温度不一致时，应根据敷设处的环境温度进行校正。温度校正系数按式（12-19）确定。

$$K = \sqrt{\frac{t_1 - t_2}{t_1 - t_0}} \qquad (12\text{-}19)$$

式中　K——温度校正系数；

　　　t_1——导体最高工作温度，单位为℃；

　　　t_0——敷设处的实际环境温度，单位为℃；

　　　t_2——载流量数据中采用的环境温度，单位为℃。

"实际环境温度"是指按允许载流量选择的线缆的特定温度。在室内取当地最热月平均最高气温加5℃，在室外取当地最热月平均最高气温。

　　因此，导线实际载流量

$$I_s = KI_y \qquad (12\text{-}20)$$

式中　I_y——导线的允许载流量，单位为 A；

I_s——导线实际载流量，单位为 A。

按发热条件选择线缆截面，线缆的相线截面和中性线、保护线截面分类选择。

1）线缆相线（A、B、C）截面的选择。应使三相系统中相线截面的允许载流量不小于通过相线时的计算电流。

2）线缆中性线（N线）截面的选择。

① 一般三相四线制线路的中性线截面应不小于相线截面的 50%。

② 由三相四线线路引出的两相三线线路和单相线路，由于其中性线电流与相线电流相等，所以它们的中性线截面应与相线截面相同。

③ 对三次谐波比较突出的三相四线制线路，由于各相的三次谐波电流都要通过中性线，使得中性线电流可能接近甚至超过相电流，在这种情况下中性线截面宜等于或大于相线截面。

3）保护线（PE线）截面的选择。保护线常常考虑三相系统发生短路故障时单相短路电流通过时的短路热稳定度。根据电气相关规范规定：①当供电系统相线截面大于 $35mm^2$ 时，其保护线（PE线）截面应大于或等于 0.5 倍的相线截面。②当相线截面小于 $35mm^2$ 而大于 $16\ mm^2$ 时，其保护线（PE线）截面大于或等于 $16\ mm^2$。③当相线截面小于 $16\ mm^2$ 时，其保护线截面大于或等于相线截面。

导线实际的载流量也受导线的敷设方式和导线数量等外界环境的影响，按发热条件选择的导线和电缆截面还必须要校验它与相应的保护装置（熔断器或低压断路器的过电流脱扣器）是否配合得当，如配合不当，可能发生线缆因过电流而发热起燃但保护装置不动作的情况，这是绝对不允许的。

交流三相系统中各相导线的颜色见表 12-3。

表 12-3　交流三相系统中各相导线的涂色

裸导线类别	A 相	B 相	C 相	N 线和 PEN 线	PE 线
涂漆颜色	黄	绿	红	淡蓝	黄绿双色

[例 12-2]　有一条 220/380V 的三相四线制线路，采用 BLV 型铝芯塑料线穿钢管埋地敷设，当地最热月的平均最高气温为 15℃，该线路供电给一台 40kW 的电动机，其功率因数为 0.8，效率为 0.85，试按允许载流量选择导线截面。

解：

① 计算线路中的计算电流。

$$P_C = \frac{P_e}{\eta} = \frac{40}{0.85}kW = 47kW$$

$$I_C = \frac{P_C}{\sqrt{3}\ U_N \cos\varphi} = \frac{47}{\sqrt{3} \times 0.38 \times 0.8}A = 89A$$

② 相线截面的选择。因为系统是三相四线制（见第 14 章），所以查得 4 根单芯穿钢管的参数，查表 12-4 得 4 根单芯穿钢管敷设的每相线芯截面为 $35mm^2$ 的 BLV 型导线，在环境温度为 25℃时的允许载流量为 83A，其正常最高允许温度为 65℃，即

$$t_1 = 65℃ 、 t_0 = 15℃ 、 t_2 = 25℃$$

$$K = \sqrt{\frac{t_1 - t_2}{t_1 - t_0}} = \sqrt{\frac{65 - 15}{65 - 25}} = 1.12$$

导线的实际允许载流量为

$$I_s = KI_y = 1.12 \times 83A = 92.96A > I_C = 89A$$

所以所选择相线截面满足载流量的要求。

表 12-4　聚氯乙烯绝缘导线穿钢管时的允许载流量　　　　　　　　（单位：A）

芯线截面 /mm²	两根单芯线 环境温度			管径 /mm		三根单芯线 环境温度			管径 /mm		四根单芯线 环境温度			管径 /mm	
	25℃	30℃	35℃	G	DG	25℃	30℃	35℃	G	DG	25℃	30℃	35℃	G	DG
BLV 铝芯															
2.5	20	18	17	15	15	18	16	15	15	15	15	14	12	15	15
4	27	25	23	15	15	24	22	20	15	15	22	20	19	15	20
6	35	32	30	15	20	32	29	27	15	20	28	26	24	20	25
10	49	45	42	20	25	44	41	38	20	25	38	35	32	25	25
16	63	58	54	25	25	56	52	48	25	32	50	46	43	25	32
25	80	74	69	25	32	70	65	60	32		65	60	50	32	40
35	100	93	86	32	40	90	84	77	32	40	80	74	69	32	
50	125	116	108	32		110	102	95	40		100	93	86	50	
70	155	144	134	50		143	133	123	50		127	118	109	50	
95	190	177	164	50		170	158	147	50		152	142	131	70	
120	220	205	190	50		195	182	168	50		172	160	148	70	
150	250	233	216	70		225	210	194	70		200	187	173	70	
185	285	266	246	70		255	238	220	70		230	215	198	80	

4）保护线截面 S_{PE} 的选择。按 $S_{PE} \geq 0.5 S_{相}$，要求选 $S_{PE} = 25 mm^2$。

（2）按最高允许温度选择　线缆中长期连续通过电流时会产生电能损耗，使导线发热而温度升高，以致与周围空气产生温差，线缆通过电流越大，温差也越大。导线的工作温度越高，运行时间越长，由于金属受热电阻增大，导线的强度损失就越大。导线的最高允许工作温度就是由导线强度损失决定的，因此按发热条件选择导线截面是很必要的。线缆截面的选择要求线缆在最高环境温度和最大导线载流负荷的情况下，保证导线不因发热而被烧坏。

（3）按允许电压损失选择　电压损失是线路始、末两端电压的代数差值。电压损失一般以电压损失的代数差值与额定电压之比的百分数表示。由于在线缆通过正常最大负荷电流（即计算电流）时，线路上产生的电压损失不应超过正常运行时允许的电压损失，电压损失越大，用电设备端子上的电压偏移就越大，电压偏移超过允许值时会严重影响电气设备的正常运行。因此，电气规范规定：高压配电线路的电压损失一般不超过线路额定电压的 5%；从变压器低压侧母线到用电设备受电端的低压配电线路的电压损失一般不超过 5%；对视觉要求较高的照明电路则为 2%~3%。

按电压损失来选择导线的截面积，一般是用在负载的电流比较大，距离供电的变压器又比较远的情况。

（4）按经济电流密度选择　经济电流密度是指使线路的年运行费用支出最小的电流密

度，如图 12-23 所示。可见，增大导线截面积能减少电能损耗费用，但是加大建设及维修费用；反之，减小导线截面虽然使建设和维修费用下降，但增加了电能损耗费用。显然，线缆截面选择直接影响线路投资和线路运行中的电能损耗。为了节省投资，要求综合考虑两项来确定线缆截面，按这两种原则选择的使线路的年运行费用接近最小的线缆截面称为"经济截面"。因此，为供电经济性，取其年运行费用最低者为最经济的线缆选择。实践证明，按经济电流密度选择导线截面，可达到运行费用最低而又节省线缆的目的。

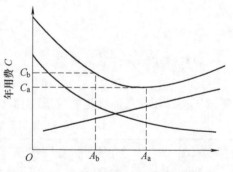

图 12-23　年运行费用和导线截面的关系

按经济电流密度选择导线截面的步骤：

1）首先确定线路输送的最大负荷电流（线路的计算电流）。

2）确定最大负荷使用时间。

3）根据 $S = \dfrac{I_C}{j_{ec}}$（其中 I_C 为线路的计算电流，j_{ec} 查表 12-5）算出导线截面，查表选取与其接近的标称截面，再校正其他条件。

表 12-5　我国规定的经济电流密度表　　　　　　（单位：A/mm^2）

导线材质	年最大负荷利用小时数/h		
	<3000	3000~5000	>5000
铝线	1.65	1.15	0.90
铜线	3.00	2.25	1.75
铝芯电缆	1.92	1.73	1.54
铜芯电缆	2.50	2.25	2.00

（5）按机械强度选择　用铝或铝合金制造的铝绞线、钢芯铝绞线敷设架空线路时，或绝缘铝线敷设在角钢支架上时，因铝材质比较软，机械应力强度低，容易断线。为此，规定了架空裸铝导线的最小截面见表 12-6，绝缘导线的线芯最小截面积见表 12-7。对电缆不校核机械强度，但校核短路热稳定度。

（6）短路热稳定校验　线缆发生短路时，无论何种保护电器都需要一定的动作时间。因此，在故障切除前，导体在短路电流热效应的作用下，导体温度会急剧上升到很高，导体必须能承受短路电流的这种热效应而不致使绝缘材料软化烧坏，也不致使线芯材料的机械强度降低，这种能力即为导体的短路热稳定性。当导体通过短路电流时的最高温度小于导体规定的短时发热允许温度，则认为导体在短路条件下是热稳定的，否则是热不稳定的。

表 12-6　架空裸导线的最小截面

导线种类	最小允许截面/mm^2		备注
	高压（至 10kV）	低压	
铝及铝合金线	35	16	与铁路交叉跨越时为 35mm^2
钢芯铝线	25	16	

表 12-7　绝缘导线的线芯最小截面积

用途或敷设方式			线芯最小截面积/mm²	
			铜芯	铝芯
照明用灯头引下线			1.0	2.5
敷设在绝缘支持件上的绝缘导线,其支持点间距 L	室内	L≤2m	1.0	2.5
敷设在绝缘支持件上的绝缘导线,其支持点间距 L	室外	L≤2m	1.5	2.5
		2m<L≤6m	2.5	4
		6m<L≤15m	4	6
		15m<L≤25m	6	10
	穿管敷设、槽板、护套线扎头明敷、线槽		1.0	2.5
PE 线和 PEN 线	有机械保护时		1.5	2.5
	无机械保护时		2.5	4

为了保证导线在短路时的最高温度不超过导线材料允许的最高温度,用热稳定条件校验导线截面时,应按导线首端最大三相短路电流来校验,所选取的导线截面应不小于导线的最小热稳定截面。对持续时间不超过 5s 的短路,绝缘导体的热稳定按式(12-21)进行校验

$$S \geqslant \frac{I_k}{K}\sqrt{t} \tag{12-21}$$

式中　S——绝缘导体的线芯截面,单位为 mm²;

　　　I_k——短路电流有效值,单位为 A;

　　　t——在已达到允许最高持续工作温度的导体内短路电流持续作用的时间,单位为 s;

　　　K——导线不同绝缘材料的计算系数。常用值见表 12-8。

因此,选择导线截面时,根据具体使用条件及负荷选择上述原则和方法。一般地,在消耗有色金属量比较大的线路,宜按经济电流密度选择截面,以便节约有色金属和投资。使用比较广的是按发热条件选择导线截面。只有合理选择导线截面的选择方法,才能使线缆截面的选择满足线路使用安全、运行可靠、方案优质和投资经济的条件。

表 12-8　不同绝缘材料的 K 值

导体绝缘材料芯线材料	聚氯乙烯(PVC)	普通橡胶丁基橡胶	交联聚乙烯乙丙橡胶	矿物绝缘	
				PVC	裸的
铜芯	115	131	143	115	135
铝芯	76	87	94		

注:1. K 值不适用于 6mm² 及以下的导线。

　　2. 短路持续时间小于 0.1s 时,应考虑短路电流非周期分量的影响。

　　3. 架空线路因其散热性较好,可不作热稳定校验。

12.8.4　线路的保护

配电线路遍布生活的各个角落,不仅专业人员接触,众多线路非专业人员也会触及。如果配电线路设计和施工不当,在运行中不但线路损坏,重者甚至会导致重大财产损失或人员

伤亡事故。因此，在配电线路设计施工中，应严格执行相关的配电线路设计和施工规范，严格执行相关的法律法规文件，才能为人身和财产提供必要的安全保障。下面就低压线路保护来了解电气线路保护的必要性。

低压配电线路保护一般包括短路保护、过负荷保护、接地故障保护等。

（1）短路保护　短路保护即线路在发生短路故障时，线路前面的保护装置能及时动作，迅速切断电源以保护后面的线路，以免造成大的损伤或损坏。低压配电线路应装设短路保护，短路保护电器应在短路电流使导体及其连接件产生的热效应及机械应力造成危害之前切断短路电流。短路保护电器的分断能力应该能够切断安装处的最大预期短路电流。

短路保护电器一般宜选择断路器或熔断器，且能满足以下要求：

1）保护电器的分断电流必须大于装置安装处的预期短路电流。

2）断开回路任一点的短路电流的时间应小于导体允许的极限温度的时间。

（2）过负荷保护　过负荷保护的含义是指对防止过负荷危险的保护。电气线路短时过载是不正常的。轻微的过负荷时间较长，也将对线路的绝缘、接头、端子造成损害。导体的绝缘长期过负荷会长时间超过允许温升，导体绝缘将会加速老化，缩短绝缘导体的使用寿命。严重过负荷会使绝缘在短时间内软化变形，介质损耗增大，耐压水平降低，导致电气线路短路，引起火灾等危险。过负荷保护的目的也在于防止短路和接地故障的发生。

（3）接地故障保护　见第14章的"常见低压系统中的几种保护接地方式"部分内容。

可见，实施配电线路保护就是要保证保护电器在正常工作（包含设备起动）时不应动作，而在故障时要可靠动作；保证在下级保护电器后面任一点发生故障时，只应由最近的保护电器迅速动作，而上级不应动作。只有解决好这两个问题，保护才能真正起到"保护线路"的作用。

思 考 题

1. 建筑电气工程的含义是什么？建筑电气工程的主要功能包括哪些？

2. 建筑供电是由哪些部分组成？

3. 各民用建筑电力负荷是如何分类的？

4. 线缆常用的安装方式都有哪些？至少举四个例子。

5. 常用的高、低压供电方式有哪些？各有什么特点？

6. 什么是一次设备？什么是二次设备？

7. 常用的高压一次设备有哪些？低压一次设备有哪些？

8. 合理选择一台变压器都考虑哪些因素？

9. 线缆截面的选择必须考虑哪些因素？

10. 按发热条件选择线缆截面，线缆的相线截面和中性线、保护线截面各怎样选择？

11. 低压线路常用的保护有哪些？实施配电线路保护有什么作用？

第13章

建筑照明系统

本章主要通过对各种照明参数、照明灯具分类的了解，使我们了解对建筑物如何选择合理、安全、环保、经济的照明灯具种类及数量。

13.1 照明要点

13.1.1 照明的基本概念

有了光才能有照明，因此谈论照明首先从光谈起。光是电磁波辐射到人的眼睛，经视觉神经转换为光线，即能被肉眼看见的那部分光谱。这类射线的波长范围为 360～830nm，仅仅是电磁辐射光谱非常小的一部分。下面，我们先来了解光的最基本物理量。

（1）光通量　光源在单位时间内向周围空间辐射并引起视觉的能量称为光通量，用符号 Φ 表示，单位为流明（lm）。由于人眼对不同波长的光灵敏度不一样，比如在白天或光线较强的地方，对波长为 555nm 的黄、绿光最灵敏，波长离 555nm 越远，灵敏度越低，所以光通量不但与光辐射的强弱有关，而且与辐射的波长有关。由实验证明，当波长为 555nm 的黄、绿光的辐射功率为 1W 时，人眼感觉量为 680lm，可见 1lm 就相当于波长为 555nm 的单色辐射功率为 1/680W 时的光通量。

（2）发光强度　桌子上方有一盏无罩的白炽灯，在加上灯罩后，桌面显得亮多了。同一灯泡不加灯罩与加灯罩，它所发出的光通量是一样的，只不过加上灯罩后，光线经灯罩的反射，使光通量在空间的分布状况发生了变化，射向桌面的光通量比未加罩时增多了。因此，在电气照明技术中，只知道光源所发出的总光通量是不够的，还必须了解光通量在空间各个方向上的分布情况。光源在空间某一特定方向上单位立体角内（每球面度）辐射的光通量空间刻度称为光源在该方向上的发光强度（简称光强），用符号 I 表示，单位为坎德拉（cd）。光通量的立体角和发光强度表示分别如图 13-1 和图 13-2 所示。

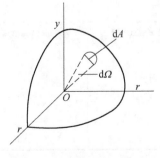

图 13-1　光通量的立体角

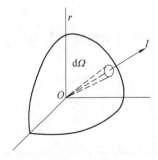

图 13-2　发光强度

$$I = \frac{d\Phi}{d\Omega} \tag{13-1}$$

式中 I——指定方向上的发光强度，单位为 cd；

  $d\Phi$——在立体角内传播的光通量，单位为 lm；

  $d\Omega$——立体方向上的立体角元，单位为 sr。

光源发出的光线是向空间各个方向辐射的，须用立体角度作为空间光束的量度单位计算光通量的密度。球面上的某块面积对球心形成的角称为立体角。立体角的单位为"球面度（sr）"，即以 r 为半径做一圆球，若锥面在圆球上截出的面积 S 等于 r^2，则该立体角即为一个单位立体角，称为"球面度（sr）"。

由于光源向空间发射的光通量是不均匀的，所以光强要注明在哪个方向，用下标角度表明，如 I_θ，$I_{180°}$ 等。

（3）照度 照度是用来表示被照面（点）上光的强弱。投射到被照面上的光通量与被照面的面积之比称为该被照面的照度，用符号 E 表示，单位是 lx（勒克斯）。定义式为

$$E = \frac{\Phi}{S} \tag{13-2}$$

式中 Φ——被照面上接受的光通量，单位为 lm；

  S——被照面的面积，单位为 m^2。

式（13-2）为垂直平面上的照度。

若被照表面与入射光线不垂直时，计算公式为

$$E = \frac{I_\theta \cos\theta}{r^2} \tag{13-3}$$

式中 I_θ——光线入射方向的光强，单位为 cd；

  θ——光线的入射角；

  r——光源到照射面的距离，单位为 m。

照度的单位为勒克斯（lx），它表示 1lx 的光通量均匀分布在 $1m^2$ 的被照面上。

为了对光照度值有感性认识，我们举几个实际情况下的照度值供参考。距 40W 白炽灯下 1m 处的照度约为 30lx，加一搪瓷灯罩后增加到 73lx；晴天中午室外的照度可达 $8 \times 10^4 \sim 12 \times 10^4$ lx；阴天中午室外的照度约为 $8 \times 10^3 \sim 20 \times 10^3$ lx；满月在地面上的照度为 0.2lx。

为了限定照明数量，提高照明质量，需要制定照度标准。制定照度标准需要考虑视觉功效特性、现场主观感觉和照明经济性等因素。我国也对各建筑物内的照度做了相关的标准规定。如表 13-1 所示教育建筑照明标准值和表 13-2 所示办公建筑照明标准值。

表 13-1 教育建筑照明标准值

房间或场所	参考平面及其高度	照度标准值/lx	眩光值 UGR	显色指数 Ra
教室	课桌面	300	19	80
实验室	实验桌面	300	19	80
美术教室	桌面	500	19	80
多媒体教室	0.75m 水平面	300	19	80
教室黑板	黑板面	500[①]	—	80

① 指混合照明照度。

表 13-2　办公建筑照明标准值

房间或场所	参考平面及其高度	照度标准值/lx	眩光值 UGR	显色指数 Ra
普通办公室	0.75m 水平面	300	19	80
高档办公室	0.75m 水平面	500	19	80
会议室	0.75m 水平面	300	19	80
接待室、前台	0.75m 水平面	200	—	80
营业厅	0.75m 水平面	300	22	80
设计室	实际工作面	500	19	80
文件整理、复印、发行室	0.75m 水平面	300	—	80
资料、档案存放室	0.75m 水平面	200	—	80

注：此表适用于所有类型建筑的办公室和类似用途场所的照明。

（4）亮度　在房间内同一位置上，并排放着一个黑色和一个白色的物体，虽然它们的照度一样，但人眼看起来白色物体要亮得多，这说明了被照物体表面的照度并不能直接表达人眼对它的视觉感觉。这是因为人眼的视觉感觉是由被照物体的发光或反光在眼睛的视网膜上形成的照度而产生的。视网膜上形成的照度越高，人眼就感到越亮。白色物体的反光要比黑色物体强得多，所以感到白色物体比黑色物体亮得多。若把被视物体看作一个发光体，视网膜上的照度是被视物体在沿视线方向上的发光强度造成的。

发光体在视线方向单位投影面上的发光强度称为该物体表面的亮度，用符号 L 来表示，单位为 cd/m^2（坎德拉/平方米）。亮度是表明光源光亮程度的参数，L 越大越亮。但能否看清物体不完全取决于亮度。如果发光面的亮度过大，感到刺眼，也看不清物体。照度和亮度的区别：照度单位是"勒克斯"（lx），亮度单位是"流明"（lm）；$1lx = 1lm/m^2$。

（5）色温　当光源的色品与黑体在某一温度下辐射的光色相同时，该黑体的绝对温度为该光源的色温。根据实验，将一具有完全吸收与放射能力的标准黑体加热，温度逐渐升高，光度也随之改变，黑体曲线可表现为黑体由红—橙红—黄—黄白—白—蓝白的过程。"黑体"的温度越高，光谱中蓝色的成分则越多，而红色的成分则越少。可见光源发光的颜色与温度有关。例如：白炽灯的光色是暖白色，其色温表示为 2700K，而日光荧光灯的色温则是 6000K。单位为 K（开尔文）。

（6）光色　光色实际上就是色温，大致分三大类：暖色（<3300K）、中间色（3300～5000K）、日光色（>5000K），由于光线中光谱的组成有差别，因此即使光色相同，光的显色性也可能不同。

（7）显色性　原则上，人造光线因与自然光线相同，使人的肉眼能正确辨别事物的颜色。当然，这要根据照明的位置和目的而定。光源对于物体颜色呈现的程度称为显色性，通常叫作"显色指数（Ra）"。

（8）灯具效率　灯具效率（也叫光输出系数）是衡量灯具利用能量效率的重要标准，它是灯具输出的光通量与灯具内光源输出的光通量之间的比例。

（9）光源效率　也就是每一瓦电力所发出的光的亮度，其数值越高表示光源的效率越高，所以对于使用时间较长的场所，如办公室走廊、道路、隧道等，效率通常是一个重要的考虑因素。光源效率（lm/W）＝流明（lm）/耗电量（W）。

（10）眩光　光由于时间或空间上分布不均，则可以造成视觉不舒适，这种光称为眩光。眩光可以分为直射眩光和反射眩光。眩光是衡量照明质量的一个重要参数。

（11）光束角 光束角指的是灯具 1/10 最大光强之间的夹角。

13.1.2 建筑照明基本原则

建筑照明必须遵循"安全、适用、经济、美观"的基本原则。

所谓适用，是指能提供一定数量和质量的照明，保证规定的照度水平，满足人们的工作、学习和生活的需要。灯具的类型、照度的高低、光色的变化等都与使用要求相一致。

照明的经济性包括两方面的含义：一方面是采用先进技术，充分发挥照明设施的实际效益，尽可能地以较小的费用获得较大的照明效果；另一方面是所用的照明设施符合我国当前在电力供应、设备和材料方面的生产水平。

照明装置具有装饰房间、美化环境的作用。特别对于装饰性照明，更应有助于丰富空间的深度和层次，显示被照物体的轮廓，使色彩和图案影响环境气氛。但是，在考虑美化作用时应从实际出发，注意节约。对于一般的生产、生活福利设施，不能为了照明装置的美观而花费过多的投资。环境条件对照明设施影响很大，要使照明与现场环境相协调，必须要正确选择照明方式，光源种类，灯泡功率，灯具数量、形式和光色等。

在选择照明设备时，必须充分考虑现场环境条件。这里的环境条件主要是指空气的温度、湿度、含尘、有害气体或蒸汽、辐射热等。要严格根据现场环境选择灯具和照明控制设备，杜绝一切可能发生的不安全事故。

13.2 照明种类

照明有多种不同的分类方式。

1. 按灯具的散光方式分类

（1）直接照明 光源的全部或 90% 以上直接投射到被照物体上。特点是亮度大，给人以明亮、紧凑的感觉。但有强烈的眩光与阴影，不适于与视线直接接触。裸露装设的荧光灯和白炽灯属于此类。灯泡上部有不透明灯罩、灯光向下直射到工作面的台灯等也属此类，宜用于公共厅堂或需局部照明的场所。

（2）半直接照明 光源的 60%~90% 直接投射到被照物体上，而有 10%~40% 经过反射后再投射到被照物体上。它的亮度仍然较大，但比直接照明柔和。用半透明的塑料、玻璃做灯罩的灯都属此类，常用于办公室、卧室、书房等。

（3）间接照明 光源 90% 以上的光先照到墙上或顶棚上，再反射到被照物体上。光量弱，光线柔和，无眩光和明显阴影，具有安详、平和的气氛。灯罩朝上开口的吊灯、壁灯等属于此类，适于卧室、起居室等场所的照明。

（4）半间接照明 光源 60% 以上的光经过反射后照射到被照物体上，只有少量光直接射向被照物体。它比间接照明亮度大。

（5）漫射照明 利用半透明磨砂玻璃罩、乳白罩或特制的格栅，使光线形成多方向的漫射，其光线柔和，有很好的艺术效果，适用于起居室、会议室和一些大的厅、堂照明。

2. 按照明方式分类

（1）一般照明 其特点主要是光线分布比较均匀，能使空间显得宽敞明亮。主要适用于观众厅、会议厅、办公厅等场所。

（2）分区一般照明　主要是根据各区的主要需要设置的照明。

（3）局部照明　局限于特定工作部位的固定或移动的照明。其特点是能为特定的工作面提供更为集中的光线，并能形成有特点的气氛和意境。客厅、书房、卧室、餐厅、展览厅和舞台等使用的壁灯、台灯、投光灯等都属于局部照明。

（4）混合照明　一般照明与局部照明共同组成的照明，成为混合照明。混合照明实质上是在一般照明的基础上，在需要另外提供光线的地方布置特殊的照明灯具。该方式在装饰与艺术照明中应用得很普遍。商店、办公楼、展览厅等大都采用这种比较理想的照明方式。

（5）重点照明　为提高指定区域或目标的照度，使其比周围区域突出的照明。

3. 按照明的用途分类

（1）正常照明　在正常工作时使用的照明。它一般可单独使用，也可与事故照明、值班照明同时使用，但控制线路必须分开。

（2）应急照明　因正常照明电源的失效而启用的照明。应急照明包括疏散照明、安全照明、备用照明。其中疏散照明确保疏散通道被有效地辨认和使用；安全照明确保处于潜在危险之中的人员的安全；备用照明确保正常活动继续或暂时继续进行。

（3）警卫照明　用于警卫地区周围附近的照明。是否设置警卫照明应根据被照场所的重要性和当地治安部门的要求来决定。警卫照明一般沿警卫线装设。

（4）值班照明　照明场所在无人工作时保留的一部分照明叫值班照明。可以利用正常工作中能单独控制的一部分，或利用事故照明的一部分或全部作为值班照明。值班照明应该有独立的控制开关。

（5）障碍照明　装设在建筑物上作为障碍标志用的照明称为障碍照明。在飞机场周围较高的建筑物上，或有船舶通行的航道两侧的建筑物上，都应该按照民航和交通部门的有关规定装设障碍照明灯具。

13.3　照明电光源

13.3.1　电光源的特性

通常用一些参数来说明光源的工作特性。说明光源工作特性的主要物理参数如下：

（1）额定电压和额定电流　指光源按预定要求进行工作所需要的电压和电流。在额定电压和额定电流下运行时，光源具有最好的效率。

（2）灯泡（灯管）功率　是指灯泡（灯管）在工作时所消耗的电功率。通常灯泡（灯管）按一定的功率等级制造。额定功率指灯泡（灯管）在额定电流和额定电压下所消耗的功率。

（3）光通量输出　光通量输出是指灯泡在工作时所发出的光通量。光源的光通量输出与许多因素有关，特别是与点燃时间有关，一般是点燃时间愈长其光通量输出愈低。

（4）发光效率　发光效率是灯泡所发出的光通量 F（lm）与消耗的功率 P（W）之比，它是表征光源的经济性参数之一。

（5）寿命　寿命是光源由初次通电工作的时候起到其完全丧失或部分丧失使用价值时候止的全部点燃时间。

（6）光谱能量分布　说明光源辐射的光谱成分和相对强度，一般以分布曲线形式给出。

13.3.2　电光源的种类

用的电光源有白炽灯、荧光灯、荧光高压汞灯、卤钨灯、高压钠灯和金属卤化物灯等，根据其工作原理，基本上可分为热辐射光源和气体放电光源两大类，如图 13-3 所示。

（1）热辐射光源　主要是利用电流将物体加热到白炽程度而产生发光的光源，如白炽灯、卤钨灯等。

（2）气体放电光源　利用电流通过气体或蒸汽而发射光的光源。这种光源具有发光效率高，使用寿命长等特点，使用极为广泛。例如：氖灯、汞灯等。

13.3.3　常用的电光源

1. 白炽灯

（1）普通照明白炽灯　即一般常用的白炽灯泡。

主要特点是：显色性好、开灯即亮、可连续调光、结构简单、价格低廉，但寿命短、光效低。

用途：居室、客厅、大堂、客房、商店、餐厅、走道、会议室、庭院。

运用方式：台灯、顶灯、壁灯、床头灯、走廊灯。

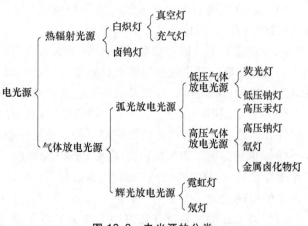

图 13-3　电光源的分类

（2）卤钨灯　填充气体内含有部分卤族元素或卤化物的充气白炽灯。具有普通照明白炽灯的全部特点，光效和寿命比普通照明白炽灯提高一倍以上，且体积小。

用途：会议室、展览展示厅、客厅、商业照明、影视舞台、仪器仪表、汽车、飞机以及其他特殊照明。

2. 低气压放电灯

（1）荧光灯

特点：光效高、寿命长、光色好。

荧光灯有直管型、环型、紧凑型等，是应用范围十分广泛的节能照明光源。

（2）低压钠灯

特点：发光效率特高、寿命长、光通维持率高、透雾性强，但显色性差。

用途：隧道、港口、码头、矿场等照明。

3. 高强度气体放电灯

（1）荧光高压汞灯

特点：寿命长、成本相对较低。

用途：道路照明、室内外工业照明、商业照明。

（2）高压钠灯

特点：寿命长、光效高、透雾性强。

用途：道路照明、泛光照明、广场照明、工业照明等。

（3）金属卤化物灯

特点：寿命长、光效高、显色性好。

用途：工业照明、城市亮化工程照明、商业照明、体育场馆照明以及道路照明等。

（4）陶瓷金属卤化物灯

特点：性能优于一般金卤灯。

用途：商场、橱窗、重点展示及商业街道照明。

4. 其他电光源

（1）高频无极灯

特点：超长寿命 40000~80000h、无电极、瞬间启动和再启动、无频闪、显色性好。

用途：公共建筑、商店、隧道、步行街、高杆路灯、保安和安全照明及其他室外照明。

（2）发光二极管（LED） LED 是电致发光的固体半导体光源。

特点：高亮度点光源、可辐射各种色光和白光、0~100% 光输出（电子调光）、寿命长、耐冲击和防震动、无紫外（UV）和红外（IR）辐射、低电压下工作（安全）。

用途：交通信号灯、高速道路分界照明、道路护栏照明、汽车尾灯、出口和入口指示灯、桥体或建筑物轮廓照明及装饰照明等。

13.4 灯具的种类与选择

13.4.1 灯具的种类

灯具有各种不同类型的分类。

1. 按光通在空间上的分配（特性分类见表 13-3）

表 13-3 灯具按配光分类的光通量分布

类型		直接型	半直接型	漫射型	半间接型	间接型
光通量分布特性（占照明器总光通量）	上半球	0%~10%	10%~40%	40%~60%	60%~90%	90%~100%
	下半球	100%~90%	90%~60%	60%~40%	40%~10%	10%~0%
特点		光线集中，工作面上可获得充分照度	光线能集中在工作面上，空间也能得到适当照度。比直接型眩光小	空间各个方向光强基本一致，可达到无眩光	增加了反射光的作用，使光线比较均匀、柔和	扩散性好，光线柔和、均匀。避免了眩光，但光的利用率低
示意图						

（1）直接型 90%以上的光通量向下直接照射，效率高，但灯具上半部几乎没有光通量，方向性强导致阴影较浓。按配光曲线可分为广照型、均匀照型、配照型、深照型、特深

照型。

（2）半直接型　这类灯具大部分光通量（60%～90%）射向下半球空间，少部分射向上方，射向上方的分量将减少照明环境所产生的阴影的硬度并改善其各表面的亮度比。

（3）漫射型（包括水平方向光线很少的直接-间接型）　灯具向上向下的光通量几乎相同（各占40%～60%）。最常见的是乳白玻璃球形灯罩，其他各种形状漫射透光的封闭灯罩也有类似的配光。这种灯具将光线均匀地投向四面八方，因此光通利用率较低。

（4）半间接型　灯具向下光通占10%～40%，它的向下分量往往只用来产生与顶棚相称的亮度，此分量过多或分配不适当也会产生直接或间接眩光等一些缺陷。上面敞口的半透明罩属于这一类。它们主要作为建筑装饰照明，由于大部分光线投向顶棚和上部墙面，增加了室内的间接光，光线更为柔和宜人。

（5）间接型　灯具的小部分光通（10%以下）向下。设计得好时，全部顶棚成为一个照明光源，达到柔和无阴影的照明效果，由于灯具向下光通很少，只要布置合理，直接眩光与反射眩光都很小。此类灯具的光通利用率比前面四种都低。

2. 按灯具的结构分类

如图13-4所示为照明器按外壳结构特点分类。

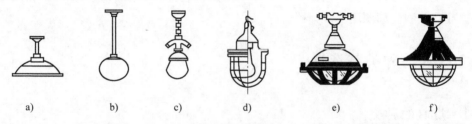

图 13-4　照明器按外壳结构特点分类

a）开启型　b）闭合型　c）密闭型　d）防爆型　e）安全型　f）隔爆型

（1）开启型　光源与外界空间直接相通，没有包合物。常用的灯具类型有配照灯、广照灯和深照灯。

（2）闭合型　具有闭合的透光罩，但灯罩内外可以自然通气。常用的灯具类型有圆球灯、双罩型灯及吸顶灯。

（3）封闭型　透光罩接合处加以一般封闭，但灯罩内外可以有限通气。

（4）密闭型　透光罩接合处严密封闭，但灯罩内外空气严密隔绝。常用的灯具类型有防水灯、防尘灯、密闭荧光灯等。

（5）防爆型　透光罩及接合处加高强度支撑物，可承受要求的压力。常用的灯具类型有防爆安全灯、荧光安全防爆灯。

（6）隔爆型　在灯具内部发生爆炸时，经过一定间隙的防爆面后，不会引起灯具外部爆炸。

（7）安全型　在正常工作时不产生火花、电弧，或在危险温度的部件上采用安全措施，提高安全系数。

（8）防振型　可装在振动的设施上。

3. 按安装方式分类

（1）壁灯　装在墙壁、庭柱上，主要用于局部照明、装饰照明或不适应在顶棚安装灯具或没有顶棚的场所。其类型主要有筒式壁灯、夜间壁灯、镜前壁灯、亭式壁灯、灯笼式壁灯、组合式壁灯、投光壁灯、吸壁式荧光灯、门厅壁灯、床头摇臂式壁灯、壁画式壁灯、安全批示式壁灯等。

（2）吸顶灯　吸顶灯是将灯具吸贴在顶棚面上，主要用于没有吊顶的房间内。吸顶灯主要有组合方形灯、晶罩组合灯、晶片组合灯、灯笼吸顶灯、格栅灯、筒形灯、直口直边形灯、斜边扁圆灯、尖扁圆形灯、圆球形灯、长方形灯、防水型灯、吸顶式点源灯、吸顶式荧光灯、吸顶式发光带、吸顶裸灯泡等。吸顶灯应用比较广泛。吸顶式的发光带适用于计算机房、变电站等；吸顶式荧光灯适用于照度要求较高的场所；封闭式带罩吸顶灯适用于照度要求不很高的场所，它能有效地限制眩光，外形美观，但发光效率低；吸顶裸灯泡适用于普通的场所，如厕所、仓库等。

（3）嵌入式灯　嵌入式灯适用于有吊顶的房间，灯具是嵌入吊顶安装的，这种灯具能有效地消除眩光、与吊顶结合能形成美观的装饰艺术效果。嵌入式灯主要有：圆格栅灯、方格栅灯、平方灯、螺钉罩灯、嵌入式格栅荧光灯、嵌入式保护荧光灯、嵌入式环形荧光灯、方形玻璃片嵌顶灯、嵌入式点源灯等。

（4）半嵌入式灯　半嵌入式灯将灯具的一半或一部分嵌入顶棚内，另一半或一部分露在顶棚外面，它介于吸顶灯和嵌入式灯之间。这种灯在消除眩光的效果上不如嵌入式灯，但它适用于顶棚吊顶深度不够的场所，在走廊等处应用较多。

（5）吊灯　吊灯是最普通的一种灯具安装方式，也是运用最广泛的一种。它主要利用吊杆、吊链、吊管、吊灯线来吊装灯具，以达到不同的效果。在商场营业厅等场所，利用吊杆式荧光灯组成一定规则的图案，不但能满足照明功能上的要求，而且还能形成一定的艺术装饰效果。吊灯主要有：圆球直杆灯、碗形罩吊灯、伞形吊灯、明月罩吊灯、束腰罩吊灯、灯笼吊灯、组合水晶吊灯、三环吊灯、玉兰罩吊灯、花篮罩吊灯、棱晶吊灯、吊灯点源灯等。带有反光罩的吊灯，配光曲线比较好，照度集中，适应于顶棚较高的场所、教室、办公室、设计室。吊线灯适用于住宅、卧室、休息室、小仓库、普通用房等。吊管、吊链花灯适用于有装饰性要求的房间，如宾馆、餐厅、会议厅、大展厅等。

（6）地脚灯　地脚灯主要应用于医院病房，宾馆客房、公共走廊、卧室等场所。地脚灯的主要作用是照明走道，便于人员行走。它的优点是避免刺眼的光线，特别是夜间起床开灯，不但可减少灯光对自己的影响，同时可减少灯光对他人的影响。地脚灯均暗装在墙内，一般距地面高度 0.2~0.4m。地脚灯的光源采用白炽灯，外壳由透明或半透明玻璃或塑料制成，有的还带金属防护网罩。

（7）台灯　台灯主要放在写字台、工作台、阅览桌上，作为书写阅读之用。台灯的种类很多，目前市场上销售的主要有变光调光台灯、荧光台灯等。目前还流行一类装饰性台灯，如将其放在装饰架上或电话桌上，能起到很好的装饰效果，台灯一般在设计图上不标出，只在办公桌、工作台旁设置一至二个电源插座即可。

（8）落地灯　落地灯多用于高级客房、宾馆、带茶几沙发的房间以及家庭的床头或书架旁。落地灯有的单独使用，有的与落地式台扇组合使用，还有的与衣架组合使用。一般在需要局部照明或装饰照明的空间安装较多。一般只留插座，不在设计图中标出。

（9）庭院灯　庭院灯或灯罩多数向上安装，灯管和灯架多数安装在庭院地坪上；特别适用于公园、街心花园、宾馆以及工矿企业、机关学校的庭院等场所。庭院灯主要有：盆圆形庭院灯、玉坛罩庭院灯、花坪柱灯、四叉方罩庭院灯、琥珀庭院灯、花坛柱灯、六角形庭院灯、磨花圆形罩庭院灯等。庭院灯有的安装在草坪里，有的依公园道路、树林曲折随弯设置，有一定的艺术效果。

（10）道路广场灯　道路广场灯主要用于夜间的通行照明。道路灯有高杆球形路灯、高压汞灯路灯、双管荧光灯路灯、高压钠灯路灯、双腰鼓路灯、飘形高压汞灯等。广场灯有广场塔灯、碘钨反光灯、圆球柱灯、高压钠柱灯、高压钠投光灯、深照卤钨灯、搪瓷斜照卤钨灯等。道路照明一般使用高压钠灯、高压荧光灯等，目的是给车辆、行人提供必要的视觉条件，预防交通事故。广场灯用于车站前广场、机场前广场、港口、码头、公共汽车站广场、立交桥、停车场、集合广场、室外体育场等，广场灯应根据广场的形状、面积、使用特点来选择。

（11）移动式灯　移动式灯具常用于室内、外移动性的工作场所以及室外电视、电影的摄影等场所。移动式灯具主要有：深照型特挂灯、文照型有防护网的防水防尘灯、平面灯、移动式投光灯等。移动式灯具都有金属防护网罩或塑料防护罩。

（12）应急照明灯　应急照明灯适用于宾馆、饭店、医院、影剧院、商场、银行、邮电、地下室、会议室、计算机房、动力站房、人防工事、隧道等公共场所。应急灯作应急照明用，也可用于紧急疏散、安全防灾等重要场所。自动应急照明的线路比较先进，性能稳定，安全可靠。当交流电接通时，电源正常供电，应急灯中的蓄电池被缓慢充电，当交流电源因故停电时，应急灯中的自动切换系统将蓄电池电源自动接通，供光源照明，有的灯具同时放音，发出带有指示性的疏散喊话，为人员安全撤离指示方向。自动应急灯的种类有：照明型、放音指示型、字符图样标志型等。按其安装方式可分为吊灯、壁灯、挂灯、吸顶灯、筒灯、投光灯、转弯指示灯等多种样式。

4. 按光源类型分类

（1）使用自镇流灯泡的灯具　自镇流灯泡是包含灯头和与之结合的光源及光源启动和稳定工作必需的附加元件的器件，它不被破坏是不能拆卸的。常见的自镇流灯泡如节能灯。

（2）使用钨丝灯的灯具　如普通的台灯、商场货架上用的聚光灯。

（3）使用管形荧光灯的灯具　如常见的荧光护目灯。

（4）使用气体放电灯的灯具　如使用高压钠灯、HID 灯的灯具。

（5）使用其他光源的灯具　随着照明灯具行业不断发展，新的照明器件不断被发明，灯具使用的光源也突破了传统限制，出现了诸如使用 LED 发光元件等的灯具。

表 13-4 所示为几种常用电光源的主要技术特性及适用场所。

表 13-4　常用电光源的主要技术特性及适用场所

光源名称	灯泡的额定功率/W	光效/(lm/W)	显色特性	起动时间	功率因数	适用的照度标准	频闪效应	耐振性能	适用场所
白炽灯	10~100	6.5~19	高	0	1	低	不明显	较差	1）要求不高的生产厂房、仓库 2）局部照明和应急照明 3）要求频闪效应小的场所，开、关频繁的场所 4）需要避免气体放电灯对无线电设备或测试设备产生干扰的场所 5）需要调光的场所

（续）

光源名称	灯泡的额定功率/W	光效/(lm/W)	显色特性	起动时间	功率因数	适用的照度标准	频闪效应	耐振性能	适用场所
卤钨灯	500~2000	19.5~21	高	0	1	较高	不明显	很差	1）照度要求较高，显色性要求较好，且无振动的场所 2）要求频闪效应小的场所 3）需要调光的场所
荧光灯	6~125	25~67	一般	1~3s	0.33~0.7	低	不明显	很差	悬挂高度较低而需要较高的照度
高压汞灯	500~1000	30~50	低	4~8min	0.44~0.67	高	明显	好	街道、广场、车站、码头等高大建筑物的照明
高压钠灯	250~400	90~100	很低	4~8min	0.44	高	明显	较好	1）需要照度高，但对光色无特殊要求的地方 2）多烟尘的车间 3）潮湿多雾的场所

5. 按外壳防护等级分类

按国际电工委员会标准 IEC 529—598 和国标 GB 7000 规定，根据异物和水的侵入的防护程度进行分类，在国际上以 IPXX 表示器具的防护等级，见表13-5。

表 13-5 IPXX 防护等级

等级	第一个 X（代表防固体异物等级）	第二个 X（代表防水等级）
0	无防护（无特殊防护要求）	无防护——无特殊防护要求
1	防止大于 50mm 异物进入——防止大面积的物体进入，如手掌等	防止水滴进入——垂直落下水滴应无害
2	防止大于 12mm 异物进入——防止手指等物体进入	防止倾斜15°的水滴——灯具正常位置和直到倾斜15°角时垂直水滴应无害
3	防止大于 2.5mm 异物进入——防止工具、导线等进入	防止洒水进入——于倾斜60°角处洒下的水应无害
4	防止大于 1.0mm 异物进入——防止导线、条带等进入体进入	防止溅水进入——任意方向对灯具外壳溅水应无害
5	防尘（防止小于 1.0mm 异物进入）——不允许过量的尘埃进入致使设备不能满意工作	防止喷水进入——任意方向对灯具封闭体喷水应无害
6	尘密（完全防尘）——不准尘埃进入	防海浪进入——经强力喷水后进入灯具外壳的水量不损害灯具
7		防浸水——以一定压力、时间将灯具浸水，进入的水量应无害
8		防潜水——在规定的条件下灯具能持续淹没在水中而不受伤害

6. 按防触电保护分类

灯具按防触电保护等级一般分为 0 类、Ⅰ 类、Ⅱ 类、Ⅲ 类灯具。

（1）0 类灯具　依靠基本绝缘作为防触电保护的灯具。万一基本绝缘失效，防触电保护就只好依赖环境了。一般使用在安全程度高的场合且灯具安装维护方便，如空气干燥、尘埃少、木地板等条件下的吊灯、吸顶灯。额定电压超过 250V 的灯具不应划分为 0 类；在恶劣条件下使用的灯具不应划分为 0 类；轨道安装的灯具不应划分为 0 类。

（2）Ⅰ类灯具　灯具的防触电保护不仅依靠基本绝缘，而且还包括附加的安全措施，即把易触及的导电部件连接到固定线路中的保护接地导体上，使可触及的导电部件在万一基本绝缘失效时不致带电。一般用于金属外壳灯具，如投光灯、路灯、庭院灯等，提高安全程度。

（3）Ⅱ类灯具　防触电保护不仅依靠基本绝缘，而且具有附加安全措施，如双重绝缘或加强绝缘，但没有保护接地的措施或依赖安装条件。其绝缘性好，安全程度高，适用于环境差、人经常触摸的灯具，如台灯、手提灯等。

（4）Ⅲ类灯具　所使用电源为安全特性电压，并且灯具内部不会产生高于自己的电压。灯具安全程度最高，用于恶劣环境或照明安全要求高的场所，如机床工作灯、儿童用灯。

从电气安全角度看，0 类灯具的安全程度最低，Ⅰ、Ⅱ类较高，Ⅲ类最高。有些国家已不允许生产 0 类灯具，我国目前尚无此规定。在照明设计时，应综合考虑使用场所的环境操作对象、使用频率、安装和使用位置等因素，选用合适类别的灯具。在使用条件或使用方法恶劣场所应使用Ⅲ类灯具，一般情况下可采用Ⅰ类或Ⅱ类灯具。

13.4.2　灯具的选择

灯具类型的选择与使用环境、配光特性有关。在选用灯具时，一般要考虑以下几个因素：

（1）光源　选用的灯具必须与光源的种类和功率完全相适应。

（2）环境条件　灯具要适应环境条件的要求，以保证安全耐用和有较高的照明效率。比如，在正常环境中，宜选用开启式灯具；在潮湿房间内，宜选用具有防水灯头的灯具；在有腐蚀性气体和蒸汽的场所，宜选用耐腐蚀的密闭式灯具等。

（3）光分布　要按照对光分布的要求来选择灯具，以达到合理利用光通量和减少电能消耗的目的。

（4）限制眩光　由于眩光作用与灯具的光强、亮度有关，当悬挂高度一定时，则可根据限制眩光的要求来选用合适的灯具形式。

（5）经济性　主要考虑照明装置的基建投资和年运行维修费用。

（6）艺术效果　因为灯具还具有装饰空间和美化环境的作用，所以应注意在可能条件下的美观，强调照明的艺术效果。

13.5　灯具的布置与照度计算

13.5.1　灯具的布置

灯具的布置包括选择合理、规范的灯具悬挂高度和合理的灯具布置方式。灯具的悬挂高度和灯具的合理布置是互为依赖，不可分割的。

（1）灯具的悬挂高度　照明灯具的悬挂高度以不发生眩光作用为限。照明灯具悬挂过高，不能保证工作面有一定的照度，需要加大电源功率，这样不经济，而且也不便于维修；灯具悬挂过低则不安全。表 13-6 给出了灯具悬挂高度的最小值。

表 13-6　室内一般照明灯具距地面的最低悬挂高度

光源种类	灯具形式	灯泡容量/W	最低离地悬挂高度/m
白炽灯	带反射罩	100 及以下	2.5
		150~200	3.0
		300~500	3.5
		500 以上	4.0
	乳白玻璃漫射罩	100 及以下	2.0
		150~200	2.5
		300~500	3.0
荧光灯	无罩	40 及以上	2.0
荧光高压汞灯	带反射罩	250 及以下	5.0
		400 及以上	6.0
高压钠灯	带反射罩	250	6.0
		400	7.0
卤钨灯	带反射罩	500	6.0
		1000~2000	7.0
金属卤化物灯	带反射罩	400	6.0
		1000 及以上	14.0 以上

　　因此，必须为所选择的灯具选择合理、规范的悬挂高度。

　　（2）灯具的布置方式　灯具的布置要确定灯具在房间内的空间位置。灯具的布置对照明质量有重要的影响。光的投射方向、工作面的照度、照明的均匀性、反射眩光和直射眩光、视野内其他表面的亮度分布及工作面上的阴影等，都与照明灯具的布置有直接关系。灯具的布置合理与否还影响到照明装置的安装功率和照明设施的耗费，及影响照明装置的维修和安全。因此，只有合理的灯具布置才能获得良好的照明质量和使照明装置便于维护检修。

　　灯具的布置方式有均匀布置和选择性布置两种。

　　1）均匀布置：均匀布置是灯具之间的距离及行间距离均保持一定。选择布置则是按照最有利的光通量方向及清除工作表面上的阴影等条件来确定每一个灯的位置的。

　　灯具均匀布置时，一般采用正方形、矩形、菱形等形式。布置是否合理，主要取决于灯具的间距 L 和计算高度 h（灯具至工作面的距离）的比值是否恰当。L/h 值小，照明的均匀度好，但投资大；L/h 值过大，则不能保证得到规定的均匀度。故 L 实际上可由最有利的 L/h 值来决定。根据研究，各种灯具最有利的相对距离 L/h 列于表 13-7 中。这些相对距离值保证了为减少电能消耗而应具有的照明均匀度。图 13-5 是均匀布灯几种形式的投影图。

表 13-7　灯具间最有利的相对距离 L/h

灯具形式	相对距离		宜采用单行布置的房间高度
	多行布置	单行布置	
乳白玻璃圆球灯、散照型	2.3~3.2	1.9~2.5	1.3h
防水防尘灯	1.8~2.5	1.8~2.0	1.2h
无漫透射罩的配型灯	1.6~1.8	1.5~1.8	1.0h
搪瓷深照型灯	1.2~1.4	1.2~1.4	0.75h
镜面深照型灯	1.4~1.5	—	—
有反射罩的荧光灯	1.2~1.4	—	—
有反射罩的荧光灯,带格栅			

　　2）选择性布置：灯具的选择布置是指为满足局部要求的布置方式。选择布置适宜有特殊照明要求的场所。

　　合理布置灯具可以有效地消除在主要视线范围内的反射眩光。如仪表玻璃面的有害反光妨碍观察，根据光的定向反射原理，使在观察位置上视线与仪表水平线夹角较多地偏离光线

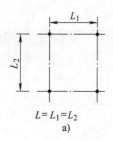 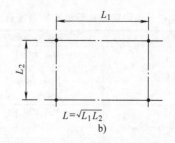 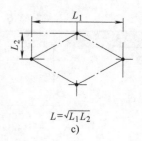

图 13-5　均匀布灯几种形式的投影图

a）正方形　b）矩形　c）平行四边形及菱形

L_1——排布灯中的灯间距离　L_2——两排布灯间的垂直距离

的入射角，便可避免这种反射眩光。

采用直射型或半直射型灯具时，布灯应注意避免由人员或物体形成的阴影。面积不大的房间照明，有时也装设 2~4 盏灯具，目的是避免产生明显的阴影。

高大房间可采用以顶灯和壁灯相结合的布灯方案。这样既可以节约电能又可提高垂直照度。一般房间还是采用顶灯的一般照明为好。若单纯用壁灯照明，会使房间内气氛昏暗，影响照明效果。

13.5.2　照度计算

室内照明照度计算一般采用利用系数法和单位容量法。利用系数法计算简单，它考虑了墙壁、顶棚、地面之间光通量的多次反射影响。通过计算落到被照面上的光通量来确定整个场地的平均水平照度，而对于某一点的照度就无法计算。

1. 利用系数法

（1）平均照度的计算　照度计算公式为

$$E_{av} = \frac{Fn\mu\eta}{AK_1} \qquad (13-4)$$

如果是根据照度标准和其他条件计算光源数量，则公式为

$$n = \frac{E_{av}AK_1}{F\eta\mu} \qquad (13-5)$$

式中　n——所需光源的数量；

　　E_{av}——工作面上的照度，单位为 lx；

　　F——每个光源的光通量，单位为 lm；

　　A——房间的面积，单位为 m^2；

　　K_1——照度补偿系数，见表 13-8；

　　η——灯具效率，查照明手册或灯具样本；

　　μ——利用系数，查照明手册或灯具样本。

（2）最低照度的计算　最低照度计算公式为

$$E = E_{av}K_{min} \qquad (13-6)$$

式中　E——工作面上的最低照度，单位为 lx；

　　E_{av}——工作面上的平均照度，单位为 lx；

　　K_{min}——最低照度补偿系数，见表 13-9。

表 13-8　照度补偿系数

环境污染特征	生产车间和工作场所举例	照度补偿系数		灯具清洗次数
		白炽灯、荧光灯、高压汞灯	卤钨灯	/（次／月）
清洁	实验室、仪表装配车间、办公室	1.3	1.2	1
一般	设计室、机械加工、机械装配	1.4	1.3	1
污染严重	锻工、铸工、碳化车间	1.5	1.4	2
室外	—	1.4	1.3	1

表 13-9　最低照度补偿系数

灯具类型	距高比（L/h）			
	0.8	1.2	1.6	2.0
直接型	1.0	0.83	0.71	0.59
半直接型	1.0	1.0	0.83	0.45
间接型	1.0	1.0	1.0	1.0

将式（13-4）代入式（13-6）得

$$E = \frac{Fn\mu\eta K_{\min}}{AK_1} \qquad (13\text{-}7)$$

利用系数法是照度计算中的一种常用方法，尤其是进行照度计算和验算特别方便。

[例 13-1] 某实验室面积为 24m×10m，桌面高度为 0.8m，灯具吸顶安装吊高 3.8m。如果采用 YG6-2 型双管 2×40W 吸顶荧光灯照明，灯具效率为 86%，查照明手册得知利用系数为 0.56。试确定房间的灯具数。

解：采用利用系数法计算，查得室内平均照度值为 150lx，照度补偿系数为 1.3，双管荧光灯光通量为 4800lm。

$$n = \frac{E_{av}AK_1}{F\eta\mu} = \frac{150\times240\times1.3}{4800\times0.56\times0.86}\text{套} \approx 20.24 \text{ 套}$$

灯具可按 21 套布置，按 21 套校验照度为

$$E_{av} = \frac{Fn\mu\eta}{AK_1} = \frac{4800\times21\times0.56\times0.86}{240\times1.3}\text{lx} = 155.6\text{lx} > 150\text{lx}$$

可见满足使用要求。

2. 单位容量法

单位容量法是从利用系数法演变而来的，是在各种光通利用系数和光的损失等因素相对固定的条件下得出平均照度的简化计算方法。根据房间的被照面积和推荐的单位面积安装功率来计算房间所需的总电光源功率。如果选用电光源后，就可算出房间的光源数量。计算公式为

$$\sum P = \omega S \qquad (13\text{-}8)$$

$$N = \frac{\sum P}{P} \qquad (13\text{-}9)$$

式中　$\sum P$——总安装功率，不包括镇流器的功率损耗，单位为 W；

S——房间面积，一般指建筑面积，单位为 m^2；

ω——在某最低照度值时单位面积的安装容量，见表 13-10；

P——一套灯具的安装容量，不包括镇流器的功率损耗，单位为 W/套；

N——在规定的照度下所需的灯具数，单位为套。

若房间内的照度标准为推荐的平均照度时，则应由式（13-10）来确定 $\sum P$

$$\sum P = \frac{\omega S}{K_{\min}} \qquad (13\text{-}10)$$

[例13-2] 某办公室的建筑面积为 4.1m×5.6m，采用 YG1-1 简式荧光灯照明。办公桌高 0.8m，灯具吊高 3m，试计算需要安装灯具的数量。

解： 采用单位容量法计算。

根据题意 $h = (3-0.8)\text{m} = 2.2\text{m}$，$S = 4.1 \times 5.6\text{m}^2 = 22.96\text{m}^2$，假定办公室的平均照度为 150lx，由表 13-10 查得单位面积安装功率为 $\omega = 10.9\text{W/m}^2$（带罩的）。

$$\sum P = \omega S = 10.9 \times 22.96\text{W} = 250.3\text{W}$$

表 13-10　日光色荧光灯均匀照明近似单位容量值　　　　　（单位：W/m²）

计算高度 h/m	E/lx S/m²	30W,40W 带罩					30W,40W 不带罩				
		30	50	70	100	150	30	50	75	100	150
2~3	10~15	2.5	4.2	6.2	8.3	12.5	2.8	4.7	7.1	9.5	14.3
	15~25	2.1	3.6	5.4	7.2	10.9	2.5	4.2	6.3	8.3	12.5
	25~50	1.8	3.1	4.8	6.4	9.5	2.1	3.5	5.4	7.2	10.9
	50~150	1.7	2.8	4.3	5.7	8.6	1.9	3.1	4.7	6.3	9.5
	150~300	1.6	2.6	3.9	5.2	7.8	1.7	2.9	4.3	5.7	8.6
	>300	1.5	2.4	3.2	4.9	7.3	1.6	2.8	4.2	5.6	8.4
3~4	10~15	3.7	6.2	9.3	12.3	18.5	4.3	7.1	10.6	14.2	21.2
	15~20	3.0	5.0	7.5	10.0	15.0	3.4	5.7	8.6	11.5	17.1
	20~30	2.5	4.2	6.2	8.3	12.5	2.8	4.7	7.1	9.5	14.3
	30~50	2.1	3.6	5.4	7.2	10.9	2.5	4.2	6.3	8.3	12.5
	50~120	1.8	3.1	4.8	6.4	9.5	2.1	3.5	5.4	7.2	10.9
	120~300	1.7	2.8	4.3	5.7	8.6	1.9	3.1	4.7	6.3	9.5
	>300	1.6	2.7	3.9	5.3	7.8	1.7	2.9	4.3	5.7	8.6
4~6	10~17	5.5	9.2	13.4	18.3	27.5	6.3	10.5	15.7	20.9	31.4
	17~25	4.0	6.7	9.9	13.3	19.9	4.6	7.6	11.4	15.2	22.9
	25~35	3.3	5.5	8.2	11.0	16.5	3.8	6.4	9.5	12.7	19.0
	35~50	2.6	4.5	6.6	8.8	13.3	3.1	5.1	7.6	10.1	15.2
	50~80	2.3	3.9	5.7	7.7	11.5	2.6	4.4	6.6	8.8	13.3
	80~150	2.0	3.4	5.1	6.9	10.1	2.3	3.9	5.7	7.7	11.5
	150~400	1.8	3.0	4.4	6.0	9.0	2.0	3.4	5.1	6.9	10.1
	>400	1.6	2.7	4.0	5.4	8.0	1.8	3.0	4.5	6.0	9.0

如果每套灯具安装 30W 荧光灯一只，即 $P = 30\text{W}$，则

$$N = \frac{\sum P}{P} = \frac{250.3}{2 \times 22}\text{套} \approx 5.7\text{套}$$

当安装 2×22W 荧光灯六套时，实际单位面积安装功率为

$$\omega_{\text{实际}} = \frac{6 \times 2 \times 22}{22.96}\text{W/m}^2 \approx 11.5\text{W/m}^2 > 11\text{W/m}^2$$

根据 GB 50034—2013《建筑照明设计标准》规定，普通办公室现行功率密度值 LPD≤ 9.0W/m²，而本例实际功率密度值 LPD 为 11.5W/m²，违反了规定。

由此可见，采用单位容量法进行计算时，选取灯具的安装功率偏大。现在灯具的光通量都很大，适当降低灯具的安装功率能满足照度要求。同时单位面积功率又不会超过规范规定的现行功率密度值。

也可选取安装 2×22W 荧光灯三套，采用利用系数法进行验算，满足普通办公室的照明标准 300lx，且不会超过规定的现行功率密度值。

由上例可见，当需要确定灯具数量时，采用单位容量法比较简单。

13.5.3　灯具的安装

照明灯具的安装包括照明配电箱、照明开关、插座和照明灯具的安装。

（1）照明配电箱　照明配电箱有标准型和非标准型两种。标准配电箱可根据工程设计要求直接向生产厂家购买。照明配电箱型号种类繁多，常根据设计要求和配电箱生产样本选择合理、规范的照明配电箱。非标准配电箱可根据需要自行定制。照明配电箱通常有悬挂式明装和嵌入式暗装两种。若照明配电箱为暗装，暗装位置应尽量避开建筑物的柱子、剪力墙等主要承重部位。土建专业也应事先预留暗装配电箱孔洞位置。照明配电箱的安装高度应符合施工图要求。若无特殊要求时，一般配电箱的底边距地面为 1.5m，安装垂直偏差应不大于 3mm，并且配电箱上应注明用电回路等。

（2）照明开关　照明开关按其安装方式可分为明装开关和暗装开关两种。

照明开关按其开关操作方式可分为拉线开关、跷板开关、床头开关等。

照明开关按其控制方式有单控开关、双控开关等。

照明开关的安装位置应便于安全、灵活操作。拉线开关一般为距地 1.8m 明装。跷板开关安装边缘距门框的距离一般为 0.15~0.2m，开关距地面的高度为 1.3m。跷板开关为暗装开关时，应与开关盒配套安装。开关芯与盖板连成一体，首先应预埋好开关盒，将导线接到接线柱上，将盖板用螺钉准确、牢靠地固定在开关盒上。跷板上部顶端有压制条纹或红色标志的应朝上安装。当跷板或面板上无任何标志时，应装成跷板下部按下时，开关处在合闸位置；跷板上部按下时，开关处在断开位置。

通常为了装饰美观，安装在同一建筑物（构筑物）内的开关宜采用同一系列产品，开关通断位置应一致，且操作灵活、可靠。并列安装的相同型号开关距地面高度应一致。

（3）插座　插座为各种移动电器的电源接线口，像台灯、电视机、电风扇、电冰箱等电器多使用插座。插座的安装高度应保证用户安全、方便使用。

（4）照明灯具　照明灯具的安装方式根据建筑的需要选择。常用的安装方式有吸顶安装、嵌入安装、悬挂安装、嵌墙安装等。见表 13-11 灯具的安装方式和标注代号。

表 13-11　灯具的安装方式和标注代号

安装方式	旧	新	安装方式	旧	新	安装方式	旧	新
自在器线吊式	X	CP 或 SW	管吊式	G	DS 或 P	墙壁内安装	BR	WR 或 WP
固定线吊式	X_1	CP_1	壁装式	B	W	台上安装	T	T
防水线吊式	X_2	CP_2	吸顶或直附式	D	C	支架上安装	J	SP 或 S
吊线器式	X_3	CP_3	嵌入式	R	R	柱上安装	Z	CL
链吊式	L	Ch 或 CS	顶棚内安装	DR	CR	座装	ZH	HM

灯具的安装方式不同，对土建等专业的要求也不同。见图 13-6 灯具部分安装方式。无论哪种灯具的安装都必须符合相应的施工规范和安装规范要求。

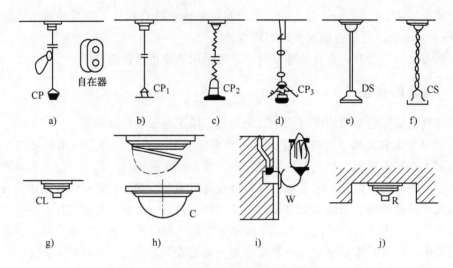

图 13-6 灯具部分安装方式示意图

a）自在器线吊式 b）固定线吊式 c）防水线吊式 d）吊线器式 e）管吊式 f）链吊式

g）柱上安装 h）吸顶或直附式 i）壁装式 j）嵌入式

13.6 照明线路的控制

照明线路控制也叫照明回路控制，主要是对照明回路实现目标控制。

有效的控制方式是实现舒适照明的重要手段，也是节能的有效措施。目前我们常用的控制方式有跷板开关控制方式、断路器控制方式、定时控制方式、光电感应开关控制方式、智能控制器控制方式和 BAS 控制方式等。

（1）跷板开关控制方式 以跷板开关控制一套或几套灯具的控制方式，是最常用的一种控制方式，在一房间不同的出入口均需设置开关。这种控制方式接线简单，投资经济，是家庭、办公室等最常用的一种控制方式。

（2）断路器控制方式 以断路器控制一组灯具的控制方式，控制简单、投资小、线路简单。但由于控制的灯具较多，造成大量灯具同时开关，在节能方面效果很差，很难满足特定环境下的照明要求。

（3）定时控制方式 定时控制灯具的控制方式，是利用 BAS 的接口，通过控制中心来实现的，如图 13-7 所示为一天的作息时间。定时控制方式太机械，遇到天气变化或临时更改作息时间，就比较难以适应，一定要改变设定值才能实现，这样就显得很麻烦。现在的计算机定时开关采用计算机控制，智能化程度高、走时精确、操作简单、工作可靠、安装方便，适用于各种电器的自动开关，广泛用于鸡舍光照、路灯、LED 灯、霓虹灯、广告灯等的照明。

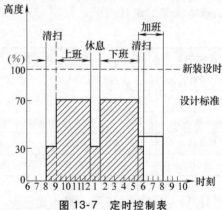

图 13-7 定时控制表

（4）光电感应开关控制方式 以光电感应开关设定的照度来控制灯具的控制方式，光电感应开关通过测定工作面的照度与设定值比较来控制照明开关，这样可以最大限度地利用自然光，而达到节能的目的，也可提供一个较不受季节与外部气候影响的相对稳定的视觉环境。一般来讲，越靠近窗，自然光照度越高，从而人工照明提供的照度就低，但合成照度应维持在设计照度值。如图 13-8 为设计照度为 500lx 的光电感应控制。当日光照明可达 2000lx 时，人工照明可减少到 100lx，合成照度在 500lx 以上。光电感应开关的控制器内部设有回差控制及输出记忆延时电路，能保证在阴雨天及有短暂光线干扰的环境下正常工作，在控制器面板上设有测光调整旋

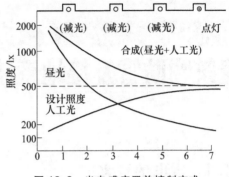

图 13-8　光电感应开关控制方式

钮，以满足用户在不同场合的需要。现在的光电开关大都采用模块化设计，体积小、造型美观、工作可靠、安装方便、自身功耗低、控制功率大，并具有防雨设计，是现在一种用途广泛的自动光控节能开关，多用于路灯、广告灯箱、节日彩灯等需要光线控制的场所。

（5）智能控制器控制方式　利用照明智能化控制可以根据环境变化、客观要求、用户预定需求等条件而自动采集照明系统中的各种信息，并对所采集的信息进行相应的逻辑分析、推理、判断，并对分析结果按要求的形式存储、显示、传输，进行相应的工作状态信息反馈控制，以达到预期的控制效果。

智能化照明控制系统具有以下特点：

1）系统集成性。智能化照明控制系统是集计算机技术、计算机网络通信技术、自动控制技术、微电子技术、数据库技术和系统集成技术于一体的现代控制系统。

2）智能化。智能化照明控制系统具有信息采集、传输、逻辑分析、智能分析、推理及反馈控制等智能特征的控制系统。

3）网络化。传统的照明控制系统大都是独立的、本地的、局部的系统，不需要利用专门的网络进行连接，而智能照明控制系统可以是大范围的控制系统，需要包括硬件技术和软件技术的计算机网络通信技术支持，以进行必要的控制信息交换和通信。

4）使用方便。由于各种控制信息可以以图形化的形式显示，所以控制方便、显示直观，并可以利用编程的方法灵活改变照明效果。

目前，智能化照明控制在体育馆、城市路灯、高速公路、市政照明工程、楼宇、公共场所、大型广告灯牌等大型建筑和公共场所都得到应用。

思　考　题

1. 光的最基本物理量有哪些？
2. 通常照明有哪些分类方式？各有什么？
3. 通常灯具有哪些类型的分类方法？
4. 常用的电光源有哪些？它们是怎么分类的？
5. 建筑物内布置灯具时考虑哪些因素？
6. 室内照明照度计算一般采用哪些具体方法？
7. 照明线路有哪几种控制方式？

第14章
建筑物防雷及接地系统

14.1 雷电的危害

在电力系统中，雷电是主要的自然灾害之一。它可能造成建筑物和设备损坏、停电、火灾、爆炸，也可能危及人身安全。

1）雷电放电产生高温引起厂房着火，设备损坏。带电云对地面物体发生放电时，雷电流可达几十千安，甚至更大。即使这种过电流的持续时间非常短暂，也能在通道上产生大量的热，温度最高可达几万摄氏度。若该强烈的弧光与易燃易爆物质相接触，必然引起燃烧、爆炸或造成火灾。如果厂房的屋顶是可燃的，雷击时就可能引起火灾。

2）雷电放电产生强烈机械效应造成厂房或设备损坏。当雷电流通过木材内部纤维缝隙或砖结构中的缝隙时，会产生很高的温度，使附近空气剧烈膨胀，水分及其他物质迅速分解为气体，因而呈现极大的机械力。再加上静电排斥力的作用，将对地面结构造成严重的劈裂，甚至使木柱变成碎屑。当雷击在无接闪杆的砖制烟囱上时，破坏力尤为严重。

3）雷电放电时，静电和电磁感应对厂房和设备造成破坏。在雷云对地放电的先导阶段，虽然它不一定落在建筑物上，但由于在先导路径中布满与雷云同性的电荷，当其距离建筑物比较近时，就会在建筑物的某一部分，如铁屋顶上感应出异性电荷，并使其电位发生变化，这就有向其他金属物放电的可能性。因为静电感应产生的电压可以击穿数十厘米的空气间隙，对于装有易燃易爆物质的仓库无疑是很危险的。此外，由于电磁感应的作用，建筑物的金属物体之间也可能产生火花放电。

当室外发生直击雷时，在雷击地点附近的送、配电线路，由于雷电放电使其周围区域电场急剧变化，对其附近线路产生静电和电磁感应，在线路上引起感应过电压。在雷云间放电时，也会造成感应过电压，其幅值可达 300~400kV。所以对设备的绝缘，尤其是对低压线路非常危险。在引入室内的电力线或电灯配线上，可能产生很高的电位，造成绝缘击穿，损坏设备或造成工作人员触电伤亡。

4）雷电放电造成附近人员伤亡。当雷击接闪杆时，由于雷电流向四周发散，若有人在附近地面走动，可能由于跨步电压的作用而造成伤亡。当雷击大树或高大建筑物时，在下面或附近的人员也可能被击死。

14.2 建筑物的防雷分类

建筑物应根据建筑物的重要性、使用性质、发生雷电事故的可能性和后果，根据

GB 50057—2010《建筑物防雷设计规范》，可以分成三类，见表14-1。

表14-1 建筑物的防雷分类

类别	建 筑 物 种 类
一类防雷建筑物	1. 凡制造、使用或贮存火炸药及其制品的危险建筑物,因电火花而引起爆炸、爆轰,会造成巨大破坏和人身伤亡者 2. 具有 0 区或 20 区爆炸危险场所的建筑物 3. 具有 1 区或 21 区爆炸危险场所的建筑物,因电火花而引起爆炸,会造成巨大破坏和人身伤亡者
二类防雷建筑物	1. 国家级重点文物保护的建筑物 2. 国家级的会堂、办公建筑物、大型展览和博览建筑物、大型火车站和飞机场(飞机场不含停放飞机的露天场所和跑道)、国宾馆,国家级档案馆、大型城市的重要给水水泵房等特别重要的建筑物 3. 国家级计算中心、国际通信枢纽等对国民经济有重要意义的建筑物 4. 国家特级和甲级大型体育馆 5. 制造、使用或贮存火炸药及其制品的危险建筑物,且电火花不易引起爆炸或不致造成巨大破坏和人身伤亡者 6. 具有 1 区或 21 区爆炸危险场所的建筑物,且电火花不易引起爆炸或不致造成巨大破坏和人身伤亡者 7. 具有 2 区或 22 区爆炸危险场所的建筑物 8. 有爆炸危险的露天钢质封闭气罐 9. 预计雷击次数大于 0.05 次/a 的部、省级办公建筑物和其他重要或人员密集的公共建筑物以及火灾危险场所 10. 预计雷击次数大于 0.25 次/a 的住宅、办公楼等一般性民用建筑物或一般性工业建筑物
三类防雷建筑物	1. 省级重点文物保护的建筑物或省级档案馆 2. 预计雷击次数大于或等于 0.01 次/a,且小于或等于 0.05 次/a 的部、省级办公建筑物和其他重要或人员密集的公共建筑物,以及火灾危险场所 3. 预计雷击次数大于或等于 0.05 次/a,且小于或等于 0.25 次/a 的住宅、办公楼等一般性民用建筑物或一般性工业建筑物 4. 在平均雷暴日大于 15d/a 的地区,高度在 15m 及以上的烟囱、水塔等孤立的高耸建筑物;在平均雷暴日小于或等于 15d/a 的地区,高度在 20m 及以上的烟囱、水塔等孤立的高耸建筑物

注：根据 JGJ 16—2008《民用建筑电气设计规范》，高度超过 100m 或 35 层以上的住宅建筑和年预计雷击次数大于 0.25 次/a 住宅建筑,应按第二类防雷建筑物采取相应的防雷措施。应按第三类防雷建筑物采取相应的防雷措施的防雷建筑物还有：省级大型计算中心和装有重要电子设备的建筑物；高度为 50~100m 或 19~34 层的住宅建筑；建筑群中最高的建筑物或位于建筑群边缘高度超过 20m 的建筑物；通过调查确认当地遭受过雷击灾害的类似建筑物；历史上雷害事故严重地区或雷害事故较多地区的较重要建筑物；根据雷击后对工业生产的影响及产生的后果,并结合当地气象、地形、地质及周围环境等因素,确定需要防雷的 21 区、22 区、23 区火灾危险环境。

民用建筑无第一类防雷建筑物，民用建筑应划分为第二类防雷建筑物和第三类防雷建筑物。

14.3 建筑物的防雷措施

1. 基本规定

各类防雷建筑物应设防直击雷的外部防雷装置，并应采取防闪电电涌侵入的措施。

第一类防雷建筑物和表 14-1 中第二类防雷建筑物的 5~7 款所规定的第二类防雷建筑物，还应采取防闪电感应的措施。

各类防雷建筑物应设内部防雷装置，并应符合下列规定：

1) 在建筑物的地下室或地面层处，以下物体应与防雷装置做防雷等电位联结：

① 建筑物金属体。

② 金属装置。

③ 建筑物内系统。

④ 进出建筑物的金属管线。

2) 除 1) 采取的措施外，外部防雷装置与建筑物金属体、金属装置、建筑物内系统之间，还应满足间隔距离的要求。

表 14-1 中第二类防雷建筑物的 2~4 款所规定的第二类防雷建筑物还应采取防雷击电磁脉冲的措施。其他各类防雷建筑物，当其建筑物内系统所接设备的重要性高，以及所处雷击磁场环境和加于设备的闪电电涌无法满足要求时，也应采取防雷击电磁脉冲的措施。

3) 建筑物防雷不应采用装有放射性物质的接闪器。

4) 新建建筑物防雷应根据建筑及结构形式与相关专业配合，宜利用建筑物金属结构及钢筋混凝土结构中的钢筋等导体做防雷装置。

5) 年平均雷暴日数应根据当地气象台（站）的资料确定。

2. 第一类防雷建筑物的防雷措施

第一类防雷建筑物的防雷措施见表 14-2。

表 14-2　第一类防雷建筑物的防雷措施

项目	技术规定与要求
防直击雷	外部防雷装置完全与被保护的建筑物脱离者称为独立的外部防雷装置，其接闪器称为独立接闪器 1. 为了使被保护的建筑物及风帽、放散管等突出屋面的物体均处于接闪器的保护范围，应装设独立接闪杆或架空接闪线或网。架空接闪网的网格尺寸不应大于 5m×5m 或 6m×4m 2. 从安全的角度考虑，排放爆炸危险气体、蒸汽或粉尘的放散管、呼吸阀、排风管等的管口外的以下空间应处于接闪器的保护范围内： (1) 当有管帽时应按表 14-3 的规定确定 (2) 当无管帽时，应为管口上方半径 5 m 的半球体 (3) 接闪器与雷闪的接触点应设在第 1) 项或第 2) 项所规定的空间之外 3. 为了保证安全，排放爆炸危险气体、蒸汽或粉尘的放散管、呼吸阀、排风管等，当其排放物达不到爆炸浓度、长期点火燃烧、一排放就点火燃烧，以及发生事故时排放物才达到爆炸浓度的通风管、安全阀，接闪器的保护范围可仅保护到管帽，无管帽时可仅保护到管口 4. 独立接闪杆的杆塔、架空接闪线的端部和架空接闪网的每根支柱处应至少设一根引下线。对用金属制成或有焊接、绑扎连接钢筋网的杆塔、支柱，宜利用金属杆塔或钢筋网作为引下线 5. 为防止雷击电流流过防雷装置时所产生的高电位对被保护的建筑物或与其有联系的金属物发生反击，独立接闪杆和架空接闪线或网的支柱及其接地装置和被保护建筑物及与其有联系的管道、电缆等金属物之间保持一定的间隔距离(图 14-1)，应按下列公式计算，但不得小于 3m (1) 地上部分 $$\text{当 } h_x < 5R_i \text{ 时}, S_{a1} \geq 0.4(R_i + 0.1h_x) \qquad (14\text{-}1)$$ $$\text{当 } h_x \geq 5R_i \text{ 时}, S_{a1} \geq 0.1(R_i + h_x) \qquad (14\text{-}2)$$ (2) 地下部分 $$S_{e1} \geq 0.4R_i \qquad (14\text{-}3)$$

（续）

项目	技术规定与要求
防直击雷	式中　S_{a1}——空气中的间隔距离,单位为 m; 　　　　S_{e1}——地中的间隔距离,单位为 m; 　　　　R_i——独立接闪杆、架空接闪线或网支柱处接地装置的冲击接地电阻,单位为 Ω; 　　　　h_x——被保护建筑物或计算点的高度,单位为 m。 　6. 架空接闪线至屋面和各种突出屋面的风帽、放散管等物体的间隔距离(图 14-1),应按下列公式计算,但不应小于 3m 　（1）当 $\left(h+\dfrac{l}{2}\right)<5R_i$ 时 $$S_{a2}\geqslant 0.2R_i+0.03\left(h+\dfrac{l}{2}\right)\qquad(14\text{-}4)$$ 　（2）当 $\left(h+\dfrac{l}{2}\right)\geqslant 5R_i$ 时 $$S_{a2}\geqslant 0.05R_i+0.06\left(h+\dfrac{l}{2}\right)\qquad(14\text{-}5)$$ 　式中　S_{a2}——接闪线至被保护物在空气中的间隔距离,单位为 m; 　　　　h——接闪线的支柱高度,单位为 m; 　　　　l——接闪线的水平长度,单位为 m。 　7. 架空接闪网至屋面和各种突出屋面的风帽、放散管等物体的间隔距离,应按下列公式计算,但不应小于 3m 　（1）当 $(h+l_1)<5R_i$ 时 $$S_{a2}\geqslant\dfrac{1}{n}\left[0.4R_i+0.06(h+l_1)\right]\qquad(14\text{-}6)$$ 　（2）当 $(h+l_1)\geqslant 5R_i$ 时 $$S_{a2}\geqslant\dfrac{1}{n}\left[0.1R_i+0.12(h+l_1)\right]\qquad(14\text{-}7)$$ 　式中　S_{a2}——接闪网至被保护物在空气中的间隔距离,单位为 m; 　　　　l_1——从接闪网中间最低点沿导体至最近支柱的距离,单位为 m; 　　　　n——从接闪网中间最低点沿导体至最近不同支柱并有同一距离 l_1 的个数。 　8. 独立接闪杆、架空接闪线或架空接闪网应设独立的接地装置,每一引下线的冲击接地电阻不宜大于 10Ω。在土壤电阻率高的地区,可适当增大冲击接地电阻,但在 3000Ω·m 以下的地区,冲击接地电阻不应大于 30Ω 　9. 当树木邻近建筑物且不在接闪器保护范围之内时,树木与建筑物间的净距不应小于 5m
防闪电感应	1. 建筑物内的设备、管道、构架、电缆金属外皮、钢屋架、钢窗等较大金属物和突出屋面的放散管、风管等金属物,均应接到防闪电感应的接地装置上 　金属屋面周边每隔 18~24m 应采用引下线接地一次 　现场浇灌的或用预制构件组成的钢筋混凝土屋面,其钢筋网的交叉点应绑扎或焊接,并应每隔 18~24m 采用引下线接地一次 　2. 平行敷设的管道、构架和电缆金属外皮等长金属物,其净距小于 100mm 时,应采用金属线跨接,跨接点的间距不应大于 30m;交叉净距小于 100mm 时,其交叉处也应跨接 　当长金属物的弯头、阀门、法兰盘等连接处的过渡电阻大于 0.03Ω 时,连接处应用金属线跨接。对有不少于 5 根螺栓连接的法兰盘,在非腐蚀环境下,可不跨接 　3. 防雷电感应的接地装置应与电气和电子系统的接地装置共用,其工频接地电阻不宜大于 10Ω。防闪电感应的接地装置与独立接闪杆、架空接闪线或架空接闪网的接地装置的间隔距离,应符合本表防直击雷第 5 条的规定 　当屋内设有等电位连接的接地干线时,其与防闪电感应接地装置的连接不应少于 2 处

（续）

项目	技术规定与要求
防闪电电涌侵入	1. 室外低压配电线路应全线采用电缆直接埋地敷设,在入户处应将电缆的金属外皮、钢管接到等电位连接带或防闪电感应的接地装置上 2. 当全线采用电缆有困难时,不得将架空线路直接引入屋内,应采用钢筋混凝土杆和铁横担的架空线,并应使用一段金属铠装电缆或护套电缆穿钢管直接埋地引入。架空线与建筑物的距离不应小于15m 　在电缆与架空线连接处,尚应装设户外型电涌保护器。电涌保护器、电缆金属外皮、钢管和绝缘子铁脚、金具等应连在一起接地,其冲击接地电阻不宜大于30Ω。所装设的电涌保护器应选用 I 级试验产品,其电压保护水平应小于或等于 2.5kV,其每一保护模式应选冲击电流等于或大于 10 kA;若无户外型电涌保护器,应选用户内型电涌保护器,其使用温度应满足安装处的环境温度,并应安装在防护等级 IP54 的箱内 　当TT系统电涌保护器安装在进户处剩余电流保护器的电源侧时,接在中性线和 PE 间电涌保护器的冲击电流,当为三相系统时不应小于 40kA,当为单相系统时不应小于 20kA 3. 当架空线转换成一段金属铠装电缆或护套电缆穿钢管直接埋地引入时,其埋地长度可按下式计算 $$l \geqslant 2\sqrt{\rho} \tag{14-8}$$ 式中　l——电缆铠装或穿电缆的钢管埋地直接与土壤接触的长度,单位为 m; 　　　ρ——埋电缆处的土壤电阻率,单位为 Ω·m。 4. 在入户处的总配电箱内是否装设电涌保护器应按防雷击电磁脉冲的规定确定。当需要安装电涌保护器时,电涌保护器的最大持续运行电压值和接线形式应按 GB 50057—2010《建筑物防雷设计规范》中附录 J 的规定确定;连接电涌保护器的导体截面应按表 14-16 的规定取值 5. 电子系统的室外金属导体线路宜全线采用有屏蔽层的电缆埋地或架空敷设,其两端的屏蔽层、加强钢线、钢管等应等电位连接到入户处的终端箱体上,在终端箱体内是否装设电涌保护器应按防雷击电磁脉冲的规定确定 6. 当通信线路采用钢筋混凝土杆的架空线时,应使用一段护套电缆穿钢管直接埋地引入,其埋地长度应按式(14-8)计算,且不应小于15m。在电缆与架空线连接处,尚应装设户外型电涌保护器。电涌保护器、电缆金属外皮、钢管和绝缘子铁脚、金具等应连在一起接地,其冲击接地电阻不宜大于30Ω。所装设的电涌保护器应选用 D1 类高能量试验的产品,其电压保护水平和最大持续运行电压值应按 GB 50057—2010《建筑物防雷设计规范》中附录 J 的规定确定,连接电涌保护器的导体截面应按表 14-16 的规定取值,每台电涌保护器的短路电流应等于或大于 2kA;若无户外型电涌保护器,可选用户内型电涌保护器,但其使用温度应满足安装处的环境温度,并应安装在防护等级 IP54 的箱内。在入户处的终端箱体内是否装设电涌保护器应按防雷击电磁脉冲的规定确定 7. 架空金属管道,在进出建筑物处,应与防闪电感应的接地装置相连。距离建筑物100m内的管道,应每隔25m接地一次,其冲击接地电阻不应大于30Ω,并应利用金属支架或钢筋混凝土支架的焊接、绑扎钢筋网作为引下线,其钢筋混凝土基础宜作为接地装置 　埋地或地沟内的金属管道,在进出建筑物处应等电位连接到等电位连接带或防闪电感应的接地装置上
特殊情况下防直击雷	当难以装设独立的外部防雷装置时,可将接闪杆或网格不大于 5m×5m 或 6m×4m 的接闪网或由其混合组成的接闪器直接装在建筑物上,接闪网应按表 14-18 的规定沿屋角、屋脊、屋檐和檐角等易受雷击的部位敷设;当建筑物高度超过 30m 时,首先应沿屋顶周边敷设接闪带,接闪带设在外墙外表面或屋檐边垂直面上,也可设在外墙外表面或屋檐垂直面外,并应符合下列规定: 1. 接闪器之间应互相连接 2. 引下线不应少于两根,并应沿建筑物四周和内庭院四周均匀或对称布置,其间距沿周长计算不宜大于 12m 3. 排放爆炸危险气体、蒸汽或粉尘的管道应符合本表防直击雷第 2、3 条的规定 4. 建筑物应装设等电位连接环,环间垂直距离不应大于 12m,所有引下线、建筑物的金属结构和金属设备均应连到环上,以减小其间的电位差,避免发生火花放电。等电位连接环可利用电气设备的等电位连接干线环路 5. 外部防雷的接地装置应围绕建筑物敷设成环形接地体,每根引下线的冲击接地电阻不应大于 10Ω,并应与电气和电子系统等接地装置及所有进入建筑物的金属管道相连,此接地装置可兼作防雷电感应接地之用 6. 当每根引下线的冲击接地电阻大于 10Ω 时,外部防雷的环形接地体宜按以下方法敷设:

（续）

项目	技术规定与要求
特殊情况下防直击雷	（1）当土壤电阻率小于或等于 $500\Omega\cdot m$ 时，对环形接地体所包围面积的等效圆半径小于 5m 的情况，每一引下线处应补加水平接地体或垂直接地体 （2）当第（1）项补加水平接地体时，其最小长度应按下式计算 $$l_r = 5 - \sqrt{\frac{A}{\pi}} \qquad (14\text{-}9)$$ 式中 $\sqrt{\dfrac{A}{\pi}}$——环形接地体所包围面积的等效圆半径，单位为 m； 　　　l_r——补加水平接地体的最小长度，单位为 m； 　　　A——环形接地体所包围的面积，单位为 m^2。 （3）当第（1）项补加垂直接地体时，其最小长度应按下式计算 $$l_v = \frac{5 - \sqrt{\dfrac{A}{\pi}}}{2} \qquad (14\text{-}10)$$ 式中 l_v——补加垂直接地体的最小长度，单位为 m。 （4）当土壤电阻率大于 $500\Omega\cdot m$、小于或等于 $3000\Omega\cdot m$，且对环形接地体所包围面积的等效圆半径符合下式的计算值时，每一引下线处应补加水平接地体或垂直接地体 $$\sqrt{\frac{A}{\pi}} \leqslant \frac{11\rho - 3600}{380} \qquad (14\text{-}11)$$ （5）当第（4）项补加水平接地体时，其最小总长度应按下式计算 $$l_r = \left(\frac{11\rho - 3600}{380}\right) - \sqrt{\frac{A}{\pi}} \qquad (14\text{-}12)$$ （6）当第（4）项补加垂直接地体时，其最小总长度应按下式计算 $$l_v = \frac{\left(\dfrac{11\rho - 3600}{380}\right) - \sqrt{\dfrac{A}{\pi}}}{2} \qquad (14\text{-}13)$$ 注：按本方法敷设接地体以及环形接地体所包围的面积的等效圆半径等于或大于所规定的值时，每根引下线的冲击接地电阻可不作规定。共用接地装置的接地电阻按 50Hz 电气装置的接地电阻确定，应为不大于按人身安全所确定的接地电阻值。 7. 当建筑物高于 30m 时，还应采取下列防侧击的措施： （1）应从 30m 起每隔不大于 6m 沿建筑物四周设水平接闪带并与引下线相连 （2）30m 及以上外墙上的栏杆、门窗等较大的金属物应与防雷装置连接 8. 在电源引入的总配电箱处应装设 I 级试验的电涌保护器。电涌保护器的电压保护水平值应小于或等于 2.5kV。每一保护模式的冲击电流值，当无法确定时，冲击电流应取等于或大于 12.5kA 9. 电源总配电箱处所装设的电涌保护器，其每一保护模式的冲击电流值，当电源线路无屏蔽层时宜按式（14-14）计算，当有屏蔽层时宜按式（14-15）计算 $$I_{imp} = \frac{0.5I}{nm} \qquad (14\text{-}14)$$ $$I_{imp} = \frac{0.5IR_s}{n(mR_s + R_c)} \qquad (14\text{-}15)$$ 式中 I——雷电流，取 200kA； 　　　n——地下和架空引入的外来金属管道和线路的总数； 　　　m——每一线路内导体芯线的总根数； 　　　R_s——屏蔽层每公里的电阻，单位为 Ω/km； 　　　R_c——芯线每公里的电阻，单位为 Ω/km。 10. 电源总配电箱处所设的电涌保护器，其连接的导体截面、最大持续运行电压值和接线形式应按 GB 50057—2010《建筑物防雷设计规范》中附录 J 的规定取值

（续）

项目	技术规定与要求
特殊情况下防直击雷	注:当 TT 系统电涌保护器安装在进户处剩余电流保护器的电源侧时,接在中性线和 PE 线间电涌保护器的冲击电流,当为三相系统时不应小于本表特殊情况下防直击雷第 9 项规定值的 4 倍,当为单相系统时不应小于 2 倍。 11. 当电子系统的室外线路采用金属线时,在其引入的终端箱处应安装 D1 类高能量试验类型的电涌保护器,其短路电流当无屏蔽层时,宜按式(14-14)计算,当有屏蔽层时宜按式(14-15)计算;当无法确定时应选用 2kA。选取电涌保护器的其他参数应符合 GB 50057—2010《建筑物防雷设计规范》中附录 J 的规定,连接电涌保护器的导体截面应按表 14-16 的规定取值。 12. 当电子系统的室外线路采用光缆时,在其引入的终端箱处的电气线路侧,当无金属线路引出本建筑物至其他有自己接地装置的设备时,可安装 B2 类慢上升率试验类型的电涌保护器,其短路电流应按 GB 50057—2010《建筑物防雷设计规范》中附录 J 的规定确定,宜选用 100A 13. 输送火灾爆炸危险物质的埋地金属管道,当其从室外进入户内处设有绝缘段时,应在绝缘段处跨接符合下列要求的电压开关型电涌保护器或隔离放电间隙: （1）选用 I 级试验的密封型电涌保护器 （2）电涌保护器能承受的冲击电流按式(14-14)计算,取 $m=1$ （3）电涌保护器的电压保护水平应小于绝缘段的耐冲击电压水平,无法确定时,应取其等于或大于 1.5kV 和等于或小于 2.5kV （4）输送火灾爆炸危险物质的埋地金属管道在进入建筑物处的防雷等电位连接,应在绝缘段之后管道进入室内处进行,可将电涌保护器的上端头接到等电位连接带 14. 具有阴极保护的埋地金属管道,在其从室外进入户内处宜设绝缘段,应在绝缘段处跨接符合下列要求的电压开关型电涌保护器或隔离放电间隙 （1）选用 I 级试验的密封型电涌保护器 （2）电涌保护器能承受的冲击电流按式(14-14)计算,取 $m=1$ （3）电涌保护器的电压保护水平应小于绝缘段的耐冲击电压水平,并应大于阴极保护电源的最大端电压 （4）具有阴极保护的埋地金属管道在进入建筑物处的防雷等电位连接,应在绝缘段之后管道进入室内处进行,可将电涌保护器的上端头接到等电位连接带

表 14-3 有管帽的管口外处于接闪器保护范围内的空间

装置内的压力与周围空气压力的压力差/kPa	排放物对比于空气	管帽以上的垂直距离/m	距管口处的水平距离/m
<5	重于空气	1	2
5~25	重于空气	2.5	5
≤25	轻于空气	2.5	5
>25	重或轻于空气	5	5

注:相对密度小于或等于 0.75 的爆炸性气体规定为轻于空气的气体;相对密度大于 0.75 的爆炸性气体规定为重于空气的气体。

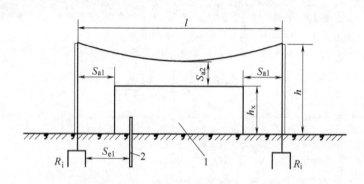

图 14-1 防雷装置至被保护物的间隔距离

1—被保护建筑物　2—金属管道

3. 第二类防雷建筑物的防雷措施（见表 14-4）。

表 14-4 第二类防雷建筑物的防雷措施

项目	技术规定与要求
防直击雷	1. 第二类防雷建筑物外部防雷的措施,宜采用装设在建筑物上的接闪网、接闪带或接闪杆,也可采用由接闪网、接闪带或接闪杆混合组成的接闪器。接闪网、接闪带应按表 14-18 的规定沿屋角、屋脊、屋檐和檐角等易受雷击的部位敷设,并应在整个屋面组成不大于 10m×10m 或 12m×8m 的网格;当建筑物高度超过 45m 时,首先应沿屋顶周边敷设接闪带,接闪带应设在外墙外表面或屋檐边垂直面上,也可设在外墙外表面或屋檐边垂直面外。为了提高可靠性和安全度,便于雷电流的流散以及减小流经引下线的雷电流,多根接闪器之间应互相连接 2. 突出屋面的放散管、风管、烟囱等物体,应按下列方式保护: （1）排放爆炸危险气体、蒸汽或粉尘的放散管、呼吸阀、排风管等管道应符合表 14-2 中防直击雷第 2 条的规定 （2）排放无爆炸危险气体、蒸汽或粉尘的放散管、烟囱,1 区、21 区、2 区和 22 区爆炸危险场所的自然通风管,0 区和 20 区爆炸危险场所的装有阻火器的放散管、呼吸阀、排风管,以及表 14-2 中防直击雷第 3 条所规定的管、阀及煤气和天然气放散管等,其防雷保护应符合下列规定: ①金属物体可不装接闪器,但应和屋面防雷装置相连 ②除符合表 14-8 中其他设施防雷的第 3/4 条的规定情况外,在屋面接闪器保护范围之外的非金属物体应装接闪器,并和屋面防雷装置相连 3. 专设引下线不应少于 2 根,并应沿建筑物四周和内庭院四周均匀对称布置,其间距沿周长计算不宜大于 18m。当建筑物的跨度较大,无法在跨距中间设引下线时,应在跨距两端设引下线并减小其他引下线的间距,专设（专门敷设,区别于利用建筑物的金属体）引下线的平均间距不应大于 18m 4. 外部防雷装置的接地应和防雷电感应、内部防雷装置、电气和电子系统等接地共用接地装置,并应与引入的金属管线做等电位连接。外部防雷装置的专设接地装置宜围绕建筑物敷设成环形接地体 5. 利用建筑物的钢筋作为防雷装置时应符合下列规定: （1）建筑物宜利用钢筋混凝土屋顶、梁、柱、基础内的钢筋作为引下线。表 14-1 中第二类防雷建筑物中第 2、3、4、9、10 条的建筑物,当其女儿墙以内的屋顶钢筋网以上的防水和混凝土层允许不保护时,宜利用屋顶钢筋网作为接闪器（利用屋顶钢筋做接闪器,其前提是允许屋顶遭受雷击时混凝土会有一些碎片脱离以及一小块防水、保温层遭破坏）;表 14-1 中第二类防雷建筑物中第 2、3、4、9、10 条的建筑物为多层建筑,且周围很少有人停留时,宜利用女儿墙压顶板内或檐口内的钢筋作为接闪器 （2）当基础采用硅酸盐水泥和周围土壤的含水量不低于 4% 及基础的外表面无防腐层或有沥青质防腐层时,宜利用基础内的钢筋作为接地装置。当基础的外表面有其他类的防腐层且无桩基可利用时,宜在基础防腐层下面的混凝土垫层内敷设人工环形基础接地体 （3）敷设在混凝土中作为防雷装置的钢筋或圆钢,当仅为一根时,其直径不应小于 10mm。被利用作为防雷装置的混凝土构件内有箍筋连接的钢筋时,其截面积总和不应小于一根直径 10mm 钢筋的截面积 （4）利用基础内钢筋网作为接地体时,在周围地面以下距地面不应小于 0.5m,每根引下线所连接的钢筋表面积总和应按下式计算 $$S \geqslant 4.24 k_c^2 \qquad (14-16)$$ 式中 S——钢筋表面积总和,单位为 m^2; $\quad k_c$——分流系数,其值按 GB 50057—2010《建筑物防雷设计规范》中附录 E 的规定取值。 （5）当在建筑物周边的无钢筋的闭合条形混凝土基础内敷设人工基础接地体时,接地体的规格尺寸应按表 14-5 的规定确定 （6）构件内有箍筋连接的钢筋或成网状的钢筋,其箍筋与钢筋、钢筋与钢筋应采用土建施工的绑扎法、螺栓、对焊或搭焊连接。单根钢筋、圆钢或外引预埋连接板、线与构件内钢筋的连接应焊接或采用螺栓紧固的卡夹器连接。构件之间必须连接成电气通路 6. 共用接地装置的接地电阻应按 50Hz 电气装置的接地电阻确定,不应大于按人身安全所确定的接地电阻值。在土壤电阻率小于或等于 3000Ω·m 时,外部防雷装置的接地体应符合下列规定之一以及环形接地体所包围面积的等效圆半径等于或大于所规定的值时,可不计及冲击接地电阻;但当每根专设引下线的冲击接地电阻不大于 10Ω 时,可不按下列（1）、（2）敷设接地体:

（续）

项目	技术规定与要求
防直击雷	（1）当土壤电阻率 ρ 小于或等于 $800\Omega\cdot m$ 时,对环形接地体所包围面积的等效圆半径小于 $5m$ 的情况,每一引下线处应补加水平接地体或垂直接地体。当补加水平接地体时,其最小长度应按式(14-9)计算;当补加垂直接地体时,其最小长度应按式(14-10)计算 （2）当土壤电阻率大于 $800\Omega\cdot m$,小于或等于 $3000\Omega\cdot m$,且对环形接地体所包围的面积的等效圆半径小于按下式的计算值时,每一引下线处应补加水平接地体或垂直接地体 $$\sqrt{\frac{A}{\pi}} < \frac{\rho-550}{50} \qquad (14\text{-}17)$$ （3）当第（2）项补加水平接地体时，其最小总长度应按下式计算 $$l_r = \frac{\rho-550}{50} - \sqrt{\frac{A}{\pi}} \qquad (14\text{-}18)$$ （4）当第（2）项补加垂直接地体时，其最小总长度应按下式计算 $$l_v = \frac{\dfrac{\rho-550}{50} - \sqrt{\dfrac{A}{\pi}}}{2} \qquad (14\text{-}19)$$ （5）在符合本表防直击雷第5条规定的条件下,利用槽形、板形或条形基础的钢筋作为接地体或在基础下面混凝土垫层内敷设人工环形基础接地体,当槽形、板形基础钢筋网在水平面的投影面积或成环的条形基础钢筋或人工环形基础接地体所包围的面积符合下列规定时,可不补加接地体: ①当土壤电阻率小于或等于 $800\Omega\cdot m$ 时，所包围的面积应大于或等于 $79m^2$ ②当土壤电阻率大于 $800\Omega\cdot m$ 且小于等于 $3000\Omega\cdot m$ 时，所包围的面积应大于或等于按下式的计算值 $$A \geq \pi\left(\frac{\rho-550}{50}\right)^2 \qquad (14\text{-}20)$$ （6）在符合本表防直击雷第5条规定的条件下，对 $6m$ 柱距或大多数柱距为 $6m$ 的单层工业建筑物,当利用柱子基础的钢筋作为外部防雷装置的接地体并同时符合下列规定时,可不另加接地体: ①利用全部或绝大多数柱子基础的钢筋作为接地体 ②柱子基础的钢筋网通过钢柱,钢屋架,钢筋混凝土柱子、屋架、屋面板、吊车梁等构件的钢筋或防雷装置互相连成整体 ③在周围地面以下距地面不小于 $0.5m$,每一柱子基础内所连接的钢筋表面积总和大于或等于 $0.82m^2$ 7. 高度超过 $45m$ 的建筑物，除屋顶的外部防雷装置应符合本表中防直击雷第1条的规定外，尚应符合下列规定: （1）对水平突出外墙的物体，当滚球半径 $45m$ 球体从屋顶周边接闪带外向地面垂直下降接触到突出外墙的物体时，应采取相应的防雷措施 （2）高于 $60m$ 的建筑物，其上部占高度 20% 且超过 $60m$ 的部位应防侧击，防侧击应符合下列规定: ①在建筑物上部占高度 20% 并超过 $60m$ 的部位，各表面上的尖物、墙角、边缘、设备以及显著突出的物体，应按屋顶的保护措施考虑 ②在建筑物上部占高度 20% 并超过 $60m$ 的部位，布置接闪器应符合对本类防雷建筑物的要求，接闪器应重点布置在墙角、边缘和显著突出的物体上 ③外部金属物，当其最小尺寸符合 14.4 节中"接闪器"第（6）条第③款的规定时，可利用其作为接闪器，还可利用布置在建筑物垂直边缘处的外部引下线作为接闪器 ④符合本表中防直击雷第5条规定的钢筋混凝土内钢筋和建筑物金属框架，当作为引下线或与引下线连接时，均可利用其作为接闪器 （3）外墙内、外竖直敷设的金属管道及金属物的顶端和底端，应与防雷装置等电位连接 8. 有爆炸危险的露天钢质封闭气罐，在其高度小于或等于 $60m$,罐顶壁厚不小于 $4mm$ 时，或其高度大于 $60m$ 的条件下罐顶壁厚和侧壁壁厚均不小于 $4mm$ 时，可不装设接闪器，但应接地，且接地点不应少于 2 处，两接地点间距离不宜大于 $30m$ ，每处接地点的冲击接地电阻不应大于 30Ω 。当防雷的接地装置符合本表中防直击雷第6条的规定时，可不计及其接地电阻值，但本表中防直击雷第6条规定的 10Ω 可改为 30Ω 。放散管和呼吸阀的保护应符合本表中防直击雷第2条规定

（续）

项目	技术规定与要求
防闪电感应	1. 表14-1中第二类防雷建筑物的第5~7条所规定的建筑物，其防闪电感应的措施应符合下列规定： （1）建筑物内的设备、管道、构架等主要金属物(不含混凝土构件内的钢筋)，应就近接到防雷装置或共用接地装置上 （2）除表14-1中第二类防雷建筑物的第7条所规定的建筑物外，平行敷设的管道、构架和电缆金属外皮等长金属物应符合表14-2中防闪电感应的第2条的规定，但长金属物连接处可不跨接 （3）建筑物内防闪电感应的接地干线与接地装置的连接，不应少于2处 2. 防止雷电流经引下线和接地装置时产生的高电位对附近金属物或电气和电子系统线路的反击，应符合下列要求： （1）在金属框架的建筑物中，或在钢筋连接在一起、电气贯通的钢筋混凝土框架的建筑物中，金属物或线路与引下线的间隔距离可无要求；在其他情况下，金属物或线路与引下线的间隔距离应按下式计算： $$S_{a3} \geqslant 0.06 k_c l_x \qquad (14-21)$$ 式中 S_{a3}——空气中的间隔距离，单位为m； l_x——引下线计算点到连接点的长度，单位为m，连接点即金属物或电气和电子系统线路与防雷装置之间直接或通过电涌保护器相连之点。 （2）当金属物或线路与引下线之间有自然或人工接地的钢筋混凝土构件、金属板、金属网等静电屏蔽物隔开时，金属物或线路与引下线的间隔距离可无要求 （3）当金属物或线路与引下线之间有混凝土墙、砖墙隔开时，其击穿强度应为空气击穿强度的1/2。当间隔距离不能满足第（1）项的规定时，金属物应与引下线直接相连，带电线路应通过电涌保护器与引下线相连 （4）在电气接地装置与防雷接地装置共用或相连的情况下，应在低压电源线路引入的总配电箱、配电柜处装设Ⅰ级试验的电涌保护器。电涌保护器的电压保护水平值应小于或等于2.5kV。每一保护模式的冲击电流值，当无法确定时应取等于或大于12.5kA （5）当Yyn0型或Dyn11型接线的配电变压器设在本建筑物内或附设于外墙处时，应在变压器高压侧装设避雷器；在低压侧的配电屏上，当有线路引出本建筑物至其他有独自敷设接地装置的配电装置时，应在母线上装设Ⅰ级试验的电涌保护器，电涌保护器每一保护模式的冲击电流值，当无法确定时冲击电流应取等于或大于12.5kA；当无线路引出本建筑物时，应在母线上装设Ⅱ级试验的电涌保护器，电涌保护器每一保护模式的标称放电电流值应等于或大于5kA。电涌保护器的电压保护水平值应小于或等于2.5kV （6）低压电源线路引入的总配电箱、配电柜处装设Ⅰ级实验的电涌保护器，以及配电变压器设在本建筑物内或附设于外墙处，并在低压侧配电屏的母线上装设Ⅰ级实验的电涌保护器时，电涌保护器每一保护模式的冲击电流值，当电源线路无屏蔽层时可按式（14-14）计算，当有屏蔽层时可按式（14-15）计算，式中的雷电流应取150kA （7）在电子系统的室外线路采用金属线时，其引入的终端箱处应安装D1类高能量试验类型的电涌保护器，其短路电流当无屏蔽层时，可按式（14-14）计算，当有屏蔽层时可按式（14-15）计算，式中的雷电流应取150kA；当无法确定时应选用1.5kA （8）在电子系统的室外线路采用光缆时，其引入的终端箱处的电气线路侧，当无金属线路引出本建筑物至其他有自己接地装置的设备时，可安装B2类慢上升率试验类型的电涌保护器，其短路电流宜选用75A （9）输送火灾爆炸危险物质和具有阴极保护的埋地金属管道，当其从室外进入户内处设有绝缘段时应符合表14-2中特殊情况下防直击雷第13、14条的规定，当按式（14-14）计算时，式中的雷电流应取150kA

表14-5 第二类防雷建筑物环形人工基础接地体的最小规格尺寸

闭合条形基础的周长/m	扁钢 $\dfrac{宽}{mm} \times \dfrac{长}{mm}$	圆钢，根数×(直径/mm)
≥60	4×25	2×φ10
40~60	4×50	4×φ10 或 3×φ12
<40	钢材表面积总和≥4.24m²	

注：1. 当长度相同、截面相同时，宜选用扁钢。

2. 采用多根圆钢时，其敷设净距不小于直径的2倍。

3. 利用闭合条形基础内的钢筋作接地体时可按本表校验，除主筋外，可计入箍筋的表面积。

4. 第三类防雷建筑物的防雷措施

第三类防雷建筑物的防雷措施见表14-6。

表14-6 第三类防雷建筑物的防雷措施

项目	技术规定与要求
防直击雷	1. 第三类防雷建筑物外部防雷的措施宜采用装设在建筑物上的接闪网、接闪带或接闪杆,也可采用由接闪网、接闪带或接闪杆混合组成的接闪器。接闪网、接闪带应按表14-18的规定沿屋角、屋脊、屋檐和檐角等易受雷击的部位敷设,并应在整个屋面组成不大于20m×20m或24m×16m的网格;当建筑物高度超过60m时,首先应沿屋顶周边敷设接闪带,接闪带应设在外墙外表面或屋檐边垂直面上,也可设在外墙外表面或屋檐边垂直面外。接闪器之间应互相连接 2. 突出屋面的物体的保护措施应符合表14-4中防直击雷第2条的规定 3. 专设引下线不应少于2根,并应沿建筑物四周和内庭院四周均匀对称布置,其间距沿周长计算不宜大于25m。当建筑物的跨度较大,无法在跨距中间设引下线时,应在跨距两端设引下线并减小其他引下线的间距,专设引下线的平均间距不应大于25m 4. 防雷装置的接地应与电气和电子系统等接地共用接地装置,并应与引入的金属管线做等电位连接。外部防雷装置的专设接地装置宜围绕建筑物敷设成环形接地体 5. 建筑物宜利用钢筋混凝土屋面、梁、柱、基础内的钢筋作为引下线和接地装置,当其女儿墙以内的屋顶钢筋网以上的防水和混凝土层允许不保护时,宜利用屋顶钢筋网作为接闪器,以及当建筑物为多层建筑,其女儿墙压顶板内或檐口内有钢筋且周围除保安人员巡逻外通常无人停留时,宜利用女儿墙压顶板内或檐口内的钢筋作为接闪器,并应符合表14-4中防直击雷第5条第2、3、6款的规定,同时应符合下列规定: (1) 利用基础内钢筋网作为接地体时,在周围地面以下距地面不小于0.5m深,每根引下线所连接的钢筋表面积总和应按下式计算: $$S \geqslant 1.89k_c^2 \qquad (14-22)$$ 式中 S——钢筋表面积总和,单位为m^2; k_c——分流系数,其值按GB 50057—2010《建筑物防雷设计规范》附录E的规定取值。 (2) 当在建筑物周边的无钢筋的闭合条形混凝土基础内敷设人工基础接地体时,接地体的规格尺寸应按表14-7的规定确定 6. 共用接地装置的接地电阻应按50Hz电气装置的接地电阻确定,不应大于按人身安全所确定的接地电阻值。在土壤电阻率小于或等于3000Ω·m时,外部防雷装置的接地体当符合下列规定之一以及环形接地体所包围面积的等效圆半径等于或大于所规定的值时可不计及冲击接地电阻;当每根专设引下线的冲击接地电阻不大于30Ω,但对表14-1中第三类防雷建筑物第2条所规定的建筑物则不大于10Ω时,可不按表14-1中第三类防雷建筑物第1条敷设接地体: (1) 对环形接地体所包围面积的等效圆半径小于5m时,每一引下线处应补加水平接地体或垂直接地体。当补加水平接地体时,其最小长度应按式(14-9)计算;当补加垂直接地体时,其最小长度应按式(14-10)计算 (2) 在符合本表防直击雷第5条规定的条件下,利用槽形、板形或条形基础的钢筋作为接地体或在基础下面混凝土垫层内敷设人工环形基础接地体,当槽形、板形基础钢筋网在水平面上的投影面积或成环的条形基础钢筋或人工环形基础接地体所包围的面积大于或等于79m^2时,可不补加接地体 (3) 在符合本表防直击雷第5条规定的条件下,对6m柱距或大多数柱距为6m的单层工业建筑物,当利用柱子基础的钢筋作为外部防雷装置的接地体并同时符合下列规定时,可不另加接地体 ①利用全部或绝大多数柱子基础的钢筋作为接地体 ②柱子基础的钢筋网通过钢柱,钢屋架,钢筋混凝土柱子、屋架、屋面板、吊车梁等构件的钢筋或防雷装置互相连成整体 ③在周围地面以下距地面不小于0.5m深,每一柱子基础内所连接的钢筋表面积总和大于或等于0.37m^2
防高电位反击	防止雷电流流经引下线和接地装置时产生的高电位对附近金属物或电气和电子系统线路的反击,应符合下列规定: 1. 应符合表14-4中防闪电感应第2条第1~5款的规定,并应按下式计算

（续）

项目	技术规定与要求
防高电位反击	$$S_{a3} \geqslant 0.04 k_c l_x \qquad (14-23)$$ 式中　S_{a3}——空气中的间隔距离，单位为 m； 　　　k_c——分流系数，其值按 GB 50057—2010《建筑物防雷设计规范》附录 E 的规定取值； 　　　l_x——引下线计算点到连接点的长度，单位为 m，连接点即金属物或电气和电子系统线路与防雷装置之间直接或通过电涌保护器相连之点。 2. 低压电源线路引入的总配电箱、配电柜处装设 I 级实验的电涌保护器，以及配电变压器设在本建筑物内或附设于外墙处，并在低压侧配电屏的母线上装设 I 级实验的电涌保护器时，电涌保护器每一保护模式的冲击电流值，当电源线路无屏蔽层时可按式（14-14）计算，当有屏蔽层时可按式（14-15）计算，式中的雷电流应取 100kA 3. 在电子系统的室外线路采用金属线时，在其引入的终端箱处应安装 D1 类高能量试验类型的电涌保护器，其短路电流当无屏蔽层时，可按式（14-14）计算，当有屏蔽层时可按式（14-15）计算，式中的雷电流应取 100kA；当无法确定时应选用 1.0kA 4. 在电子系统的室外线路采用光缆时，其引入的终端箱处的电气线路侧，当无金属线路引出本建筑物至其他有自己接地装置的设备时，可安装 B2 类慢上升率试验类型的电涌保护器，其短路电流宜选用 50A 5. 输送火灾爆炸危险物质和具有阴极保护的埋地金属管道，当其从室外进入户内处设有绝缘段时，应符合于表 14-2 中特殊情况下防直击雷第 13、14 条的规定，当按式（14-14）计算时，雷电流应取 100kA
防侧击雷	高度超过 60m 的建筑物，除屋顶的外部防雷装置应符合本表防直击雷第 1 条的规定外，尚应符合下列规定： 1. 对水平突出外墙的物体，当滚球半径 60m 球体从屋顶周边接闪带外向地面垂直下降接触到突出外墙的物体时，应采取相应的防雷措施 2. 高于 60m 的建筑物，其上部占高度 20% 并超过 60m 的部位应防侧击，防侧击应符合下列要求 （1）在建筑物上部占高度 20% 并超过 60m 的部位，各表面上的尖物、墙角、边缘、设备以及显著突出的物体，应按屋顶的保护措施考虑 （2）在建筑物上部占高度 20% 并超过 60m 的部位，布置接闪器应符合对本类防雷建筑物的要求，接闪器应重点布置在墙角、边缘和显著突出的物体上 （3）外部金属物，当其最小尺寸符合 14.4 节中"接闪器"第 6）条第③款的规定时，可利用其作为接闪器，还可利用布置在建筑物垂直边缘处的外部引下线作为接闪器 （4）符合本表防直击雷第 5 条规定的钢筋混凝土内钢筋和符合 14.4 节中"引下线"第 5）条规定的建筑物金属框架，当其作为引下线或与引下线连接时均可作为接闪器 3. 外墙内、外竖直敷设的金属管道及金属物的顶端和底端，应与防雷装置等电位连接
烟囱防雷	1. 砖烟囱、钢筋混凝土烟囱，宜在烟囱上装设接闪杆或接闪环保护。多支接闪杆应连接在闭合环上 2. 当非金属烟囱无法采用单支或双支接闪杆保护时，应在烟囱口装设环形接闪带，并应对称布置三支高出烟囱口不低于 0.5m 的接闪杆 3. 钢筋混凝土烟囱的钢筋应在其顶部和底部与引下线和贯通连接的金属爬梯相连。当符合本表防直击雷第 5 条的规定时，宜利用钢筋作为引下线和接地装置，可不另设专用引下线 4. 高度不超过 40m 的烟囱，可只设一根引下线，超过 40m 时应设两根引下线。可利用螺栓或焊接连接的一座金属爬梯作为两根引下线用 5. 金属烟囱应作为接闪器和引下线

表 14-7　第三类防雷建筑物环形人工基础接地体的最小规格尺寸

闭合条形基础的周长/m	扁钢/$\dfrac{宽}{mm} \times \dfrac{长}{mm}$	圆钢，根数 ×(直径/mm)
≥60	—	$1 \times \phi 10$
40~60	4×20	$2 \times \phi 8$
<40	钢材表面积总和 ≥1.89m²	

注：1. 当长度相同、截面相同时，宜选用扁钢。
　　2. 采用多根圆钢时，其敷设净距不小于直径的 2 倍。
　　3. 利用闭合条形基础内的钢筋作接地体时可按本表校验，除主筋外，可计入箍筋的表面积。

5. 其他防雷措施

其他防雷措施见表14-8。

表 14-8　其他防雷措施

项目	技术规定与要求
兼有不同类别防雷的建筑物	1. 当一座防雷建筑物中兼有第一、二、三类防雷建筑物时,其防雷分类和防雷措施宜符合下列规定: (1) 当第一类防雷建筑物部分的面积占建筑物总面积的30%及以上时,该建筑物宜确定为第一类防雷建筑物 (2) 当第一类防雷建筑物部分的面积占建筑物总面积的30%以下,且第二类防雷建筑物部分的面积占建筑物总面积的30%及以上时,或当这两部分防雷建筑物的面积均小于建筑物总面积的30%,但其面积之和又大于30%时,该建筑物宜确定为第二类防雷建筑物。但对第一类防雷建筑物部分的防雷电感应和防闪电电涌侵入,应采取第一类防雷建筑物的保护措施 (3) 当第一、二类防雷建筑物部分的面积之和小于建筑物总面积的30%,且不可能遭直击雷击时,该建筑物可确定为第三类防雷建筑物;但对第一、二类防雷建筑物部分的防雷电感应和防闪电电涌侵入,应采取各自类别的保护措施;当可能遭直击雷击时,宜按各自类别采取防雷措施 2. 当一座建筑物中仅有一部分为第一、二、三类防雷建筑物时,其防雷措施宜符合下列规定: (1) 当防雷建筑物部分可能遭直击雷击时,宜按各自类别采取防雷措施 (2) 当防雷建筑物部分不可能遭直击雷击时,可不采取防直击雷措施,可仅按各自类别采取防闪电感应和防闪电电涌侵入的措施 (3) 当防雷建筑物部分的面积占建筑物总面积的50%以上时,该建筑物宜按本表兼有不同类别防雷的建筑物第1条的规定采取防雷措施 3. 当采用接闪器保护建筑物、封闭气罐时,其外表面外的2区爆炸危险场所可不在滚球法确定的保护范围内
其他设施防雷	1. 固定在建筑物上的节日彩灯、航空障碍信号灯及其他用电设备和线路应根据建筑物的防雷类别采取相应的防止闪电电涌侵入的措施,并应符合下列规定: (1) 无金属外壳或保护网罩的用电设备应处在接闪器的保护范围内 (2) 从配电箱引出的配电线路应穿钢管。钢管的一端应与配电箱和PE线相连;另一端应与用电设备外壳、保护罩相连,并应就近与屋顶防雷装置相连。当钢管因连接设备而中间断开时应设跨接线 (3) 在配电箱内应在开关的电源侧装设Ⅱ级试验的电涌保护器,其电压保护水平不应大于2.5kV,标称放电电流值应根据具体情况确定 2. 粮、棉及易燃物大量集中的露天堆场,当其年预计雷击次数大于或等于0.05时,应采用独立接闪杆或架空接闪线防直击雷。独立接闪杆和架空接闪线保护范围的滚球半径可取100m 在计算雷击次数时,建筑物的高度可按可能堆放的高度计算,其长度和宽度可按可能堆放面积的长度和宽度计算 3. 对第二类和第三类防雷建筑物,应符合下列规定: (1) 没有得到接闪器保护的屋顶孤立金属物的尺寸没有超过以下数值时,可不要求附加的保护措施: ①高出屋顶平面不超过0.3m ②上层表面总面积不超过1.0m^2 ③上层表面的长度不超过2.0m (2) 不处在接闪器保护范围内的非导电性屋顶物体,当它没有突出由接闪器形成的平面0.5m以上时,可不要求附加增设接闪器的保护措施 4. 在独立接闪杆、架空接闪线、架空接闪网的支柱上,严禁悬挂电话线、广播线、电视接收天线及低压架空线等
防接触电压和跨步电压	在建筑物引下线附近保护人身安全需采取的防接触电压和跨步电压的措施,应符合下列规定: 1. 防接触电压应符合下列规定之一: (1) 利用建筑物金属构架和建筑物互相连接的钢筋在电气上是贯通且不少于10根柱子组成的自然引下线,作为自然引下线的柱子包括位于建筑物四周和建筑物内的 (2) 引下线3m范围内地表层的电阻率不小于50kΩ·m,或敷设5cm厚沥青层或15cm厚砾石层 (3) 外露引下线,其距地面2.7m以下的导体用耐1.2/50μs冲击电压100kV的绝缘层隔离,或用至少3mm厚的交联聚乙烯层隔离

（续）

项目	技术规定与要求
防接触电压和跨步电压	（4）用护栏、警告牌使接触引下线的可能性降至最低限度 2. 防跨步电压应符合下列规定之一： （1）利用建筑物金属构架和建筑物互相连接的钢筋在电气上是贯通且不少于10根柱子组成的自然引下线，作为自然引下线的柱子包括位于建筑物四周和建筑物内的 （2）引下线3m范围内土壤地表层的电阻率不小于50kΩ·m，或敷设5cm厚沥青层或15cm厚砾石层 （3）用网状接地装置对地面做均衡电位处理 （4）用护栏、警告牌使进入距引下线3m范围内地面的可能性降低到最低限度

14.4 防雷装置

1. 接闪器

1）专门敷设的接闪器应由下列的一种或多种组成：

① 独立接闪杆。

② 架空接闪线或架空接闪网。

③ 直接装设在建筑物上的接闪杆、接闪带或接闪网。

2）接闪器的材料、结构和最小截面应符合表 14-9 的规定。

表 14-9 接闪线（带）、接闪杆和引下线的材料、结构和最小截面

材料	结构	最小截面/mm²	备注①
铜，镀锡铜①	单根扁铜	50	厚度 2mm
	单根圆铜⑦	50	直径 8mm
	铜绞线	50	每股线直径 1.7mm
	单根圆铜③、④	176	直径 15mm
铝	单根扁铝	70	厚度 3mm
	单根圆铝	50	直径 8mm
	铝绞线	50	每股线直径 1.7mm
铝合金	单根扁形导体	50	厚度 2.5mm
	单根圆形导体	50	直径 8mm
	绞线	50	每股线直径 1.7mm
	单根圆形导体③	176	直径 15mm
	外表面镀铜的单根圆形导体	50	直径 8mm，径向镀铜厚度至少 70μm，铜纯度 99.9%
热浸镀锌钢②	单根扁钢	50	厚度 2.5mm
	单根圆钢⑨	50	直径 8mm
	绞线	50	每股线直径 1.7mm
	单根圆钢③、④	176	直径 15mm
不锈钢⑤	单根扁钢⑥	50⑧	厚度 2mm
	单根圆钢⑥	50⑧	直径 8mm

（续）

材料	结构	最小截面/mm²	备注⑩
不锈钢⑤	绞线	70	每股线直径1.7mm
	单根圆钢③、④	176	直径15mm
外表面镀铜的钢	单根圆钢（直径8mm）	50	镀铜厚度至少70μm，铜纯度99.9%
	单根扁钢（厚2.5mm）		

① 热浸或电镀锡的锡层最小厚度为1μm。
② 镀锌层宜光滑连贯、无焊剂斑点，镀锌层圆钢至少22.7g/m²、扁钢至少32.4g/m²。
③ 仅应用于接闪杆。当应用于机械应力没达到临界值之处，可采用直径10mm、最长1m的接闪杆，并增加固定。
④ 仅应用于入地之处。
⑤ 不锈钢中，铬的含量等于或大于16%（质量分数），镍的含量等于或大于8%（质量分数），碳的含量等于或小于0.08%（质量分数）。
⑥ 对埋于混凝土中以及与可燃材料直接接触的不锈钢，其最小尺寸宜增大至直径10mm的78mm²（单根圆钢）和最小厚度3mm的75mm²（单根扁钢）。
⑦ 在机械强度没有重要要求之处，50mm²（直径8mm）可减至28mm²（直径6mm），并应减小固定支架的间距。
⑧ 当温升和机械受力是重点考虑之处，50mm²加大至75mm²。
⑨ 避免在单位能量10MJ/Ω下熔化的最小截面，铜为16mm²、铝为25mm²、钢为50mm²、不锈钢为50mm²。
⑩ 截面积允许误差为-3%。

3）接闪杆宜采用热镀锌圆钢或钢管制成，其直径应符合表14-10的规定。

表14-10　接闪杆的直径

材料规格 针长、部位	圆钢直径/mm	钢管直径/mm
1m以下	≥12	≥20
1~2m	≥16	≥25
烟囱顶上	≥20	≥40

4）接闪杆的接闪端宜做成半球状，其最小弯曲半径宜为4.8mm，最大宜为12.7mm。

5）接闪网和接闪带宜采用圆钢或扁钢，其尺寸应符合表14-11的规定。

表14-11　接闪网、接闪带及烟囱顶上的接闪环规格

材料规格 类别	圆钢直径/mm	扁钢截面/mm²	扁管厚度/mm
接闪网、接闪带	≥8	≥49	≥4
烟囱上的接闪环	≥12	≥100	≥4

6）对于利用钢板、铜板、铝板等做屋面的建筑物，当符合下列要求时，宜利用其屋面作为接闪器：

① 金属板之间具有持久的贯通连接，可采用铜锌合金焊、熔焊、卷边压接、缝接、螺钉或螺栓连接。

② 当金属板需要防雷击穿孔时，钢板厚度不应小于4mm，铜板厚度不应小于5mm，铝板厚度不应小于7mm。

③ 当金属板不需要防雷击穿孔和金属板下面无易燃物品时，铅板厚度不应小于2mm，不锈钢、热镀锌钢、钛和铜板厚度不应小于0.5mm，铝板厚度不应小于0.65mm，锌板厚度

不应小于 0.7mm。

④ 金属板应无绝缘被覆层。

7）除第一类防雷建筑物和表 14-4 中防直击雷第 2 条第 1 款的规定外，屋顶上永久性金属物宜作为接闪器，但其各部件之间均应连成电气贯通，并应符合下列规定：

① 旗杆、栏杆、装饰物、女儿墙上的盖板等，其截面应符合表 14-9 的规定，其壁厚应符合第 6）条的规定。

② 输送和储存物体的钢管和钢罐的壁厚不应小于 2.5mm；当钢管、钢罐一旦被雷击穿，其内的介质对周围环境造成危险时，其壁厚不应小于 4mm。

③ 利用屋顶建筑构件内钢筋做接闪器应符合表 14-4 中防直击雷第 5 条和表 14-6 中防直击雷第 5 条的规定。

8）架空接闪线和接闪网宜采用截面不小于 50mm² 热镀锌钢绞线或铜绞线。

9）明敷接闪导体固定支架的间距不宜大于表 14-12 的规定。固定支架的高度不宜小于 150mm。

表 14-12　明敷接闪导体和引下线固定支架的间距

布置方式	扁形导体和绞线固定支架的间距/mm	单根圆形导体固定支架的间距/mm
安装于水平面上的水平导体	500	1000
安装于垂直面上的水平导体	500	1000
安装于从地面至高 20m 垂直面上的垂直导体	1000	1000
安装在高于 20m 垂直面上的垂直导体	500	1000

10）除利用混凝土构件钢筋或在混凝土内专设钢材做接闪器外，钢质接闪器应热镀锌。在腐蚀性较强的场所，还应采取加大其截面或其他防腐措施。

11）不得利用安装在接收无线电视广播天线杆顶上的接闪器保护建筑物。

12）专门敷设的接闪器，其布置应符合表 14-13 的规定。布置接闪器时，可单独或任意组合采用接闪杆、接闪带、接闪网。

表 14-13　接闪器布置

建筑物防雷类别	滚球半径 h_r/m	接闪网网格尺寸 $\dfrac{宽}{mm} \times \dfrac{长}{mm}$
第一类防雷建筑物	30	≤5×5 或 ≤6×4
第二类防雷建筑物	45	≤10×10 或 ≤12×8
第三类防雷建筑物	60	≤20×20 或 ≤24×16

2. 引下线

1）引下线的材料、结构和最小截面应按表 14-9 的规定取值。

2）明敷引下线固定支架的间距不宜大于表 14-12 的规定。

3）引下线宜采用热镀锌圆钢或扁钢，宜优先采用圆钢。

当独立烟囱上的引下线采用圆钢时，其直径不应小于 12mm；采用扁钢时，其截面不应小于 100mm²，厚度不应小于 4mm。

利用建筑构件内钢筋作引下线应符合表 14-4 中防直击雷第 5 条和表 14-6 中防直击雷第

5 条的规定。

4）专设引下线应沿建筑物外墙外表面明敷，并经最短路径接地；建筑外观要求较高者可暗敷，但其圆钢直径不应小于 10mm，扁钢截面不应小于 80mm²。

5）建筑物的钢梁、钢柱、消防梯等金属构件以及幕墙的金属立柱宜作为引下线，但其各部件之间均应连成电气贯通，可采用铜锌合金焊、熔焊、卷边压接、缝接、螺钉或螺栓连接；其截面应按表 14-9 的规定取值；各金属构件可被覆有绝缘材料。

6）采用多根专设引下线时，应在各引下线上于距地面 0.3~1.8m 装设断接卡。

当利用混凝土内钢筋、钢柱作为自然引下线并同时采用基础接地体时，可不设断接卡，但利用钢筋作引下线时应在室内外的适当地点设若干连接板。当仅利用钢筋作引下线并采用埋于土壤中的人工接地体时，应在每根引下线上于距地面不低于 0.3m 处设接地体连接板。采用埋于土壤中的人工接地体时应设断接卡，其上端应与连接板或钢柱焊接。连接板处宜有明显标志。

7）在易受机械损伤之处，地面上 1.7m 至地面下 0.3m 的一段接地线应采用暗敷或采用镀锌角钢、改性塑料管或橡胶管等加以保护。

8）第二类防雷建筑物或第三类防雷建筑物为钢结构或钢筋混凝土建筑物时，在其钢构件或钢筋之间的连接满足 GB 50057—2010《建筑物防雷设计规范》规定并利用其作为引下线的条件下，当其垂直支柱均起到引下线的作用时，可不要求满足专设引下线的间距。

3．接地装置

1）接地体的材料、结构和最小尺寸应符合表 14-14 的规定。

表 14-14　接地体的材料、结构和最小尺寸

材料	结构	最小尺寸			备注
		垂直接地体直径/mm	水平接地体/mm²	接地板 宽×长/mm×mm	
铜、镀锡铜	铜绞线	—	50	—	每股直径 1.7mm
	单根圆铜	15	50	—	—
	单根扁铜	—	50	—	厚度 2mm
	铜管	20	—	—	壁厚 2mm
	整块铜板	—	—	500×500	厚度 2mm
	网格铜板	—	—	600×600	各网格边截面 25mm×2mm，网格网边总长度不少于 4.8m
热镀锌钢	圆钢	14	78	—	—
	钢管	20	—	—	壁厚 2mm
	扁钢	—	90	—	厚度 3mm
	钢板	—	—	500×500	厚度 3mm
	网格钢板	—	—	600×600	各网格边截面 30mm×3mm，网格网边总长度不少于 4.8m
	型钢	注 3	—	—	—
裸钢	钢绞线	—	70	—	每股直径 1.7mm
	圆钢	—	78	—	—
	扁钢	—	75	—	厚度 3mm

（续）

材料	结构	最小尺寸			备注
		垂直接地体直径/mm	水平接地体/mm²	接地板 宽/mm × 长/mm	
外表面镀铜的钢	圆钢	14	50	—	镀铜厚度至少250μm，铜纯度99.9%
	扁钢	—	90（厚3mm）	—	
不锈钢	圆形导体	15	78	—	—
	扁形导体	—	100	—	厚度2mm

注：1. 热镀锌层应光滑连贯、无焊剂斑点，镀锌层圆钢至少22.7g/m²、扁钢至少32.4g/m²。

2. 热镀锌之前螺纹应先加工好。

3. 不同截面的型钢，其截面不小于290mm²，最小厚度3mm，可采用50mm×50mm×3mm角钢。

4. 当完全埋在混凝土中时才可采用裸钢。

5. 外表面镀铜的钢，铜应与钢结合良好。

6. 不锈钢中，铬的含量等于或大于16%（质量分数），镍的含量等于或大于5%（质量分数），钼的含量等于或大于2%（质量分数），碳的含量等于或小于0.08%（质量分数）。

7. 截面积允许误差为-3%。

利用建筑构件内钢筋作接地装置应符合表14-4中防直击雷第5条和表14-6中防直击雷第5条的规定。

2）在符合表14-15规定的条件下，埋于土壤中的人工垂直接地体宜采用热镀锌角钢、钢管或圆钢；埋于土壤中的人工水平接地体宜采用热镀锌扁钢或圆钢。接地线应与水平接地体的截面相同。

3）人工钢质垂直接地体的长度宜为2.5m。其间距以及人工水平接地体的间距均宜为5m，当受地方限制时可适当减小。

4）人工接地体在土壤中的埋设深度不应小于0.5m，并宜敷设在当地冻土层以下，其距墙或基础不宜小于1m。接地体宜远离由于烧窑、烟道等高温影响使土壤电阻率升高的地方。

5）在敷设于土壤中的接地体连接到混凝土基础内起基础接地体作用的钢筋或钢材的情况下，土壤中的接地体宜采用铜质或镀铜或不锈钢导体。

6）在高土壤电阻率的场地，降低防直击雷冲击接地电阻宜采用下列方法：

① 采用多支线外引接地装置，外引长度不应大于有效长度，有效长度应符合GB 50057—2010《建筑物防雷设计规范》附录C的规定。

② 接地体埋于较深的低电阻率土壤中。

③ 换土。

④ 采用降阻剂。

7）防直击雷的专设引下线距出入口或人行道边沿不宜小于3m。

8）接地装置埋在土壤中的部分，其连接宜采用放热焊接；当采用通常的焊接方法时，应在焊接处做防腐处理。

4. 防雷装置使用的材料

1）防雷装置使用的材料及其应用条件宜符合表14-15的规定。

2）做防雷等电位连接各连接部件的最小截面，应符合表14-16的规定。连接单台或多台Ⅰ级分类试验或D1类电涌保护器的单根导体的最小截面，尚应按下式计算

表 14-15　防雷装置的材料及使用条件

材料	使用于大气中	使用于地中	使用于混凝土中	耐腐蚀情况		
				在下列环境中能耐腐蚀	在下列环境中增加腐蚀	与下列材料接触形成直流电耦合可能受到严重腐蚀
铜	单根导体,绞线	单根导体,有镀层的绞线,铜管	单根导体,有镀层的绞线	在许多环境中良好	硫化物有机材料	—
热镀锌钢	单根导体,绞线	单根导体,钢管	单根导体,绞线	敷设于大气、混凝土和无腐蚀性的一般土壤中受到的腐蚀是可接受的	高氯化物含量	铜
电镀铜钢	单根导体	单根导体	单根导体	在许多环境中良好	硫化物	—
不锈钢	单根导体,绞线	单根导体,绞线	单根导体,绞线	在许多环境中良好	高氯化物含量	—
铝	单根导体,绞线	不适合	不适合	在含有低浓度硫和氯化物的大气中良好	碱性溶液	铜
铅	有镀铅层的单根导体	禁止	不适合	在含有高浓度硫酸化合物的大气中良好	—	铜不锈钢

注：1. 敷设于黏土或潮湿土壤中的镀锌钢可能受到腐蚀。

　　2. 在沿海地区,敷设于混凝土中的镀锌钢不宜延伸进入土壤中。

　　3. 不得在地中采用铅。

$$S_{\min} \geqslant \frac{I_{\mathrm{imp}}}{8} \qquad (14\text{-}24)$$

式中　$S_{\min}$——单根导体的最小截面,单位为 mm^2；

　　　I_{imp}——流入该导体的雷电流,单位为 kA。

表 14-16　防雷装置各连接部件的最小截面

等电位连接部件		材料	截面/mm^2
等电位连接带(铜、外表面镀铜的钢或热镀锌钢)		Cu(铜)、Fe(铁)	50
从等电位连接带至接地装置或各等电位连接带之间的连接导体		Cu(铜)	16
		Al(铝)	25
		Fe(铁)	50
从屋内金属装置至等电位连接带的连接导体		Cu(铜)	6
		Al(铝)	10
		Fe(铁)	16
连接电涌保护器的导体	电气系统 I 级试验的电涌保护器	Cu(铜)	6
	II 级试验的电涌保护器		2.5
	III 级试验的电涌保护器		1.5

（续）

等电位连接部件		材料	截面/mm²
连接电涌 保护器 的导体	电子系统	D1 类电涌保护器	Cu（铜）	1.2
		其他类的电涌保护器（连接 导体的截面可小于 1.2mm²）		根据具体情况确定

14.5　建筑物防雷计算

1. 建筑物年预计雷击次数的计算

建筑物年预计雷击次数是指一年内，某建筑物单位面积内遭受雷电袭击的次数，具体数值与建筑物等效面积、当地雷暴日及建筑物地况有关。年预计雷击次数是建筑防雷必要性分析的一个指标，计算见表 14-17。

表 14-17　建筑物年预计雷击次数的计算

类别	计 算 式
年预计 雷击次数	建筑物年预计雷击次数应按下式计算 $$N = kN_gA_e \qquad (14\text{-}25)$$ 式中　N——建筑物年预计雷击次数，单位为次/a； 　　　k——校正系数，在一般情况下取 1；位于河边、湖边、山坡下或山地中土壤电阻率较小处、地下水露头处、土山顶部、山谷风口等处的建筑物，以及特别潮湿的建筑物取 1.5；金属屋面没有接地的砖木结构建筑物取 1.7；位于山顶上或旷野的孤立建筑物取 2； 　　　N_g——建筑物所处地区雷击大地的年平均密度，单位为次/（km²·a）； 　　　A_e——与建筑物截收相同雷击次数的等效面积，单位为 km²。
雷击年 平均密度	雷击大地的年平均密度，首先应按当地气象台、站资料确定；若无此资料，可按下式计算 $$N_g = 0.1T_d \qquad (14\text{-}26)$$ 式中　T_d——年平均雷暴日，根据当地气象台、站资料确定，单位为 d/a。
建筑物的 等效面积	与建筑物截收相同雷击次数的等效面积应为其实际平面积向外扩大后的面积。其计算方法应符合下列规定： 　1. 当建筑物的高度小于 100m 时，其每边的扩大宽度和等效面积应按下式计算（图 14-2） $$D = \sqrt{H(200-H)} \qquad (14\text{-}27)$$ $$A_e = [LW+2(L+W)D+\pi D^2]\times10^{-6} \qquad (14\text{-}28)$$ 式中　D——建筑物每边的扩大宽度，单位为 m； 　　L、W、H——建筑物的长、宽、高，单位为 m。 　2. 当建筑物的高度小于 100m，同时其周边在 2D 范围内有等高或比它低的其他建筑物，这些建筑物不在所考虑建筑物以 $h_r=100$m 的保护范围内时，按式（14-28）算出的 A_e 可减去（$D/2$）×（这些建筑物与所考虑建筑物边长平行以米计的长度总和）×10^{-6}（km²） 　　当四周在 2D 范围内都有等高或比它低的其他建筑物时，其等效面积可按下式计算 $$A_e = [LW+(L+W)D+0.25\pi D^2]\times10^{-6} \qquad (14\text{-}29)$$ 　3. 当建筑物的高度小于 100m，同时其周边在 2D 范围内有比它高的其他建筑物时，按式（14-28）算出的等效面积可减去 D×（这些建筑物与所考虑建筑物边长平行以米计的长度总和）×10^{-6}（km²） 　　当四周在 2D 范围内都有比它高的其他建筑物时，其等效面积可按下式计算 $$A_e = LW\times10^{-6} \qquad (14\text{-}30)$$

（续）

类别	计 算 式
建筑物的 等效面积	4. 当建筑物的高度等于或大于 100m 时,其每边的扩大宽度应按等于建筑物的高计算;建筑物的等效面积应按下式计算 $$A_e=[LW+2H(L+W)+\pi H^2]\times 10^{-6} \qquad (14-31)$$ 5. 当建筑物的高等于或大于 100m,同时其周边在 $2H$ 范围内有等高或比它低的其他建筑物,且不在所确定建筑物以滚球半径等于建筑物高（m）的保护范围内时,按式（14-31）算出的等效面积可减去 $(H/2)\times$（这些建筑物与所确定建筑物边长平行以米计的长度总和）$\times 10^{-6}$（km²） 当四周在 $2H$ 范围内都有等高或比它低的其他建筑物时,其等效面积可按下式计算 $$A_e=[LW+H(L+W)+0.25\pi H^2]\times 10^{-6} \qquad (14-32)$$ 6. 当建筑物的高等于或大于 100m,同时其周边在 $2H$ 范围内有比它高的其他建筑物时,按式（14-31）算出的等效面积可减去 $H\times$（这些建筑物与所确定建筑物边长平行以米计的长度总和）$\times 10^{-6}$（km²）。 当四周在 $2H$ 范围内都有比它高的其他建筑物时,其等效面积可按式（14-30）计算 7. 当建筑物各部位的高不同时,应沿建筑物周边逐点算出最大扩大宽度,其等效面积应按每点最大扩大宽度外端的连接线所包围的面积计算。 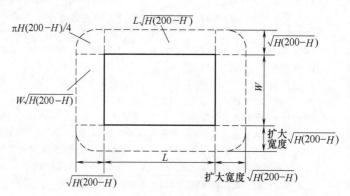 图 14-2　建筑物的等效面积 注：建筑物平面面积扩大后的等效面积如图 14-2 中周边虚线所包围的面积。

2. 建筑物易受雷击的部位

建筑物易受雷击的部位见表 14-18。

表 14-18　建筑物易受雷击的部位

序号	建筑物屋面的坡度	易受雷击部位	示意图
1	平屋面或坡度不大于 1/10 的屋面	檐角、女儿墙、屋檐	平屋顶 坡度 $\dfrac{a}{b}<\dfrac{1}{10}$

（续）

序号	建筑物屋面的坡度	易受雷击部位	示意图
2	坡度大于 1/10、小于 1/2 的屋面	屋角,屋脊、檐角、屋檐	坡度 $\dfrac{1}{10}<\dfrac{a}{b}<\dfrac{1}{2}$
3	坡度等于或大于 1/2 的屋面	屋角,屋脊、檐角	坡度 $\dfrac{a}{b}\geqslant\dfrac{1}{2}$

3. 单支接闪杆的保护范围

从雷电的危害中可以看出，无论对生产厂房、建筑物、设备或工作人员，危害最大的是直击雷。防止直击雷的最有效办法是装设接闪杆。接闪杆是将雷电吸引到自己身上来，把天空中积云的雷电流安全地导入大地，从而大大减少雷电向其附件物体放电的可能，以达到保护的作用。

单支接闪杆的保护范围按下列方法确定，如图 14-3 所示。

接闪杆在地面上的保护半径可按下式计算

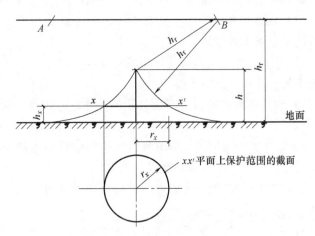

图 14-3　单支接闪杆的保护范围

h—接闪杆高度（m）　h_x—被保护物的高度（m）

h_r—滚球半径（m）　r_x—接闪杆在 h_x 水平面上的保护半径（m）

$$r_0 = \sqrt{h(2h_r-h)} \tag{14-33}$$

接闪杆在 h_x 水平面上的保护半径可按下式计算

$$r_x = \sqrt{h(2h_r-h)} - \sqrt{h_x(2h_r-h_x)} \tag{14-34}$$

当单支接闪杆不足以保护建筑物时，可装设两支、三支或四支接闪杆对被保护物构成联合保护。联合保护的保护范围及计算可参看 GB 50057—2010《建筑物防雷设计规范》附录 D。

14.6　接地系统概述

1. 基本概念

（1）地　能提供或接受大量电荷可用来作为稳定良好的基准电位或参考电位的物体，一般指大地，理论上约定为零电位。而工程上通过接地极与大地作电接触的地，其电位不一定等于零。电子设备中的电位参考点（基准点）也称为"地"，但不一定与大地相连。

（2）接地　在系统、装置或设备的给定点与（局部）地之间做电连接。

（3）接地极　为电气装置或电力系统提供至大地的低阻抗通路而埋入土壤或特定的导电介质（如混凝土或焦炭）中，与大地有电接触的可导电部分，称为接地极。

兼作接地极用的直接与大地接触的各种金属构件、金属管道、建（构）筑物和设备基础的钢筋等称为自然接地体。

（4）接地导体（接地线）　为系统、装置或设备的给定点与接地极或接地网之间提供导电通路或部分导电通路的导体。

（5）接地装置（接地极系统）　由接地极、接地导体、总接地端子或接地母线组成的系统称为接地极系统（接地装置）。一般取总接地端子或接地母线为电位参考点。

（6）接地配置（接地系统）　一个系统、装置或设备的接地所包含的全部电气连接和器件。

2. 接地的分类

根据接地的不同作用，一般分为功能性接地和保护性接地两大类。

（1）功能性接地　出于电气安全之外的以实现系统正常运行之目的，将系统、装置或设备的一点或多点接地，如：

1）系统接地。根据系统运行的需要进行的接地，如交流电力系统的中性点接地、直流系统中的电源正极或中点接地等。

2）信号电路接地。为保证信号具有稳定的基准电位而设置的接地。

（2）保护性接地　以人身和设备的安全为目的的接地，如：

1）电气装置保护接地。电气装置的外露可导电部分的接地，防止其由于绝缘损坏或爬电有可能带电时，危及人身和设备的安全。

2）雷电防护接地。为雷电防护装置向大地泄放雷电流而设的接地，用以消除或减轻雷电危及人身和损坏设备。

3）防静电接地。将静电荷导入大地的接地。如对易燃易爆管道、贮罐以及电子器件、设备为防止静电的危害而设的接地。

4）阴极保护接地。使被保护金属表面成为电化学原电池的阴极，以防止该表面被腐蚀的接地。可采用牺牲阳极法和外部电流源抵消氧化电压法。

牺牲阳极法为用镁、铝、锰或其他较活泼的金属埋设于被保护金属附近并与其搭接。但此法只能在有限范围提供保护。

对于长电缆金属外皮和金属管道，可采用对被保护金属施加相对于周围土壤为$-0.7\sim-1.2V$的直流电压提供保护。该直流电源一般通过整流获得。

（3）功能和保护兼有的接地　电磁兼容性是指为装置、设备或系统在其工作的电磁环境中能不降低性能的正常工作，且对该环境中的其他事物（包括有生命体和无生命体）不构成电磁危害或骚扰的能力。为此目的所做的接地称为电磁兼容性接地。电磁兼容性（EMC）接地，既有功能性接地（抗干扰），又有保护性接地（抗损害）的含义。

屏蔽是电磁兼容性要求的基本保护措施之一。为防止寄生电容回授或形成噪声电压需将屏蔽体接地，以便电磁屏蔽体泄放感应电荷或形成足够的反向电流以抵消干扰影响。

3. 共用接地

根据电气装置的要求，接地配置可以兼有或分别地承担防护和功能两种功能。对于防护目的的要求，始终应当予以优先考虑。

　　建筑物内通常有多种接地，如电力系统接地、电气装置保护接地、电子信息设备信号电路接地、防雷接地等。如果用于不同目的的多个接地系统分开独立接地，不但受场地的限制难以实施，而且不同的地电位会带来安全隐患，不同系统接地导体间的耦合也会引起相互干扰。因此，接地导体少、系统简单经济、便于维护、可靠性高且低阻抗的共用接地系统应运而生。

　　1）每幢建筑物本身应采用一个接地系统。

　　2）各个建、构筑物可分别设置本身的共用接地系统。每个独立接闪杆或每组接闪线是单独的一个构筑物，应有各自的接地装置。

　　3）功能上密切联系的一组邻近建、构筑物，宜设置一套共用接地系统。

　　4）在一定条件下，变电所的保护接地和低压系统接地可以共用接地装置。

14.7　低压系统的接地型式

1. 低压系统接地型式的表示方法

　　以 TN-C 系统为例，第一个字母表示电源端对地的关系，第二个字母表示电气装置的外露可导电部分对地的关系，短横线"-"后的字母（如果有）用来表示中性导体与保护导体的配置情况。以拉丁字母作为代号，其意义为：

　　T——电源端有一点直接接地；

　　I——电源端所有带电部分不接地或有一点经高阻抗接地；

　　T——电气装置的外露可导电部分直接接地，此接地点在电气上独立于电源端的接地点；

　　N——电气装置的外露可导电部分与电源端接地有直接电气连接；

　　S——中性导体和保护导体是分开的；

　　C——中性导体和保护导体是合一的。

2. 低压配电系统接地型式的分类（表 14-19）

表 14-19　低压配电系统接地型式的分类

系统接地方式	系统示意图	特点
IT 系统		电源端的带电部分不接地或有一点通过阻抗接地。电气装置的外露可导电部分直接接地 　IT 系统适用于不间断供电要求高和对接地故障电压有严格限制的场所，如应急电源装置、消防、矿井下电气装置、胸腔手术室以及有防火防爆要求的场所

（续）

系统接地方式		系统示意图	特点
	TT 系统	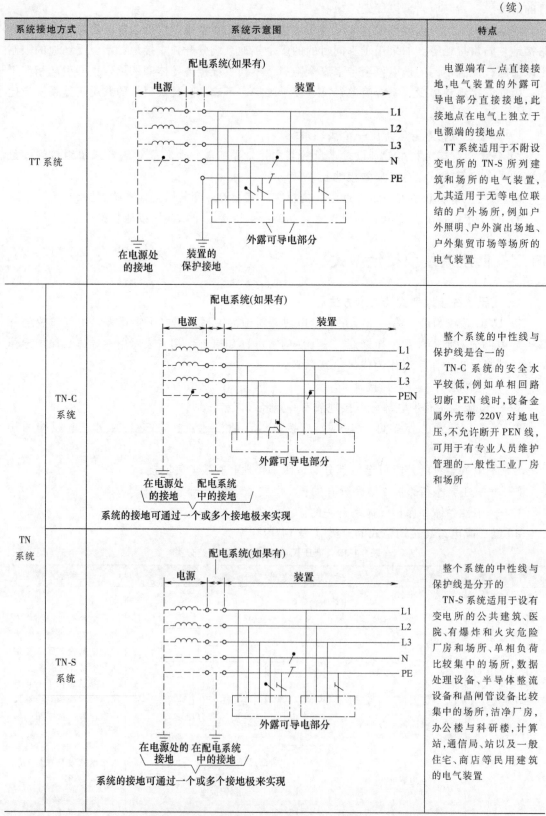	电源端有一点直接接地,电气装置的外露可导电部分直接接地,此接地点在电气上独立于电源端的接地点 　TT 系统适用于不附设变电所的 TN-S 所列建筑和场所的电气装置,尤其适用于无等电位联结的户外场所,例如户外照明、户外演出地、户外集贸市场等场所的电气装置
TN 系统	TN-C 系统		整个系统的中性线与保护线是合一的 　TN-C 系统的安全水平较低,例如单相回路切断 PEN 线时,设备金属外壳带 220V 对地电压,不允许断开 PEN 线,可用于有专业人员维护管理的一般性工业厂房和场所
	TN-S 系统		整个系统的中性线与保护线是分开的 　TN-S 系统适用于设有变电所的公共建筑、医院、有爆炸和火灾危险厂房和场所、单相负荷比较集中的场所,数据处理设备、半导体整流设备和晶闸管设备比较集中的场所,洁净厂房,办公楼与科研楼,计算站,通信局、站以及一般住宅、商店等民用建筑的电气装置

（续）

系统接地方式		系统示意图	特点
TN 系统	TN-C-S 系统	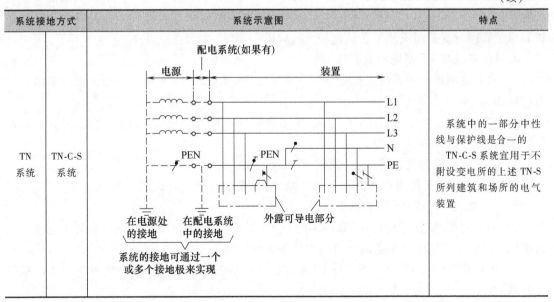	系统中的一部分中性线与保护线是合一的TN-C-S系统宜用于不附设变电所的上述 TN-S 所列建筑和场所的电气装置

3. 系统接地型式的选用

（1）TN-C 系统　由于整个系统的 N 线和 PE 线是合一的，虽节省一根导线但其安全水平较低。如系统为一单相回路，当 PEN 线中断或导电不良时，设备金属外壳对地将带 220V 的故障电压，电击死亡的危险很大；并且不能装用 RCD 来防电击和接地电弧火灾。因 PEN 线不允许被切断，检修设备时不安全。PEN 线因通过中性线电流，对信息系统和电子设备易产生干扰等。由于上述原因，目前已很少采用。

（2）TN-S 系统　因 PE 线正常不通过工作电流，其电位接近地电位，不会对信息技术设备造成干扰，能大大降低电击或火灾危险，较为安全。特别适用于设有对低压电气装置供电的配电变压器的下列工业与民用建筑：

1）对供电连续性或防电击要求较高的公共建筑、医院、住宅等民用建筑。

2）单相负荷较大或非线性负荷较多的工业厂房。

3）有较多信息技术系统以及电磁兼容性 EMC 要求较高的通信局站、计算机站房、微电子厂房及科研、办公、金融楼等场所。

4）有爆炸、火灾危险的场所。

（3）TN-C-S 系统　在独立变电所与建筑物之间为 TN-C 系统，但进建筑物后采用 N 与 PE 分开的 TN-S 系统，其安全水平与 TN-S 系统相仿，因此宜用于未附设配电变压器的上述 TN-S 中所列建筑和场所的电气装置。

（4）TT 系统　因电气装置外露可导电部分与电源端系统接地分开单独接地，装置外壳为地电位且不会导入电源侧接地故障电压，防电击安全性优于 TN-S 系统，但需装用 RCD。故同样适用于未附设配电变压器的上述 TN-S 系统中所列建筑和场所的电气装置，尤其适用于无等电位联结的户外场所，例如户外照明、户外演出场地、户外集贸市场等场所的电气装置。

（5）IT 系统　因其接地故障电流很小，故障电压很低，不致引发电击、火灾、爆炸等危险，供电连续性和安全性最高。因此适用于不间断供电要求较高和对接地故障电压有严格限制的场所，如应急电源装置、消防、矿井下电气装置、医院手术室以及有防火防爆要求的场所。但因一般不引出 PE 线，不便于对照明、控制系统等单相负荷供电；且其接地故障防护和维护管理较复杂而限制了在其他场所的应用。

4．TN 系统与 TT 系统的兼容性

1）同一电源供电的不同建筑物，可分别采用 TN 系统和 TT 系统。各建筑物应实施总等电位联结。

2）同一建筑物内宜采用 TN 系统或 TT 系统中的一种。这是因为 TT 系统需要分设接地极，在同一建筑物内难以实施。

3）如能分设接地极，同一建筑物内可以兼容 TN 系统和 TT 系统。

TN 系统可以向总等电位联结区以外的局部 TT 系统（如室外照明）供电。

5．IT 系统与 TN 或 TT 系统的兼容性

1）同一电源供电范围内，IT 系统不能与 TN 系统或 TT 系统兼容。同一电源供电范围是指由同一变压器或发电机供电的有直接电气联系的系统。

2）同一建筑物内 IT 系统可以与 TN 系统或 TT 系统兼容，只要 IT 系统与 T 字头的系统不并联运行。

14.8 电气装置保护接地的范围

根据 GB/T 50065—2011《交流电气装置的接地设计规范》的规定和要求，电气装置和设施的接地应符合下列规定和要求。

1）电力系统、装置或设备的下列部分（给定点）均应接地：

① 有效接地系统中部分变压器的中性点和有效接地系统中部分变压器、谐振接地、低电阻接地以及高电阻接地系统的中性点所接设备的接地端子。

② 高压并联电抗器中性点接地电抗器的接地端子。

③ 电动机、变压器和高压电器等的底座和外壳。

④ 发电机中性点柜的外壳、发电机出线柜、封闭母线的外壳和变压器、开关柜等（配套）的金属母线槽等。

⑤ 气体绝缘金属封闭开关设备的接地端子。

⑥ 配电、控制和保护用的屏（柜、箱）等的金属框架。

⑦ 箱式变电站和环网柜的金属箱体等。

⑧ 发电厂、变电站电缆沟和电缆隧道内，以及地上各种电缆金属支架等。

⑨ 屋内外配电装置的金属架构和钢筋混凝土架构，以及靠近带电部分的金属围栏和金属门。

⑩ 电力电缆接线盒、终端盒的外壳，电力电缆的金属护套或屏蔽层，穿线的钢管和电缆桥架等。

⑪ 装有架空地线的架空线路杆塔。

⑫ 除沥青地面的居民区外，其他居民区内，不接地、谐振接地和高电阻接地系统中无地线架空线路的金属杆塔和钢筋混凝土杆塔。

⑬ 装在配电线路杆塔上的开关设备、电容器等电气装置。

⑭ 高压电气装置传动装置。

⑮ 附属于高压电气装置的互感器的二次绕组和铠装控制电缆的外皮。

2）附属于高压电气装置和电力生产设施的二次设备等的下列金属部分可不接地：

① 在木质、沥青等不良导电地面的干燥房间内，交流标称电压 380V 及以下、直流标称电压 220V 及以下的电气装置外壳，但当维护人员可能同时触及电气装置外壳和接地物件时除外。

② 安装在配电屏、控制屏和配电装置上的电测量仪表、继电器和其他低压电器等的外壳，以及当发生绝缘损坏时在支持物上不会引起危险电压的绝缘子金属底座等。

③ 安装在已接地的金属架构上，且保证电气接触良好的设备。

④ 标称电压 220V 及以下的蓄电池室内的支架。

14.9　接地电阻

1. 基本规定

高、低压供配电系统及配电装置接地电阻见表 14-20。

表 14-20　高、低压供配电系统及配电装置接地电阻

类别	技术规定和要求
高压系统	保护接地要求的发电厂和变电站接地网的接地电阻,应符合下列要求: 1. 有效接地系统和低电阻接地系统,应符合下列要求: （1）接地网的接地电阻宜符合下式的要求,且保护接地接至变电站接地网的站用变压器的低压应采用 TN 系统,低压电气装置应采用(含建筑物钢筋的)保护总等电位联结系统 $$R \leqslant 2000/I_G \qquad (14\text{-}35)$$ 式中　R——考虑季节变化的最大接地电阻,单位为 Ω; 　　　I_G——计算用经接地网入地的最大接地故障不对称电流有效值,单位为 A,应按 GB/T 50065—2011《交流电气装置的接地设计规范》附录 B 确定。 　I_G 应采用设计水平年系统最大运行方式下在接地网内、外发生接地故障时,经接地网流入地中并计及直流分量的最大接地故障电流有效值。对其计算时,还应计算系统中各接地中性点间的故障电流分配,以及避雷线中分走的接地故障电流 （2）当接地网的接地电阻不符合式（14-35）的要求时,可通过技术经济比较适当增大接地电阻 　2. 不接地、谐振接地和高电阻接地系统,应符合下列要求: （1）接地网的接地电阻应符合下式的要求,但不应大于 4Ω,且保护接地接至变电站接地网的站用变压器的低压侧电气装置,应采用（含建筑物钢筋的）保护总等电位联结系统 $$R \leqslant 120/I_g \qquad (14\text{-}36)$$ 式中　R——采用季节变化的最大接地电阻,单位为 Ω; 　　　I_g——计算用的接地网入地对称电流,单位为 A。 （2）谐振接地系统中,计算发电厂和变电站接地网的入地对称电流时,对于装有自动跟踪补偿消弧装置（含非自动调节的消弧线圈）的发电厂和变电站电气装置的接地网,计算电流等于接在同一接地网中同一系统各自动跟踪补偿消弧装置额定电流总和的 1.25 倍;对于不装自动跟踪补偿消弧装置的发电厂和变电站电气装置的接地网,计算电流等于系统中断开最大一套自动跟踪补偿消弧装置或系统中最长线路被切除时的最大可能残余电流值
低压系统	建筑物处的低压系统电源中性点、电气装置外露导电部分的保护接地、保护等电位联结的接地极等,可与建筑物的雷电保护接地共用同一接地装置。共用接地装置的接地电阻,应不大于各要求值中的最小值

（续）

类别	技术规定和要求
配电装置	1. 工作于不接地、谐振接地和高电阻接地系统、向 1kV 及以下低压电气装置供电的高压配电电气装置，其保护接地的接地电阻应符合下式的要求，且不应大于 4Ω$$R \leqslant 50/I \tag{14-37}$$式中　R——因季节变化的最大接地电阻，单位为 Ω；　　　　I——计算用的单相接地故障电流；谐振接地系统为故障点残余电流。2. 低电阻接地系统的高压配电电气装置，其保护接地的接地电阻应符合式（14-35）的要求，且不应大于 4Ω3. 配电变压器设置在建筑物外其低压采用 TN 系统时，低压线路在引入建筑物处，PE 或 PEN 应重复接地，接地电阻不宜超过 10Ω4. 向低压电气装置供电的配电变压器的高压侧工作于不接地、谐振接地和高电阻接地系统，且变压器的保护接地装置的接地电阻符合式（14-37）的要求，建筑物内低压电气装置采用（含建筑物钢筋的）保护总等电位联结系统时，低压系统电源中性点可与该变压器保护接地共用接地装置5. 向低压电气装置供电的配电变压器的高压侧工作于低电阻接地系统，变压器的保护接地装置的接地电阻符合本表中高压系统接地的要求，建筑物内低压采用 TN 系统且低压电气装置采用（含建筑物钢筋的）保护总等电位联结系统时，低压系统电源中性点可与该变压器保护接地共用接地装置当建筑物内低压电气装置虽采用 TN 系统，但未采用（含建筑物钢筋的）保护总等电位联结系统，以及建筑物内低压电气装置采用 TT 或 IT 系统时，低压系统电源中性点严禁与该变压器保护接地共用接地装置，低压电源系统的接地应按工程条件研究确定
TT 系统和 IT 系统	1. TT 系统中电气装置外露可导电部分应设保护接地的接地装置，其接地电阻与外露可导电部分的保护导体电阻之和，应符合下式的要求$$R_A \leqslant 50/I_a \tag{14-38}$$式中　R_A——季节变化时接地装置的最大接地电阻与外露可导电部分的保护导体电阻之和，单位为 Ω；　　　　I_a——保护电器自动动作的动作电流，当保护电器为剩余电流保护时，I_a 为额定剩余电流动作电流 $I_{\triangle n}$，单位为 A。2. TT 系统配电线路内由同一接地故障保护电器保护的外露可导电部分，应用 PE 连接至共用的接地极上。当有多级保护时，各级宜有各自的接地极3. IT 系统各电气装置的外露可导电部分其保护接地可共用同一接地装置，也可个别地或成组地用单独的接地装置接地。每个接地装置的接地电阻应符合下式的要求$$R \leqslant 50/I_d \tag{14-39}$$式中　R——外露可导电部分的接地装置因季节变化的最大接地电阻，单位为 Ω；　　　　I_d——相导体（线）和外露可导电部分间第一次出现阻抗可不计的故障时的故障电流，单位为 A。
架空线和电缆线路	1. 6kV 及以上无地线线路钢筋混凝土杆宜接地，金属杆塔应接地，接地电阻不宜超过 30Ω2. 除多雷区外，沥青路面上的架空线路的钢筋混凝土杆塔和金属杆塔，以及有运行经验的地区，可不另设人工接地装置3. 66kV 及以上钢筋混凝土杆铁横担和钢筋混凝土横担线路的地线支架、导线横担与绝缘子固定部分或瓷横担固定部分之间，宜有可靠的电气连接，并应与接地引下线相连。主杆非预应力筋上下已用绑扎或焊接连成电气通路时，可兼作接地引下线。利用钢筋兼作接地引下线的筋混凝土电杆时，其钢筋与接地螺母、铁横担间应有可靠的电气连接4. 单独电源中性点接地的 TN 系统的低压线路和高、低压线路共杆线路的钢筋混凝土杆塔，其铁横担以及金属杆塔本体应与低压线路 PE 或 PEN 相连接，钢筋混凝土杆塔的钢筋宜与低压线路的相应导体相连接。与低压线路 PE 或 PEN 相连接的杆塔可不另作接地5. 配电变压器设置在建筑物外其低压采用 TN 系统时，低压线路在引入建筑物处，PE 或 PEN 应重复接地，接地电阻不宜超过 10Ω6. 中性点不接地 IT 系统的低压线路钢筋混凝土杆塔宜接地，金属杆塔应接地，接地电阻不宜超过 30Ω

（续）

类别	技术规定和要求
架空线和电缆线路	7. 架空低压线路入户处的绝缘子铁脚宜接地，接地电阻不宜超过30Ω。土壤电阻率在200Ω·m及以下地区的铁横担钢筋混凝土杆线路，可不另设人工接地装置。当绝缘子铁脚与建筑物内电气装置的接地装置相连时，可不另设接地装置。人员密集的公共场所的入户线，当钢筋混凝土杆的自然接地电阻大于30Ω时，入户处的绝缘子铁脚应接地，并应设专用的接地装置 8. 电力电缆金属护套或屏蔽层应按下列规定接地 　（1）三芯电缆应在线路两终端直接接地。线路中有中间接头时，接头处也应直接接地 　（2）单芯电缆在线路上应至少有一点直接接地，且任一非接地处金属护套或屏蔽层上的正常感应电压，不应超过下列数值 　①在正常满负载情况下，未采取防止人员任意接触金属护套或屏蔽层的安全措施时，50V 　②在正常满负荷情况下，采取防止人员任意接触金属护套或屏蔽层的安全措施时，100V 　（3）长距离单芯水底电缆线路应在两岸的接头处直接接地
其他	1. 保护配电变压器的避雷器其接地应与变压器保护接地共用接地装置 2. 保护配电柱上断路器、负荷开关和电容器组等的避雷器的接地导体（线），应与设备外壳相连，接地装置的接地电阻不应大于10Ω

2. 接地电阻值

各类电气装置要求的接地电阻值，见表14-21。

表14-21　各类电气装置要求的接地电阻值

电气装置名称	接地的电气装置特点	接地电阻要求/Ω
发电厂、变电站电气装置保护接地	有效接地和低电阻接地	$R \leqslant 2000/I$ 当 $I>4000A$ 时，$R \leqslant 0.5$
不接地、谐振接地和高电阻接地系统中发电厂、变电站电气装置保护接地	仅用于高压电力装置的接地装置	$R \leqslant 250/I$（不宜大于 10）
	高压与低压电力装置共用的接地装置	$R \leqslant 120/I$（不宜大于 4）
低压电网中，电源中性点接地	由单台容量不超过 100kV·A 或使用同一接地装置并联运行且总容量不超过 100kV·A 的变压器或发电机供电	$R \leqslant 10$
	上述装置的重复接地（不少于 3 处）	$R \leqslant 30$
引入线上装有 25A 以下的熔断器的小容量线路电气装置	任何供电系统	$R \leqslant 30$
	高、低压电气设备联合接地	$R \leqslant 4$
	电流、电压互感器二次线圈接地	$R \leqslant 10$
土壤电阻率大于500Ω·m 的高土壤电阻率地区发电厂、变电站电气装置保护接地	独立避雷针	$R \leqslant 10$
	发电厂和变电站接地装置	$R \leqslant 10$
建筑物	一类防雷建筑物（防止直击雷）	$R \leqslant 10$（冲击电阻）
	一类防雷建筑物（防止感应雷）	$R \leqslant 10$（工频电阻）
	二类防雷建筑物（防止直击雷）	$R \leqslant 10$（冲击电阻）
	三类防雷建筑物（防止直击雷）	$R \leqslant 10$（冲击电阻）
共用接地装置		接入设备要求的最小值确定，一般 $R \leqslant 1$

3. 接地装置

确定变电站接地网的型式和布置时，考虑保护接地要求，应尽量降低接触电位差和跨步电位差。

1）高压电气装置接地的一般规定。

① 电力系统、装置或设备应按规定接地。接地装置应充分利用自然接地极，但应校验自然接地极的热稳定性。

② 不同用途、不同额定电压的电气装置或设备除另有规定外，应使用一个总的接地网，接地电阻应符合其中最小值的要求。

③ 设计接地装置时，应考虑土壤干燥或降雨和冻结等季节变化的影响，接地电阻、接触电位差和跨步电位差在四季中均应符合要求，但雷电保护接地的接地电阻，可只考虑在雷季中土壤干燥状态的影响。

2）110kV 及以上有效接地系统和 6～35kV 低电阻接地系统发生单相接地或同点两相接地时，变电站接地网的接触电位差和跨步电位差不应超过由下列二式计算所得的数值

$$U_t = \frac{174 + 0.17\rho_s C_s}{\sqrt{t_s}} \qquad (14\text{-}40)$$

$$U_s = \frac{174 + 0.7\rho_s C_s}{\sqrt{t_s}} \qquad (14\text{-}41)$$

式中　U_t——接触电位差允许值，单位为 V；

　　　U_s——跨步电位差允许值，单位为 V；

　　　ρ_s——地表层的电阻率，单位为 Ω·m；

　　　C_s——表层衰减系数；

　　　t_s——接地故障电流持续时间，与接地装置热稳定校验的接地故障等效持续时间 t_e 取相同值，单位为 s。

3）6～66kV 不接地、谐振接地和高电阻接地的系统，发生单相接地故障后，当不迅速切除故障时，发电厂和变电站接地装置的接触电位差和跨步电位差不应超过下列二式计算所得的数值

$$U_t = 50 + 0.05\rho_s C_s \qquad (14\text{-}42)$$

$$U_s = 50 + 0.2\rho_s C_s \qquad (14\text{-}43)$$

注：上述式（14-40）～式（14-41）推导中的人体电阻按 1500Ω 考虑。表层衰减系数 C_s 可按图 14-4 查取。

图中，K 为不同电阻率土壤的反射系数；h 为表层土壤厚度，单位为 m。K 按式（14-44）计算。

$$K = \frac{\rho - \rho_s}{\rho + \rho_s} \qquad (14\text{-}44)$$

式中　ρ——下层土壤电阻率，单位为 Ω·m；

　　　ρ_s——表层土壤电阻率，单位为 Ω·m。

在工程实践中，若对地网上方跨步电位差和接触电位差允许值的计算精度要求不高（误差在 5% 以内）时，也可采用下式计算

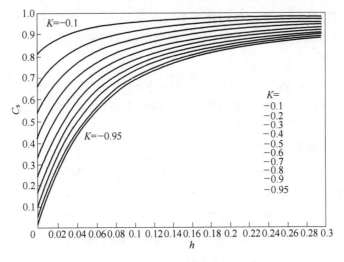

图 14-4 C_s 与 h 和 K 的关系曲线

$$C_s = 1 - \frac{0.09\left(1 - \dfrac{\rho}{\rho_s}\right)}{2h + 0.09} \tag{14-45}$$

当上述接触电位差可能沿 PE 线传至用户用电设备外露导电部分时，$U_t \leqslant 50\text{V}$。

在条件特别恶劣的场所，例如水田中，接触电位差和跨步电位差的允许值宜适当降低。

4. 接地电阻的计算

1）单独接地极或杆塔接地装置的冲击接地电阻可按下式计算

$$R_i = \alpha R \tag{14-46}$$

式中　R_i——单独接地极或杆塔接地装置的冲击接地电阻，单位为 Ω；

　　　R——单独接地极或杆塔接地装置的工频接地电阻，单位为 Ω；

　　　α——单独接地极或杆塔接地装置的冲击系数。

2）当接地装置由较多水平接地极或垂直接地极组成时，垂直接地极的间距不应小于其长度的两倍；水平接地极的间距不宜小于 5m。

由 n 根等长水平放射形接地极组成的接地装置，其冲击接地电阻可按下式计算

$$R_i = \frac{R_{hi}}{n} \cdot \frac{1}{\eta_i} \tag{14-47}$$

式中　R_{hi}——每根水平放射形接地极的冲击接地电阻，单位为 Ω；

　　　η_i——考虑各接地极间相互影响的冲击利用系数。

3）水平接地极连接的 n 根垂直接地极组成的接地装置，其冲击接地电阻可按下式计算

$$R_i = \frac{\dfrac{R_{vi}}{n} R'_{hi}}{\dfrac{R_{vi}}{n} + R'_{hi}} \cdot \frac{1}{\eta_i} \tag{14-48}$$

式中　R_{vi}——每根垂直接地极的冲击接地电阻，单位为 Ω；

R'_{hi}——水平接地极的冲击接地电阻，单位为 Ω。

4）杆塔接地装置与单独接地极的冲击系数。

① 杆塔接地装置接地电阻的冲击系数，可利用以下各式计算。

a. 铁塔接地装置

$$\alpha = 0.74\rho^{-0.4}(7.0+\sqrt{L})[1.56-\exp(-3.0I_i^{-0.4})] \tag{14-49}$$

式中　I_i——流过杆塔接地装置或单独接地极的冲击电流，单位为 kA；

　　　ρ——以 $\Omega\cdot m$ 表示的土壤电阻率。

b. 钢筋混凝土杆放射形接地装置

$$\alpha = 1.36\rho^{-0.4}(1.3+\sqrt{L})[1.55-\exp(-4.0I_i^{-0.4})] \tag{14-50}$$

c. 钢筋混凝土杆环形接地装置

$$\alpha = 2.94\rho^{-0.5}(6.0+\sqrt{L})[1.23-\exp(-2.0I_i^{-0.3})] \tag{14-51}$$

② 单独接地极接地电阻的冲击系数，可利用以下各式计算：

a. 垂直接地极

$$\alpha = 2.75\rho^{-0.4}(1.8+\sqrt{L})[0.75-\exp(-1.5I_i^{-0.2})] \tag{14-52}$$

b. 单端流入冲击电流的水平接地极

$$\alpha = 1.62\rho^{-0.4}(5.0+\sqrt{L})[0.79-\exp(-2.3I_i^{-0.2})] \tag{14-53}$$

c. 中部流入冲击电流的水平接地极

$$\alpha = 1.16\rho^{-0.4}(7.1+\sqrt{L})[0.78-\exp(-2.3I_i^{-0.2})] \tag{14-54}$$

③ 杆塔自然接地极的冲击系数。杆塔自然接地极的效果仅在 $\rho \leqslant 300\Omega\cdot m$ 才加以考虑，其冲击系数可利用下式计算

$$\alpha = \frac{1}{1.35+\alpha_i I_i^{1.5}} \tag{14-55}$$

式中　α_i——对钢筋混凝土杆、钢筋混凝土桩和铁塔的基础（一个塔脚）为 0.053；对装配式钢筋混凝土基础（一个塔脚）和拉线盘（带拉线棒）为 0.038。

④ 接地极的冲击利用系数。各种型式接地极的冲击利用系数 η_i 可采用表 14-22 所列数值。工频利用系数可取 0.9。对自然接地极，工频利用系数可取 0.7。

表 14-22　接地极的冲击利用系数 η_i

接地极型式	接地导体的根数	冲击利用系数	备注
n 根水平射线 （每根长 10~80m）	2	0.83~1.0	较小值用于较短的射线
	3	0.75~0.90	
	4~6	0.65~0.80	
以水平接地极 连接的垂直接地极	2	0.8~0.85	$\dfrac{D(垂直接地极间距)}{l(垂直接地极长度)}=2\sim3$ 较小值用于 $\dfrac{D}{l}=2$ 时
	3	0.70~0.80	
	4	0.70~0.75	
	6	0.65~0.70	
自然接地极	拉线棒与拉线盘间	0.6	
	铁塔的各基础间	0.4~0.5	
	门型、各种拉线杆塔的各基础间	0.7	

14.10 等电位联结

1. 等电位联结的作用

建筑物的低压电气装置应采用等电位联结以降低建筑物内间接接触电压和不同金属物体间的电位差；避免自建筑物外经电气线路和金属管道引入的故障电压的危害；减少保护电器动作不可靠带来的危险和有利于避免外界电磁场引起的干扰、改善装置的电磁兼容性。

2. 等电位联结的分类

按等电位联结的作用可分为保护等电位联结（如防间接接触电击的等电位联结或防雷的等电位联结）和功能等电位联结（如信息系统抗电磁干扰及用于电磁兼容 EMC 的等电位联结）。按等电位联结的作用范围分为总等电位联结、辅助等电位联结和局部等电位联结。

（1）总等电位联结 每个建筑物内的接地导体、总接地端子和下列可导电部分应实施保护等电位联结：

1）进入建筑物的供应设施的金属管道，如燃气管、水管等。

2）在正常使用时可触及的装置外可导电结构、集中供热和空调系统的金属部分。

3）便于利用的钢筋混凝土结构中的钢筋。

从建筑物外进入的上述可导电部分，应尽可能在靠近入户处进行等电位联结。

通信电缆的金属护套应作保护等电位联结，这时应考虑通信电缆的业主或管理者的要求。

（2）局部等电位联结 在一局部范围内将各可导电部分连通，称为局部等电位联结。可通过局部等电位联结端子板将 PE 母线（或干线）、金属管道、建筑物金属体等相互连通。

下列情况需作局部等电位联结：

1）当电源网络阻抗过大，使自动切断电源时间过长，不能满足防电击要求时。

2）由 TN 系统同一配电箱供电给固定式和手持式、移动式两种电气设备，而固定式设备保护电器切断电源时间不能满足手持式、移动式设备防电击要求时。

3）为满足浴室、游泳池、医院手术室等场所对防电击的特殊要求时。

4）为避免爆炸危险场所因电位差产生电火花时。

（3）辅助等电位联结 将伸臂范围内可同时触及的导电部分用导体直接联结，使其电位相等，称为辅助等电位联结，适用于需联结部分少的情况。等电位联结示意图如图 14-5 所示。

（4）等电位联结线（保护联结导体）的截面 防电击的保护等电位联结线的截面见表14-23。

表 14-23 等电位联结线的截面

类别 取值	总等电位联结导体	局部等电位联结导体	辅助等电位联结导体	
一般值	不小于进线的最大保护导体（PE/PEN）截面积的 1/2	其电导不小于局部场所进线最大 PE 导体截面积 1/2 的导体所具有的电导	两电气设备外露导电部分间	其电导不小于接至两设备外露可导电部分的较小的 PE 导体的电导
			电气设备外露导电部分与外部可导电部分间	其电导不小于相应 PE 导体截面积 1/2 的导体所具有的电导

（续）

类别 取值	总等电位联结导体		局部等电位联结导体		辅助等电位联结导体	
			单独敷设时		单独敷设时	
最小值	铜导体	$6mm^2$	有机械保护时	铜导体 $2.5mm^2$ 或铝导体 $16mm^2$	有机械保护时	铜导体 $2.5mm^2$ 或铝导体 $16mm^2$
	铝导体	$16mm^2$	无机械保护时	铜导体 $4mm^2$ 或铝导体 $16mm^2$	无机械保护时	铜导体 $4mm^2$ 或铝导体 $16mm^2$
	钢导体	$50mm^2$				
	铜镀钢	$25mm^2$	—		—	—
最大值	铜导体	$25mm^2$	同左		—	
	铝导体	按与 $25mm^2$ 铜导体载流量相同确定				
	钢导体					

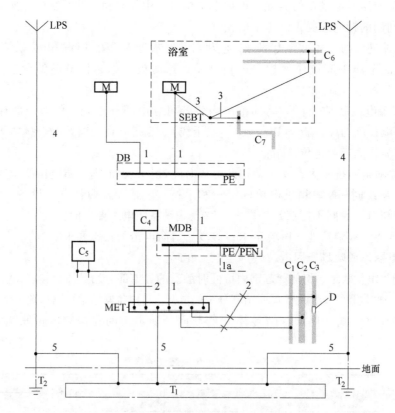

图 14-5 等电位联结示意图

M—电气设备外露可导电部分　C—外部可导电部分，包括 $C_1 \sim C_7$　C_1—外部进来的金属水管
C_2—外部进来的金属排弃废物、排水道管　C_3—外部进来的带绝缘插管（D）的金属可燃气体管道　C_4—空调
C_5—供热系统　C_6—金属水管，如浴池里的金属水管　C_7—在外露可导电部分的伸臂范围内的外部可
导电部分　MET—总接地端子/母线　MDB —主配电盘　DB—分配电盘　SEBT—辅助等电位联结端子
T_1—基础接地　T_2—LPS（防雷装置）的接地极（如果需要）　1—PE 导体　1a—来自网络的 PE/PEN 导体
2—等电位联结导体　3—辅助等电位联结导体　4—LPS（防雷装置）的引下线（如果有）　5—接地导体

（5）等电位联结线的安装

1）金属管道上的阀门、仪表等装置需加跨接线连成电气通路。

2）煤气管入户处应插入一绝缘段（如在法兰盘间插入绝缘板）并在此绝缘段两端跨接火花放电间隙，由煤气公司实施。

3）导体间的连接可根据实际情况采用焊接或螺栓连接，要求做到连接可靠。

4）等电位联结线应有黄绿相间的色标，在总等电位联结端子板上刷黄色底漆并作黑色"⟱"标记。

思 考 题

1. 民用建筑的防雷等级是怎么划分的？工业建筑的防雷等级是怎么划分的？

2. 雷电对建筑物的破坏作用有哪些？

3. 现代建筑物防雷装置主要有哪些？防雷装置的工作原理是什么？

4. 我们通常见到的接地型式主要有哪些？

5. 建筑物为什么要进行等电位联结？常用的等电位联结都有哪些？如何选择等电位联结的导线？

第15章
建筑设备自动化基础

15.1 概述

在智能建筑中，以信息技术为基础的建筑设备自动化系统是智能建筑各项功能和可持续发展的主体。建筑设备自动化系统包括建筑环境设备自动化系统（如空调自动化系统、热源自动化系统、给水排水自动化系统等）、供配电自动化系统、照明自动化系统、消防自动化系统、安全防范自动化系统、交通运输自动化系统等。随着新技术、新设备的出现，建筑设备自动化系统在规模和深度上不断扩展和完整。新出现的自动化系统在智能水平上更加卓越和完善，并且更具人性化。

建筑设备自动化与建筑设备在建筑中的应用密切相关。供暖或供冷设备在建筑中的应用，保证了建筑内部环境的舒适性，提高了工作效率，但该设备能源消耗巨大。为降低能耗，就必须使该设备优化运行，因此引入自动控制技术，并对设备进行自动控制。随着自动控制技术在供暖或供冷设备中的成功应用和推广，其他建筑设备也引入了自动控制技术，使现代建筑设备自动化系统集成了所有建筑设备自动化子系统，并成为一个复杂的大系统。

建筑设备自动化技术引入了计算机控制系统后，起初是利用计算机系统对控制对象或过程的参数进行采集和处理，来调整原来控制系统的参数，控制过程仍由原来的控制系统完成。20世纪80年代，微处理器有了突破性的发展，产生了直接数字控制（DDC）技术。DDC技术在建筑设备自控系统的应用提高了建筑设备的效率，优化了建筑设备的运行和维护。随着网络通信技术的发展，在现场总线技术和计算机网络技术的带动下，产生了各种以DDC技术为基础的分布式控制系统（DCS），此DCS便是当今建筑设备自动化系统的基础。

建筑设备自动化系统是通过建筑设备自控网络将具有网络通信功能的建筑设备监控子系统连接而形成具有数据共享和互操作功能的分布式控制系统。从发展过程看，建筑设备自动化起源于其他自控领域，经过二十余年的发展，形成了较为完整的理论和内容体系。从学科交叉的特性来看，建筑设备自动化的理论和内容体系可分为"基础理论""特有理论"和"工程技术"三部分。其中，基础理论是针对建筑设备自动化领域从多学科中吸取的理论部分；特有理论是面向建筑设备自动化领域在基础理论之上发展而形成的具有本领域特色的专有理论；工程技术是面向建筑设备自动化领域工程项目全寿命周期内的支撑技术。基础理论是多学科交叉而形成的"交集"理论，特有理论是建筑设备自动化具有自身特色的创新理论、是基础理论在本领域的延伸和扩展、是建筑设备自动化区别于其他学科或领域的根本和灵魂。工程技术是上述理论的实际应用，具有理论与实践相结合的功能，也是学以致用的基础。

从智能建筑的发展过程和未来趋势来看，"计算机自动控制理论与技术""计算机网络理论与技术""建筑设备自控网络理论与技术"和"系统集成理论与技术"是实施建筑设备自动化工程系统的核心内容。在这些核心内容中，"计算机自动控制理论与技术"和"计算机网络理论与技术"是建筑设备自动化的基础理论，"建筑设备自控网络理论与技术"和"系统集成理论与技术"是建筑设备自动化的特有理论和技术。考虑到工程技术的内容，建筑设备自动化的基本内容和体系如图 15-1 所示。

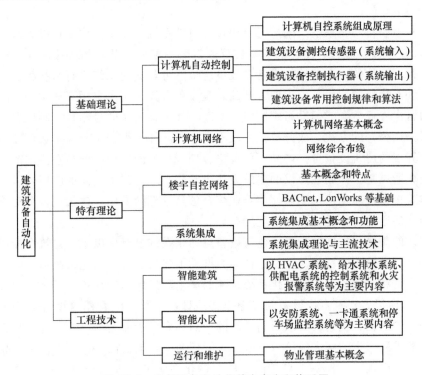

图 15-1　建筑设备自动化基本内容和体系图

建筑设备自动化系统是智能建筑中最基本的系统，是由多个不同建筑设备监控子系统组成的集成系统，并随技术的发展和应用的深入，系统毫无疑问在广度和深度上还会更加复杂。不论建筑设备自动化系统如何发展，建筑设备自动化系统均有如下的基本特点：

1）从自控设备组成上看，同一建筑设备自动化系统的自控设备通常来自不同的厂家。这个特点要求不同厂商的设备必须遵循一定的标准和应用方式，才能实现自控设备间的互操作。事实上，实现不同厂商自控设备之间的互操作是包括建筑设备自动化在内的所有自控领域一直追求的最高目标，也是自控领域重点研究的方向之一。

2）从功能来看，系统是一个分布式的网络系统。这就决定建筑设备自动化系统是一个分布式网络控制系统，并在不同的情况下具有不同级别的实时操作和访问功能。

3）从网络组成来看，系统是多种局域网并存的网络控制系统。这就要求系统须根据性能/价格比合理选择不同的局域网络，以实现"结构、系统、服务、管理及它们之间的最优化组合"。

4）从时间响应来看，系统是一个"强实时"与"弱实时"的混合系统，有些建筑设备的控制必须是实时的，如火灾检测与报警系统，而有些建筑设备的控制是非实时的，如空气过滤器失效报警系统。从总体上来看，系统是一个弱实时自控系统。

5）从执行标准来看，系统不是国家强制执行标准的范围，应根据建筑业主的需要、项目投资及投资回收状况等实际需求，确定系统的规模、范围和相应的设计等级。

从上述特点可以看出，建筑设备自动化系统是集成各厂商设备并实现互操作的网络自控系统。从目前实现建筑设备自动化系统的技术来看，实现建筑设备自动化系统可以有许多技术，但从实现技术的特点来分类，建筑自动化系统可分为两大类：专有系统和开放系统。

专有建筑设备自动化系统是采用专有协议的自控系统。其中，协议可以暂时认为是自动化系统集成的"解决方法或方案"。专有协议通常是一家公司开发的协议，其方法或方案的制定和升级是不开放的。专有建筑设备自控系统虽然可与其他系统进行系统集成和实现互操作，但集成和互操作的代价是巨大的。开放建筑设备自控系统是采用开放性协议的系统。开放性协议通常由专业学会或标准组织制定和升级，代表该领域的最新技术和发展方向，在制定和升级时采用公开的方式。故开放性协议不具有垄断性，得到了绝大多数厂商的支持。用开放性协议开发的建筑设备自控产品不仅价格合理，且不同厂商的产品在一定范围内可相互备用和互换，所以基于开放性协议的建筑设备自动化系统得到了广泛的应用。

随着建筑设备自动化从自动监控向企业综合信息管理的发展，建筑设备自动化系统选择开放和标准化的通信协议是其必然的发展趋势。

由于用户的需要和市场的竞争，建筑设备自动化系统自诞生以来，建筑自控设备的互操作和互换一直是其追求的目标。正是这种动力推动了建筑设备自动化系统不断向前发展，也正是这种动力推动了建筑设备自动化系统标准的产生和发展。

进入 DDC 阶段，建筑自控设备的互操作特性日益重要。随着建筑设备自动化系统的发展和应用分工的深化，就迫切要求不同厂商的产品具有"互操作能力"。当人们认识到这种需求和这种需求所产生的巨大经济效益时，不同厂商就根据自己的技术力量和产品特点开发了各自的技术，出现了多种基于自控网络的自动化系统解决方式或方案——"现场总线协议"或"通信协议"，如 BACnet、LonTalk 等。多标准的出现推动了建筑设备自动化系统的发展，但影响了建筑设备自动化系统的进一步发展。通信标准是建筑自动化系统的集成和互操作的基础，只有通信标准"相对统一"，建筑设备自动化才可能得到稳健的发展。经过技术和市场的双重作用，目前建筑设备自动化系统公认的主流标准只有 BACnet 国际标准（ISO 16484—5）和 LonWorks 技术标准。

在"统一标准"的基础之上，所有的建筑设备自动化子系统可以无缝集成，且可将智能建筑中的三大系统无缝集成，形成"智能建筑"，并由此形成"数字小区""数字城市"。

综上所述，建筑设备自动化系统的发展是向着标准更加统一、更加开放的方向发展。随着现代 IT 技术的发展，建筑设备自动化系统在不断应用现代 IT 最新技术的同时，也不断与 IT 系统进行融合，并逐渐演变成为 IT 系统的一个部分。

随着科技的进步和生活水平的提高，人们对住宅和住宅小区的要求也越来越高，于是建筑设备自动化系统的应用也延伸至住宅小区，形成"智能住宅小区"。由于住宅小区具有自身的特点和要求，以使建筑设备自动化系统的内容得到了进一步的丰富和发展。

创造良好人居环境的最终目标对建筑科技的发展提出了更高的要求，不论是在设计手段、材料、建筑设备及其自动化，还是施工工艺、运行与维护管理等，都必须着眼于节能、环保、安全的根本出发点。只有首先满足这个基本要求，建筑科技的发展和在建筑领域中的应用才有更深远的意义。

15.2　建筑设备自控网络

各种建筑设备（如空调设备、给排水设备等）分布安装在建筑的不同位置，要使分布的这些设备协调和优化运行，达到节能、安全、高效、舒适和便利的建筑环境，须在各设备的自控系统间建立数据通信自控网络，称之为"建筑设备自控网络"。建筑设备自动化系统就是通过建筑设备自控网络将分布在建筑中具有网络通信功能的设备监控子系统互联而形成具有数据共享和互操作功能的DCS。建筑设备自控网络不仅是建筑设备自动化的基础，也是它最具特色的精髓内容，是它有别于其他自控领域或学科的本质所在。

15.2.1　基础知识

最初的网络用于数据通信，常称为"数据网络"，具有"非实时"的特性。随着数据网络的深入研究和广泛应用，当其应用于分布式控制领域时，就形成了具有"实时性"的自控网络。网络最基本的功能是传输数据或信息。自控网络传输数据或信息的最终用户是连接在自控网络上的"自控设备或节点"，如传感器、执行器、控制器和信息处理机等。若自控网络上的两个自控设备相互能够"监听"和接收对方发送的信息，并且能相互理解对方发送信息的语义或含义，进而自动做出对方所要求的反应或操作，则这两个设备就具有"互操作能力"，连接在自控网络上的自控设备必须具备这种互操作能力。若互操作不能在有效时间内完成，也必须具备相应的处理机制；否则，自控网络的功能就会受到破坏。自控网络的这种特性就称为"实时性"。在所有自控网络中，互操作和实时性不仅是自控网络的基本功能和基本特性，也分别是自控网络必须解决的首要任务和必须保证的特性。

1. 自控网络概念和特点

自控网络是利用通信介质（有线或无线）将自控系统中各网络节点或设备（如传感器、执行器、控制器和信息处理机等）互联而形成的集合体，其功能是使网络上所有节点或设备在满足自控系统实时性能的基础上进行信息共享和互操作，以实现自控系统的特定功能。其中，网络节点或设备具有自主运行的特性：首先根据自身状态变迁主动向外发出相关信息，如报警或事件信息；其次是不断监听和接收信息，并根据监听或接收信息所具有的语义产生相应的响应或动作，如执行器根据指令发生的动作。自控网络在物理结构形式上表现为系统所有节点或设备进行"交流"的公用"路径"和"桥梁"——通信介质和连接通信介质的通信设备，通信介质和通信设备的物理规划和布局就是网络的"物理拓扑结构"。图 15-2 所示是最基本的网络拓扑结构图，实际使用的网络拓扑结构均由这些基本结构按一定的规则组合而成。

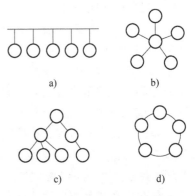

a)

b)

c)

d)

图 15-2　基本网络拓扑结构图

a）总线型　b）星形　c）树形　d）环形

在自控网络中，因网络节点或设备具有自主特性，且复用通信介质，这就会出现多个网络节点或设备同时发送信息和同时访问通信介质的情形，产生通信冲突而降低通信量，影响自控网络功能。为使网络节点或设备有序利用通信介质，提高通信介质的通信能力或带宽，须制定网络节点或设备进行通信的"规则和过程"，这就是网络的"通信协议"。通信协议是网络节点或设备进行有序交流并最大限度地利用通信带宽的保证。故自控网络也应包含相对应的两部分内容，一是自控网络物理拓扑的设计与实施，在物理上用通信介质（如双绞线、光纤等）和通信设备（如路由器、网桥、中继器等）将自控设备互联；二是定义通信和互操作过程的通信协议，使自控网络上的各自控设备相互协调运行，完成自控系统的应用逻辑功能。

自控网络两部分内容可相互独立，并可单独设计和定义，则自控网络可出现如下两种情形：一是同一物理拓扑的自控网络可适用于不同的通信协议，或同一个物理拓扑结构的网络可同时运行多个通信协议；二是同一个通信协议可适用于不同物理拓扑结构的网络，或同一个通信协议具有不同的物理拓扑结构。若将通信协议所定义的功能逻辑网络结构称为"逻辑拓扑结构"，则相同的物理拓扑结构网络可有不同的逻辑拓扑结构。如物理拓扑结构相同的以太网络（Ethernet），既可单独运行不同的上层通信协议（如 BACnet 等），也可同时运行多个上层通信协议。若一个通信协议可适用于多种物理拓扑结构，则说明该通信协议支持多种通信介质，如 BACnet 和 LonTalk 协议等。

在自控网络中，网络节点或设备信息共享和互操作的过程是通过"通信协议"进行的。通信协议的三要素为语法、语义和时序。网络节点或设备要进行互操作，就须理解双方传输信息的语义，双方须按语法规定将传输信息的语义进行编码，直至二进编码。同时，要保证双方正确地进行一次"会话交流"，就须规定双方进行会话的时间顺序，保证会话有序进行。因而有时将通信协议的时序也称为"同步"。另外，还可理解为什么通信协议在不同的自控网络不易进行系统集成的原因，是不同通信协议的自控网络具有不同的"语言"。

自控网络常用在自控领域现场，将其称为"现场总线（Fieldbus）"，有如下特点：

1）自控网络节点或设备功能差别大。
2）通信介质多样化。
3）实时性要求高。
4）互操作功能完备。
5）节点或设备逻辑功能耦合性高。
6）功耗敏感。

不同自控领域因其自身所具有的特殊性已产生了各种利用自控网络构建自控系统的解决方法或方案，这些解决方法或方案的集合就形成了自控网络的通信协议。一般来说，当某种解决方法或方案公开时，该协议就是开放的；反之，是封闭的或专有的。无论是开放的协议，还是封闭的专有协议，自控网络协议均是自控网络节点或设备信息共享和互操作的解决方法或方案。因这种解决方法或方案均是以数据通信为基础的，故自控网络协议通常以 ISO/OSI 参考模型为参照物，并根据自身的特点和要求对 ISO/OSI 模型进行体系结构精简和内容具体化，形成具有鲜明特征和具体内容的自控网络体系。

2．通信基础

计算机网络通信过程是一个非常复杂的过程。要实现计算机网络通信，就必须"营造""计算机网络通信协议"，而有关通信功能单元的划分（分解组成细节）、各单元功能的分配和定义及各单元之间的相互关系（细节具体化）就构成了计算机网络的"体系结构"。

　　计算机网络体系结构是计算机网络系统中的逻辑构成划分和功能分配的描述，是对计算机网络系统中各个组成部分及其所具有功能的定义。任意计算机网络体系均是这两方面内容的详细描述，并采用分层或分级的概念方式对这两方面内容进行描述。不同计算机体系结构的分层数量、分层名称、分层内容和功能都可不尽相同。在所有网络体系结构中，每一分层的目的都是向它的相邻上层提供一定的服务，并将实现这一服务的细节对相邻上一层加以屏蔽。对每一分层功能的定义和相邻上、下层间交互规程的定义就构成了该层的"层协议"。计算机网络的体系结构可归纳为层和相应层协议的集合，并且多个层协议从形式上是叠加的，体系结构中的层协议集合也可形象地称为协议栈。

　　计算机网络体系结构是对计算机网络的抽象描述，它从全局的观点对计算机网络进行一般性和通用性的定义，故计算机网络体系结构是抽象的、概括的。计算机网络体系结构所定义的功能最终需要相应的硬件和软件完成，要求体系结构的描述或定义须包含充分和精确的信息。将抽象体系结构的定义转化为在某一具体计算环境中执行的实体（软件或硬件）就是体系结构的实现。

　　国际标准化组织 ISO 起草了"开放系统互连基本参考模型（OSI-RM）"，它最基本的目标是定义一个通用的网络体系结构参考模型，以指导计算机网络的发展，图 15-3 是 OSI-RM 体系结构图。OSI-RM 不仅是一个标准的网络体系结构，且也是制定其他网络通信协议的基本框架，并对其他通信协议的制定起着指导和规范的作用。这里强调对 OSI 标准的共同认识和遵从，即系统是开放的，它可与遵从同一标准的任何系统互联。OSI-RM 对计算机网络的设计、构建、使用和发展起着合理化、标准化、高性能化和通用化的作用，是理解和掌握计算机网络基本原理的基础。

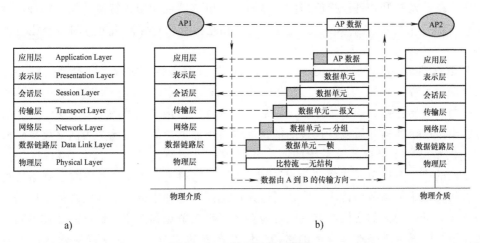

图 15-3　OSI-RM 体系结构
a）OSI-RM 结构层次图　b）对等层间数据信息的传递示意图

　　图 15-3a 是 OSI-RM 结构层次图，该模型根据通信功能对信息交换的处理过程分为七个功能相对独立的层次或功能单元。分层的原则是将相似的功能集中在同一层内，功能差别较大时则分层分配，并每层只定义对相邻上、下层的接口，以保证各层的相对独立性。各层的功能由各层的层协议定义，且上层协议屏蔽下层协议。当不同的对等层（如第 N 层）进行

通信时，就使用对应的层（第 N 层）协议。从第 N 层的通信实体来看，下层协议是透明的，通信过程好像是直接通过该层协议进行的。这就反映了分层结构的独立性。

图 15-3b 是对等层间数据信息的传递示意图。应用进程 AP1 的数据 AP 要传递到对等应用进程 AP2，数据要经过不同的层，进行不同的处理和"包装"，才能最终完成数据的传递。任意两个对等层之间的信息交换是直接进行的，这就是"对等层"之间的通信。对等层之间的通信是双向的，第 N 层的"对等层"之间的通信协议称为（N）层协议。图 15-3b 中的各对等层间的虚线就代表"对等层"之间的双向"直接"通信。

在计算机网络中，通信过程均以信息传输单元形式在不同功能层之间传输，各层传输信息单元通常称为层协议数据单元 PDU。PDU 的格式由层协议的语法规则定义，并分为协议控制信息 PCI 和服务数据单元 SDU 两部分。第 N 层的 PCI 是（N）层协议定义的控制信息，通常说明 PDU 的类型、分段信息及 PDU 有关处理规程等协议控制信息，它根据相邻上一层的请求和本层的层协议动态生成，是第 N 层协议必须处理的信息，相对第 N 层协议来说，PCI 是有结构和语义的信息。而第 N 层的 SDU 通常是由第（N+1）层的 PDU 直接形成的，相对于第 N 层协议来说，SDU 是无结构和无语义的比特串。图 15-4 是在没有分段情况下的相邻层间 PDU 的演变示意图。

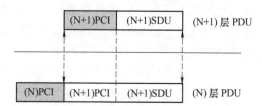

图 15-4　相邻层 PDU 变化示意图

OSI-RM 在划分功能单元——层的基础之上对各功能单元进行了如下功能分配和定义。

（1）物理层　该层为数据链路层对等实体间的信息交换建立的物理连接，并在此物理连接上正确、透明地传送物理层数据单元（无结构的比特流）中的比特位（Bit）。物理层提供激活、维持及断开物理连接所需的机械特性、电气特性和规程特性功能。物理层信息传输方式有"半双工"和"全双工"。物理层的作用是保证两相邻网络节点间每个比特位的正确传输。

（2）数据链路层　该层用于建立、维持和释放链路连接，实现无差错帧传输功能。该层协议数据单元称"帧"，具有一定结构和语义。该层通过对直接相邻连接节点间的通道进行访问控制、差错控制、同步等控制、异常处理等方法实现信息帧的可靠传递。它能保证在一条可能出错的由通信介质直接连接的链路上进行可靠的帧信息传输，为网络层提供服务。

（3）网络层　该层在开放系统的网络环境中提供网络连接建立、维持和释放的功能。在该层传输的协议数据单元称为"分组"或"包"。它的主要功能是利用数据链路层提供的相邻节点间无差错的帧数据传输功能，通过路由选择功能和中继功能，实现网络中任意两节点间的连接。进行通信的主机或节点间可能要经过许多节点和链路，也可能经过不同的通信子网络，该层的任务就是选择合适的路径，使发送方的"分组"能正确地到达接收方的对等实体。此外，该层能确定网络中任意两节点（包含不能用同一通信介质直接连接的非相邻节点）间信息传输的路由和平衡节点间的通信流量。

（4）传输层　该层是 OSI 参考模型的七层中比较特殊的一层。设置传输层的目的是在源主机和目的主机进程间提供可靠的端到端通信，完成无差错的按序报文传送，为上层提供传输服务，并弥补各种通信网络的质量差异，对经过低三层后仍存在的传输差错进行恢复，进一步提高可靠性。并且通过复用、分段和组合、连接和分离、分流和合流等分复用技术措施，提高传输速率和服务质量。在该层的协议数据单元称为"报文"。该层的协议软件只在主机上运行，而低层协议则出现在主机和通信节点机上。当传输的报文较长时，该层将报文分割成几个分组后，再交给网络层传输。一个用户进程要同另一主机上的用户进程通信时，它首先选择进程间的"端口"，以区分进程。当网络的主机并发运行多个通信进程时，到达同一主机的信息必须用端口标识其处理的通信进程，以便正确的进程接收和处理。

（5）会话层　该层依靠传输层的功能使数据传送功能在开放系统间有效进行，是按照在应用进程间的约定，按正确的顺序收发数据、进行各种形式的对话。控制方式有两类：一是为了在该层应用中易于实现接收处理和发送处理的逐次交替变换，设置某一时刻只有一端发送数据，故需要交替改变发送端的传送控制。二是在类似文件传送等单方向传送大量数据时，为防备应用处理中出现意外，在传送数据的过程中需要给数据打上标记。当出现意外时，可由标记处重发。会话服务主要分为两部分：会话连接管理和会话数据交换。会话连接管理服务使一个应用进程在一个完整的活动或事务处理中，通过会话连接与另一个对等应用进程建立和维持一条会话通道。会话数据交换服务为两个会话的应用进程利用该通道交换会话单元提供手段。该层还提供了交互管理、会话连接同步及异常报告等服务。会话连接同步服务允许两个相互通信的用户有选择地定义和标明一些同步点和检查点。当会话连接的两端失去同步时，可将此连接恢复到一个已定义的状态。异常报告服务使用户得知一些不可恢复事件的发生。会话服务提供者允许会话用户在传送数据中设置同步点，并赋予同步序号，以识别和使用同步点。当传输连接出现故障时，整个会话活动不需要全部重复一遍。会话同步服务在一个会话连接中定义若干个同步点。同步点又分为次同步点和主同步点。主同步点用于将一个会话单元分隔开来。活动管理功能是主同步点概念的一种扩展，它将整个会话分解成若干个离散的活动。一个活动代表一个逻辑工作段，并包括多个会话单元。对于应用层来说，一个活动相当于一次应用协议数据单元的交换。从用户发出会话连接请求起到会话连接释放确认是一个会话连接的持续时间。一个会话连接可分为几个活动，而每个活动又可由几个会话单元组成。该层通过会话服务与活动管理达到协调进程之间的会话过程，确保分布进程通信的顺利进行。网络通信要实现强大的通信功能，也必须定义一个"网络机制"，这就是会话层的主要任务。

（6）表示层　该层主要解决用户数据的语法表示问题，它将由抽象语法表示的交换数据转换为传送语法，使传输信息的语义在传输过程保持不变。该层为应用层提供了能够使用其他任意语法的可能性，使应用层不必关心信息的表示问题。该层仅对应用层信息内容的形式进行变换。在计算机网络中，互相通信的应用进程实际上只关心传输信息所蕴含的语义。故该层要解决的问题是：如何描述数据结构并使之与具体的机器无关。

（7）应用层　该层是 OSI-RM 的最高功能层，为应用进程（如用户程序、终端操作员等）提供服务，是用户使用网络环境的唯一窗口。该层面向用户，实现的功能分为两部分，即用户应用进程和系统应用管理进程。系统应用管理进程管理系统资源，并优化分配系统资源和控制资源的使用等。管理进程向系统各层发出下列要求：请求诊断，提交运行报告，收集统计资料和修改控制等。系统应用管理进程还负责系统的重启动，包括从头启动和由指定点重启动。用户应用进程由用户要求决定。通常的应用有数据库访问、分布计算和分布处理等。通用的应用程序有电子邮件、事务处理、文件传输协议和作业操作协议等。

网络的基本拓扑结构虽只有图 15-2 所示的几种简单形式，若将这几个基本形式中的具体节点看作"抽象节点":既代表一个具体节点又代表由多个具体节点组成的一个子网络,则由这几种基本形式的网络可演变成任意复杂的互联网络(Internet)。图 15-5 就可代表一个互联网络系统。为了便于说明、设计和应用实际的互联网络系统,通常引入"物理网段""网段"和"子网络"的概念。

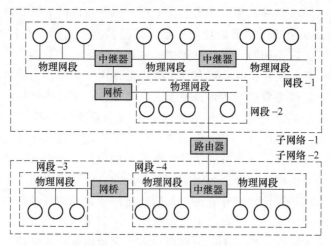

图 15-5 互联网络示意图

从图 15-5 可看出,物理网段是由一通信介质所形成的一部分网络,物理网段通过中继器连接形成网段。网段是由同种通信介质通过中继器组合而形成的一部分网络,网段通过网桥连接形成子网络。子网络是通过网桥组合而形成的一部分网络,可由多种介质通信组成。子网络通过路由器连接则形成互联网络。

在图 15-5 中,有三类用于连接网络的互联设备,即中继器、网桥和路由器,这三类互联设备不属于自控设备,其作用是连接不同的网络部分。图 15-6 直观地表示了各互联设备在网络体系结构的位置。

图 15-6 所示还表示了不同体系结构互联网络的连接设备——网关。网关用于连接不同体系结构的互联网络,具有存储和转发应用层协议数据单元的处理功能,是将两个互联网络连接成超级互联网络。网关仅进行"一对一"的协议转换,或是少数几种特定应用协议的转换,很难实现通用的协议转换。不同体系协议的转换也很难实现一一对应的转换,在一个体系结构中的内容或许在另一体系结构中很难进行精确的转换,实际应尽量避免使用网关。

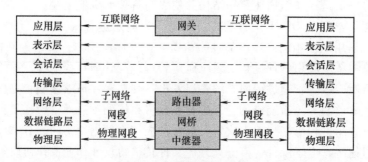

图 15-6 互联设备示意图

3. 自控网络基本内容

（1）自控网络的显著特点 自控网络通信协议必须实现互操作功能和保证实时特性，它具有如下两个显著的特点：

1）通信效率优化。自控网络通信效率优化的方式除借用数据网络通信效率优化的方法外，通常还包括根据具体自控领域的特点改进通信介质访问方式（MAC）、优化传输长度和简化网络拓扑结构等方法。

2）上层协议具体化。自控网络须在信息共享的基础上对共享信息的语义进行解释，并自动触发共享信息语义所蕴含的反应和操作，实现互操作功能。这就须对网络节点或设备建立信息模型，确定网络节点或设备互操作的模式，明确定义传输数据的语义，并规定其编码和解码规则，这些内容一般为自控网络通信协议的上层协议内容。

（2）自控网络的基本内容 在自控网络中，"通信协议"除具有数据网络的通信功能外，还包含如下内涵，并构成了自控网络的基本内容，是所有自控网络须明确规定的主要内容，它们是研究和应用自控网络必备的基础知识。

1）自控网络节点或设备信息模型。要进行通信或互操作，就须存在至少两个通信或互操作的实体或对象，且这些实体或对象须在自控网络互操作环境中是"可见的和可识别的"。自控网络节点或设备是通信和互操作的实体，这些实体在物理结构上千差万别，在监控功能上也有所不同。如何使这些具体节点或设备在自控网络中相互识别，就须对具体节点或设备进行抽象建模，使之成为"网络可见"的抽象实体——网络节点或设备的信息模型，故信息模型具有标识网络节点或设备和抽象其监控功能的作用。

信息模型在不同体系结构的网络中有不同的建模方式，有不同的表现形式，甚至同一体系结构的不同协议层也有不同表现形式。但可归纳为"面向数据"和"面向对象"两类。面向数据的信息模型只用一个简单型或基本型数据来抽象描述网络中的节点或设备，此模型通常用节点或设备地址或标识符的数据类型来表示。面向数据的信息模型用于自控网络通信协议的低层协议之中，用于标识通信实体，具有较高的通信效率。在自控网络通信协议中，面向数据的信息模型也是高层协议常用的信息模型之一，用于标识通信和互操作实体。

面向对象的信息模型采用一组描述网络节点或设备状态的属性参数来标识互操作实体和定义互操作的语义，此模型用于自控网络的上层协议之中。因面向对象信息模型非常适用于互操作过程，大多数现代自控网络在实现互操作功能的层面上基本采用了这种模型。但该模型在不同自控网络中具有不同的建模方式和表现形式。

2）互操作模式。在自控网络中，当节点或设备利用信息模型在网络上"可见"和"可识别"后，就可在节点或设备间通过通信来实现互操作。依据通信内容，可将自控网络互操作模式分为"基于数据"和"基于命令"两种互操作模式。

在基于数据的互操作模式中，通信内容是自控网络节点或设备间共享的数据（如温度、压力、状态或字符串等描述系统状态的信息）。当自控网络的节点或设备监听和接收到一个数据时，就触发一个相关联的事件，完成该共享数据所蕴含的互操作功能。该模式可适用于面向数据和面向对象的信息模型，尤其适用于面向数据的信息模型。

在基于命令的互操作模式中，通信内容是自控网络节点或设备间的触发命令（如开启/停止、读/写、连接/断开等命令）。当自控网络的节点或设备监听和接收到一个触发命令时，就根据命令种类和参数（若命令带有参数）完成相应的互操作功能。

可以看出，这种模式在协议和硬件中的应用只是抽象方式的不同，其操作和管理机制仍是相同的。在硬件设备中，外围设备的各种寄存器就相当于外围设备对象的属性，CPU 通过访问抽象为属性的寄存器来控制和管理外围设备，而外围设备的功能则由外围设备本身完成。在现代自动控制网络中，这种模式是首选的互操作模式，它在保证通信接口一致的前提下，允许各种自控硬件设备具有不同的结构和功能。

从上述分析可看出，互操作模式通常与自控网络节点或设备的信息模式相关联，不同的信息模型和互操作模式均是自控网络节点或设备实现信息共享和互操作功能的解决方法或方案之一。但从自控网络和数据网络的发展趋势来看，面向对象的信息模型和面向命令的间接互操作模式是现代网络的主要信息模型和互操作模式。故任何自控网络通信协议均是在通信的基础上对信息模型和互操作模式进行合理选取和优化的结果。

总之，自控网络要实现互操作，在原理上就须定义互操作实体的"信息模型"、实体间的"互操作模式"、实体间互操作的"内容"和实体间传输互操作内容的"通信工具"。实体信息模型须在自控网络互操作环境中是相互"可见的和可识别的"，互操作模式须与信息模型相适应，互操作内容须在主体间是互相"可理解的"，通信工具最好是"多样的"。自控网络互操作模式是由"互操作内容"进行具体表现的，而互操作内容在通信协议中是以"服务和报文"的方式进行定义的。"服务"是互操作过程的"时序"描述，是互操作过程的动态描述；而"报文"是互操作内容的"编码或格式"描述，是静态描述。不同自控网络通信协议对互操作功能具有不同的定义方法和内容，形成了具有不同技术特点的自控网络。

3）系统集成方法。因自控网络节点或设备具有互操作功能和逻辑功能上的强耦合关系，自控网络必须进行系统集成，以确定自控网络节点或设备的固定逻辑功能关系和实现互操作。自控网络系统集成通常有两个含义，一是指同种体系结构自控网络的集成，二是指异构体系结构自控网络的集成，其中包括自控网络与 Internet 的集成。前者的集成方式通常由自控网络通信协议进行了规定和说明，并利用自控网络专用网络管理工具可较为容易地进行集成；后者一般通过网关方式进行系统集成，该方式称为"网关集成方式"，但集成方式比较困难，代价较大，不易扩展。

从上述可知，信息模型和互操作方式是网络节点或设备互操作的基础。互操作是网络节点或设备进行交互的一种机制和能力，系统集成是面向具体应用，明确网络节点或设备在逻辑功能上互操作关系的过程。故具有相同互操作机制的自控网络就可有不同的系统集成方法。所以，自控网络的通信协议均详细定义了互操作机制的内容，但一般不定义或不详细定义系统集成的标准内容，或者在协议之外提供系统集成指南性的内容。

所以，自控网络通信协议必须具备与通信功能、信息模型、互操作方式和系统集成有关的基本内容。任何自控网络只要参照 OSI-RM 体系结构从其体系结构出发，按信息模型、互操作方式和系统集成三个方面进行学习和研究，就完全可掌握其基本内容和特点，就可达到实用的目的。

15.2.2　LonWorks 技术

1. 概述

LON（Local Operating Networks）局部操作网络是美国 Echelon 公司 1990 年推出的智能控制网络，为分布式监控系统提供了很强的实现手段。在 Echelon 公司的支持下，诞生了新一代的智能化、低成本的现场测控网络。为支持 LON 总线，Echelon 公司开发了 LonWorks 技术，它为 LON 网络设计、成品化提供了一套完整的开发平台。

LonWorks 对其使用的技术，从神经元芯片到七层网络协议及神经元芯片的 Neuron C 语言都详尽地提供给用户。1997 年 6 月 Echelon 公司公开了 LonTalk 协议，允许其他 CPU 制造商将其嵌入，这样使 LonWorks 技术更加开放。在可互操作方面，1994 年 5 月，由世界许多公司，如 Honeywell、Motorola、IBM、HP 等，组成了一个独立的行业协会 LonMark，负责定义、发布、确认产品的互操作性标准。LonMark 协会的成立，对于推动 LonWorks 技术的推广和发展起到了极大的推动作用。

LonWorks 使用开放式通信协议（LonTalk 协议），为设备间交换控制状态信息建立了一个通用的标准。在 LonTalk 协议的协调下，以往孤立的系统和产品融为一体，形成一个网络控制系统。神经元芯片（Neuron Chip）是 LonWorks 技术的核心芯片，它是 LON 智能控制网络的通信处理器，也是采集和控制的通用处理器，LonWorks 技术中所有关于网络变量的操作实际上都是通过其来完成的。典型的 LON 总线网络控制系统结构如图 15-7 所示。

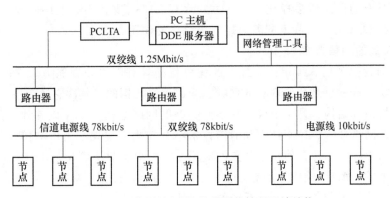

图 15-7 典型的 LON 总线网络控制系统结构

LON 现场总线除了具有现场总线的本质特点之外，还有以下优点：

（1）具有良好的互操作性 LonWorks 技术采用的 LonTalk 通信协议遵循国际标准化组织 ISO 定义的开放系统互联参考模型 OSI 所定义的全部七层服务。除了 LonTalk 协议以外，还没有哪一个协议宣称它能够提供 OSI 参考模型所定义的全部七层服务，这是 LonWorks 技术的先进性之一，也是 LonTalk 协议区别于其他各协议的重要特点。

（2）网络通信采用网络变量和显示报文 网络变量使网络通信的设计简化成为参数设置，增加了通信的可靠性和互操作性，简化了应用程序的设计。网络变量的概念简化了复杂的分布式应用的编程。一个运行 Neuron C 应用程序的节点，最多可以说明 62 个网络变量（包括数组元素）。一个网络变量可以是 Neuron C 变量或结构，其最大长度可达 31B。显示报文每帧有效字节数为 0~228B。

（3）LonLalk 协议使用改进的 CSMA MAC 子层协议（Media Access Control 介质访问控制）对 CSMA（Carrier Sense Multiple Access 载波侦听多路访问）协议作了改进，采用一种称作 Predictive P-persistent CSMA（带预测的 P-坚持载波侦听多路访问），以在负载较轻时使介质访问延迟最小化，而在负载较重时使冲突的可能最小化。

（4）支持多类型通道 Neuron 芯片处理的 LonTalk 协议是与介质无关的，允许神经元芯片支持大量不同的通信介质，包括双绞线、电力线、光纤、同轴电缆、射频（RF）、红外线等。LonTalk 协议支持以不同通信介质分段的网络，即不同的通信介质可以在同一网络中混合使用。而其他的许多网络只能选用某种专用的介质。而 LonWorks 网络可以同时使用上述的各种介质，并开发了相应的本质安全防爆产品，被誉为通用控制网络。

（5）支持多种网络拓扑　LonWorks 技术的一个 LON 网络上可以有 255 个子网，每个子网可有 127 个节点，网络可大可小，网络拓扑形式可为总线型、星形、环形、自由拓扑形等多种拓扑结构，LonWorks 直接通信距离可达 2700m（双绞线，78kbit/s，总线拓扑）、130m（双绞线，1.25Mbit/s，总线拓扑），另外加中继器还可延长。

LON 总线还有一个网络管理工具，如图 15-7 所示。这个管理工具主要负责网络的安装、维护和监控。在安装阶段，它为节点动态分配网络地址，并通过网络变量和显示报文进行节点间的通信。维护是在系统正常运行情况下，增加、减少节点，改变网络变量、显示报文的内部连接，及检测修理错误的设备等。监控是指提供系统级的检测和控制服务，用户可以在网上，甚至是在 Internet 上远程监控整个系统。

LON 总线具有通信介质多样化、访问方式多样、唯一支持 OSI 七层协议、网络结构灵活等特点，因此 LON 总线实际上起着通用现场总线的作用。

2. LON 总线的通信技术

LON 总线与其他现场总线相比，最大的优势就是具有网络处理能力。它通过网关很容易与异型网互联，这一点是其他现有的现场总线都无法比拟的。其次它还支持多种网络拓扑结构和多种网络系统结构，易于组成各种不同类型的网络结构。LON 以其独特的技术优势，把计算机技术、网络技术、控制技术和通信技术结合起来，实现了工厂测控及管理的统一。采用超大规模的神经元芯片，使每个节点的应用变得简单可靠。固化的 LonTalk 协议具有检测应答、自动重发、请求/响应等功能，易实现冗余功能，保证了通信的可靠，实现了控制功能的全分布，使故障分散，提高了系统的可靠性。

LON 总线的通信协议是公开的，其产品采用神经元芯片、LonWorks 收发器及 LonBuilder 开发平台可方便灵活地集成为新一代的控制系统。

LON 总线是唯一的遵循 ISO/OSI 网络参考模型的现场控制网络，它在充分考虑控制系统特殊要求的基础上，建立了每一层的直接面向对象网络协议。

LON 总线支持无线、电力线、红外线、双绞线、射频、光纤、同轴电缆等多种传输介质，满足多种特殊的应用场合，数据传输速率范围为 300bit/s～1.25Mbit/s。

3. LonWorks 的核心技术

LonWorks 系统主要由神经元芯片、LonTalk 协议、Neuron C 语言、收发器、路由器及 LNS、NodeBuilder、LonMaker 等一系列开发工具组成。

（1）神经元芯片　LonWorks 技术的核心是 Neuron 芯片或称为神经元芯片，有 3150 和 3120 两大系列，其中 3120 系列芯片中包括 E2PROM，RAM，ROM；而 3150 系列芯片中则无内部 ROM，但拥有访问外部存储器的接口。Neuron 芯片内部固化了完整的 LonTalk 通信协议，确保节点间的可靠通信和互操作。

Neuron 芯片在大多数 LON 节点中是一个独立的处理器。若需要使节点具有更强的信号处理能力或 I/O 通道，可采用其他处理器来处理并由 Neuron 芯片交换数据，此时 Neuron 芯片只完成通信功能。

Neuron 芯片的主要性能特点如下：

高度集成，所需外部器件较少；三个 8 位的 CPU，输入时钟可选择范围：625kHz～10MHz；片上集成的 RAM，E2PROM 存储器；11 个可编程序 I/O 引脚具有 34 种可选择的工作方式；两个 16 位的定时器/计数器；15 个软定时器；休眠工作方式；网络通信端口三种方式：单端方式、差分方式和专用方式；服务引脚：用于远程识别和诊断；48 位的内部 Neuron ID；用于唯一识别的 Neuron 芯片；固件包括：LonTalk 协议；I/O 驱动器程序；事件驱动多任务调度程序。Neuron 芯片内部结构如图 15-8 所示。

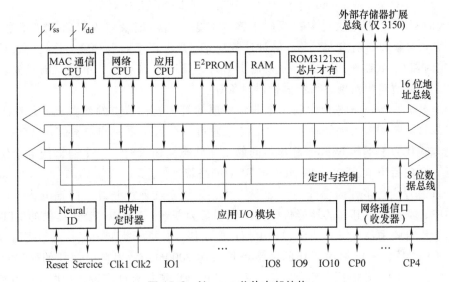

图 15-8　Neuron 芯片内部结构

Neuron 芯片内部有三个 CPU：MAC CPU、网络 CPU 和应用 CPU，如图 15-9 所示。CPU1 是 MAC CPU，完成介质访问控制，处理 LonTalk 协议的第一和第二层，包括驱动通信子系统硬件和执行算法。CPU1 和 CPU2 用共享存储区中的网络缓存进行通信，正确地对网上报文进行编解码。CPU2 是网络 CPU，它实现 LonTalk 协议的第三到第六层，处理网络变量、寻址、事务处理、权限证实、背景诊断、软件计时器、网络管理和路由等。同时，它还控制网络通信端口，物理地发送和接收数据包。该处理器用共享存储区中的网络缓存区与 CPU1 通信，应用缓存区与 CPU3 通信。CPU3 是应用 CPU，它完成用户的编程，其中包括用户程序对操作系统的服务调用。

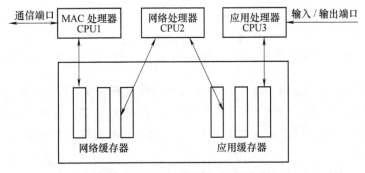

图 15-9　Neuron 芯片的 CPU 结构

Neuron 芯片通过 11 个 I/O 口（IO0~IO10）与外部设备相连，称为应用 I/O。应用 I/O 可配置选择使用 34 种不同的 I/O 对象，以借助于最小的外接电路实现灵活的输入输出功能，这些 I/O 对象包括：

1）直接 I/O 对象：比特 I/O 对象、字节 I/O 对象、电平检测输入对象、半字节 I/O 输入对象。

2）并行双向 I/O 对象：并行 I/O 对象、多总线 I/O 对象等。

3）串行 I/O 对象：移位 I/O 对象、I^2C I/O 对象、磁卡输入对象、磁迹输入对象、半双工异步串行 I/O 对象、Wiegand 输入对象、全双工同步串行 I/O 对象。

4）定时器/计数器输入对象：双斜率输入对象、边沿记录输入对象、红外输入对象、On-Time 输入对象、周期输入对象、脉冲计数输入对象、正交输入对象、总数输入对象。

5）定时器/计数器输出对象：分频输出对象、频率输出对象、单步输出对象、脉冲计数输出对象、脉宽输出对象、可控硅输出对象等。

Service Pin 是 Neuron 芯片中的一个非常重要的管脚，在节点的配置、安装和维护时均需使用。该管脚既能输入也能输出。输出时它通过一个低电平来点亮外部的 LED，LED 的不同点亮方式代表了不同 Neuron 芯片不同的工作状态。输入时，一个逻辑低电平使 Neuron 芯片传送一个包括该节点 48bit 的 Neuron ID 的网络管理信息。

Neuron 芯片支持多种通信介质。如双绞线、无线、红外、光纤、同轴电缆等。在各种通信介质中，双绞线以其高的性能价格比而应用最为普遍。Echelon 公司提供的 FTT-10A 双绞线变压器耦合收发器支持总线型和自由拓扑形拓扑。其抗干扰能力强，可承受持续时间为 60s 的 1000V 电压，采用总线拓扑的网络最长可达 2000m，采用自由拓扑的网络最长可达 500m，满足一般的工业应用，组网灵活。所支持的网络拓扑有许多种，如图 15-10 所示。

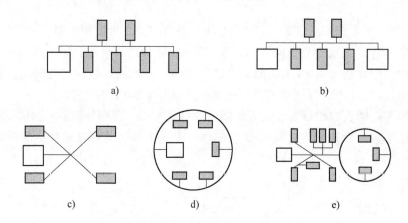

图 15-10　网络拓扑类型

a）单端接器总线拓扑　b）双端接器总线拓扑　c）星形拓扑　d）环形拓扑　e）混合拓扑

（2）LonTalk 协议　LonWorks 技术使用的通信协议称为 LonTalk 协议。LonTalk 协议遵循由国际标准化组织（ISO）定义的开放系统互联（OSI）模型，提供了 OSI 参考模型所定义的全部七层服务。这是技术的先进性之一，也是 LonTalk 协议区别于其他各种协议的重要特点。

LonTalk 协议支持以不同通信介质分段的网络。LonTalk 协议支持的介质包括双绞线、电力线、无线、红外线、同轴电缆和光纤。其他的许多网络只能选用某种专用的介质，而 LonWorks 网络可同时使用上述的各种介质，这是技术的先进性之二。

每个节点都需要物理地连接到信道上。信道是数据包的物理传输介质。网络由一个或多个信道组成，不同信道通过路由器相互联接。路由器是连接两个信道并控制两个信道间数据包传送的器件。路由器可选择安装为四种不同的方法：配置路由器、自学习路由器、桥和重复器。由桥或重复器连接的通道的集合称为段。节点可以看见相同段上的其他节点发送的数据包。而智能路由器（指配置路由器和自学习路由器）根据设置决定是否继续向前传送数据包，故可用来分离段中的网络交通，以增加整个系统的容量和可靠性。

LonTalk 地址唯一地确定了 LonTalk 数据包的源节点和目的节点。同时路由器也使用这些地址来选择如何在两个信道间传输数据包。为了简化路由，LonTalk 协议定义了一种使用域、子网、节点地址的分层式逻辑寻址方式。这种寻址方式可以用来寻址整个区、一个单独的子网或者一个单独的节点。为了便于进一步对多个分散的节点寻址，LonTalk 协议定义了另外一类使用域和组地址的寻址方式。

使用逻辑寻址简化了在一个功能网络中替换节点的过程。由于替换节点被赋予了与被替换节点相同的逻辑地址，故网络上任何引用这个节点的逻辑地址的应用都不需要加以改变。

域地址的组成：域是一个或多个信道上节点的逻辑集合。通信只能在配置于同一个域中的节点之间进行，故域形成了一个虚网络。多个域可使用相同的信道，故域可用来防止不同网络上节点间的互相干扰。域是通过 ID 来标识的，可将域 ID 配置为 0、1、3 或 6 个字节，长度为 6 个字节的域 ID 可以保证域 ID 是唯一的。而 6 个字节的域 ID 为每个数据包加了 6 个字节的开销，使用较短的域 ID 可减少开销。

子网地址的组成：一个子网是一个域内节点的逻辑集合。一个子网最多可包括 127 个节点，在一个域中最多可定义 255 个子网，在一个子网内的所有节点须位于相同的段，子网不能跨越智能路由器。若将一个节点配置为属于两个域，则它须同时属于两个域上的一个子网。

节点地址的组成：子网内的每一个节点被赋予一个在该子网内唯一的节点号。这个节点号为七位，所以每个子网可以有 127 个节点，在一个域中最多可以有 32385 个节点（255 个子网×127 节点/子网）。到目前为止这是测控网络能够提供的最大节点数。另外，LonTalk 还提供了组地址，组是一个域内的节点的逻辑集合。与子网不同的是组内的节点不在乎它们在域内的物理位置，神经元芯片允许将同一个节点分别配置为属于 15 个不同的组，对于一对多的网络变量和报文标签的连接组是利用网络宽带的一种有效的方法。组由一个字节的组号来标识，所以一个域最多可以包含 256 个组。

除了子网/节点地址寻址方式，一个节点地址总可以用该节点的 Neuron ID 加以寻址。Neuron ID 是一个 48 位的在生产该芯片时被赋予的全球唯一的 ID 号。

在网络的效率响应时间安全和可靠性之间有一些折中方案：使用确认服务是最可靠的，但是对于较大的组来说需要比非确认或非确认重复服务使用更大的网络宽带。具有优先级的数据包能够保证这些数据包被及时传送，但是却损害了其他节点的传送。对一个事物增加证实服务，虽然增加了安全性，但是完成一个证实事物所需要的数据包多一倍。

选择报文服务：可靠性和效率。协议提供四种基本类型的报文服务：确认、请求/响应、非确认重复和非确认。

最可靠的服务是确认或称之为端—端确认服务，即一个报文被发给一个或一组节点，发送者将等待来自每个接收节点的确认。若没有接收到来自所有目标的确认，且发送者的时间已超出，发送者则重试该事务。重试的次数和超时时间都是可选的。确认由网络 CPU 生成而不介入应用。与之等价的可靠服务是请求/响应，即一个报文被发送给一个或一组节点并等待来自每个接收节点的响应。输入报文由接收端的应用在响应生成之前处理，重试的次数和超时时间也都是可选的。响应中可包括数据以使服务适用于远程调用或客户/服务应用。可靠性在以上两种之下的是重复或非确认重复服务，即报文被多次发送给一个或多个节点，但并不等待接收节点的响应。该服务一般用于向一大组节点广播。可靠性最低的是非确认，即一个报文被发送给一个或一组节点且只被发送一次同时并不期望得到响应。一般用于系统要求有最好的性能，网络带宽受到限制时，网络对报文的丢失不敏感的情况下。

LonTalk 协议使用其独有的冲突避免算法。该算法具有在过载的情况下，信道仍能负载接近其最大能力的通过量。当使用支持硬件冲突检测的通信介质（如双绞线）时，只要收发器检测到冲突的发生，LonTalk 协议可以有选择地取消数据包的传输。

MAC 子层是 OSI 参考模型数据层的一部分。在当今的网络中已经有许多不同的 MAC 算法。这些算法中的一个家族被称为 CSMA（载波监听多路访问：Carrier Sense Multiple Access），LonTalk 协议使用的 MAC 算法属于 CSMA 家族。但对其进行了扩展，Echelon 公司的 LonTalk 协议使用了一种新的称作 Predictive P-Persistent CSMA 的 CSMA MAC 算法。

LonTalk 协议保留了 CSMA 的优点，但克服了它在控制应用上的缺点。与 P-Persistent CSMA 一样，所有的 LonWorks 节点对介质的访问都是随机的。当有两个或多个节点同时等待网络空闲以便发送数据包时，这种算法避免了在其他算法中无法避免的冲突。在 LonTalk 协议中节点随机地分布在最小为 16 个随机槽的不同的延迟水平上。在 LonTalk 协议中概率 P 是根据网络的负载来动态调整的。当网络空闲时，所有节点只随机分布在 16 个槽上。当估计到网络上的负载增加时，节点将分布在更多的时间槽上。增加的槽的数量由 N 来决定。这里 N 的范围是从 1~63。Echelon 称 N 为信道上积压工作的估计，代表下一次要发送数据包的节点数。这种对积压工作的估计和动态调整的介质访问方法使 LonTalk 协议在网络负载较轻时，提供较少的时间槽数，在网络负载较重时提供较多的时间槽。以在负载轻时，使介质访问延迟最小化，而在负载较重时，使冲突的可能最小化。

（3）Neuron C 语言　Neuron C 是专门为 Neuron 芯片设计的编程语言，加入了通信、事件调度、分布数据对象和 I/O 功能，是编写 Neuron 芯片应用程序的最重要的工具。Neuron C 以 ANSI C 为基础，但在数据类型上和 ANSI C 仍有一定的差别。Neuron C 支持的数据类型为：

char	8bits	signed or unsigned
short	8bits	signed or unsigned
int	8bits	signed or unsigned
long	16bits	signed or unsigned
boolean	8bits	

Neuron C 支持 ANSI C 的定义类型、枚举类型、数组类型、指针类型、结构类型和联合

类型。但 Neuron C 不支持 ANSI C 的标准运行库的一些功能，如浮点运算、文件 I/O 等，但它也有自己扩展的运行库和语法。这些扩展功能包括：定时器、网络变量、显式报文、多任务调度、EEPROM 变量和其他多种功能。

应用程序可以定义一个特殊的静态对象类——网络变量，它可以是整型、字符型或结构等类型。一个网络变量 NV（Network Variable）是节点的一个对象，用于实现网络上节点之间的互联。它可被定义为输入也可被定义为输出网络变量，每个节点最多可以定义 62 个（Neuron 节点）到 4096 个（主机节点）网络变量。网络变量所产生报文的发送和接收不需要应用程序的干预，故又称为隐式报文。

同时，LonMark 组织还定义了标准网络变量类型（SNVT），它支持的标准网络变量有255 种，采用 SNVT 的节点之间具有天然的互操作性。而且，用户也可按照标准格式定义自己的标准网络变量。

节点之间的网络变量的连接关系是在组网时通过网络开发工具绑定的。

由于网络变量的长度最多为 31B，使得其应用受到限制。因此，Neuron C 中提供了显式报文这一数据类型，显式报文最长为 228B；提供请求/响应机制，某个节点发出请求消息能调动另一个节点做出相应的响应，实现远程过程调用。显式报文是实现节点之间交换信息的更为复杂的方法，编程人员必须在应用程序中生成、发送和接收显式报文。

节点使用报文标签发送和接收报文。每个节点有一个默认的输入报文标签，同网络变量一样，必须在网络安装时建立输入和输出报文标签之间的绑定。

在一个应用程序最多可定义 15 个软件定时器对象，在这些定时器中可以分为两类：毫秒定时器和秒定时器。毫秒定时器提供一个计数范围为 1～64000ms 的定时器，秒定时器则提供一个计数范围为 1～65535s 的定时器。这些软件定时器在网络 CPU 上运行，和 Neuron 芯片的硬件定时器是分离的。

Neuron 芯片的任务调度是由事件驱动的：当一个给定的条件判断为"TRUE"时，与该条件有关的代码体（任务）即执行。调度程序允许编程人员定义任务用以作为某类事件发生的结果，如输入管脚状态的改变、网络变量的更新、定时器的溢出等。这些事件可以定义优先级，以使一些重要事件能够优先得到响应。调度程序采用循环方式，如图 15-11 所示。

事件是通过 when 语句来定义的，一个 when 语句包含一个表达式，当表达式为"TRUE"时，则表达式后面的任务被执行。

在 Neuron C 中定义了五类事件：系统级事件、输入输出事件、定时器事件、网络变量和显式报文事件、用户自定义事件。

附加功能主要包括：输入输出、调度系统复位、旁路模式、睡眠模式、补充的预定义事件语句错误处理等，这些功能大部分以函数和事件的形式提供。

（4）收发器　收发器在神经元芯片和 LonWorks 网络间提供物理通信接口。这些装置简化了互可操作的 LonWorks 节点的开发，可用于各种通信介质和拓扑。重要的是要知道在任一特定的产品中，哪个收发器能让产品直接互操作。收发器类型不同的产品仍然能互操作，但这需要路由器来连接。Echelon 公司设计有应用十分广泛的双绞线和电力线收发器，其他公司则可供应无线、光纤和其他各种介质的收发器。

（5）路由器　对多种介质的透明支持是 LonWorks 技术的独特能力，它使开发者能选择最适合他们需要的介质和通信方法。对多种介质的支持通过路由器才可能实现。路由器也能

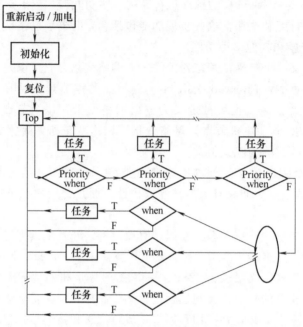

图 15-11 调度循环

用于控制网络业务量，将网络分段，抑制从其他部分来的数据流量，以增加网络总通过量和流量。网络工具以网络拓扑为基础自动配置路由器，使安装者便于安装并对节点透明。

路由器装置使单一的对等网络能跨接多种类型的传输介质，支持成千上万的装置。路由器通常有两个互联的神经元。每个神经元有一个适用于两个信道的收发器，路由器就连接在这两个信道上。路由器对网络的逻辑操作是完全透明的，但它们并不一定传输所有的包。智能路由器充分了解系统配置，能闭塞没有远地地址的包。若使用了另一类型叫作穿越路由器的路由器，LonWorks 系统就能在 Internet 这样的广域网上跨接巨大的距离。

（6）LNS LNS（LonWorks Network Service）是 Echelon 公司开发出来的 LON 网络操作系统。它提供了一个强大的 Client/Server（客户/服务器）网络框架。使用 LNS 所提供的服务，可以保证从不同网络服务器上提供的网络管理工具可以一起执行网络安装、网络维护、网络监测；而众多的客户则可以同时申请这些服务器所提供的网络功能。

LNS 包括三类设备：路由器设备（包括重复器、网桥、路由器和网关）；应用节点；系统级设备（网络管理工具、系统分析、SCADA 站和人机界面）。

LNS 提供压缩的、面向对象的编程模式，它将网络变成一个层次化的对象，通过对象的属性、事件和方法对网络进行访问。

LNS 构架主要包括四个主要的组件：网络服务器（NSS, Network Services Server），网络服务器接口（NSI, Network Services Interface），LCA 对象服务器（LCA Object Server）和 LCA 数据服务器（LCA Data Server），如图 15-12 所示。

（7）网络管理 在 LonWorks 网络中，需要一个网络管理工具，以用于网络的安装、维护和监控。Echelon 公司提供了 LonMaker for Windows 软件用于实现这些功能。其他公司也有类似产品来实现这些功能。LonMaker for Windows 是基于 Visio 开发的，网络配置图是以 Visio 图的形式画出，各种对象都作了相应的定义。网络变量的连接关系表现为连线。

在节点建成以后，需经过分配逻辑地址、配置节点的属性、进行网络变量和显式报文的绑定后，网络方可运行；网络安装可通过 Service Pin 按钮或手动输入 Neuron 芯片的物理 ID 来为节点注册，Lon-Maker 会为每一个节点分配一个逻辑地址，并配置相应属性及网络变量和显式报文的绑定信息。节点的安装可在在线或离线的情况下进行。在线的情况下，节点配置信息即时地通过网络写入节点；离线的情况下，节点配置信息只写入数据库，网络配置图的每次更新只更新数据库，而在网络在线后一次写入节点。

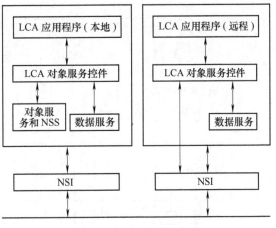

图 15-12　LNS 组件构架

网络运行后，还需要进行维护。维护包括：系统正常运行情况下的增加删除设备及改变网络变量的连接关系、故障状态下对错误设备的检测和替换的过程。

网络监控用于监控网络上节点的网络变量和显式报文的变化。LonMaker 可以实现网络的监控功能。另外，Echelon 公司还通过了 LNS DDE 及 LNS 开发工具软件包用于开发用户专用的人机界面。

15.3　空调通风监控系统

智能楼宇系统是智能建筑集成系统的重要组成部分，空调自控设备又是智能楼宇系统的核心设备。空调设备本身是智能楼宇系统的耗电大户，且由于智能建筑中大量电子设备的应用使得智能建筑的空调负荷远远大于传统建筑。

良好的工作环境，要求室内温度适宜、湿度恰当、空气洁净。楼宇空气环境是一个极复杂的系统，其中有来自于人、设备散热和气候等干扰，调节过程和执行器固有的非线性和滞后各参量和调节过程的动态性，楼宇内人员活动的随机性等诸多因素的影响。对这样一个复杂的系统，为了节约和高效，必须进行全面管理而实施监控。图 15-13 所示是一个空调监控系统原理图。

15.3.1　新风、回风机组的监控

对于新风机组中的空气-水换热器，夏季通入冷水对新风降温除湿，冬季通入热水对空气加热，其中水蒸气加湿器用于冬季对新风加湿。回风是为了充分利用能源，冬季利用剩余热量，夏季利用剩余冷气。对新风、回风机组进行监控的要求如下：

（1）检测功能　监视风机电动机的运行/停止状态；监测风机出口空气温、湿度参数；监测过滤器两侧压差，以了解过滤器是否需要更换；监视风机阀门打开/关闭状态。

（2）控制功能　控制风机的起动/停止；控制空气-水换热器两侧调节阀，使风机出口温度达到设定值；控制水蒸气加湿器阀门，使冬季风机出口空气湿度达到设定值。

（3）保护功能　在冬季时，当某种原因造成热水温度降低或热水停供时，应停止风机，

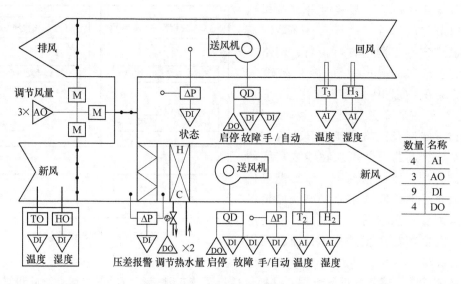

图 15-13　空调监控系统原理图

并关闭风机阀门，以防止组内温度过低冻裂空气-水换热器；当热水恢复正常供热时，应起动风机，打开风机阀门，恢复机组正常工作。

（4）集中管理功能　智能大楼各机组附近的 DDC（直接数字控制器）控制装置通过现场总线与相应的中央管理机相联，显示各机组起/停状态，传送送风温度、湿度及各阀门的状态值；发出任一机组的起/停控制信号；修改送风参数设定值；任一风机机组工作出现异常时，发出报警信号。

15.3.2　空调机组的监控

空调机组的调节对象是相应区域的温度、湿度，故送入装置的输入信号还包括被调区域内的温度、湿度信号。当被调区域较大时，应安装几组温度、湿度检测点，以各点测量信号的平均值或主要位置的测量值作为反馈信号；若被调区域与空调机组 DDC 装置安装现场距离较远时，可专设一台智能化的数据采集装置，装于被调区域，将测量信息处理后通过现场总线将测量信号送至空调 DDC 装置。在控制方式上一般采用串级调节形式，以防止室内外的热干扰、空调区域的热惯性及各种调节阀门的非线性等因素的影响。对于带有回风的空调机组，除了保证经过处理的空气参数满足舒适性要求外，还要考虑节能问题。由于存在回风，需增加新风、回风空气参数检测点。但回风通道存在较大的惯性，使得回风空气状态不完全等同于室内空气状态，故室内空气参数信号须由设在空调区域的传感器取得。新风、回风混合后，空气流通混乱，温度不均匀，很难得到混合后的平均空气参数。所以，不测量混合空气的状态，该状态也不作为 DDC 控制的任何依据。

15.3.3　变风量系统的监控

变风量系统（VAV 系统）是一种新型的空调方式，在智能大楼的空调中被越来越多地采用。带有 VAV 装置的空调系统各环节需要协调控制，其内容主要体现在以下几个方面：

1）由于送入各房间风量是变化的，空调机组的风量将随之变化，所以应采用调速装置对送风机转速进行调节，使之与变化风量相适应。

2）送风机速度调节时，需引入送风压力检测信号参与控制，不使各房间内压力出现大的变化，保证装置正常工作。

3）对于 VAV 系统，需要检测各房间风量、温度及风阀位置等信号并经过统一的分析处理后才能给出送风温度设定值。

4）在进行送风量调节的同时，还应调节新风、回风阀，以使各房间有足够的新风。

带盘管的变风量末端监控原理图，如图 15-14 所示。

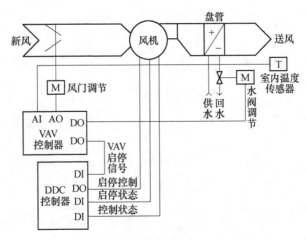

图 15-14　带盘管的变风量末端监控原理图

变风量系统的控制具有被控设备分散、控制变量之间相互关联性强的特点。主风道变风量空调机组的变频风机和各个末端分布位置分散，同时各个末端风阀的开度数据是对变频风机进行控制的依据，这就要求采用的控制设备能够具有智能，同时设备之间还要有通信能力，且在工程上比较容易实现。基于 LonWorks 技术的分布式控制体系结构如图 15-15 所示。

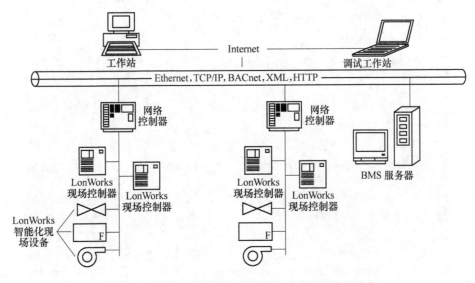

图 15-15　基于 LonWorks 技术的分布式控制体系结构

根据组合式变风量空调机组的特点，控制器选择 MN200 型 DDC 控制器。该控制器处于 LonWorks 控制网上，通过 LonWorks 网络与变风量末端控制器进行通信，向上通过网络控制器 UNC 与工作站进行数据交换。根据变风量末端的特点，控制器选择 MNL-V2RV2 变风量末端控制器，该控制器也处于 LonWorks 控制网上，通过 LonWorks 网络可与其他变风量末端控制器及变风量机组控制器进行通信，向上通过网络控制器 UNC 与工作站进行数据交换，如图 15-16 所示。

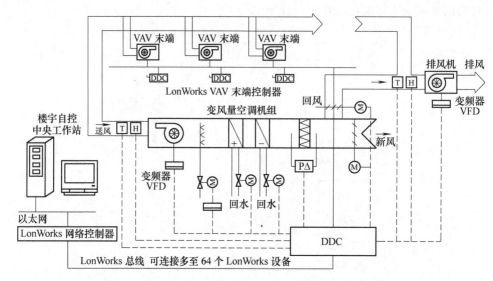

图 15-16　基于 LonWorks 技术的变风量控制系统结构

基于组态王的空调系统的监控画面如图 15-17 所示。

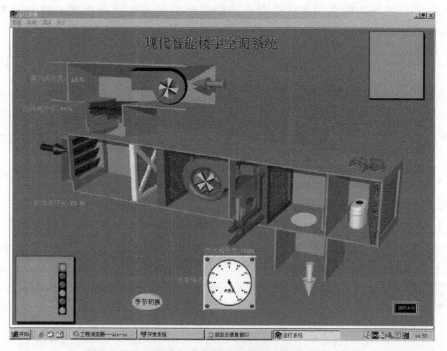

图 15-17　空调系统监控画面

15.3.4　暖通系统的监控

暖通系统主要包括热水锅炉房、换热站及供热网。供暖锅炉房的监控对象可分为燃烧系统和水系统两大部分，其监控系统可由若干 DDC 装置及一台中央管理机组成。各 DDC 装置分别对燃烧系统、水系统进行检测控制，由供热状况控制锅炉及各循环泵的开启台数，设定供水温度及循环流量，协调各台 DDC 完成监控管理功能。

1. 锅炉燃烧系统的监控

热水锅炉燃烧过程的监控任务主要是根据对产热量的要求控制送煤链条速度及进煤挡板高度，根据炉内燃烧情况，排烟含氧量及炉内负压控制鼓风、引风机的风量。检测的参数有：排烟温度；炉膛出口、省煤器及空气预热器出口温度；供水温度；炉膛、对流受热面进出口、省煤器、空气预热器、除尘器出口烟气压力；一次风、二次风压力；空气预热器前后压差；排烟含氧量信号；挡煤板高度位置信号。燃烧系统需要控制的参数有炉排速度，鼓风机、引风机风量及挡煤板高度。

2. 锅炉水系统的监控

锅炉水系统的监控的主要任务有以下三个方面：

（1）保证系统安全运行　主要保证主循环泵的正常工作及补水泵的及时补水，使锅炉中循环水不致中断，也不会由于欠压缺水而放空。

（2）计量和统计　确定供回水温度、循环水量和补水流量，以获得实际供热量和累计补水量等统计信息。

（3）运行工况调整　由要求改变循环水泵运行台数或改变循环水泵转速，调整循环水量，以适应供暖负荷的变化，节省电能。

15.3.5　冷热源及其水系统的监控

智能化大厦中的冷热源主要包括冷却水、冷冻水及热水制备系统，其监控特点如下：

1. 冷却水系统的监控

冷却水系统的主要作用是通过冷却塔和冷却水泵及管道系统向制冷机提供冷水，监控的目的主要是保证冷却塔风机、冷却水泵安全运行；确保制冷机冷凝器侧有足够的冷却水通过；根据室外气候情况及冷负荷调整冷却水运行工况，使冷却水温度在要求的设定范围内。

2. 冷冻水系统的监控

冷冻水系统由冷冻水循环泵通过管道系统连接冷冻机蒸发器及用户各种冷水设备组成。监控目的是保证冷冻机蒸发器通过足够的水量以使蒸发器正常工作；向冷冻水用户提供足够的水量以满足使用要求；在满足使用要求的前提下尽可能减少水泵耗电，实现节能运行。图15-18 是一个冷源系统监控原理。

3. 热水制备系统的监控

热水制备系统以热交换器为主要设备，其作用是产生生活、空调机供暖用热水。监控的目的是监测水力工况以保证热水系统的正常循环，控制热交换过程以保证要求的供热水参数。图 15-19 为热交换系统监控图。

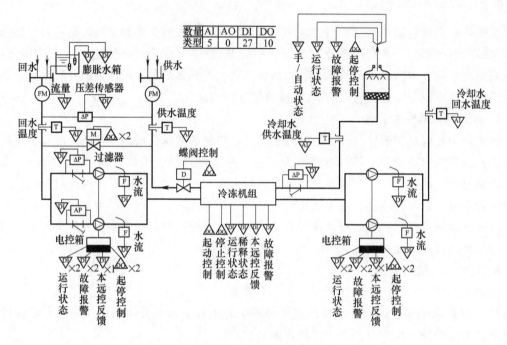

图 15-18 冷源系统监控原理

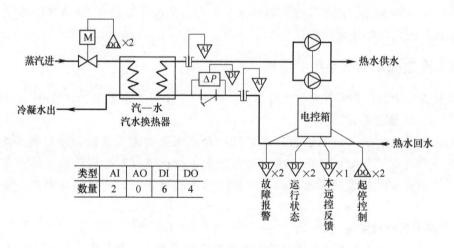

类型	AI	AO	DI	DO
数量	2	0	6	4

图 15-19 热交换系统监控图

15.4 给排水监控系统

给排水设备监控系统在保证供水质量、节约能源、实现供需水量和进排水量平衡方面起着重要的作用。在智能建筑中，给排水系统主要为生活给水排水系统和消防供水系统。本节只介绍生活给水排水监控系统。

15.4.1　生活给水监控系统

在智能建筑中，生活给水一般有水泵直接供水方式、气压罐压力供水方式和高低位水箱供水方式三种。水泵直接供水方式采用变频调速技术控制供需水量平衡，自带控制功能完备的 DDC 监控系统（具有与外界通信的接口）或"PLC+变频器"控制系统。气压罐压力供水方式是利用密闭储罐内空气的可压缩性进行储存、调节送水量和保持水压的供水方式。当密闭储罐内空气压缩时，压缩空气向罐内存储的水施加压力。高低位水箱供水方式是在低位（一般在地下室）设置低位水箱或蓄水池及供水水泵，屋顶设置高位水箱，供水水泵将水送至高位水箱，再利用高位水箱中水的重力进行供水。在高层和超高层建筑中，在屋顶及在不同高度的楼层可设置多个水箱，分别用不同扬程的水泵直接将水送至不同高度的水箱，或采用相同扬程的水泵以接力方式将水送至不同高度的水箱。

在建筑设备自动化系统中，对于前两种供水方式，采用直接通过电力配电箱进行监控，或利用自带的 DDC 系统的通信接口与本系统的监控系统或 BAS 进行系统集成。通过电力配电箱进行监控比较简单，但不能有效监控内部运行的关键参数。通过系统集成可能解决上述不足之处，但集成费用过高和集成技术较难。

在高低位水箱供水方式中，由给排水专业根据实际情况确定高、低位水箱、容量及数量，确定供水水泵的扬程、功能及流量等参数，其监控系统须由供水要求进行设计、现场安装和调试等。图 15-20 是高低位水箱给水监控系统原理图。

在高低位水箱供水方式中，低位水箱（或蓄水池）由室外城市供水管网供水，高位水箱从蓄水池由给水水泵供水，监控系统功能如下：

1）监控低位水箱和高位水箱的水位，保证生活用水和消防用水最低水位；当水位低于消防最低水位或高出溢出水位时，进行报警。

2）监控供水水泵的运行状态，故障时进行报警。

3）优化水泵运行，累计各水泵的运行时间，必要时产生维修和保养报告。

15.4.2　生活排水系统

智能化建筑的卫生条件要求较高，其排水系统必须通畅，保证水封不受破坏。有的建筑采用粪便污水与生活废水分流，避免水流干扰，改善卫生条件。智能化建筑一般都建有地下室，有的深入地面下 2~3 层或更深些，地下室的污水常不能以重力排除。在此情况下，污水集中于污水池，然后以排水泵将污水提升至室外排水管中。污水泵应为自动控制，保证排水安全。智能化建筑排水监控系统的监控对象为集水池和排水泵。排水监控系统的监控功能有：

1）污水池和废水集水池水位监测及超限报警。

2）根据污水池与废水集水池的水位，控制排水泵的起/停。当集水池的水位达到高限时，连锁起动相应的水泵；当水位达到高限时，连锁起动相应的备用泵，直到水位降至低限时连锁停泵。

3）排水泵运行状态的检测及发生故障时报警。

排水监控系统通常由水位开关、直接数字控制器组成，如图 15-21 所示。

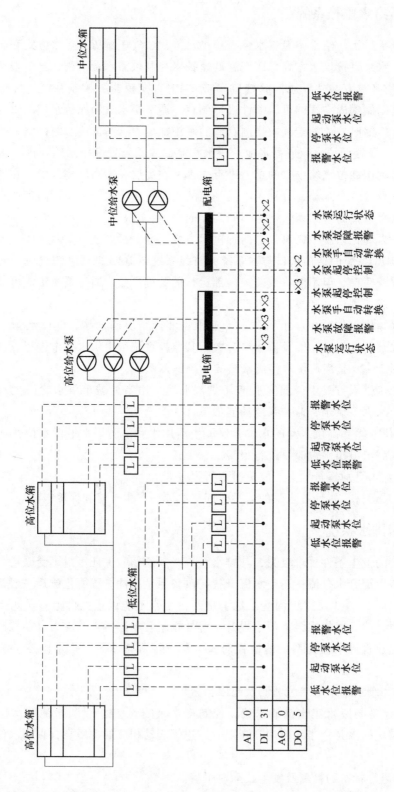

图15-20 高低位水箱给水监控系统原理图

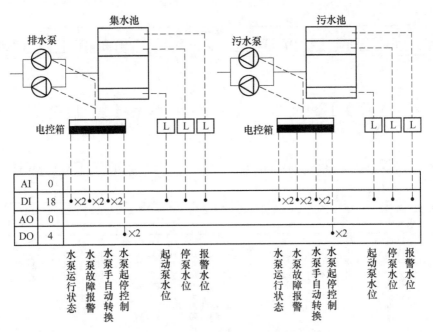

图 15-21　排水监控系统原理图

15.5　供配电监控系统

　　建筑设备自动化的运行须依靠正常的电力。对智能建筑的供配电系统进行监控，以维持电力系统的正常运行是保证智能建筑发挥功能的必要条件。供配电系统为供配电监控系统提供动力，供配电监控系统则为供配电系统提供保护。所以，供配电监控系统是建筑设备自动化系统的基本系统之一。为保证供配电监控系统的正常运行，通常还设置后备蓄电池组。

　　根据消防法，在高层建筑中的消防水泵、消防电梯、紧急疏散照明、防排烟设备、电动防火卷帘门等设备必须按照一级负荷的要求，设置自备应急柴油发电机组。当城市供电网停电时，能在 10~15s 内迅速起动并接上应急负荷。对柴油发电机组的监控应包括电压、电流的检测，机组运行状态监视，故障报警和日用油液位监测等功能。

　　建筑供配电系统直接与城市供电网相连，是城市供电网的一个终端。建筑供配电系统的运行安全直接关系到城市供电网的运行安全。因此要对建筑供配电系统进行监控，并保证建筑供配电系统的安全。但要说明的是即使没有监控系统，供配电系统也必须利用关键部位器件的自我保护功能实现对城市供电网和本系统的安全保护。而安装监控系统可及时发现隐患，根据报警提示及时进行维护，或定期打印检修报告，防患于未然。在出现故障后，也可利用监控系统的历史数据快速进行诊断和维修。

　　根据供配电系统的供电电压，常将供配电系统分为高压变配电段和低压变配电段。以变压器为划分界线，变压器的一次电压（6~10kV，大型建筑有可能更高）线路为高压变配电段，变压器的二次电压（380/220V）线路为低压变配电段。图 15-22 和图 15-23 分别是高、低压变配电监控系统原理图。

　　从图 15-22 和图 15-23 可以看到，供配电系统的主要功能有：

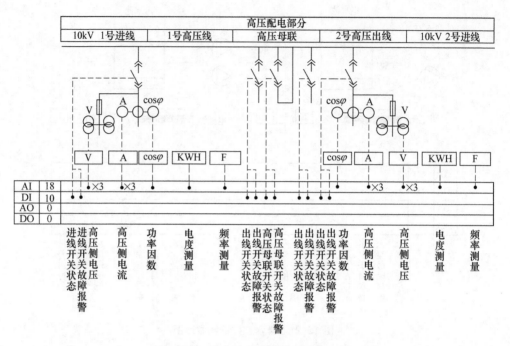

图 15-22　高压变配电监控系统原理图

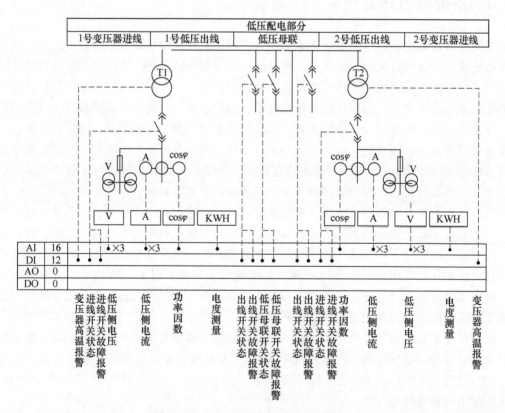

图 15-23　低压变配电监控系统原理图

1）检测各种反映供电质量和数量的参数（如电流、电压、频率、有功功率、无功功率、功率因数等）和功率计算，为正常运行时的计量管理、事故发生时的故障原因分析提供数据支持。

2）监控电气设备运行状态和变压器温度，并提供电气监控动态图形界面。若发现故障，则自动报警，并在动态图形界面上显示故障位置、相关电压、电流等参数。其中，监视的电气设备主要是指各种类型的开关，如高低压进线断路器、母线联络断路器等。

3）对各种电气设备运行时间进行统计，定时自动生成维护报告，实现对电气设备的自动管理。

4）为物业管理等服务提供支持。对建筑物内所有用电设备的用电量进行统计和电费计算，并根据需要，绘制日、月、年用电负荷曲线，为科学管理和决策提供支持。

5）发生火灾时，与消防系统进行联动，或通过消防自动化系统进行直接控制。

在高低压变配电系统中，变压器是关键设备之一。当变压器过载时，线圈温度升高。为防止持续高温造成的损坏，大型变压器常自带温度控制器，实现对变压器的简单保护，建筑设备自动化系统高低压监控系统可直接由温度控制器中获取开关量信号，并可省去对冷却风机的监控输出信号（DO）。

在供配电系统中，还存在风机状态、水泵、冷水机组、照明系统等各类型的低压动力柜（或配电箱）。在自动化程度要求较高的建筑设备自动化系统中，除了利用动力柜监控用电设备外，还需要对动力柜的供电质量和数量等参数进行监测。这些参数包括动力柜进线电流、进线电压、断路器及故障报警、进线有功功率、无功功率、功率因数、总电量等。另外，应高度重视在高低压变配电系统中一次检测仪表的耐压和要求。

15.6　照明监控系统

照明系统用电量在建筑中仅次于空调系统，故其监控系统也是建筑设备自动化系统的重要内容。随着人类生活水平的提高，照明系统除了满足照度的要求外，还应满足人们对灯光变幻效果（色彩、亮度、照射角度等）的要求及与其他系统（如声响系统）的协调。所以，照明监控系统在节能的基础上，还要在生活和工作环境中营造富有层次的、变幻的灯光氛围。现代照明监控系统须综合利用计算机技术、通信技术和控制技术，形成"照明智能化系统"。

照明智能化系统从人工控制、单机控制过渡到了整体性控制，从普通开关过渡到智能化信息开关。此照明监控系统既可根据环境照度变化自动调整灯光，达到节能的目的，还可预置场景变化，进行自动操作。

1. 建筑照明的种类

根据建筑基本功能的要求，建筑照明可以分以下几种：

（1）正常照明　主要满足正常生活和工作所需的照明。

（2）应急照明　主要满足建筑物出现事故时的照明。这类照明又可分为备用照明、疏散照明和安全照明。

（3）装饰照明　主要满足建筑物外观或内部变化和美化的照明，如室外立面照明。

（4）建筑障碍照明　主要满足高层建筑物安全的照明，如安装在最高处的航空障碍灯。

上述建筑照明系统一般由照明配电箱、供电回路和灯具组成。其监控方法是通过照明配电箱的各种辅助触点进行的，如图15-24所示。

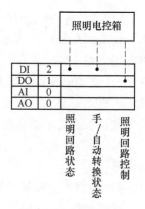

图 15-24　照明监控系统原理图

2. 监控照明的主要功能

从图15-24可看出，照明监控系统的主要功能为：

1）监测照明回路状态及手动/自动转换开关状态。

2）根据不同场所要求，可按照预先设定的时间表自动控制照明开关和回路开关。

当需要对上述功能扩展时，可增加各种诸如声控开关、人体感应器等作为输入设备，随时控制灯光的开启，实现更好的节能效果或安全作用。

15.7　电梯监控系统

电梯（见图15-25）是智能建筑必备的垂直交通工具。智能建筑的电梯包括普通客梯、消防梯、观光梯、货梯及自动扶梯等。电梯由轿厢、曳引机构、导轨、对重、安全装置和控制系统组成。在智能建筑中，对电梯的起动加速、制动减速、正反向运行、调速精度、调速范围和动态响应等都提出了很高的要求。故电梯常自带计算机控制系统以完成对电梯自身的全部控制，且留有与 BAS 的相应通信接口，用于与 BAS 交换需监测的状态、数据信息。

15.7.1　电梯系统监控的内容

1. 按设定的时间表起/停电梯、监视电梯运行方式、运行状态、故障及紧急状况检测与报警

1）运行方式监测。包括自动、电梯工、检修、消防等方式检测。

2）运行状态监测。包括起动/停止状态、运行方向、所处楼层位置、安全、门锁、急停、开门、关门、关门到位、超载等，通过自动检测并将各状态信息通过 DDC 进入监控系统主机，动态显示各台电梯的实时状态。

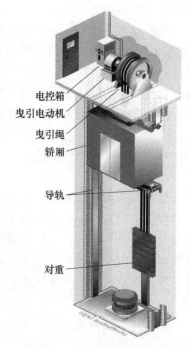

图 15-25　电梯结构示意图

3）故障检测。包括电动机、电磁制动器等各装置出现故障后能自动报警，并显示故障电梯的地点、发生故障时间、故障状态等。

4）紧急状况检测。包括火灾、地震状况检测等，一经发现，立即报警。

2. 多台电梯群控管理

电梯是现代大楼内主要的垂直交通工具。

大楼有大量的人流、物流的垂直输送，故要求电梯智能化。在大型智能建筑中，常安装多部电梯，若电梯都各自独立运行，则不能提高运行效率。为减少浪费，须由电梯台数和高峰客流量大小，对电梯的运行进行综合调配和管理，即电梯群控技术。

群控方式电梯是将多台电梯编为一组来控制，可以随着乘客量的多少，自动变换运行方式。若乘客量少时，自动少开电梯；乘客量多时，则多开电梯。这种电梯的运行方式完全不用人工操作。所有的探测器通过DDC总线连到控制网络，计算机根据各楼层的用户召唤情况、电梯载荷，及由井道探测器所提供各机位置信息，进行分析后，响应用户的呼唤；在出现故障时，根据红外探测器探测到是否有人，进行响应的处理。

通过对多台电梯的优化控制，使电梯系统具有高的运行效率，并及时向乘客通报等待时间，满足乘客生理和心理要求，实现高效率的垂直输送。一般智能电梯均系多微机群控，并与维修、消防、公安、电信等部门联网，做到节能、确保安全、环境优美、实现无人化管理。

发生火灾或地震灾害时，普通电梯直驶首层、放客，切断电梯电源；消防电梯由应急电源供电，在首层待命。接到防盗信号时，根据保安要求自动行驶至规定楼层，并对轿厢门实行监控。

15.7.2 电梯监控系统的构成

专用电梯监控系统是以计算机为核心的智能化监控系统，如图15-26所示。电梯监控系统由主控计算机、显示装置、打印机、远程操作台、通信网络、现场控制器DDC等组成。

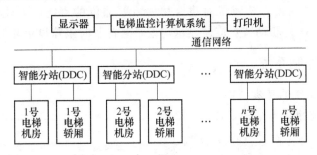

图15-26 电梯监控系统的结构

主控计算机负责各种数据的采集和处理，显示器采用大屏幕高分辨率彩色显示器，用于显示监视的各种状态、数据等画面，及作为实现操作控制的人机界面。电梯的运行状态可由管理人员在监控系统上进行强行干预，以便根据需要随时起动或停止任何一台电梯。当发生火灾等紧急情况时，消防监控系统及时向电梯监控系统发出报警和控制信息，电梯监控系统主机再向相应的电梯现场控制器DDC装置发出相应的控制信号，使它们进入预定的工作状态。

监控人员可在屏幕上通过画面观察到整个电梯的运行状态和几乎全部动、静态信息。

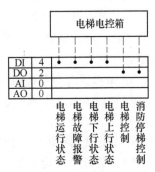

图15-27 BAS对电梯系统的监测原理

15.7.3 BAS对电梯系统的监控

BAS电梯监测系统如图15-27所示。监测信号为硬接点方式取得的DI信号。主要监测内容如下：

1) 状态检测。包括电梯的上升、下降及运行状态。

2) 报警。包括电梯故障及发生地震、火灾时的报警。

15.8 安全防范系统

15.8.1 概述

智能楼宇的安全防范系统要求能够实现防范、报警和监视与记录等功能，并具备自检和防破坏功能。另外，系统应有一定的延时功能，以免工作人员还在布防区域就报警，造成误报。

根据安全防范系统应具备的功能，安全防范系统一般由以下三部分组成：

1) 出入口控制系统。主要是控制那些从正常设置的门进入的人员。系统对被授予各种权限的人员的身份进行辨识，对未授权的人员加以限制。针对不正常的强行闯入者，系统通过设定的各种门磁开关等装置发现闯入者并报警。停车场自动管理系统和可视对讲系统，它们是对进入的车辆和人员进行管理和控制。

2) 防盗报警系统。防盗报警系统利用各种探测装置对楼宇重要地点或区域进行布防。当探测装置探测到有人非法侵入时，系统将自动报警。附设的手动报警装置常有紧急按钮、脚踏开关等。

3) 闭路电视监视系统。该系统对建筑物内重要部位的事态、人流等动态状况进行监视。当报警系统报警时，联动装置应使显示与记录装置及时跟踪显示并记录事故现场情况。

15.8.2 出入口控制系统

1. 出入口控制系统的基本结构

出入口控制系统的基本结构如图15-28所示。最基本的设备有辨识装置、电子门锁、可视对讲、出口按钮、门磁开关等，它们输出信号并送到控制器。由控制器根据发来的信号和原先已存储的信号相比较并作出判断，然后发出处理信息。每个控制器管理若干个门，可自成一独立的出入口控制系统，多个控制器通过网络与计算机联系起来，构成全楼宇的出入口控制系统。计算机通过管理软件对系统中的所有信息加以处理。

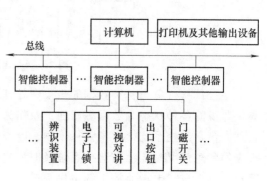

图 15-28 出入口控制系统的基本结构

2. 出入口控制系统的辨识装置

(1) 磁卡及读卡机 它是目前最常用的卡片系统，它利用磁感应对磁卡中磁性材料形成的密码进行辨识。磁卡成本低，可随时改变密码，使用方便，广泛用于各种楼宇的出入口和停车场的管理系统中。但易被消磁和磨损。

(2) 智能卡及读卡机 当卡片进入读卡机振荡能量范围时，读卡机产生一特殊振荡频率，卡片内的感应线圈的感应电动势使内部集成电路（IC）所决定的信号发射到读卡机，读卡机将接收的信号转换成卡片资料，送到控制器加以比较识别。当卡片上的IC为CPU时，卡片就有了"智能"，此类IC卡称智能卡。它制造工艺略复杂，但其不用在刷卡槽上刷卡，不用更换电池，不易被复制，寿命长和使用方便。

（3）指纹机　利用每个人具有不完全相同的指纹，指纹机把进入人员的指纹信息与原来预存的指纹信息加以对比辨识，可达到很高的安全性，但造价要比磁卡机或 IC 卡系统高。

（4）视网膜辨识机　利用光学摄像对比原理，比较每个人的视网膜血管分布的差异。这种系统几乎是不可能复制的，安全性高，但技术复杂。同时也还存在着辨识时对人眼不同程度的伤害。人有病时，视网膜血管的分布也有一定变化而影响准确。

3. 停车场自动管理系统

在几乎都有大型停车场的现代楼宇中设置停车场车辆的自动管理系统很有必要。首先是防盗，所有在停车场的车辆均需"验明正身"才能放行。其次可实施自动收费。

停车场自动管理系统有以下几类：

（1）入口时租车道管理型　如图 15-29 所示，在车场入口处安装一套入口设备，负责控制内部月卡车辆及临时车辆的进场，可实现无人值守。入口设备包括满位指示灯、入口控制机、入口电动栏杆及分布在控制机、栏杆下面的两个车辆检测器。当汽车驶入车库入口并停在出票机前时，出票机指示出票，按下出票按钮并抽出印有入库时间、日期、车道号等信息的票券后，闸门机上升开启，汽车进闸驶过复位环形线圈后，经复位感应器检测确定已驶过，则控制闸门自动放下关闭。

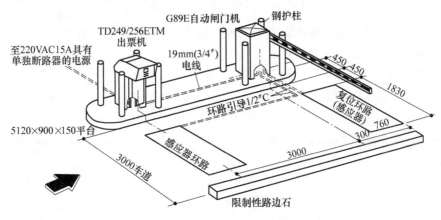

图 15-29　入口时租车道管理型

一些智能控制功能有效增强了系统的安全性和稳定性，主要有：同一辆车在取票的同时读卡无效，或在读卡的同时取票无效，这样可以有效防止取票读卡同时进行导致虚增进场车辆情况的发生；同一辆车一次只能取一张票；车辆取票后没有进场，在车辆退出后该张票失效；防月卡反传功能，即已进场月卡在出场之前无法再次进入，或没有进场的月卡不能在出口处读卡出场。

（2）时租、月租出口管理型　如图 15-30 所示，它由出票验票机、闸门机、收费机、环形线圈感应器等组成。入库部分与图一样，在检测到有效月票或按压取票后，闸门机上升开启；当汽车离开复位线圈感应器时，闸门机自动放下关闭。出库部分可采用人工收费或设验票机，检测到有效月票后，闸门机自动上升开启，当汽车驶离复位线圈感应器后闸门机自动放下关闭。

（3）验硬币或人工收费管理型　它由硬币机、收费机、闸门机和复位线圈感应器等组

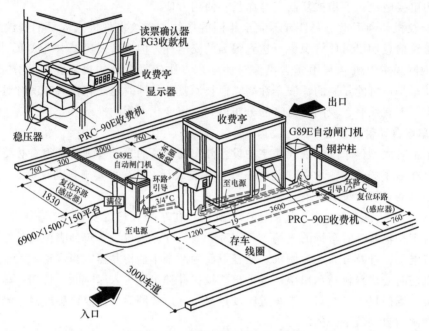

图 15-30　时租、月租出口管理型

成。当汽车出库时，可采用投硬币和人工收费，经确认有效后，闸门机上升开启；当汽车驶离复位线圈感应器后，闸门机自动放下关闭。

4. 可视对讲系统

可视对讲系统是在对讲机-电锁门保安系统的基础上加闭路电视监视系统而成。可视对讲系统在楼宇的入口处设有电锁门，上面设有电磁门锁，平时门总是关闭的。在入口的门边外墙上嵌有大门对讲机按钮盘。来访者需依照探访对象的楼层和单元号按按钮盘的相应按钮，此时，被访者的对讲机铃响。被访者通过话机与来访者对话。大门外的总按钮箱内也装设一部对讲机。当被访者问明来意并同意探访，即可按动附设于话筒上的按钮，一般此按钮隐蔽在话筒下面，只有拿起话筒，才能操作按钮。此时入口电锁门的电磁铁通电动作将门打开，来访者即可推门进入。可视对讲系统由主机（室外机）、分机（室内机）、不间断电源和电控锁组成，如图 15-31 所示。

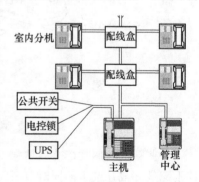

图 15-31　可视对讲系统连接图

15.8.3　防盗报警系统

1. 防盗报警系统的基本结构

防盗报警系统一般由探测器、区域控制器和报警控制中心的计算机三个部分组成，其中最底层的是探测和执行设备，它们负责探测非法闯入等异常报警，同时向区域控制器发送信息。区域控制器再向报警控制中心计算机传送所负责区域内的报警情况。控制中心的计算机负责管理整幢楼宇的防盗报警系统，并通过通信接口可受控于主计算机，如图 15-32 所示。

2. 常用探测器

（1）点型入侵探测器　点型报警探测器是指警戒范围仅是一个点的报警器。如门、窗、保险柜等这些警戒的范围只是某一特定部位。常见的有以下几种报警器：

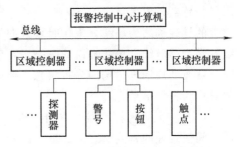

图 15-32　防盗报警系统的基本结构

1）开关入侵探测器。开关是防盗系统中最基本、简单而经济有效的探测器。最常用的开关包括微动开关、磁簧开关两种。开关一般装在门窗上，线路的连接可分常开和常闭两种。磁控开关主要用于封锁门或窗，其可靠性高、误报率低。

2）振动入侵探测器。当入侵者进入设防区域，引起地面、门窗振动，或入侵者撞击门、窗和保险柜，引起振动，发出报警信号的探测器称振动入侵探测器。常见的有压电式振动入侵探测器和电动式的振动入侵探测器。

（2）直线型入侵探测器　直线型报警探测器是指警戒范围是一条线束的探测器，常见的有主动式红外线报警器和被动式红外线报警器。

1）主动式红外线报警器。主动式红外报警器是由收、发装置两部分组成，如图 15-33 所示。当罪犯横跨门窗或其他防护区域时，挡住了不可见的红外光束，以引起

图 15-33　主动式红外线报警器

报警，所以，探测用的红外线必须先调制到特定的频率再发送出去，而接收器也必须配有频率与相位鉴别的电路来判别光束的真伪或防止日光等光源的干扰。安装时应注意：封锁的路线一定是直线，中间不能有阻挡物。

2）被动式红外报警器。它是利用人体的温度来进行探测的，有时也称它为人体探测器。任何物体因表面温度不同都会发出强弱不等的红外线，人体所辐射的红外线波长在 $10\mu m$ 左右。被动式红外报警器在结构上可分为红外探测器和报警控制部分。被动式红外探测器根据视场探测模式，可直接安装在墙上、顶棚上或墙角。

（3）面型入侵探测器　面型报警探测器警戒范围为一个面，当警戒面上出现危害时，即发出报警信号。这类报警器可固定安装在现有的围墙或栅栏上，有人翻越或破坏时即可报警。传感器也可埋设在周界地段的地层下，当入侵者接近或越过周界时产生报警信号，使值守及早发现，及时采取制止入侵的措施。

1）泄漏电缆传感器。这种传感器类似于电缆结构，其中心是铜导线，外面包围着绝缘材料，绝缘材料外面用两条金属（如铜皮）屏蔽层以螺旋方式交叉缠绕并留有方形或圆孔隙，以便漏出绝缘材料层。把平行安装的两根泄漏电缆分别接到高频发射器和接收器就组成了泄漏电缆周界报警器，如图 15-34 所示。发射机通过 T 向外发送探测信号，而这高频探测信号通过漏孔向外传布，在两根电缆之间形成一稳定交变电场。一部分能量传入 R 接收电缆，经放大处理后，存入接收机存储器。一旦有人或物入侵探测区，对电场产生干扰，凡接收到的电场与原存储信号比较，发生差异，发出报警信号。

2）平行线周界传感器。如图 15-35 所示，该

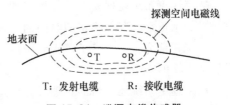

T：发射电缆　　R：接收电缆

图 15-34　泄漏电缆传感器

周界传感器是由多条（2～10条）平行导线构成的。与振荡频率为 1～40kHz 的信号发生器连接的导线称之为场线，工作时场线向周围空间辐射电磁能量。与报警信号处理器连接的导线称之为感应线，场线辐射的电磁场在感应线中产生感应电流。入侵者靠近或穿越平行导线时，就改变周围电磁场的分布状态，使感应电流发生变化，报警信号处理器检测出此电流变化量作为报警信号。

（4）空间入侵探测器 空间入侵探测器是指警戒范围是一个空间的报警器。当这个警戒空间任意处的警戒状态被破坏，即发出报警信号。常见的有声控报警器、微波报警器和超声波报警器。

1）声控报警器。声控报警器用传声器做传感器（声控头），用来测控入侵者在防范区域内走动或作案活动发出的声响，并将此声响转换为报警电信号经传输线送入报警主控器，其示意图可见图 15-36。

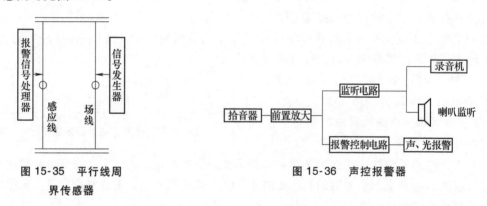

图 15-35　平行线周
界传感器

图 15-36　声控报警器

2）微波报警器。微波报警器是利用微波能量的辐射及探测技术构成的报警器。按工作原理的不同又可分为微波移动报警器和微波阻挡报警器两种。

① 微波移动报警器。利用频率为 300～300000MHz（通常为 10000MHz）的电磁波对运动目标产生的多普勒效应构成的微波报警装置，它又称为多普勒式微波报警器。

② 微波阻挡报警器。由微波发射机、微波接收机和信号处理器组成，使用时将发射天线和接收天线相对放置在监视场地的两端，发射天线发射微波束直接送达接收天线。当有运动目标阻挡微波束时，接收天线接收到的微波能量减弱或消失，此时产生报警信号。

3）超声波报警器。超声波报警器利用多普勒效应，超声发射器发射 25～40kHz 的超声波充满室内空间，超声接收机接收从墙壁、地板及室内其他物体反射回来的超声能量，与发射波的频率相比较。当入侵者在探测区内移动时，超声反射波会产生大约 ±100Hz 多普勒频移，接收机检测出这两种波的频差后，发出报警信号。

3. 楼宇巡更系统

楼宇巡更系统是保安人员在规定的巡逻路线上，在指定的时间和地点向中央控制站发回信号以表示正常。若在指定的时间内，信号没有发到中央控制站，或不按规定的次序出现信号，系统将认为异常。有了巡更系统后，如巡逻人员出现问题或危险，会很快被发现，由此增加了大楼的安全性。

楼宇巡更系统还可帮助管理者分析巡逻人员的表现，且管理者可通过软件随时更改巡逻路线，以配合不同场合的需要，也可通过打印机打印出各种简单明了的报告。

在指定的巡逻路线上安装巡更按钮和读卡器，保安人员在巡逻时依次输入信息。控制中心的计算机上有巡更系统的管理程序，可设定巡更线路和方式。某楼宇巡更系统的示意图如图 15-37 所示。

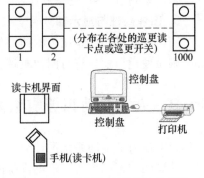

图 15-37　某楼宇巡更系统示意图

15.8.4　闭路电视监视系统

闭路电视监视系统在智能楼宇的安全防范系统中有如是一对"眼睛"，它的作用是不言而喻的。且由于摄像器件的固体化和小型化，及电视技术的飞速发展，闭路电视监视系统用于楼宇保安系统中越来越广泛，显得越来越不可缺少。

1. 闭路电视监视系统的基本结构

闭路电视监视系统按其工作原理可分为摄像、传输、控制、显示与记录四个部分，如图 15-38 所示。

图 15-38　闭路电视监控系统的基本组成

2. 摄像部分

该部分的作用是把系统所监视的目标，即把摄体的光、声信号变成电信号，然后送入闭路电视监视系统的传输分配部分进行传送。摄像部分的核心是电视摄像机，是光电信号转换的主体设备，是整个闭路电视监视系统的眼睛。摄像机的种类很多，不同的系统可由不同的使用目的选择不同的摄像机及镜头、滤色片等。

3. 传输分配部分

该部分的作用是将摄像机输出的视频信号馈送到中心机房和其他监视点。主要设备有：

1）馈线传输。包括同轴电缆、平衡式电缆、光缆。

2）视频分配器。将一路视频信号分配给多路输出信号，供多台监视系统监视同一目标，或用于将一路图像信号向多个系统接力传送。

3）视频电缆补偿器。在长距离传输中，对长距离传输造成的视频信号损耗进行补偿放大，保证信号的长距离传输而不影响图像质量。

4）视频放大器。用于系统的干线上，当传输距离较远时，对视频信号进行放大，补偿传输过程中的信号衰减。

4. 控制部分

该部分的作用是在中心机房通过有关设备对系统的摄像和传输分配部分的设备进行远距离遥控。主要设备有：

1）集中控制器。一般装在中心机房、调度室或某些监视点上。使用控制器再配合一些辅助设备，可对摄像机工作状态，如电源的接通、关断、水平旋转、垂直俯仰、远距离的广角变焦等进行遥控。

2）电动云台。用于安装摄像机，云台在控制电压的作用下，作水平和垂直转动，使摄像机能在大范围内对准并摄取所需要的观察目标。

3）云台控制器。它与云台配合使用，其作用是在集中控制器输出的控制电压作用下，输出交流电压至云台，驱动云台内电动机转动，完成转动等。

4）微机控制器。它是一种较先进的多功能控制器，采用微处理技术，稳定性和可靠性好。

5. 图像处理与显示部分

图像处理是指对系统传输的图像信号进行切换、记录、重放、加工和复制等功能。显示部分则是使用监视器进行图像重现，还可采用投影电视来显示其图像信号。

15.9 火灾自动报警与消防联动控制系统

智能建筑的消防系统设计应立足于防患于未然，在尽量选用阻燃型的建筑装修材料的同时，其照明与配电系统、机电设备的控制系统等强电系统必须符合消防要求，以建立一个对各类火情能准确探测、快速报警，并迅速将火势扑灭在起始状态的智能消防系统。

15.9.1 系统组成

根据国家有关建筑物防火规范的要求，一个较完整的消防系统（见图 15-39）具体由以下几部分组成。

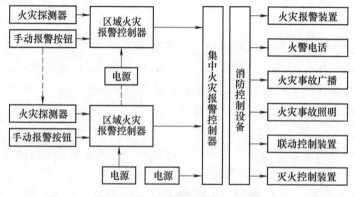

图 15-39 消防系统组成示意图

（1）火灾探测与报警系统　它主要由火灾探测器和火灾自动报警控制装置等组成。

（2）通报、疏散与监视系统　由紧急广播系统（平时为背景音乐系统）、事故照明系统及避难诱导灯等组成。

（3）灭火控制系统　由自动喷洒装置，气体灭火控制装置、液体灭火控制装置等构成。

（4）防排烟控制系统　主要实现对防火门、防火阀、排烟口、防火卷帘、排烟风机、防烟垂壁等设备的控制。

消防系统的工作原理是：当某区域发生火灾时，该区域的探测器探测到火灾信号，输入到区域报警控制器，再由集中报警控制器送到中心监控系统，该中心判断了火灾的位置后即发出指令，指挥自动喷洒装置，气体或/和液体灭火器进行灭火，同时，紧急广播发出疏散广播，照明和避难诱导灯亮。此外，还可起动防火门、防火阀、排烟门、卷闸、排烟风机等进行隔离和排烟等。

15.9.2 火灾探测器

一般来说，物质由开始燃烧到火势渐大酿成火灾总有一个过程，依次是产生烟雾、周围温度逐渐升高、产生可见光或不可见光等，如图 15-40 所示。因任一种探测器都不是万能的，故由火灾早期产生的烟雾、光和气体等现象选择合适的火灾探测器是降低火灾损失的关键。

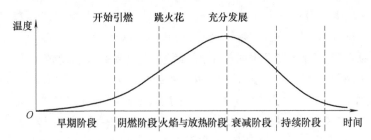

图 15-40　燃烧过程图

1. 火灾探测器的分类

根据火灾探测方法和原理，目前世界各国生产的火灾探测器主要有感烟式、感温式、感光式、可燃气体探测式和复合式等类型。

（1）感烟火灾探测器　感烟探测器对燃烧或热解产生的固体或液体微粒予以响应，可探测物质初期燃烧所产生的气溶胶（直径为 0.01～0.1pm 的微粒）或烟粒子浓度。因感烟探测器对火灾前期及早期报警很有效，应用广泛。常用的感烟探测器有离子感烟探测器、光电感烟探测器等。

1）离子感烟探测器。离子感烟探测器是利用烟雾粒子改变电离室电离电流的原理设计的感烟探测器。电离室在电场作用下，正、负离子呈有规则运动，使电离室形成离子电流。当烟粒子进入电离室时，被电离的正离子和负离子被吸附到烟雾粒子上，使正离子和负离子互相中和的概率增加，使到达电极的有效离子数减少。另外，因烟粒子的作用，α 射线被阻挡，电离能力降低，电离室内产生的正负离子数减少，导致电离电流减少。当减少到一定值时，控制电路动作，发出报警信号。此报警信号传输给报警器，实现了火灾自动报警。

2）光电感烟探测器。根据烟雾对光的吸收和散射作用，光电感烟探测器分为散射型和遮光型两种。

散射型光电感烟探测器利用光散射原理对火灾初期产生的烟雾进行探测，并及时发出报警信号。其发光元件（发光二极管）和受光元件（光敏元件）的位置不是相对的。无烟雾时，光不能射到光敏元件上。有烟雾存在时，光通过烟雾粒子的散射到达光敏元件上，光信号转换为电信号。当烟粒子浓度达到一定值时，散射光的能量就足以产生一定大小的激励用光电流，经放大电路放大后，驱动报警装置，发出火灾报警信号。

遮光型光电感烟探测器由一个光源（发光二极管）和一个光敏元件（硅光电池）对应装置在小暗室（采样室）里构成。在正常情况下，光源发出的光通过透镜聚成光束，照射到光敏元件上，并将其转换成电信号，使整个电路维持正常状态，不发生报警。当发生火灾有烟雾存在时，光源发出的光线受烟离子的散射和吸收作用，使光的传播特性改变，光敏元件接收的光强明显减弱，电路正常状态被破坏，发出声光报警。

一般来说，离子式感烟探测器比光电式感烟探测器具有更好的外部适应性，适用于大多数现场条件复杂的场所，如办公室、教室、卧室、走廊、餐厅、歌舞厅、仓库、档案室、配电间、电话机房和空调机房等。光电式感烟探测器较适合于化学实验室、药品库、计算机房、放射性场所等外界环境单一或有特殊要求的场所。

（2）感温火灾探测器　感温探测器是响应异常温度、温升速率和温差等参数的探测器。按其作用原理可分为定温式、差温式和差定温式三大类。

1）定温式探测器。温度达到或超过预定值时响应的感温式探测器，常用的类型为双金属定温式点型探测器。其常用结构形式有圆筒状和圆盘状两种。

2）差温式探测器。当火灾发生时，室内温度升高速率达到预定值时响应的探测器。

3）差定温式探测器。兼有差温和定温两功能的探测器，当其中某一种功能失效时，另一种功能仍能起作用，大大提高了可靠性。差定温式探测器分为机械式和电子式两种。

（3）感光式火灾探测器　感光式火灾探测器又称火焰探测器。可对火焰辐射出的红外线、紫外线、可见光予以响应。这种探测器对迅速发生的火灾或爆炸能够及时响应。

（4）气体火灾探测器　气体火灾探测器又称可燃气体探测器，是对探测区域内的气体参数敏感响应的探测器。它主要用于炼油厂、溶剂库和汽车库等易燃易爆场所。

（5）复合火灾探测器　复合火灾探测器是对两种或两种以上火灾参数进行响应的探测器。它主要有感温感烟探测器、感温感光探测器和感烟感光探测器等。

2. 火灾探测器的选择

探测器的选择非常重要，选择的合理与否，关系到系统的运行情况。探测器的选择应根据探测区域内的环境条件、火灾特点、房间高度及安装场所的气流状况等，选用其所适宜类型的探测器或几种探测器的组合，如图 15-41 所示。

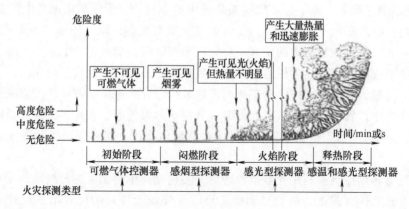

图 15-41　火灾探测器的选择

火灾受可燃物质的类别、着火的性质、可燃物质的分布、着火场所的条件、新鲜空气的供给程度及环境温度等因素的影响。一般把火灾的发生与发展分为四个阶段。

前期：火灾尚未形成，只出现一定量的烟，基本上未造成物质损失。

早期：火灾开始形成，烟量大增，温度上升，已开始出现火，造成较小的损失。

中期：火灾已经形成，温度很高，燃烧加速，造成了较大的物质损失。

晚期：火灾已经扩散，造成一定损失。

根据以上对火灾特点的分析，对探测器选择如下：

1）感烟探测器在前期、早期报警是非常有效的。凡是要求火灾损失小的重要地点，类似在火灾初期有阴燃阶段及产生大量的烟和小量的热，很少或没有火焰辐射的火灾，如棉、麻织物的引燃等，都适于选用。不适于选用的场所有：正常情况下有烟的场所，经常有粉尘和水蒸气等固体、液体微粒出现的场所，发火迅速、生烟极少及爆炸性场合。

2）光电式感烟探测器与离子式感烟探测器的适用场合基本相同，但离子式感烟探测器对人眼看不到的微小颗粒同样敏感。对一些相对分子质量大的气体分子，会使探测器发生动作。在风速过大的场合将引起探测器不稳定且其敏感元件的寿命较光电式感烟探测器的短。

3）对于有强烈的火焰辐射而仅有少量烟和热产生的火灾、液体燃烧等无阴燃阶段的火灾，应选用感光探测器。但不宜在火焰出现前有浓烟扩散的场所、探测器的镜头易被污染、遮挡的场所、探测器易受阳光或其他光源直接或间接照射的场所，及在正常情况下有明火作业及 X 射线、弧光等影响的场所中使用。

4）对使用、生产和聚集可燃气体或可燃液体蒸气的场所，应选择可燃气体探测器。

5）感温探测器在火灾形成早期、中期报警非常有效。因其工作稳定，不受非火灾性烟雾、汽、尘等干扰，故凡无法应用感烟探测器、允许产生一定量的物质损失、非爆炸性的场合都可采用感温探测器。感温探测器特别适用于经常存在大量粉尘、烟雾、水蒸气的场所及相对湿度经常高于95%的房间（如厨房、锅炉房、发电机房、烘干车间和吸烟室等），但不适用于有可能产生阴燃火的场所。其中：

① 定温型允许温度有较大变化，比较稳定，但火灾造成的损失较大。在0℃以下的场所不宜选用。

② 差温型适用于火灾早期报警，火灾造成损失较小，但火灾温度升高过慢则无反应而漏报。

③ 差定温型具有差温型的优点而又比差温型更可靠，所以最好选用差定温探测器。

对于火灾形成特征不可预料的场所，可由模拟实验的结果选择探测器。各探测器都可配合使用，如感烟与感温探测器的组合，适用于大中型计算机房、洁净厂房及有防火卷帘设施的地方。对蔓延迅速、有大量的烟和热产生、有火焰辐射的火灾，如油品燃烧等，宜选用三种探测器的配合。

15.9.3　火灾报警控制器

火灾报警控制器按用途来分有三种类型：区域报警控制器、集中报警控制器和通用报警控制器。区域报警控制器是直接接收火灾探测器（或中继器）发来报警信号的多路火灾报警控制器。集中报警控制器是接收区域报警控制器发来的报警信号的多路火灾报警控制器。通用报警控制器是既可作区域报警控制器又可作集中报警控制器的多路火灾报警控制器。

火灾报警控制器按系统布线制式分为总线制和多线制两种类型。

多线制施工与维护相当繁杂，现已渐渐为总线制所取代。总线制是在多线制基础上发展起来的。随着现代电子技术与微型计算机技术应用于火灾自动报警系统，改变了以往多线制系统的直流巡检功能，代之以使用数字脉冲信号巡检和信息压缩传输，采用编码及译码逻辑电路来实现探测器与控制器的协议通信，减少了总线数，工程布线变得非常灵活，并形成支状和环状两种典型布线结构。二总线制和四总线制是常用的两种总线制。

火灾报警控制器性能好坏直接关系到火灾的早期发现和扑救的成功与否，对于能否将火灾带来的损失限制在最小范围起着决定性作用。火灾报警控制器的重要性决定了它的主要技术性能包括以下内容：确保不漏报；减少误报率；自检和巡检，确保线路完好，信号可靠传输；火警优先于故障报警；电源监测及自动切换，主电源断电时能自动切换到备用电源上，同时具备电源状态监测电路；控制功能，能驱动外控继电器，以便联动所需控制的消防设备；兼容性强，调试及维护方便；工程布线简单、灵活。

1. 火灾报警控制器的分类

（1）按设计使用要求分为以下三类

1）区域火灾报警控制器直接连接火灾探测器，处理各种报警信息，是组成自动报警系统最常用的设备之一。

2）集中火灾报警控制器一般与区域火灾报警控制器相连，处理区域火灾报警控制器送来的报警信号，常使用在较大型系统中。

3）通用火灾报警控制器兼有区域、集中两级火灾报警控制器的双重特点。通过设置和修改某些参数（可以是硬件或软件方面），既可连接探测器作区域级使用，又可连接区域火灾报警控制器作集中级使用。

（2）按内部电路设计分为以下两类

1）普通型火灾报警控制器的电路设计采用通用逻辑组合形式，成本低廉、使用简单，易于实现以标准单元的插板组合方式进行功能扩展，其功能一般较简单。

2）微机型火灾报警控制器的电路设计采用微机结构，对硬件及软件程序均有相应要求，功能扩展方便、技术要求复杂、硬件可靠性高，是火灾报警控制器的首选形式。

（3）按处理方式分为以下两类

1）有阈值火灾报警控制器处理的探测信号为阶跃开关量信号，对火灾探测器发出的报警信号不能进一步处理，火灾报警取决于探测器。

2）无阈值模拟量火灾报警控制器处理的探测信号为连续的模拟量信号。其报警主动权掌握在控制器方面，可具有智能结构，是现代火灾报警控制器的发展方向。

（4）按系统连线方式分为以下两类

1）多线制火灾报警控制器与探测器的连接采用一一对应的方式，每个探测器至少有一根线与控制器连接，连线较多，仅适用于小型火灾自动报警系统。

2）总线制火灾报警控制器与探测器采用总线方式连接。所有探测器均并联或串联在总线上，一般总线数量为2~4根，安装、调试、使用方便，工程造价较低，适用于大型火灾自动报警系统。

火灾报警控制器还可按照结构形式、防爆性能、使用环境等分类，这里不再赘述。

2. 火灾报警控制器的组成

火灾报警控制器由电源和主机两部分组成。

（1）电源部分　电源部分给主机和探测器提供高稳定度的电源，并有电源保护环节，使整个系统的技术性能得到保障。目前大多数控制器使用开关式稳压电源。

（2）主机部分　控制器的主机部分承担着将火灾探测源传来的信号进行处理、报警并中继的作用。从原理上讲，无论是区域报警控制器，还是集中报警控制器，都遵循同一工作模式，即收集探测源信号—输入单元—自动监控单元—输出单元。同时，为了使用方便，增加了辅助人机接口—键盘、显示部分、输出联动控制部分、计算机通信部分和打印机部分等，如图15-42所示。

3. 火灾报警控制器的基本功能

火灾报警控制器的基本功能有以下八种：

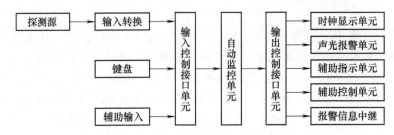

图 15-42　火灾报警控制器工作原理

（1）主、备电源　火灾报警控制器的电源应由主电源和备用电源互补的两部分组成。主电源为 220V 交流市电，备用电源选用可充放电反复使用的各种蓄电池。当主电网有电时，控制器自动利用主电网供电，并对电池充电。当主电网断电时，控制器会自动切换改用电池供电，以保证系统的正常运行。

（2）火灾报警　当火灾探测器、手动报警按钮或其他火灾报警信号单元发出火灾报警信号时，控制器能迅速、准确地接收、处理，进行火灾声光报警，指出具体火警部位和时间。

（3）故障报警　系统在正常运行时，控制器能对现场所有的设备及控制器自身进行监视，如有故障发生立即报警，并指示具体故障部位。

（4）时钟单元功能　控制器本身提供一个工作时钟，用于对工作状态提供监视参考。

（5）火灾报警记忆功能　当控制器收到探测器火灾报警信号时，能保持并记忆，不随报警信号源的消失而消失。同时也能继续接收、处理其他火灾报警信号。

（6）火警优先　在系统出现故障的情况下出现火警，报警器能由报故障自动转变为报火警，而当火警被清除后又自动恢复报原有故障。

（7）调显火警　当火灾报警时，数码管显示首次火警地址，通过键盘操作可调显其他的火警地址。

（8）输出控制功能　火灾报警控制器具有最少一对以上的输出控制触点，用于火灾报警时的联动控制。

15.9.4　火灾自动报警系统

1. 火灾自动报警系统的线制

这里所说的线制是指探测器和控制器之间的传输线的线数。按线制分，火灾自动报警系统分为多线制和总线制。

（1）多线制　多线制的特点是一个探测器构成一个回路，与火灾报警控制器连接。多线制分为四线制和二线制。四线制即 $n+4$ 制，如图 15-43 所示。n 为探测器数，四指公用线数，分别为电源线 V（24V）、地线 G、信号线 S、自诊断线 T，每个探测器设一根选通线 ST。仅当某选通线处于有效电平时，在信号线上传送的信息才是该探测部位的状态信号。此方式的优点是探测器的电路比较简单，供电和取信息相当直观。但缺点是线多，配管直径大，穿线复杂，线路故障多，现已被淘汰。二线制即 $n+1$ 线制，即一条是公用地线，另一条承担供电、选通信息与自检的功能，此线制比四线制简化了许多，但

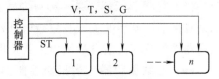

图 15-43　多线制火灾自动报警系统

仍为多线制。

（2）总线制 采用地址编码技术，整个系统只用 2~4 根导线构成总线回路，所有的探测器相互并联。此系统布线极其简单，施工量明显减少，现已被广泛采用。

四总线制如图 15-44 所示，P 线给出探测器的电源，编码、选址信号；T 线给出自检信号以判断探测部位或传输线是否有故障；控制器从 S 线上获得探测部位的信息；G 为公共地线，P、T、S、G 均为并联方式连接。由图可见，从探测器到报警器只用四根总线，由于总线制采用了编码选址技术，使控制器能从准确地报警到具体探测部位，调试安装简化，系统的运行可靠性大大提高。

二总线制用线量更少，但技术的复杂性和难度也提高了。二总线中的 G 线为公共地线，P 线则完成供电、选址、自检、获取信息等功能。目前，二总线制应用最多，新型智能火灾报警系统也建立在二总线的运行机制上。二总线系统有枝形和环形两种，此处不再赘述。

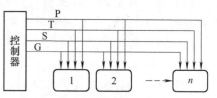

图 15-44 四总线制火灾自动报警系统

2. 火灾自动报警系统的配套设备

（1）手动报警按钮 手动报警按钮安装在公共场所。当人工确认火灾发生后，按下按钮上的有机玻璃片，向控制器发出火灾报警信号。控制器接收到报警信号后，显示按钮的编号或位置并发出声光报警。每个防火分区应至少设置一个手动火灾报警按钮。从一个防火分区内的任何位置到最邻近的一个手动报警按钮的距离应小于 30 m。按钮应设置在明显的和便于操作的部位。当安装在墙上时，其底边距地高度应为 1.3~1.5 m，且应有明显的标志。

（2）地址码中继器 若一个区域内的探测器数量过多致使地址点不够用时，可使用地址码中继器来解决。一个地址码中继器最多可连接八个探测器，而只占用一个地址点。当其中的任意一个探测器报警或报故障时，都会在报警控制器中显示，但所显示的地址是地址码中继器的地址点。故这些探测器应监控同一空间。

（3）编址模块 地址输入模块将各种消防输入设备的开关信号接入探测总线，实现报警或控制的目的。适用于水流指示器、压力开关、非编址手动报警按钮、普通型火灾探测器等主动型设备。这些设备动作后，输出的动作开关信号可由编址输入模块送入控制器，产生报警。并可通过控制器来联动其他相关设备动作。

编址输入/输出模块是联动控制柜与被控设备间的连接桥梁。能将控制器发出的动作指令通过继电器控制现场设备来实现，并将动作完成情况传回到控制器。它适用于排烟阀、送风阀、喷淋泵等被动型设备。

（4）短路隔离器 用在传输总线上，作用是当系统的某个分支短路时，能自动将其两端呈高阻或开路状态，使之与整个系统隔离开，不损坏控制器，也不影响总线上其他部件的正常工作。当故障消除后，能自动恢复这部分的工作，将被隔离出去的部分重新纳入系统。

（5）区域显示器 是一种可安装在楼层或独立防火区内的火灾报警显示装置，用于显示来自报警控制器的火警及故障信息。当火警或故障信息送入时，区域显示器将产生报警的探测器编号及相关信息显示出来并发出报警，以通知失火区域的人员。

（6）总线驱动器 当报警控制器监控的部件太多（超过 200），所监控设备电流太大（超过 200mA）或总线传输距离太长时，需用总线驱动器来增强线路的驱动能力。

（7）报警门灯及引导灯　报警门灯一般安装在巡视观察方便的地方，如会议室、餐厅、房间及每层楼的门上端，与对应的探测器并联使用，并与该探测器的编码一致。当探测器报警时，门灯上的指示灯亮，使人们在不进入的情况下就可知道探测器是否报警。

引导灯安装在疏散通道上，与控制器相连接。在有火灾发生时，消防控制中心通过手动操作打开有关的引导灯，引导人员尽快疏散。

声光报警盒是一种安装在现场的声光报警设备，分为编码型和非编码型两种。作用是当发生火灾并被确认后，声光报警盒由火灾报警控制器起动，发出声光信号。

（8）CRT 报警显示系统　CRT 报警显示系统是把所有与消防系统有关的平面图形及报警区域和报警点存入计算机内，火灾发生时能在显示屏上自动用声、光显示火灾部位及报警类型、发生时间等，并用打印机自动打印。

3. 传统型火灾报警系统

（1）区域报警系统　区域报警系统比较简单、操作方便、易于维护、使用面广。它既可单独用于面积比较小的建筑，也可作为集中报警系统和控制中心系统中的基本组成设备。系统多为环状结构，也可为枝状结构，但是须加楼层报警确认灯。

（2）集中报警系统　集中报警系统由集中报警控制器、区域报警控制器、火灾探测器、手动报警按钮及联动控制设备、电源等组成。随着计算机在火灾报警系统中的应用，带有地址码的火灾探测器、手动报警按钮、监视模块、控制模块等都可通过总线技术将信息传输给报警控制器并实现联动控制。

（3）控制中心报警系统　控制中心报警系统的设计应符合下列要求：

1）系统中至少应设置一台集中火灾报警控制器、一台专用消防联动控制设备和两台及以上区域火灾报警控制器；或者至少设置一台火灾报警控制器、一台消防联动控制设备和两台及两台以上区域显示器。

2）系统应能集中显示火灾报警部位信号和联动控制状态信号。

3）系统中设置的集中火灾报警控制器或火灾报警控制器和消防联动控制设备在消防控制室内的布置应符合相关规范的规定。

控制中心报警系统多用在大型建筑群、大型综合楼、大型宾馆、饭店及办公室等处，控制中心设置集中报警控制器、图形显示设备、电源装置和联动控制器，与控制中心相连的受控设备有区域报警控制器、火灾探测器和手动报警按钮等。

4. 智能火灾自动报警系统

（1）智能集中于探测部分　控制部分为一般开关量信号接收型控制器。此类系统中，探测器的微处理器根据其探测环境的变化做出响应，并自动进行补偿，探测信号进行火灾模式识别，做出判断并给出报警信号，在确定自身不能可靠工作时给出故障信号。控制器在火灾探测过程中不起任何作用，只完成系统的供电、火警信号的接收、显示、传递及联动控制等功能。这种智能因受到探测器体积小等限制，智能化程度一般，可靠性不高。

（2）智能集中于控制部分　智能集中于控制部分又称主机智能系统，探测器输出模拟量信号。它使探测器成为火灾传感器，使探测器将烟雾影响产生的电流、电压变化信号以模拟量（或等效的数字编码）形式传输给控制器（主机），由控制器的微型计算机进行计算、分析、判断并做出智能化处理，判别是否真正发生火灾。系统的灵敏度信号特征模型由探测器所在环境特点来设定；可补偿各类环境干扰和灰尘积累对探测器灵敏度的影响，并实现报警功能；主机采用微处理机技术，实现时钟、存储、密码、自检联动和联网等多种管理功能；通过软件编辑实现图形显示、键盘控制、翻译等高级扩展功能。由于控制器要监视、判断整个系统，且一刻不停地处理成百上千个探测器发回的信息，故系统程序复杂、量大及探测器巡检周期长，会造成探测点大部分时间失去监控、系统可靠性降低和使用维护不便等缺点。

（3）智能同时分布在探测器和控制器中　此系统称为分布智能系统，它实际上是主机智能与探测器智能两者相结合的，也称为全智能系统。在系统中，探测器具有一定的智能，它对火灾特征信号直接进行分析和智能处理，做出恰当的智能判决，并将判决信息传递给控制器。控制器再做进一步的智能处理，完成更复杂的判决并显示判决结果。分布智能系统是在保留智能模拟量探测系统优势的基础上形成的，探测器与控制器通过总线进行双向信息交流。控制器不但收集探测器传来的火灾特征信号，分析判决信息，且对探测器的运行状态进行监视和控制。由于探测器有一定的智能处理能力，故控制器的信息处理负担大为减轻，可实现多种管理功能，提高了系统的稳定性和可靠性。并且在传输速率不变的情况下，总线可传输更多的信息，使整个系统的响应速度和运行能力大大提高。

15.9.5　灭火与联动控制系统

消防联动控制设备有灭火设施、火灾事故广播、消防通信、防排烟设施、防火卷帘、防火门、电梯和非消防电源的断电控制等。

1. 自动喷淋灭火系统

自动喷水灭火属于固定式灭火系统，是广泛采用的固定式消防设施，其价格低廉、灭火效率高。该系统能在火灾发生后，自动地进行喷水灭火，并能在喷水灭火的同时发出警报。

图15-45所示的是湿式喷水灭火系统动作程序。当发生火灾时，温度上升，喷头上装有热敏液体的玻璃球达到动作温度时，由于液体的膨胀而使玻璃球炸裂，喷头开始喷水灭火。喷头喷水导致管网的压力下降，报警阀后压力下降使阀板开启，接通管网和水源以供水灭火。报警阀动作后，水力警铃经过延迟器的延时（大约30s）后发出声报警信号。管网中的水流指示器感应到水流动时，经过一段时间20~30s的延时，发出电信号到控制室。当管网压力下降到一定值时，管网中压力开关也发出电信号到控制室，起动水泵供水。

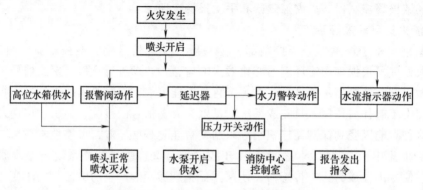

图15-45　湿式喷水灭火系统动作程序

2. 火灾事故广播与消防电话系统

消防控制中心应设置火灾事故广播系统与消防电话系统专用柜，其作用是发生火灾时指挥现场人员进行疏散并向消防部门及时报警。

（1）火灾事故广播系统 火灾事故广播系统按线制可分为总线制火灾事故广播系统和多线制火灾事故广播系统。其设备包括音源、前置放大器、功率放大器及扬声器，各设备的工作电源由消防控制系统提供。

（2）消防电话系统 消防电话系统是一种消防专用的通信系统，分为多线制和总线制两种。通过该系统可迅速实现对火灾的人工确认，并及时掌握火灾现场情况和进行其他必要的通信联络，便于指挥灭火及恢复工作。

3. 防排烟系统

火灾事故中造成的人身伤害，绝大部分是因为窒息而造成的。且燃烧产生的大量烟气如不及时排除，还影响人们的视线，使疏散的人群不易辨别方向，造成不应有的伤害；并影响消防人员对火场环境的观察及灭火措施的准确性，降低灭火效率。在建筑物中采用的防烟和排烟方式有自然排烟、机械排烟、自然与机械组合排烟及机械加压送风方式防烟等几种。自然排烟是利用室内外空气对流作用进行的，设备简单、节约能源，但排烟效果受外界环境的影响很大。而机械防排烟方式不受外界环境的影响。一般来讲，防排烟设施有中心控制和模块控制两种方式。下面以机械排烟为例对模块控制方式加以说明。

模块控制方式的排烟控制框图如图15-46所示。消防控制中心接到报警信号，产生排烟阀门和排烟风机等动作信号，经总线和控制模块驱动各设备动作，接收它们的返回信号，监测各设备运行状态。

4. 防火卷帘门控制

防火卷帘应设置在建筑物中防火分区通道口处，形成门帘式防火分隔。火灾时，可就地手动操作或由消防控制中心的指令使卷帘下降至预定点，经延时再降至地面。可使人员紧急疏散、灾区隔烟和控制火势蔓延。消防控制设备对防火卷帘的控制应符合下列要求：

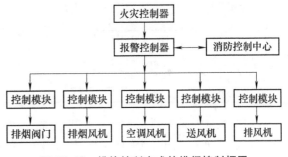

图15-46 模块控制方式的排烟控制框图

1）疏散通道上的防火卷帘两侧应设置火灾探测器组及其警报装置，且两侧应设置手动控制按钮。

2）疏散通道上的防火卷帘，在感烟探测器动作后，应根据程序自动控制卷帘下降至距地（楼）面1.8m或者卷帘下降到底。

3）用作防火分隔的防火卷帘，火灾探测器动作后，卷帘应下降到底。

4）感烟、感温火灾探测器的报警信号及防火卷帘的关闭信号应送至消防控制室。

5）火灾报警后，消防控制设备对防烟、排烟设施应有下列控制、显示功能。

① 停止有关部位的空调送风，关闭电动防火阀，并接收其反馈信号。

② 起动有关部位的防烟和排烟风机、排烟阀等，并接收其反馈信号。

③ 控制挡烟垂壁等防烟设施。

5. 消防电梯

消防电梯在火灾发生时可供消防人员灭火和救人使用，在平时可兼做普通电梯使用。火灾时，普通电梯由于供电电源没有把握，没有特殊情况不能使用。电梯的控制方式有两种：

1）将所有电梯控制显示的副盘设在消防控制室，供消防人员直接操作。

2）消防控制室自行设计电梯控制装置，消防值班人员在火灾发生时可通过控制装置向电梯机房发出火灾信号和强制电梯全部停于首层的命令。

6. 消防供电

消防系统的供电属于一级用电负荷，消防供电应确保是高可靠性的不间断供电。为做到万无一失还应有一组备用电源作为消防供电的保障。

火灾自动报警与消防联动控制系统的特点是连续工作，不能间断。消防设备的供电系统应能够保证供电的可靠性。在高层建筑或一、二级电力负荷，常采用单电源或双电源的双回路供电方式，用两个 10kV 电源进线和两台变压器构成消防主供电电源。

（1）一类建筑消防供电电源　其供电系统如图 15-47 所示。图 15-47a 表示两条不同的电网构成双电源，两个电源间装有一组分段开关，形成"单母线分段制"。在任一条电源进线发生故障或进行检修而被切除后，可闭合分段开关，由另一条电源进线对整个系统供电。分段开关通常是闭合的。图 15-47b 表示采用同一电网双回路电源，两个变压器间采用单母线分段，设置一组发电机组作为向消防设备供电的应急电源，应满足一级负荷要求。

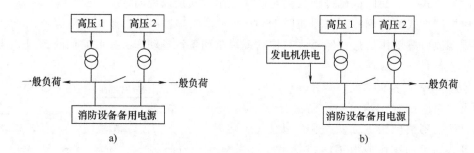

图 15-47　一类建筑消防供电电源

（2）二类建筑消防供电电源　其供电系统如图 15-48 所示。通常要求两回路供电，图 15-48a 表示双回路供电；图 15-48b 表示由外部引来一路低压电源，与本部门电源互为备用。二类建筑的消防供电系统要求当电力变压器出现故障或电力线路出现常见故障时不致中断供电。

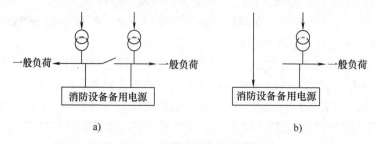

图 15-48　二类建筑消防供电电源

（3）备用电源自动投入　自动使两路电源互为备用。正常情况下，两台变压器分别运行，若Ⅰ段母线失压（或Ⅰ号回路掉电），通过自动投入装置使Ⅰ段母线通过Ⅱ段母线接受Ⅱ号回路的电源供电，完成自动切换任务。

15.10　综合布线系统

智能建筑的蓬勃兴起，使得传统的布线系统已不能满足智能建筑所要求的便利、高效、快捷、安全和舒适等功能特征，人们迫切需要开放的系统化综合布线方案。20 世纪 80 年代末期，贝尔实验室首先推出了结构化综合布线系统（Structured Cabling System，SCS）。由此，综合布线系统开始在智能建筑中得到了广泛的应用，已成为现代建筑设备自动化系统必备的基础设施，并被称为智能建筑的"神经系统"。

15.10.1　综合布线系统概述

综合布线系统（Premises Distribution System，PDS），是指一幢建筑物内或建筑群体中的信息传输媒介系统，它将相同或相似的缆线（如双绞线、同轴电缆或光缆）及连接硬件（如配线架、适配器）按照一定关系和通用秩序组合，集成为一个具有可扩展性的柔性整体，构成一套标准的信息传输系统。

综合布线是一个模块化、灵活性极高的建筑物内或建筑群间的信息通道，它既能使语音、数据、图像设备和交换设备与其他信息管理系统彼此相连，也能使这些设备与外部通信网相连接。它包括建筑物外部网络或电信线路的连接点与应用系统设备间的所有线缆及相关的连接部件。综合布线由不同系列和规格的部件组成，其中包括传输介质（电缆、光缆）、相关连接硬件（如配线架、连接器、插头、插座、适配器）及电气保护设备等。这些部件可用来构建各种子系统，有各自的具体用途，不仅易于实施，且能随需求的变化平稳升级。一个设计良好的综合布线对其服务的设备应具有一定的独立性，并能互联许多不同应用系统的设备，如模拟式或数字式的公共系统设备，也能支持图像等（电视会议、监视电视）设备。

1. 综合布线系统特点

综合布线具有传统的非结构化固定布线系统所无法比拟的若干特性和优点。

（1）兼容性　综合布线将语音、数据与监控设备的信号线经过统一的规划和设计，采用相同的传输介质、信息插座、交连设备、适配器等，把不同的信号综合到一套标准的布线中。在使用时，用户可不用定义某个工作区的信息插座的具体应用，只把某种终端设备（如个人计算机、电话、视频设备等）插入这个信息插座，然后在管理区和设备间的交连设备上做相应的接线操作，这个终端设备就被接入到各自的系统中了。

（2）开放性　综合布线采用开放式的体系结构，接口全部采用国际标准，能直接满足大多数综合布线系统需求。并配备大量齐全的线架、转换器和线缆，可连接语音、数据等各种系统，具有高度的综合容纳性，有利于设计、施工和运行管理。

（3）模块化　综合布线从设计、安装都严格按照模块化要求进行，各子系统间均为模块化积木式连接，各元器件均可简单地插入或拔出，使系统的搬迁、扩展和重新安置极为方便。

（4）灵活性　综合布线采用标准的传输线缆和相关连接硬件，模块化设计，所有通道都是通用的。所有设备的开通及更改均不需改变布线，只需增减相应的应用设备及在配线上进行必要的跳线管理即可。组网灵活多样，在同一房间可有多台用户终端，为用户组织信息流提供了必要的条件。

（5）可靠性　综合布线采用高品质的材料和组合压接的方式构成一套高标准信息传输通道，所有线缆和相关连接件均通过 ISO 认证。每条通道都要采用专用仪器测试链路阻抗及衰减，以保证其电气性能。应用系统布线全部采用点到点端接，任何一条链路故障均不影响其他链路的运行，为链路的运行维护及故障检修提供了方便，保证了应用系统的可靠运行。各应用系统采用相同的传输介质，因而可互为备用，提高了备用冗余。

（6）经济性　综合布线开放式体系结构的整体设计提高了网络线缆综合利用率。可随时加入各种新技术、新设备，日后无须花费巨资扩容或重建网络，保护了最初投资。模块化、开放式的产品结构和高品质的产品质量降低了日常维护的人力、物力、财力投入，节省了运行费用。

2. 综合布线系统组成

综合布线是一种分层星形拓扑结构（见图 15-49），可分为六个子系统：

（1）工作区子系统　该子系统是放置应用系统终端设备的地方，由终端设备连接到信息插座的连线（或接插线）组成。它用接插线在终端设备和信息插座间搭接，包括信息插座、信息模块、网卡和连接所需的跳线，通常信息插座采用标准的 RJ45 头，按照 T568B 标准连接。

（2）水平干线子系统　该子系统是从工作区的信息插座开始到管理间子系统的配线架。将水平干线子系统经楼层配线间的管理区连接并延伸到用户工作区的信息插座，一般为星形结构。该子系统的线缆一端接在配线间的配线架上，另一端接在信息插座上。该子系统多为四对双绞电缆。这些双绞电缆能支持大多数终端设备。在需要较高带宽应用时，水平干线子系统也可采用"光纤到桌面"的方案。

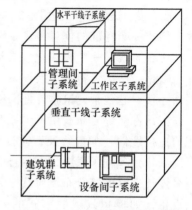

图 15-49　综合布线系统结构图

（3）管理间子系统　该子系统由交叉连接、直接连接配线的连接硬件（配线架）等设备组成。管理间为连接其他子系统提供手段，它是连接垂直干线子系统和水平干线子系统的设备。其主要设备是配线架、HUB、机柜和电源，相当于电话系统中每层配线箱或电话分线盒部分。

（4）垂直干线子系统　该子系统由导线电缆和光缆及将此光缆连到其他地方的相关支撑硬件组成，也称为骨干子系统。它提供建筑物的干线电缆，线缆一般为大对数双绞电缆或多芯光缆，以满足现在及将来一定时期通信网络的要求。该子系统两端分别端接在设备间和楼层配线间的配线架上，负责连接管理间子系统到设备间子系统。

（5）设备间子系统　设备间是在每一幢大楼的适当地点放置综合布线线缆和相关连接硬件及其应用系统的设备，同时进行网络管理及安排管理人员值班的场所。该子系统由综合布线系统的建筑物进线设备、电话、数据、计算机各种主机设备及安防配线设备等组成。为便于设备搬运，节省投资，设备间最好位于每一座大楼的中间。在设备间内，可把公共系统用的各种设备，如电信部门的中继线和公共系统设备（如 PBX）互联起来。该子系统还包括建筑物的入口区的设备或电气保护装置及其连接到符合要求的建筑物的接地装置。

（6）建筑群子系统　该子系统是将一个建筑物中的电缆延伸到另一个建筑物的通信设

备和装置，通常是由光缆和相应设备组成，它支持楼宇间通信所需的硬件，如电缆、光缆及防止电缆上的脉冲电压进入建筑物的电气保护装置等。

15.10.2　综合布线系统设计

在综合布线系统设计时，应按照建筑物的特点和客观需要，结合工作实际，采取统筹兼顾、因地制宜的原则，从综合布线系统的标准、规范出发，在总体规划的基础上，进行综合布线系统工程的各项子系统的详细设计。

1. 综合布线系统设计标准

2003 年 7 月，建设部批准 GB 50339—2003《智能建筑工程质量验收规范》，这标志着我国综合布线系统工程的设计、施工、测试已走向正规化、标准化。

2. 综合布线系统设计等级确定

对于建筑物与建筑群的工程设计，应根据实际需要，选择适当的综合布线系统。一般可根据非屏蔽对绞缆线（UTP）、屏蔽对绞缆线（STP）和光纤缆线（Fiber Cable）及相关支撑的硬件设备材料的选择定为三种不同的布线系统等级。它们是：

（1）基本型布线系统　基本型布线系统适用于配置建筑物标准较低的场所，常采用铜芯缆线组网，以满足语音或语音与数据综合而传输速率要求较低的用户，基本型布线系统要求能够全面过渡到数据的异步传输或综合型布线系统。它的基本配置为：

1）每一个工作区有一个信息插座（每 $10m^2$ 设一个信息插座）。

2）每一个工作区有一条四对 UTP 水平布线系统。

3）完全采用 110A 夹接式硬件，并与未来的附加设备兼容。

4）每一个工作区的干线电缆至少有两对双绞线。

（2）增强型布线系统　增强型布线系统适用于建筑物中等标准的场所，布线要求不仅具有增强的功能，且还具有为增加功能提供发展的余地。增强型布线系统不仅支持语音和数据的应用，还支持图像、影像、影视、视频会议等。增强型布线系统可先采用铜芯缆线组网，并能够利用接线板进行管理，以满足语音或语音与数据综合而传输速率一般的用户。它的基本配置为：

1）每一个工作区有二个以上信息插座（每 $10m^2$ 设二个信息插座）。

2）每一个信息插座均有水平布线四对 UTP 系统。

3）具有夹接式（110A）或接插式（110P）交接硬件。

4）每一个工作区的电缆至少有三对双绞线。

（3）综合型布线系统　综合型布线系统适用于建筑物配置较高的场所，布线系统不但采用了铜芯对绞电缆，且为了满足高质量的高频宽带信号，采用光纤缆线和双介质混合体缆线（铜芯缆线和光纤线混合成缆）组网。它的基本配置为：

1）在建筑、建筑群的干线或水平布线子系统中配置光缆。

2）在每一个工作区的水平配线电缆内配有四对双绞线。

3）每一个工作区的干线电缆中应有三对以上的双绞线。

夹接式交接硬件系指夹接、绕接固定连接的交接。接插式交接连接硬件系指用插头、插座连接的交接。

综合布线连接件能满足所支持的语音、数据、视频信号的传输要求。设计人员在设计系统时，应按照智能建筑物中的用户近期和远期的通信业务及使用要求、计算机网络及使用要求、建筑物物业管理人员的使用要求、设备配置和内容进行全面评估，并按用户的投资能力及使用要求进行等级设计，以选用合适的综合布线缆线及有关连接硬件设施。选用缆线及相关连接件的各项指标应高于综合布线设计指标，才能保证系统指标得以满足。但不一定越高越好，若选得太高，会增加工程造价，而选得太低，则不能满足工程需要，所以应当恰如其分。若采用屏蔽措施，则全通道所有部件都应选用带屏蔽的硬件，且应按设计要求作良好的接地，才能保证屏蔽效果。还应根据其传输速率，选用相应等级的缆线和连接硬件。

基本型配置、增强型配置或综合型配置是一种配置划分的参考依据，应结合工程特点选用。若某些特殊的情况下，这三种配置都不适合，则应按照实际情况进行设计。

一个完善而合理的综合布线的目标是：在既定时间内，允许在集成过程中提出新的需求时，不必再去进行水平布线，以免损坏建筑结构或装饰。

3. 工作区子系统设计

工作区是指一个独立的需要设置终端设备的区域（见图 15-50），它由配线（水平）布线系统的信息插座延伸到工作站终端设备处的连接电缆及适配器组成，包括装配软线、连接器和连接所需的扩展软线，并在终端设备和输入输出之间搭接。它相当于电话系统中电话机及其连接到电话插座的用户线部分。工作区的终端设备可是电话、数据终端、计算机，也可是检测仪表、传感探测器等。实例如图 15-51 所示。

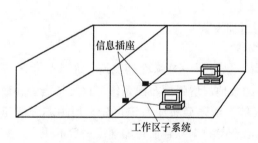

图 15-50　工作区子系统

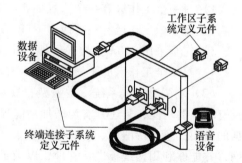

图 15-51　工作区子系统中的插座连接

工作区的电话、计算机、监视器及控制器等终端设备可用接插线直接与工作区的每一个信息插座相连接，但因接口形状或信号的差异，一些终端设备则需要选择适当的适配器和平衡/非平衡转换器进行转换才能连接到信息插座上。

适配器是一种使不同尺寸或不同类型的插头与水平子系统的信息插座相匹配，提供引线的重新排列，允许大对数电缆分成较小的对数，使电缆间互联的设备。平衡/非平衡转换器是一种将电气信号由平衡转换为非平衡或由非平衡转换为平衡的器件。综合布线中，通常指双绞电缆和同轴电缆之间的阻抗匹配。通过选择适当的适配器，可使综合布线系统的输出与各厂家所生产的终端设备保持完整的电气兼容性。

工作区布线一般为非永久的布线方式，随着应用终端设备的种类而改变。在综合布线系统工程设计中，应根据技术先进、经济合理的原则，科学合理地确定信息插座的数量：

1）确定布线系统中信息插座的数量。一个工作区的服务面积可按 $5 \sim 10 \mathrm{m}^2$ 计算（一般为 $10 \mathrm{m}^2$），每个工作区可设置一部电话或一台计算机终端，或既有电话又有计算机终端。

2）根据楼层（用户）类别及工程提出的近远期终端设备要求来确定每层信息点（TO）

数，信息点数及位置的确定应考虑终端设备将来可能产生的移动修改、重新安排及一次性建设和分期建设的方案选定（为将来扩充留出一定的富余量）。

3）信息插座应具有开放性，与应用无关。工作区的任一插座都应支持电话机、数据终端、计算机、传真机及监视器等终端设备的设置和安装。一般选用国际标准的 RJ45 插座。

4）信息插座技术指标必须符合相关标准，比如衰减、串扰（包括近端串音 NEXT 及远端串音 FEXT）、回波损耗等。购买的网卡类型接口要与线缆类型接口保持一致。

5）信息插座应距离地面 300mm 以上，信息插座与计算机的距离保持在 5000mm 以内。为便于有源终端设备的使用，信息插座附近设置单相三孔电源插座。信息插座与电源插座布局如图 15-52 所示。

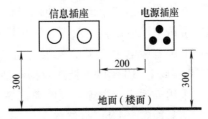

图 15-52　信息插座与电源插座的布局

4. 水平子系统设计

水平子系统（见图 15-53）是综合布线系统的分支部分，具有面广、点多等特点。它由工作区用的信息插座及其至楼层配线架（FD）及它们之间的缆线组成。水平子系统设计范围遍及整个智能化建筑的每一个楼层，且与房屋建筑和管槽系统有密切关系；水平子系统设计涉及水平子系统的传输介质和部件集成，在设计中应注意相互之间的配合。

水平子系统的设计包括网络拓扑结构、设备配置、缆线选用和确定最大长度等内容，它们各自独立，但密切相关，设计中需综合考虑。水平子系统的网络结构都为星形结构，它是以楼层配线架（FD）为主节点，各信息插座为分节点，二者之间采取独立的线路相互连接，形成以 FD 为中心向外辐射的星形线路网状态。该网络结构的线路较短，有利于保证传输质量，降低工程造价和维护管理。

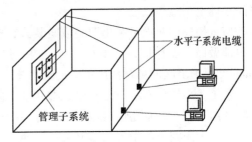

图 15-53　水平子系统

布线线缆长度等于楼层配线间或楼层配线间内互联设备电端口到工作区信息插座的缆线长度。水平子系统的双绞线最大长度为 90m。工作区、跳线及设备电缆总和不超过 10m，即 $A+B+E \leqslant 10m$。图 15-54 给出了水平布线的距离限制。

设计水平子系统时，确定水平布线方案、线路定向和路由要根据建筑物的结构、布局和用途，以使路由简短，施工方便。

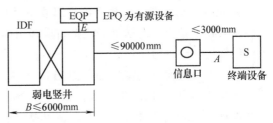

图 15-54　水平子系统布线距离

水平子系统应采用四对对绞线和八针脚模块化插座，在高速率应用的场合，也可采用光缆及其连接硬件。水平子系统应根据整个系统的要求，在交接间或设备间的配线设备上进行连接，以构成语音、数据、图像、建筑物监控等系统并进行管理。

一个给定的综合布线设计可采用多种类型的信息插座。信息插座应在内部做固定线连接。为了在交叉连接处便于链路管理，不同类型的信号应规定在相应的线缆对上传输，并用统一的色标表示。为了适应语音、数据、多媒体及监控设备的发展，语音及监控部分应选用较高类型的双绞电缆，数据及多媒体部分应选用光缆。设计水平线缆走向应便于维护和扩充。

选择水平子系统的线缆要依据建筑物信息的类型、容量、带宽或传输速率来确定。在水平干线布线系统中常用的线缆、光纤型号有四种：100Ω 非屏蔽双绞线电缆（UTP）和屏蔽双绞线电缆（STP）；50/125μm 多模光纤；62.5/125μm 多模光纤；8.3/125μm 多模光纤。

在水平子系统中，也可使用混合电缆。采用双绞电缆时，根据需要可选用非屏蔽双绞电缆或屏蔽双绞电缆，一般不宜采用同轴电缆。在一些特殊场合，可选用阻燃、低烟、无毒等线缆。随着微电子技术的发展，应用系统设备都已使用标准接口，如 RJ45 插座。另外，10MB/s 或 10MB/s 以下低速数据和话音传输可采用三类双绞电缆；10MB/s 以上高速数据传输可采用五类或六类等双绞电缆。高速率或特殊要求的场合可采用光纤。

信息插座（TO）是终端（工作站）与水平子系统连接的接口。TO 一般应为标准的 RJ45 型插座，并与线缆类别相对应，TO 面板规格应采用国家标准。多模光纤插座宜采用 SC 或 ST 接插形式（SC 为优选形式），单模光纤插座宜采用 FC 接插形式。

根据建筑物结构和用户需要，确定每个楼层配线间和二级交接间的服务区及可应用的传输介质。根据信息种类和传输率确定信息插座类型和安装方式。根据楼层平面图计算可用的空间来确定信息插座位置。

信息插座的布设可采用明装或暗装式，在条件可能的情况下宜采用暗装式。信息插座应在内部做固定线连接，不得空线、空脚，终接在 TO 上的五类双绞线电缆开绞度不宜超过 13mm。要求屏蔽的场合插座须有屏蔽措施。

水平子系统的布线方法是将线缆从配线间接到每一楼层的工作区的信息插座上。要由建筑物的结构特点，从路由（线）最短、造价最低、施工方便、布线规范和扩充简便等几方面考虑。但因建筑物中的管线比较多，常要遇到一些矛盾，故设计水平子系统必须折中考虑，选取最佳的水平布线方案。常用的方法有电缆槽道布线法、地面线槽布线法、地板下管路布线法、高架地板布线法、蜂窝状地板布线法等，它们可单独使用，也可混合使用。下面介绍电缆槽道布线法和地板下管路布线法，其他方法可参考相关书籍，这里不再赘述。

（1）电缆槽道布线法　线槽由金属或阻燃高强度 PVC 材料制成，常悬挂在顶棚上方的区域或安装在吊顶内。用横梁式线槽将电缆引向所要布线的区域。由弱电井出来的缆线先走吊顶内的线槽，到各房间后，经分支线槽从横梁式电缆管道分叉后将电缆穿过一段支管引向墙柱或墙壁，沿墙而下到本层的信息出口（或沿墙而上，在上一层楼板钻一个孔，将电缆引到上一层的信息出口）；最后端接在用户的插座上，如图 15-55 所示。

在设计、安装线槽时应多方考虑，尽量将线槽放在走廊的吊顶内，并且去各房间的支管应适当集中至检修孔附近，便于维护。弱电线槽能走综合布线系统、公用天线系统、闭路电视系统（24V 以内）及楼宇自控系统信号线等弱电线缆，这可降低工程造价。同时因支管经房间内吊顶贴墙而下至信息出口，在吊顶与其他的系统管线交叉施工，减少了工程协调量。

（2）地板下管路布线法　地板下管路布线法（见图 15-56）是强弱电缆线统一布置的敷设方法，由预埋的金属导管和金属线槽组成。敷设时这些金属布线管道或金属馈线走线槽从楼层配线间向信息插座处辐射。根据通信和电源布线要求，地板的厚度和占用地板下的空间

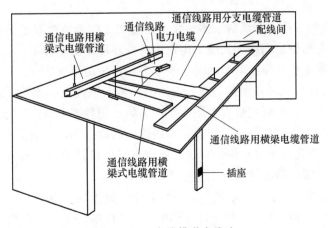

图 15-55　电缆槽道布线法

等条件，分别采用一层和两层结构。两层结构中的上层为布线导管层，下层为馈线导管层，缆线采用分层敷设，灵活方便，并与电源系统同时建成，有利于供电和使用，机械保护性好，电缆的故障率降低，安全可靠。

地板下敷设线缆的方法在智能建筑中使用较为广泛，尤其是新建和扩建的房屋建筑更为适宜。综合布线系统的水平部分采暗敷管路，数量最多，分布极广，涉及整幢建筑中各个楼层。故在管槽系统设计时要仔细考虑，注意与建筑设计和施工方面的配合协调，力求及时解决彼此的矛盾和存在的问题。

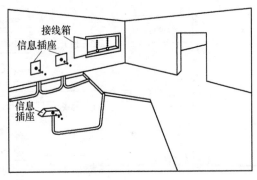

图 15-56　地板下管路布线法

5. 干线子系统设计

干线子系统是建筑物内部的主干传输电缆，把来自各个接线间和二级交接间的信号传送到设备间，直至最终接口，或再通往外部网络。干线子系统提供建筑物干线电缆的路由是综合布线的主动脉。

（1）干线子系统的通道　主干线应能够适应未来的发展，包括的缆线通道有：

1）干线或二级交接间和设备间的竖向或横向的电缆走线用的通道。

2）设备间和网络接口之间的连接电缆或设备间与建筑群子系统各设施间的电缆。

3）干线接线间与各二级交接间之间的连接电缆。

4）主设备间和计算机主机房之间的干线电缆。

（2）干线子系统设计原则　主干布线是通信系统中关键的链路。一条主干缆线故障时，有可能使几百个用户受到影响，故主干布线的设计是关系全局的问题，须予以重视。干线子系统设计的基本原则为：

1）确定主干线路的总容量应根据综合布线系统中语音和数据信息共享的原则和采用类型的等级进行估计推算，并适当考虑今后的发展余地。

2）干线子系统中，不允许有转折点 TP。从楼层配线架到建筑群配线架间只应通过一个建筑物配线架。当综合布线只用一级干线布线进行配线时，放置干线配线架的二级交接间可并入楼层配线间。

3）干线是建筑物内综合布线的主馈缆线，是楼层之间垂直缆线的统称。要确定介质的选择和干线对数。介质包括铜缆和光缆，由系统所处环境的限制和用户对系统等级的考虑而定；确定干线的对数由水平配线对数的大小及业务和系统的情况来定。

4）干线电缆可采用点对点端接，或分支递减端接及电缆直接连接。若设备间与计算机机房处于不同的地点，且需要把语音电缆连至设备间，把数据电缆连至计算机机房，则应在设备中选取干线电缆的不同部分来分别满足不同路由的语音和数据的需要。

5）干线子系统应选择干线电缆最短、最安全和最经济的路由。弱电缆线不应布放在电梯、供水、供气、供暖、强电等竖井中。

6）在大型建筑物中，干线子系统可由两级甚至三级组成，但不应多于三级。

按照 EIA/TIA568 标准和 ISO/IEC 11801 国际布线标准，干线子系统布线最大距离如图15-57 所示。

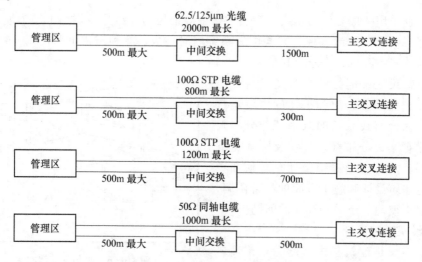

图 15-57 干线子系统布线标准

干线子系统设计的目标是选择干线线缆最短、最安全和最经济的路由，须既满足当前的需要，又适应今后的发展。

综合布线系统由主配线架（BD 或 CD）、分配线架（FD）和信息插座（TO）等通过线缆连接组成。主配线架放在设备间，楼层配线架放在楼层配线间，信息插座装在工作区。对较大的建筑，在主配线架与分配线架间也设置中间交叉配线架，中间交叉配线架安装在二级交接间。连接主配线架和分配线架的缆线称为主干线；连接分配线架和信息插座的缆线称为水平线。

综合布线系统中的接点分为两类：转接点（TP）和访问点（AP）。设备间、楼层配线间、二级交接间内的配线管理系统及其有源设备等属于转接点，它们在布线系统中只是用于转接和交换所传送的信息。访问点（AP）是设备间的系统集成中心设备和信息插座所连接的终端设备，它们作为在系统中信息传送的源节点和目标节点。

节点常和工件区的终端设备联系在一起，一个信息点既可连接一台数据或语音设备，也可连接一台图像设备。结构的选择常和建筑物的结构及访问控制方式密切相关。节点的连接方式不同，可得到不同的结构。综合布线系统网络结构的选择是由综合布线系统传输信息量的多少、安全可靠要求、建筑结构和技术经济合理等因素来决定。

综合布线系统的网络结构主要有星形、环形、总线型和树状形，干线子系统设计时一般采用星形或派生出来的树状星形结构。如采用其他网络形式时，可在节点（即配线架 CD、BD 和 FD）上进行连接构成。实际上，建筑设备自动化系统常用星形和总线型结合的网络结构。

综合布线干线子系统布线的最大距离应符合图 15-58 所示的要求，即建筑群配线架（CD）到楼层配线架（FD）间的距离不应超过 2km，建筑物配线架（BD）到楼层配线架（FD）的距离不应超过 500m。采用单模光缆

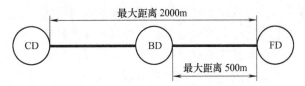

图 15-58　干线子系统布线最大距离

时，建筑群配线架到楼层配线架的最大距离可延伸到 3km。采用六类双绞电缆时，对传输速率超过 1kMbit/s 的高速应用系统，布线距离不应超过 90m。否则应选用单模或多模光缆。在建筑群配线架和建筑物配线架上，接插线和跳线的长度超过 20m 的长度应从允许的干线缆最大长度中扣除。把电信设备（如程控用户交换机）直接连接到建筑群配线架或建筑物配线架的设备电缆、光缆长度不宜超过 30m。若使用的设备电缆、光缆超过 30m，干线电缆、光缆长度宜相应减少。

为使路由安全并符合网络结构的要求，满足用户信息点和缆线分布的需要，建筑物干线子系统的垂直主干路由位置和管理区域应力求使干线电缆的长度最短。常将设备间主配线架放置于大楼的中间位置，使得从设备间到各层交换间的路由距离不超过 100m。

若安装长度超过了规定的距离限制，就要将其划分几个区域，每个区域由满足要求的干线来支持，进行二级干线交接。当每个区域的相互连接都超出了这个标准范围时，一般要借用设备或借鉴应用广泛的新技术来加以解决。当某些特殊的系统超过了这个最大距离而不能正常运行时，主干布线的传输媒质中也可加入中继器等有源器件进行信号中转。延伸业务可能从远离配线架的地方进入建筑群或建筑物。延伸业务引入点到连接这些业务的配线架间的距离应包括在干线布线的距离之内。若有延伸业务接口，与延伸业务接口位置有关的特殊要求也会影响这个距离，应记录所用线缆的型号和长度，必要时还应提交给延伸业务提供者。

干线子系统布线应能满足不同用户的需求。根据应用特点，需要选择传输媒体。选择媒体一般是基于如下考虑的：业务的灵活性、布线的灵活性、布线所要求的使用期、现场大小和用户数量。每条特定介质类型的电缆都有其特点和作用，以适应不同的情况。若一种类型的电缆不能满足同一地区所有用户的需要时，就必须在主干布线中使用一种以上的介质。在这种情况下，不同介质将使用同一位置的交叉连接设备。

一般地，干线线缆可选择 100Ω 双绞电缆（UTP 或 FTP）、62.5/125μm 多模光缆、50/125μm 多模光缆和 8.3/125μm 单模光缆几种传输介质，它们可单独使用也可混合使用。

针对语音传输一般采用三类大对数双绞电缆（25 对、50 对等），针对数据和图像传输采用多模光纤或五类及以上大对数双绞电缆。主干缆线通常应敷设在开放的竖井和过线槽中，必要时可予以更换和补充。在设计时，对主干线子系统一般以满足近期需要为主，根据实际情况进行总体规划，分期分步实施。

在带宽需求量较大、传输距离较长和保密性、安全性要求较高的干线及雷电、电磁干扰

较强的场所，应首先考虑选择光缆。

选择单模光纤还是多模光纤，要考虑数据应用的具体要求、光纤设备的相对经济性能指标及设备之间的最远距离等情况。多模光纤以发光二极管（LED）作为光源，适合的局域网速度为622Mbit/s，可提供的工作距离从300~2000m不等，与利用激光器光源在单模光纤上工作的设备相比更加经济实惠。因发光二极管的工作速度不够快且不足以传送更高频率的光脉冲信号，故在千兆字节的高速网络应用中需要采用激光光源。故单模光纤可支持高速应用技术及较远距离的应用情况。根据单模光纤和多模光纤的不同特点，大楼内部的主干线路宜采用多模光纤，而建筑群之间的主干线路宜采用单模光纤。

五类（及以上）大对数双绞电缆容易引入线对之间的近端串扰（NEXT）及它们间的近端串扰的叠加问题，这对于高速数据传输是十分不利的。还有五类（及以上）25对缆线在110配线架上的安装比较复杂，技术要求较高，可考虑采用多根四对五类及以上双绞电缆代替大对数双绞电缆。

通常理解的干线子系统是指逻辑意义的垂直子系统。事实上，干线子系统有垂直型的，也有水平型的。因大多数楼宇都是向高空发展的，干线子系统则是垂直型的；但是某些建筑物也有呈水平主干型的（不要与水平布线子系统相混）。这意味在一个楼层里，可有几个楼层配线架。应该把楼层配线架理解为逻辑上的楼层配线架，而不要理解为物理上的楼层配线架。故主干线缆路由既可能是垂直型通道，也可能是水平型通道，或者两者综合。

确定从管理间到设备间的干线路由，在大楼内的布线方法常有垂直干线的电缆孔方法、垂直干线的电缆井方法、水平干线的金属管道方法和水平干线的电缆托架方法。这里只介绍垂直干线的电缆井方法。

垂直干线的电缆井方法常用于干线通道。电缆井是指在每层楼板上开出一些方孔，使电缆可穿过这些电缆井并从这层楼伸到相邻的楼层，如图15-59所示。电缆井的大小依据所用电缆的数量而定。与电缆孔方法一样，电缆也是捆在地板三脚架上或箍在支撑用的钢绳上，钢绳靠墙上金属条或地板三脚架固定住。离电缆井很近的墙上立式金属架可支持很多电缆。

电缆井的选择性非常灵活，可让粗细不同的各种电缆以任何组合方式通过。电缆井方法虽然灵活，但在既有建筑物中用电缆井安装电缆造价较高，并且使用的电缆井很难防火。若在安装过程中没有采取措施去防止损坏楼板支撑件，则楼板的结构完整性将受到破坏。

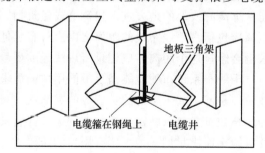

图15-59 垂直干线的电缆井方法

（3）主干线路的连接方法 主干线路的连接方法（包括干线交接间与二级交接间的连接）主要有点对点端接、分支结合和混合连接三种。

1）点对点端接法。点对点端接法是最简单、最直接的线缆接合方法，每根干线电缆直接延伸到楼层配线间，如图15-60所示。此连接只用一根电缆独立供应一个楼层，其双绞线对数或光纤芯数应满足该楼层的全部用户信息点的需要。此连接主干路路由上用容量小、质量轻的电缆单独供线，没有配线的接续设备介入，发生障碍时容易判断和测试，有利于维护管理，是一种最简单直接相连的方法。但电缆条数多、工程造价增加、占用干线通道空间较大。各个楼层电缆容量不同，安装固定的方法和器材不一而影响美观。

2）分支接合方法。分支连接是采用一根通信容量较大的电缆，再通过接续设备分成若干根容量较小的电缆分别连到各个楼层，如图15-61所示。在此连接中，干线通道中的电缆条数少、节省通道空间，有时比点对点端接方法工程费用少。但电缆容量过于集中，电缆发生障碍波及范围较大。因电缆分支经过接续设备，在判断检测和分隔检修时增加了困难和维护费用。

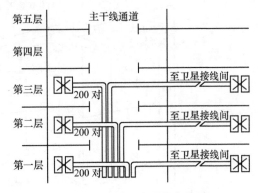

图 15-60 点对点端接布线图

3）混合连接方法。这是一种在特殊情况下采用的连接方法（一般有二级交接间），常采用端接与连接电缆混合使用的方式，在卫星接线间完成端接，并在干线接线间实现另一套完整的端接，如图15-62所示。在干线接线间里可安装所需的全部110型硬件，建立一个白场——灰场接口，并用合适的电缆横向连往该楼层的各个卫星接线间。

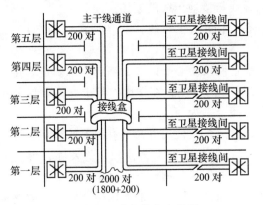

图 15-61 分支接合布线图

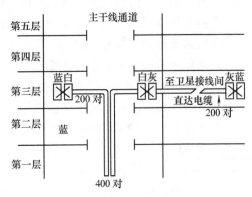

图 15-62 混合连接方式布线图

上述接合方法中采用哪一种，这需要根据网络结构、设备配置情况、电缆成本并结合工作所需的劳务费来全面考虑。在一般的综合布线系统工程设计中，为了保证网络安全可靠，应首先选用点对点端接方法。当然，在经过成本分析后证明分支接合方法的成本较低时，也可采用分支接合方法。

6. 设备间子系统设计

一般办公楼都有计算机机房、控制室和弱电间。弱电间以敷设弱电线缆为主；控制室以放置监视和控制设备（如安全防范、消防、建筑控制设备）为主，一般在建筑物底层；计算机机房是放置计算机系统主要设备的地点，一般在建筑物的2~5层。综合布线的设备间、配线间主要放置线缆和配线架。设备间（见图15-63）是每一栋建筑物用以安装进出线设备、进行综合布线及其应用系统管理和维护的场所。在高层建筑物内，设备间通常设置在第2~3层，高度为3~18m。对于综合布线工程设计，设备间主要是安装建筑物配线设备（BD）。设备间至少应具有提供网络管理、设备进线和管理人员值班的场所等三个功能。

综合布线的设备间子系统由电源、连接器和相关支撑硬件组成。设备间内的主要通信设

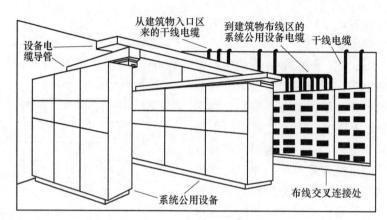

图 15-63　设备间子系统

备包括数字程控交换机、大型计算机、网络设备和 UPS 等。

一个设计良好的设备间可支持独立建筑或建筑群环境下的主要通信设备。设备间可支持程控用户交换机（PBX）、通信和文件服务器、计算机和控制器、主站、集线器、路由器、网关和其他支持局域网和广域网连接的设备，还起外部通信线缆端接点的作用。设备间是放置通信接地板的最佳选择位置，接地板用于接地导线与接地干线的连接。

设备间是外界引入（包括公用通信网或建筑群体间主干布线）和楼内布线的交汇点，是综合布线系统的关键部分。

设备间位置及大小应根据设备数量、规模、最佳网络中心等因素，综合考虑确定。建筑群（或大楼）主交接间（MC）宜选在建筑群中最主要的一座，在楼内，且最好离电信公用网最近，若条件允许，最好将主交接间与大楼设备间合二为一。

设备间的温度、湿度和尘埃对微电子设备的正常运行及使用寿命都有很大的影响，过高的室温会使组件失效率急剧增加，使用寿命下降；过低的室温又会使磁介等发脆，容易断裂。相对湿度过低，容易产生静电，对微电子设备造成干扰；相对湿度过高会使微电子设备内部焊点和插座的接触电阻增大。尘埃或纤维性颗粒积聚，微生物的作用还会使导线被腐蚀断掉。应根据具体情况选择合适的空调系统。设备间内应保持空气洁净，有良好的防尘措施，并防止有害气体侵入。设备间的墙面应选择不易产生尘埃，也不易吸附尘埃的材料。

设备间噪声应小于 65dB。设备间内无线电干扰场强，应避免电磁源干扰。当大楼接地方式采用联合接地方式时，楼层配线间应安装不大于 1Ω 阻值的接地装置。为方便表面敷设电缆线和电源线，设备间地面最好采用抗静电活动地板，其系统电阻应为 $1 \times 10^5 \sim 1 \times 10^{10} \Omega$。具体要求应符合行业标准 SJ/T 10796—2001《防静电活动地板通用规范》。设备间地面忌铺毛制地毯。楼层配线间地平面应光洁平整，并宜在地平面上涂刷二遍防静电油漆。

设备间的电源通常采用直接供电与不间断电源（UPS）供电相结合的方式，可采用集中供电方式。配线间通常还放置各种不同的电子传输设备、网络互联设备等。这些设备的用电质量要求较高，最好由设备间的不间断电源供电或设置专用不间断电源，其容量与配线间内安装的设备数量有关。

设备间应安装符合法规要求的消防系统，应使用防火防盗门，且应使用至少耐火 1h 的防火墙壁。装饰材料应能防潮、吸噪、不起尘、抗静电等。火灾自动报警系统及消防联动系统的设计应按现行国家标准的有关规定执行。火灾自动报警系统应具有电磁兼容性保护。

安全防范系统的设计应根据被保护对象的风险等级，确定相应的防护等级，满足整体纵深防护和局部纵深防护的设计要求，以达到所要求的安全技术防范体系。

设备间在作为建筑通信线缆入口使用的情况下，还可作为楼外铜缆与电信部门引入电缆分界点安装主保护器的场合。

设备间内线缆的敷设方式，主要有活动地板、预埋管路、机架走线架和地板或墙壁内沟槽等方式，应根据房间内设备布置和缆线经过走向的具体情况，分别选用不同的敷设方式。

（1）活动地板方式　这种方式是缆线在活动地板下的空间敷设，因地板下空间大，电缆容量和条数多，路由自由短捷，节省电缆费用，缆线敷设和拆除均简单方便，能适应线路增减变化，有较高的灵活性，便于维护管理。但造价较高，会减少房屋的净高，对地板表面材料也有一定要求，如耐冲击性、耐火性、抗静电、稳固性等。

（2）预埋管路方式　这种方式是在建筑的墙壁或楼板内预埋管路，其管径和根数根据缆线需要来设计。穿放缆线比较容易，维护、检修和拆建均有利，造价低廉，技术要求不高，是一种最常用的方式。预埋管路须在建筑施工中决定，缆线路由受管路限制，不能变动，在使用中会受到一些限制。

（3）机架走线架方式　这种方式是在设备（机架）上沿墙安装走线架（或槽道）的敷设方式，走线架和槽道的尺寸根据缆线需要设计，不受建筑设计和施工限制，可在建成后安装，便于施工和维护，有利于扩建。

（4）地板或墙壁内沟槽方式　这种方式是缆线在建筑中预先建成的墙壁或地板内的沟槽中敷设，沟槽的断面尺寸大小根据缆线终期容量来设计，上面设置盖板保护。这种方式造价较低，便于施工维护，有利于扩建。但在与建筑设计和施工协调上较为复杂。

配线间（交接间）是干线子系统与水平子系统转接的地方。应从干线所服务的可用楼层面积来考虑并确定干线通道及楼层配线间的数目。

7. 管理子系统设计

管理是针对设备间、交接间和工作区的配线设备、缆线、信息插座等设施，按一定模式进行标识和记录的规定。内容包括管理方式、标识、色标、交叉连接等。这些内容的实施，将为今后的系统维护、管理带来很大的方便，有利于提高管理水平和工作效率。

用户工作区的信息插座是水平子系统布线的终点，是语音、数据、图像、监控等设备或器件连接到综合布线的通用进出口点。综合布线管理人员可在配线连接件区域调整交接方式，通过安排或重新安排线路路由，让传输通道延伸到建筑物内部的各个工作区，并经信息插座连接应用终端。只要在配线连接件区域调整交接方式，就可管理整个应用系统终端设备，实现综合布线的灵活性、开放性和扩展性。

规模较大的综合布线系统宜采用计算机进行管理，规模较小的综合布线系统宜按图纸资料进行管理。在每个交接区实现线路管理的方式是在各色标区域之间按应用的要求，采用跳线连接。管理子系统中干线配线管理宜采用双点管理双交接。管理子系统中楼层配线管理应采用单点管理。

配线架的结构取决于信息点的数量、综合布线系统网络性质和选用的硬件。应根据光缆的芯数及规格、形式确定光端箱规格、形式。交接设备跳接线连接方式宜符合下列规定：对配线架上一般不经常进行修改、移位或重组的相对稳定的线路，宜采用卡接式接线方法。对配线架上经常需要调整或重新组合的线路，宜使用快接式插接线方法。

建筑物配线柜/架（BD）的规模宜根据楼内信息点数量、用户交换机门数、外线引入线对数、主干线缆对数来确定，并应留出适当的空间，供未来扩充之用。在交接间内配线柜/架应留有一定的裕量空间以备容纳未来扩充的交接硬件设备。根据信息点（TO）的分布和数量确定交接间及楼层配线架（FD）的位置和数量，FD的接线模块应有20%～30%左右的裕量。

综合布线使用三种标记：电缆标记、区域标记和接插件标记。基中接插件标记最常用，可分为不干胶标记条或插入式标识两种，供选择使用。

色标用来区分配线设备的性质，标识按性质排列的接线模块，表明端接区域、物理位置、编号、容量、规格等，以便维护人员在现场一目了然地加以识别。对设备间、交接间和工作区的配线设备、缆线、信息插座等设施，按一定模式进行标识和记录。

管理是指线路的跳线连接控制，通过跳线连接可安排或重新安排线路路由，管理整个用户终端，以实现综合布线系统的灵活性。管理交连方案有单点管理和双点管理两种。

在每个管理区，实现线路管理的方法是采用色标标记，即在配线架上，将来自不同方向或不同应用功能的设备的线路集中布放并规定了不同颜色的标记区域——色标场。在各色标场之间接上跨接线或接插线，这些色标分别用来标明该场是干线电缆、水平电缆还是设备端接点。这些场通常分配给指定的配线模块，而配线模块则按垂直或水平结构进行排列。若场的端接数量很少，则可在一个配线模块上完成所有的端接。在管理点端接时，可按照各条线路的识别颜色插入色条，以标示相应的场。综合布线系统的管理标识设计一般遵从《商业建筑物电信基础设施管理标准》（ANSI/TIA/EIA—606标准）。AT&T Uniform Wiring Plan早期开发了一套单点和双点线路管理的标记方案，该方案以前是支持AT&T System 85的安装而制定的。对一个工程应根据具体情况统一规定，以便于维护管理。

在综合布线中，应用系统的变化会导致连接点经常移动、增加和变化。没有标识或使用了不恰当的标识，都会使最终用户必须付出更高的维护费用来解决连接点的管理问题。建立合理的标识系统对于综合布线来说是一个非常重要的环节，可进一步完善和规范综合布线工程。标识系统建立与维护工作贯穿于整个布线工程。

标记是建筑物综合布线系统中很重要的一部分，应根据不同的应用场合和连接的方法，分别选用不同的标记方式。完整的综合布线标记应提供以下的信息：建筑物的名称、位置、区号、起始点。综合布线系统涉及的所有组成部分都应有明确的标识。它们的名字、颜色、数字或序号及相关特性所组成的标识应是可方便地互相区分的。

8. 建筑群干线于系统设计

几幢相邻建筑物或一个建筑物园区间有相关的语言、数据、图像和监控等系统，可用传输介质和各种支持设备（硬件）连接在一起。其连接各建筑物之间的传输介质和各种相关支持设备（硬件）组成综合布线建筑群干线子系统。建筑群干线子系统提供建筑群之间通信设施所需的硬件包括电缆、光缆和防止电缆的浪涌电压进入建筑物的电气保护设备。建筑群之间还可采用无线通信手段，如微波、无线电通信等。

建筑群干线子系统连接不同楼宇之间的设备间（子系统）可实现大面积地区建筑物之间的通信连接，并对电信公用网形成唯一的出、入端口。

在进行建筑群干线子系统的规划和设计时，必须分析建筑群干线子系统的工程和范围与特点，考虑建筑群干线子系统设计的注意事项，符合建筑群干线子系统设计的基本要求。

（1）设计注意事项　建筑群干线子系统是智能化建筑群体内的主干传输线路，在设计中必须注意以下两点：

1）建筑群干线子系统中除建筑群配线架（CD）等设备装在室内外，所有线路设施都设在室外，且建在有公用道路的校园式地区、街坊或居住小区内，故传输线路的建设原则、系统分布、建筑方式和工艺要求及与其他管线之间的综合协调等应纳入相应的建设规划内。在已建或者在建的居住小区内，如已有地下电缆管道或架空通信杆路时，应尽量设法利用。这样可使小区内的地下管线设施减少，有利于环境美观和小区布置。

2）因综合布线系统必须与外界联系，通过建筑群干线子系统对外连接，一般与公用通信网连成整体。必须从保证整个通信网质量来考虑，不应以局部的需要利益为基点，而使全程全网的传输质量受到影响。建筑群干线子系统与一般小区内的通信管线要求相同。室外传输线路部分必须执行本地网通信线路的规定。

建筑群干线通信线路一般有架空和地下两种敷设类型。架空方式又分为立杆架设和墙壁挂放两种。根据架空线缆与吊线的固定方式又可分为自承式和非自承式两种。地下方式分为管道缆线敷设、直埋缆线敷设和线缆沟缆线敷设方式几种。下面简要介绍直埋布线法。

电缆（或光缆）直埋敷设是沿已选定的路线挖沟，然后把线缆埋在里面。一般在线缆根数较少，而敷设距离较长时采用此布线法。直埋电缆应按不同环境条件采用不同程序铠装电缆，一般不用塑料护套电缆。电缆沟的宽度应视埋设线缆的根数决定。线缆埋设深度，一般要求线缆的表面距地面不小于0.6m，遇到障碍物或冻土层较深的地方，则应适当加深，使线缆埋于冻土层以下。当无法埋深时，应采取措施，防止线缆受到损伤。在线缆引入建筑物与地下建筑物交叉及绕过地下建筑物处，则可浅埋，但应采取保护措施。直埋线缆的上下部应铺以不小于100mm厚的软土或细沙层，并盖上混凝土保护板，其覆盖宽度应超过线缆两侧各50mm，也可用砖块代替混凝土盖板。电缆直埋布线如图15-64所示。城市建筑的发展趋势是使各种缆线、管道等设施隐蔽化，故弱电电缆和电力电缆全埋在一起将日趋普遍。若在同一电缆沟里埋入了通信电缆和电力电缆，应设立明显的共有标志。这样的共享结构要求有关部门在设计、施工，乃至未来的维护工作中相互配合、通力合作。这种协作可能会增加一些成本。此外，这种公用设施也日益需要用户的合作。故综合布线为

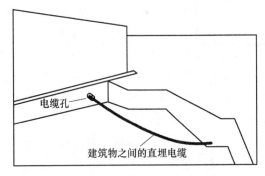

电缆孔

建筑物之间的直埋电缆

图15-64　电缆直埋式布线示意图

改善所有公用部门的合作而提供的建设性方法将有助于使这种结构既吸引人，又很经济。在选择最灵活、最经济的直埋布线路由时，主要的物理影响因素是土质、地下状况、公用设施（如下水道、水、电、气管道）、天然障碍物（如树木、石头）及现有和未来的障碍物（如游泳池、表土存储场或修路）等。当缆线与街道、园区道路交叉时，应穿保护管（如钢管），缆线保护管顶面距路面不小于1m，管的两端应伸出道路路面。缆线引入和引出建筑物基础、楼板和过墙时均应穿钢管保护。穿越建筑物基础墙的缆线保护管应尽量延伸至没有动土的地方。

直埋缆线敷设安全，产生障碍的机会少，有利于使用和维护；线路隐蔽、环境美观；初

次工程投资较管道电缆低，不需建人孔和管道，施工技术也比较简单，维护工作费用较少；不受建筑条件限制，与其他地下管线发生矛盾时，易于躲让和处理。直埋布线的选址和布局是针对每项作业对象专门设计的，且须在对各种方案进行了工程研究后做出决定。

建筑群的各种缆线敷设方式，都需要有一定的条件和具体要求。故在选用缆线敷设方式时，应根据综合布线建筑群干线子系统所在地区的规划要求、地上或地下管线的平面布置、街坊或小区的建筑条件，对施工和维护是否方便及环境美观要求等诸多因素综合研究，全面考虑，选用其中一种或上述几种的组合方式。如在同一段落中有两种以上的敷设方式可选用时，应在作技术经济比较后，选用较为合理的敷设方式。在设计之前应通过现场勘察了解整个园区（建筑群）的基本情况，掌握第一手资料，包括园区的大小、建筑物的多少、各个建筑入口管道位置、园区的环境状况、地上地下是否有障碍物等，在充分调研的基础上综合确定出科学合理、切实可行的线路路由方案和缆线敷设方式。

（2）设计步骤　建筑群干线子系统的设计可按照如下步骤来进行：

1）了解敷设现场的特点。

2）确定线缆的一般参数。

3）确定建筑物的线缆入口。

4）确定明显障碍物的位置。

5）确定主线缆路由和备用线缆路由。

6）选择所需线缆的类型和规格。

7）确定每种方案所需的劳务费。

8）确定每种方案所需的材料成本。

9）选择最经济、最实用的设计方案。

注意：若涉及干线线缆，应把有关的成本和设计规范也列进来。

（3）设计要求　建筑群各楼宇主干线缆，应根据各建筑对通信线路的要求进行设计。

1）建筑群语音网主干线缆。对于建筑群语音网主干线一般应选用大对数电缆，因成本方面的考虑，目前一般选用已远远能满足语音速率需求的三类的大对数电缆。其容量（总对数）应根据相应建筑物内的语音点数的多少来确定，原则上每个电话信息插座至少配一对两绞线，还应考虑预留不少于20%的富余量。

实际上，对于一幢大楼并非所有的语音线路都经过建筑群主接线间连接程控用户交换机（PBX），通常总会有部分直拨外线。对这部分直拨外线既可进入建筑群主交接间统一管理，也可结合当地电信部门的线路规划，采用单独的电缆直接经各自的 BD 就近直接连入公用市话网。

建筑群主接线间程控用户交换设备与市话局中继线的确定应符合电信部门的有关规定，中继线数量通常需要与电信部门协商后才能确定，一般可按总机容量的5%～10%考虑。

2）建筑群数据网主干线缆。建筑群数据网主干缆线一般应选用单模室外光缆。因整个建筑群园区布线较为复杂，而光纤介质适应的网络技术种类较多，可扩展性最好，故应首先予以考虑。干线传输电缆的设计必须既满足当前的需要，又适应今后的发展。

整座大楼的干线子系统的缆线数量仍然是根据各楼宇信息插座的密度及其用途来确定的。从目前的应用实践来看，园区数据网主干光缆可根据建筑物的规模大小及其对网络运行速度高低的要求分别选择6～8芯、10～12芯甚至16芯以上的单模室外光缆，室外光缆的类型以松套型、中央束管式为首选。另外，建筑群主干缆线还应考虑预留一定的缆线做冗余信道，这对于综合布线系统的可扩展性和可靠性来说是十分必要的。

建筑群数据网主干缆线当使用光缆和电信公用网接连时，一般也应采用单模光缆，芯数应根据综合通信业务的需要确定。

建筑群数据网主干线缆若选用双绞线时，一般应选择高质量的大对数双绞线。从 CD 至 BD，当使用双绞线电缆时，总长度不应超过 1500m。为保证网络信号的传输质量，建筑群和建筑物的干线电缆、主干光缆布线的交接不应多于两次。从楼层配线架（FD）到建筑群配线架（CD）之间只应通过一个建筑物配线架（BD）。

3）建筑群各楼宇主干线缆的统计。最后，在各建筑物主干电缆、光缆确定的基础上设计每根缆线两端（即主配线架的设备间端和设备间及建筑群接入端）的配线管理设备。并依此设计制作建筑群主干缆线及配线设备统计表格。统计表格应反映园区建筑物的多少，每根缆线的规格、容量、起点、终点，配线架规格、数量，并简要说明缆线敷设方式。

15.11　智能建筑的系统集成

智能建筑的系统集成是将智能建筑中那些分离的设备、功能、信息通过计算机网络集中为一个相互关联的、统一的、协调的系统，实现信息、资源、任务的重组和共享，实现一个安全、舒适、高效、便利的工作环境和生活环境。可以看到，系统集成是一种技术方法，实质是总体优化设计系统，目的是把原来相对独立的资源、功能和信息等集合到一个相互关联、协调和统一的完整系统中，实现信息资源和任务的综合共享与全局一体化的综合管理，提高服务和管理的效率，为大厦的使用者与投资者带来经济效益和社会效益。

15.11.1　系统集成的意义

智能化系统集成不是各系统的简单组合，而是利用计算机网络技术和分布式数据库技术，以最优化的综合统筹设计，将各个子系统或设备有机地综合在一起，实现信息共享与综合应用，通过对大厦集中监控和管理，可以全面地利用大厦内的综合信息和数据，提高物业管理水平，降低大厦总体运行费用，实现对大厦内各类事件的全局管理，提高对大厦突发事件的响应能力，提供给用户更加安全舒适的工作环境，更高效的办公条件。

系统集成的意义还体现在节省投资、提供工程质量和降低工程管理费用等方面。早期的大楼，多数是分立系统，即各个子系统独立设置，分开管理，各子系统互不相关，硬、软件大量冗余，使得系统建设费用不断增加。而集成系统采用最优化的综合统筹设计，实现整个大厦内物理和逻辑上的硬件设备和软件资源共享，利用最低限度的设备和资源来最大限度地满足用户对功能上的要求，节省了大厦的投资。从工程建设的角度看，系统集成有利于工程实施和施工管理。因系统集成便于采用智能化系统总承包的施工方式，减少工程承包界面，便于各子系统间的界面协调，提高工程质量、保证工程进度，为系统的一次性开通打下了坚实的基础，且大大降低了工程管理费用。细化到具体方面，系统集成的意义可总结如下：

1）通过对智能建筑各子系统进行系统集成，可对通信、办公、给水排水、强弱电等各子系统进行集中监控，提高管理和服务效率，节省成本投入，降低运行和维护的总体费用。

2）通过综合设计集成系统，可以优化总体设计，有利于智能建筑的工程实施和施工管理，并且能够减少各个子系统中的硬件和软件重复投资。

3）通过采用统一的硬件和软件结构，使得操作人员和管理人员能够更加容易地掌握其操作和维护技术，使得智能建筑的管理日趋简单化、快捷化，方便操作和维护。

4）为业主或租赁户提供高效率、高质量的物业管理服务，提升建筑物的档次，使得建筑物能够售前升值和售后保值，使业主或租赁户形成一种以入住该建筑物为荣的心理。

5）为业主或租赁户提供一条建筑物内外四通八达的信息高速公路，方便业主或租赁户能随时随地轻松快捷地通过大厦提供的信息高速公路获得他们所需要的各种数据和信息。

15.11.2 系统集成的内容

智能建筑中为了满足多种不同功能和管理的需要，建立了若干个不同结构模式和功能的智能化系统。比如对建筑内各种机电设备、安防、消防、停车场等实行监控和管理的建筑设备自动化系统（BAS），用户大厦内各类信息共享和处理的办公自动化系统（OAS），及实施大厦内通信和网络管理的通信网络系统（CNS），其中 BAS、CNS 和 OAS 又是由若干个子系统组成。系统集成主要包括这些功能和接口独立的子系统自身的纵向信息与功能的集成和各种设备或子系统之间的横向信息集成。

图 15-65 是集成系统的功能框图。图中，建筑集成管理系统（Integrated Building Management Systems，IBMS）是大厦内的中央管理层，通过公共通信网络将各个子系统集成到同一个计算机支撑平台上，建立起整个建筑的中央监控与管理界面。在这个界面上，可方便、简单、快捷地实现对大厦内被集成的各个子系统实施监视、控制和管理。其中主要是管理，因系统集成的本质是信息集成，资源共享，目的是将相关系统的资源子网有机地组合起来，把信息分别传送到需要这些信息的地方，通过网络汇集各类信息，实现大厦管理自动化。

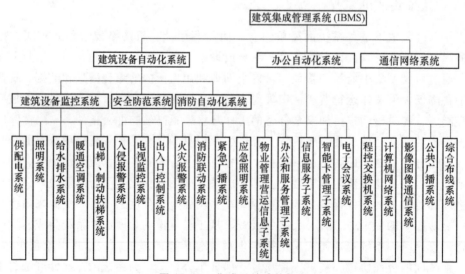

图 15-65 集成系统功能框图

15.11.3 系统集成的实现

智能化系统集成要考虑各子系统、各设备间的接口和界面，包括硬件之间的通信接口，系统平台之间、应用软件之间的接口、协议和界面，及各类系统的施工配合界面等。从不同角度、不同层面看，智能建筑系统集成可分为三个层次：功能集成、网络集成、界面集成。

1. 功能集成

将原来分离的各智能化子系统的功能进行集成，并形成原来子系统所没有的针对所有建筑设备的全局性的监控和管理功能。功能集成主要分为以下两个层次：

1）中央管理层的功能集成：是指集中监视、控制和管理功能，信息综合管理功能，全局事件管理功能，流程自动化管理功能，一体化公共通信网络管理功能等的集成。

2）各智能化子系统的功能集成：BMS、OAS、CNS 的功能集成。

2. 网络集成

网络集成实质上是通信网络系统 CNS 在智能建筑中的具体实施，是通信设备与网络设备的结合，及通信线路和网络线路的结合。由综合布线系统构成智能建筑的高速公路，由用户程控交换机和计算机局域网组成智能建筑高速公路上的红绿灯和交通指挥中心。网络集成侧重在网络和网络技术这两个方面。

3. 界面集成

智能建筑系统集成的最高目标是将 BMS、OAS、CNS 集成在一个计算机平台上，在统一界面环境下运行和操作。一般各智能化子系统的运行和操作界面是不同的，界面集成就是要实现在统一的平台和统一的界面上运行和操作系统。界面集成实现的关键技术是解决各子系统在网络协议和网络操作系统方面的沟通和统一。

智能化系统集成的模式有两种，一种是实现 BAS、CNS 和 OAS 本身子系统的集成并实现各个子系统间相互集成的模式（IBMS），在这种模式中各类子系统均以 IBMS 为核心进行系统集成。IBMS 运行于中央管理计算机上，是智能建筑的集成中心或总控中心，具有很强的信息处理与数据通信能力，以实现 CNS、OAS 和 BAS 等各个系统的信息汇聚，完成对其管理和控制的功能。另一种集成模式是以开放的建筑设备自动化系统为核心，实现与火灾自动报警系统、安全防范系统、一卡通系统及车辆管理系统等子系统的综合集成，兼顾 CNS 和 OAS 的系统集成，即 BMS（Building Management System）集成模式。该模式以 BAS 为基础和平台，增加有关信息通信、协议转换和控制管理等模块，使智能建筑中各类子系统以 BAS 为核心进行集成，管理程序运行于 BAS 中央监控管理级计算机上，BMS 除了可以与火灾自动报警系统、安全防范系统、车库管理系统等智能化子系统实现相关监测信息的通信和相关联动控制之外，还具备与通信网络系统 CNS 和办公自动化系统 OAS 之间联网通信的能力，以实现三大子系统间的资源共享与集成的功能。这种集成模式比 IBMS 模式实现起来简单，系统造价也低，它不仅保证智能大厦具有安全、舒适、温馨、方便与灵活等特点，也具备发展到一体化集成的潜力。在 GB 50314—2015《智能建筑设计标准》中，针对我国实际，对于智能化系统的集成不提 IBMS，而是按照现阶段技术可能，对于甲级、乙级智能建筑强调按照 BMS 方式集成，实行综合管理。丙级只强调各子系统进行各自的联网集成管理。

4. IBMS 的集成模式

（1）需求分析　智能化集成系统设计的第一步是需求分析。具体地说就是通过调研，了解大楼的建筑规模、用途及用户对大厦基本功能的要求。不同类型的智能大厦，由于其用途不同，其智能化系统的总体结构也有所不同，比如金融交易型大厦侧重于可靠的安全防范、快捷的数据通信和信息服务；而普通的办公型大厦侧重于提高办公效率，加强日常管理等，因而设计时应根据大厦的具体情况和实际需要制订出集成系统实施方案和集成的目标，确定集成系统的内容和性能，然后从集成系统到子系统，自上而下进行设计。

（2）总体设计 在进行集成系统总体设计时根据需求分析的结果，确定系统组成和各子系统的功能，优选技术与设备，将原本独立的资源、功能等集合到一个相互关联、协调和统一的完整系统当中，充分考虑硬件设备和软件资源的共享，综合考虑各智能化系统的网络结构、系统软件、子系统间的互联和互操作，考虑不同格式信息的共享。通过对系统组成的各个相关要素的调查、分析，配置IBMS的硬件设备（比如中央管理工作站、数据库服务器、分布式网络管理服务器及主干网络设备等）和系统软件（配置集中监视、控制和管理、信息集成和综合处理、全局事件管理、通信与网络管理及物业管理等功能模块），设计IBMS与各子系统的界面接口，通过软硬件界面和接口的连接，使不同的网络结构和功能的系统运行环境最终能够运行在同一个计算机支持平台上，为用户提供一个完整系统解决方案。

（3）子系统设计

1）通信网络集成系统。通信网络系统是整个智能建筑信息交换的枢纽，它把大楼内语音、数据和图像等信息发送到分布在不同地理位置的接收点，并接收来自外界的信息。通信网络集成系统的内容有：程控交换机系统（语音系统及与语音相关的服务）、数据传输及计算机网络系统（局域网间互联及局域网与广域网互联）、影像图像通信系统（会议电视、可视图文、多媒体查询等）、结构化综合布线系统、卫星通信系统等。通信网络集成系统的实现是以结构化综合布线系统为基础，以具有ISDN功能的数字程控交换机为核心，提供与公共通信系统的连接手段和方法，实现建筑物内部的综合通信网络。

2）建筑设备自动化系统。建筑设备自动化系统的任务是提供给客户安全、健康、舒适、温馨的生活与高效的工作环境，并能保证系统运行的经济性和管理的智能化。因此监控范围涉及的面比较宽，相应集成的内容也多，其中包括：空调系统、给水排水系统、变配电系统、照明控制系统、电梯系统、停车管理系统、安全防范系统和火灾自动报警系统实施集成管理。建筑设备自动化管理系统可以与建筑设备监控系统采用同一个网络系统，共用一个监控管理站，运行相同的监控管理软件。安全防范系统也可以与建筑设备自动化管理系统同处一个网络系统中，对于安全程度要求不是很高的安防系统，其安防管理工作站也可用建筑设备自动化管理系统的监控管理工作站代替，但安防系统本身应为可独立运行的分布式系统，当系统中任何一个部分发生故障时，都不应当影响整个系统的运行。建筑设备自动化管理系统可以监视火灾自动报警系统状态，但火灾自动报警系统必须保证完全的独立性，即能够在完全脱离其他系统或网络的情况下独立地正常运行和操作，完成自己所具有的防灾和灭火的能力。

3）办公自动化系统。办公自动化集成系统的实质是把基于不同技术的办公设备用联网的方式集成为一体，将语音、数据、图像、文字处理等功能组合在一个系统中，综合处理和利用这些信息，来达到日常事务处理和行政管理的科学化和高效率，其中也包括高层次的信息管理与服务系统和更高层次的辅助决策支持系统。因为办公自动化系统是由信息通信系统支持的信息处理系统，它是与通信和计算机网络系统密切相关的，在建立数据通信系统的同时，也实现了数据交换和资源共享，所以其硬件设计内容实际已包括在信息通信系统和计算机网络系统的设计之中。

5. BMS 集成模式

BMS 集成系统的目标是实现 BMS 与消防自动报警系统、安全防范系统、停车场管理系统等子系统相关监测信息的通信，监视各系统的关键设备和关键点，综合各子系统的状态信息，进行协调控制和管理；同时还应该具备与通信网络系统 CNS 及办公自动化系统 OAS 之间联网通信的能力，以实现三大集成子系统之间的资源共享与集成功能。

比如考虑 BMS 与消防自动报警系统的集成，集成的目标是在 BMS 的平台上能够观察到火灾报警系统的相关信息，能随时显示火灾报警系统的动态图像，实时、图形化显示烟感、温感等探头和手动报警器等的位置和状态，实时、图形化显示消防喷淋、消防水泵运转及过载报警等状态信息，根据防火要求完成与通风、供电等系统的联动控制。但消防控制命令必须由火灾自动报警与消防联动控制系统单独设置的控制室实施，该控制室实现独立的显示、控制和报警功能，同时在消防总控制台上，也可显示相关的、实时的 BAS 信息。故 BMS 应能提供与火灾自动报警与消防联动控制系统互联所必需的标准通信接口和符合国际标准的通信协议（比如 BAC net 等协议），并具备实现进一步协调控制与集成的功能。

BMS 与保安系统集成的目标是在 BMS 的平台上能实时观察到防盗保安系统、闭路监控系统、出入口控制系统、巡更系统等系统的相关信息，比如大厦防盗系统的分布图和状态，防盗系统的撤防和布防；反映监视器的位置、状态与图像信号的闭路电视平面图；门禁系统平面图、门磁开关位置和状态；车库保安系统的分布图与状态；实时获得车库管理系统的状态和管理的实时信息，比如车辆的流量、车位资料、收费信息与主要管理信息。为此，BMS 应提供与保安监控中心集成互联所必需的标准通信接口和符合国际标准的通信协议，并能进一步提供协调控制与集成所需的其他数据和图像等信息。

BMS 与 CNS 的集成目标是 CNS 为 BMS 间建立起良好的联网环境，一方面为 BMS 提供安全、可靠、高速与多媒体的数字通信环境，接受并转发 BMS 集成所必需的各种信息，包括紧急广播与自动通告等；另一方面是向 BMS 提供 CNS 集成系统运行、经营与管理等方面的主要信息。

BMS 与 OAS 的集成目标在于实现保证大厦正常运行的现代化物业管理。其中主要应实现的功能包括设备管理（对设备的运行情况进行监测、控制预管理，比如自动跟踪设备的运行状态，当设备超限运行时，自动实现联动控制，并以图、文、声、光等多种方式报警，同时自动生成维修通知单与更换设备警示通知单，对维修所需要的各种器材进行相应的管理，维修费用生成后，应能与财务系统联网通信并结算）、多媒体服务（采用多媒体技术，通过图、文、声、动画等多种形式，并可配合触摸屏来显示地理位置、动态图形、立体结构、建筑状态、租售状况等，以提高物业的管理水平和管理效果）、异常情况的报警（当发生火警、匪警、电梯故障、停电、停水等严重事件时，以警铃、警笛与光信号进行报警，同时全面记录事故状况、过程和处理结果）、文档管理（对所有物业的文档资料进行全面管理）、信息查询（能查询与物业有关的资料、统计数据、图形表格等，可以浏览大楼的建筑概况、平面图、建筑面积、使用面积、水、电、气等配合设施的安装、使用、维修和费用等各种资料）、服务管理（职工考勤与统计、业务人员的管理、会议室预定与会场设施的管理、电子广告板及多媒体查询系统的使用管理、通信服务管理、出入控制系统管理、车辆运用、停车场泊位及计费管理、自动计量与收费管理等）。

6. 智能化集成系统的实施和评价

集成系统的实施第一步是选择集成商，该集成商负责系统从设计、订货、施工、培训到维护等整个过程。其中订货包括硬件设备的购置和制造及软件的编制或购买。现场施工包括安装设备、系统及应用软件。系统调试包括各子系统分调和整个系统总调。

评价集成系统主要通过系统的验收和审计工作来实现，并在此基础上提出系统改进和扩展的方向。系统审计包括技术审计、财务审计和技术经济审计等。其中技术审计主要检查系统是否全部实现了预先所规定的功能、系统操作是否方便、通信与计算机网络是否达到预定的带宽、系统是否经常出现故障而影响运行、数据管理是否可靠、各类设备的可靠性如何等。

集成系统的运行管理和维护工作是对系统的运行状态进行控制和记录并进行必要的修改和扩充，以便使系统充分发挥作用。

思 考 题

1. 对一个典型的智能建筑来说，建筑设备自动化系统具备哪些基本内容？
2. 简述建筑设备自动化的核心技术及其主要内容。
3. 简述通信标准的作用，并说明标准化自控网络通信标准的作用和意义。
4. 简述 LonWorks 技术的体系结构和基本内容。
5. 简叙建筑设备自控系统实现原理：
   1）中央空调机组监控系统。
   2）给水排水监控系统。
   3）变配电监控系统。
   4）照明监控系统。
   5）电梯监控系统。
6. 论述安全报警系统在智能建筑中的作用。
7. 简述火灾报警控制器的功能。
8. 简述火灾报警系统的联动功能。
9. 请简单描述综合布线系统的概念。
10. 相对于传统的布线系统，综合布线系统具备哪些特性？
11. 综合布线系统具有哪些子系统？各子系统分别具有什么特点？
12. 在智能建筑中进行系统集成应该注意哪些问题？

参 考 文 献

[1] 王继明，等. 建筑设备 [M]. 北京：中国建筑工业出版社，1997.

[2] 张玉萍. 建筑设备工程 [M]. 北京：中国建筑工业出版社，2005.

[3] 王增长. 建筑给水排水工程 [M]. 北京：高等教育出版社，2004.

[4] 罗惕乾. 流体力学 [M]. 北京：机械工业出版社，2007.

[5] 龚延风. 建筑设备 [M]. 天津：天津科学技术出版社，1997.

[6] 高明远. 建筑设备工程 [M]. 北京：中国建筑工业出版社，1988.

[7] 李亚峰，蒋白懿. 高层建筑给水排水工程 [M]. 北京：化学工业出版社，2004.

[8] 陆耀庆. 实用供热开拓设计手册 [M]. 2 版. 北京：中国建筑工业出版社，2008.

[9] 孙刚，贺平. 供热工程 [M]. 3 版. 北京：中国建筑工业出版社，1993.

[10] 陆亚俊，马最良，邹平华. 暖通空调 [M]. 2 版. 北京：中国建筑工业出版社，2001.

[11] 全国勘察设计注册工程师公用设备专业管理委员会秘书处. 全国勘察设计注册公用设备工程师暖通
     空调专业考试复习教材 [M]. 2 版. 北京：中国建筑工业出版社，2006.

[12] 刘庆山，刘屹立，刘玙杰. 暖通空调安装工程 [M]. 北京：中国建筑工业出版社，2005.

[13] 邵宗义，曹兴，邹声华. 建筑设备施工安装技术 [M]. 北京：机械工业出版社，2005.

[14] 彦启森，石文星，田长青. 空气调节用制冷技术 [M]. 3 版. 北京：中国建筑工业出版社，2004.

[15] 赵荣义，范存养，薛殿华，等. 空气调节 [M]. 3 版. 北京：中国建筑工业出版社，1994.

[16] 刘源泉，张国军. 建筑设备 [M]. 北京：北京大学出版社，2006.

[17] 陈一才. 智能建筑电气设计手册 [M]. 北京：中国建材工业出版社，1999.

[18] 杨岳. 供配电系统 [M]. 北京：科学出版社，2007.

[19] 唐定曾，唐海，朱晓尧，等. 建筑电气技术 [M]. 北京：机械工业出版社，2006.

[20] 唐志平，等. 供配电技术 [M]. 北京：电子工业出版社，2009.

[21] 刘思亮. 建筑供配电 [M]. 北京：中国建筑工业出版社，2005.

[22] 魏金成，等. 建筑电气 [M]. 重庆：重庆大学出版社，2005.

[23] 戴绍基. 建筑供配电技术 [M]. 北京：机械工业出版社，2005.

[24] 魏明. 建筑供配电与照明 [M]. 重庆：重庆大学出版社，2005.

[25] 刘宝珊. 建筑电气安装分项工程施工工艺标准 [M]. 北京：中国建筑工业出版社，1997.

[26] 北京建筑设计研究院. 建筑电气专业技术措施 [M]. 北京：中国建筑工业出版社，2005.

[27] 胡孔忠. 供配电技术 [M]. 合肥：安徽科学技术出版社，2007.

[28] 董春桥，袁昌立，傅海军，等. 建筑设备自动化 [M]. 北京：中国建筑工业出版社，2006.

[29] 全力，傅海军，等. 综合布线工程 [M]. 北京：化学工业出版社，2006.

[30] 李玉云. 建筑设备自动化 [M]. 北京：机械工业出版社，2008.

[31] 章云，许锦标. 建筑智能化系统 [M]. 北京：清华大学出版社，2007.

[32] 戴瑜兴. 建筑智能化系统工程设计 [M]. 北京：中国建筑工业出版社，2005.

[33] 盛啸涛，姜延昭. 楼宇自动化 [M]. 西安：西安电子科技大学出版社，2004.

信息反馈表

尊敬的老师：

　　您好！感谢您多年来对机械工业出版社的支持和厚爱！为了进一步提高我社教材的出版质量，更好地为我国高等教育发展服务，欢迎您对我社的教材多提宝贵意见和建议。另外，如果您在教学中选用了《建筑设备》第 2 版（**傅海军主编**），欢迎您提出修改建议和意见。索取课件的授课教师，请填写下面的信息，发送邮件即可。

一、基本信息

姓名：＿＿＿＿＿＿　性别：＿＿＿＿＿　职称：＿＿＿＿＿　职务：＿＿＿＿＿＿＿

邮编：＿＿＿＿＿＿　地址：＿＿＿＿＿＿＿＿＿＿＿＿＿＿＿＿＿＿＿＿＿＿＿＿＿

学校：＿＿＿＿＿＿＿＿＿＿＿＿＿＿＿＿＿

任教课程：＿＿＿＿＿　电话：＿＿＿＿＿＿—＿＿＿＿＿＿＿（H）＿＿＿＿＿＿（O）

电子邮件：＿＿＿＿＿＿＿＿＿＿＿＿＿＿＿＿＿＿＿　手机：＿＿＿＿＿＿＿＿＿＿

二、您对本书的意见和建议

　　　　（欢迎您指出本书的疏误之处）

三、您对我们的其他意见和建议

请与我们联系：

100037　机械工业出版社·高等教育分社　刘涛　收

Tel：010—8837 9542（O），6899 4030（Fax）

E-mail：ltao929@ 163. com

http：//www. cmpedu. com（机械工业出版社·教材服务网）

http：//www. cmpbook. com（机械工业出版社·门户网）

http：//www. golden-book. com（中国科技金书网·机械工业出版社旗下网上书店）